파리 도시건축의 역사

중세와 고전의 시대

파리 도시건축의 역사

중세와 고전의 시대

임석재 지음

A History of the Urban Architecture of Paris

이화여자대학교출판문화원

프롤로그

이 책은 어떤 책인가

파리 도시건축에 대한 '역사화' 작업의 결과물

이 책은 파리의 도시건축 역사서다. 카이사르의 건도建都부터 루이 14세까지를 다루었으며 연도로는 기원전 51년부터 1715년까지에 해당한다. 이 시기는 이른바 '전통 시대'로서 파리를 대표하는 주요 문화재들이 차례대로 지어졌으며 도시로서의 파리의 기본 골격도 잡혔다. 한마디로 '클래식 파리'라 부를 수 있는 시기다. 이때 '클래식'이란 고전주의라는 특정 양식 사조에 국한되지 않는, 오히려 이를 포함해서 더 넓은 범위에 해당하는 '고전 걸작'이라는 의미다. 여기에는 파리가 고전 걸작의 도시로 탄생하게 된 근원적 시기라는 뜻이 담겨 있으며, 이 책은 그 내용을 '도시건축의 역사'라는 관점에서 연구했다. 제목에서 알 수 있듯이 이 책의 연구 주제는 '파리-도시건축-역사'의 세 가지다.

첫째, '파리'는 세계 주요 도시 가운데 하나다. 서양권에서는 뉴욕과 함께 양안兩岸을 대표하는 2대 도시 가운데 하나라 할 수 있다. 유럽에서는 로마와 어깨를 나란히 할 수 있는 유일한 도시이며, 현대의 시점에서 역사적 다양성과 문화예술의 종합 역량을 기준으로 보면 로마마저 뛰어넘는 가히 '유럽의 수도'라 할 만하다. 이런 위치는 한국에서도 거의 똑같이 유지된다. 특히 문화예술 분야의 인기와 교류를 기준으로 보면 제1의 도시라 할 수 있다. 여기에 로마 시대부터 축적되어온 오랜 역사를 추가하면 파리는 관광부터 도시 연구에 이르기까지 매우 넓은 범위에서 최고의 도시라 할 수 있다.

둘째, '도시건축'은 이런 장점을 포괄해서 최고의 역량으로 파리를 구축해내는 핵심 분야다. 원론적으로 볼 때 도시건축은 한 도시를 이해하는 데 가장 기본이 된다. 정치, 경제, 사회, 역사, 문화예술, 산업기술 등 한 도시가 일군 모든 내용이 도시의 구조골격과 그 속을 가득 채운 건물들 사이에 고스란히 담겨 있다. 일반 대중부터 학술 연구에 이르기까지 모두에게 인기 있는 최신 주제인 '공간'도 사실은 도시건축과 동의어라 할 수 있다. 이런 점에서 도시건축은 파리의 종합적 역량부터 '파리병'이라 불리는 묘한 매력에 이르기까지 베일 속에 가려져 있는 파리의 모든 것을 밝혀 해석하고 정리하기에 가장 좋은 연구 분야다.

셋째, '역사'는 다시 그 핵심에 있다. 한 도시의 탄생 과정부터 현재에 이르는 역사는 그 도시에 관한 가장 많은 정보를 담고 있다. 이런 정보는 '역사화歷史化' 과정을 거쳐 다듬어져야 한다. 여러 관련 분야에서 도시를 건설하고 발전시킨 기록과 정보는 너무 많으므로 특정 기준에 따라 '분류-정리-해석'을 거쳐 최종적으로는 일정한 분량의 도서로 마무리되어야 한다. 이 과정을 역사화 작업이라 부를 수 있으며, 이 책은 파리의 도시건축에 대한 역사화 작업의 결과물이다.

이 책에서는 이처럼 '파리-도시건축-역사'의 세 주제를 씨줄과 날줄로 엮어 종합했다. 파리의 탄생과 성장, 그 과정에서 형성된 도시구조, 각 시대를 주도한 대표 건물 등을 기본 소재로 삼아 카이사르의 건도부터 루이 14세까지의 도시 역사를 연구하고 시대적 의미를 찾아 정의했다.

이 책의 내용

시대 구성과 시대별 비중

이 책의 구체적인 내용은 크게 시대 구성과 시대별 비중의 두 가지로 정리할 수 있다. 우선 역사책인 만큼 시대 구성이 중요할 것이다. 크게 '파리라는 도시에 대한 개론적 소개-로마와 초기 기독교-중세-초기 근대' 등 네 부로 구성된다. 1부는 '파리'라는 도시에 대한 종합적이고 개괄적인 설명으로, 파리의 문화사적 의미, 파리가 사랑받는 이유, 파리만의 특징과 강점, 현대 파리의 도시구조 등을 살펴보았다. 현재의 파리를 이루는 소프트웨어와 하드웨어를 총괄적으로 파악하는 것이 도시건축의 역사를 이해하는 데 필수적이라는 판단에서 일종의 '프롤로 그' 개념으로 준비했다.

이어 2부부터 본격적인 역사가 시작되어 4부까지 계속된다. 각 부는 시대 상황과 도시건축 가운데 중요한 내용을 선별해서 구성했다. 2부는 파리의 '탄생기'로, 로마 시대의 건도부터 파리가 기독교로 개종하는 초기 기독교 시대의 메로빙거 왕조까지에 해당한다. 3부는 '형성기'로, '카롤링거 왕조-카페 왕조-부르봉 왕조 전반부' 등 세 왕조를 거치는 중세에 해당한다. 4부는 '성장기'로, 16세기 르네상스와 17세기 바로크로 구성되는 초기 근대기에 해당한다.

시대별 비중도 중요하다. 우선 담고 싶은 내용이 무척 많아서 시대별로 핵심 주제를 선별하고 그 각각의 분량을 조절하는 데에 신경을 썼다. 접근 가능한 자료의 양과 질, 현재 남아 있는 도시건축의 유구 상태, 시대별·주제별 역사적 중요성, 현대 파리에 끼친 영향 등 여러 기준을 따랐다.

로마와 초기 기독교는 쪽수 자체는 많지 않지만, 일반적으로 파리를 다룬 다른 책들보다 더 비중을 두어 많은 내용을 담았다. 현재 파리에 대해서 오가는 여러 담론에서 이 시대는 거의 다루지 않고 있다. 하지만 이 시대에도 파리의 도시건축에서는 많은 일이 벌어졌으며, 이 내용은 그대로 파리의 뿌리가 되었다. 사료와 도시건축 유구 등 자료 확보에 어려움이 있긴 하지만 이런 역사적 중요성을 고려해 가능한 범위 내에서 주요 내용을 찾아 할당했다. 기존의 파리 관련 지식정보에서 거의 손대지 못한 부분을 이번 책에서 충실하게 담아내고자 했다.

중세와 초기 근대는 분량과 내용 모두에서 이 책의 본론을 이루는 양대 축이다. 사료와 도시건축 유구 등의 자료는 중세보다는 아무래도 초기 근대로 올수록 많이 남아 있는 게 사실이다. 하지만 진행 연도는 반대로 중세가 800여 년이어서 215년에 불과한 초기 근대보다 크게 길다. 또한 중세 역사가 찬란했다는 점은 파리만이 지니는 장점 가운데 하나이기도 하다. 이상을 합해서 가중치를 적용하면 두 시대의 역사적 중요성과 현대 파리의 뿌리를 이루는 정도는 비슷하며, 이를 근거로 두 시대의 비중을 최대한 균등하게 맞췄다. 선별 과정에서 빠진 내용 가운데 사료적 가치가 크다고 판단되는 것들은 다음 기회에 소개하고자 한다.

이 책에서 종합한 학문 분야와 사료

도시학, 건축학, 일반 역사학

이 책에서는 여러 학문 분야를 유기적으로 종합했다. 거시적으로 크게 세 분야를 종합했다. 우선 가장 상위 분야는 '도시학'이며, 그 가운데에서도 '역사'에 1차 비중을 두었고 필요한 지점에 '도시 공간학' 정도로 부를 수 있는 도시계획의 기본 내용을 추가했다. 다음으로 '건축학'이다. 파리를 대표하는 주요 개별 건물을 중심으로 이들이 도시 공간 속에서 차지하는 의미와 도시 공간에 끼친 영향 등을 다각적이고 종합적으로 살폈다. 이로써 '도시'와 '건축'을 합한 '도시건축'이라는 중간 장르가 탄생하게 된다.

마지막으로 도시건축을 총괄적으로 아우르는 왕조사, 문화사, 정치사, 종교사 등 '일반 역사학'이다. 이는 역사 연구에서 시간에 따른 변화 과정을 일정한 단위로 나누는 데 가장 기본이 되는 분류 기준이라 할 수 있다. 구체적으로는 정치, 종교, 사회, 경제, 지리, 고고학, 문화예술 등 가능한 한 다양한 세부 분야를 망라했다. 이 책 '참고문헌'의 분류 항목을 기준으로 보면 '파리 도시건축–프랑스 건축–파리의 르네상스·바로크 건축가들–유럽 도시건축–프랑스 문화역사–유럽 문화역사–기독교 역사' 등 총 일곱 가지 세부 분야의 사료를 참고했다.

'도시–건축–일반 역사'라는 세 분야의 거시 분류 내용은 필요에 따라 때로는 장을 달리하며 구별했고, 때로는 하나의 장 안에 녹여서 통합했다. 또한 일반 역사학은 도시건축의 역사와 직접적인 연관이 있는 내용을 중심으로 선별했다. 예를 들어 초기 기독교와 중세 초기인 서기 2~3세기에서 9세기경까지는 현재 파리의 도시건축 가운데 남아 있는 유구가 사실상 없어서 정치사와 종교사를 조금 더 자세히 살펴보았다. 반면 중세와 초기 근대는 도시건축의 역사로부터 일반 역사를 읽을 수 있는 내용도 많아서 두 분야를 유기적으로 연결하며 이야기를 전개했다.

혹은 나는 건축사 전공자여서 보기에 따라 건물을 가장 중심에 둔 것으로 보일 수도 있다. 이 점을 특별히 의식한 건 아니지만 무의식적으로 그런 방향으로 집필했을 수도 있다. 특히 노트르담 대성당, 시테궁, 생트샤펠, 루브르궁, 튈르리궁, 뤽상부르궁, 팔레 루아얄, 발 드 그라스, 앵발리드 등 파리를 대표하는 중요한 건물들을 별도의 장으로 자세하게 다룬 점에서 그렇다. 하지만 건물의 기본 정보를 선별하고 그 의미를 해석하는 데에서는 건축사에 국한하지 않고 거기에 도시학과 일반 역사학의 여러 주제를 씨줄 날줄로 입체적으로 통합해서 집필했다.

학문 분야를 조금 다른 각도에서 보면 '사료'라는 주제가 된다. 한 도시의 역사는 물질성을 기준으로 크게 하드웨어와 소프트웨어로 나눌 수 있다. 하드웨어는 도시 골격과 건물 등 물질적 구조물이 주를 이룬다. 소프트웨어는 그 속에서 시민들이 일구어온 삶, 크고 작은 정치적 사건, 경제와 산업의 발전, 도시 행정과 사법 행위, 사회문화적 흔적, 예술과 학문의 업적 등 모든 문명 및 문화 활동을 포괄하는 비물질적 요소들이다. 사료를 기준으로는 문서, 도서, 그림, 구전 등의 기록 자료로 남아 있다.

가장 확실한 기록은 하드웨어인 도시건축 자체, 즉 도시 골격과 건물이며, 소프트웨어로서의 기록 자료는 그 위에서 더 큰 힘을 발휘할 수 있다. 이 책 역시 이런 나의 역사관을 기본으로 삼아 집필했다. 내가 건축 전공자여서 물리적 유구의 중요성을 크게 생각하는 편이라 더욱 그렇다. 이런 배경 아래 이 책에서는 가능한 한 현재 남아 있는 유구를 주요 대상으로 삼았다.

사료의 출간 연도도 중요한데, 최근의 연구자료를 비롯하여 지난 20세기에 이 분야에서 중요한 업적을 남긴 주요 도서를 많이 참고했다. 최근에 한국 사회가 최신 유행에 편향되면서 10년만 지나도 낡고 쓸모없는 자료로 경원시하는 경향이 있는데, 이는 학문 연구에서는 바람직하지 않다. 유럽 도시사 한 분야만 봐도 지난 1960~1990년대에 좋은 연구 도서들이 많이 출간되었고, 이후에는 시대가 발전했다고 하나 이를 뛰어넘는 연구는 나오지 못하고 있다. 오히려 근간의 연구는 이 시기 연구에 기댄 2차 자료로 볼 수 있을 정도다. 이처럼 지난 20세기에 이룬 중요한 연구 업적의 자료들을 최대한 활용함으로써 내용의 정확도와 연구의 질을 높였다. 과거에 내가 썼던 책들 가운데 이번 내용과 연관되는 부분도 있으나, 자기 표절을 피하고 지면도 절약하기 위해 꼭 필요한 지점에서만 최소한으로 요약해서 정리했다.

이 책의 역사해석 사관

역사적 종합화를 통한 '복합 사관'

이상과 같은 여러 학문 분야의 다양한 자료를 종합화해서 나만의 시각으로 해석한 결과물이 이 책이다. 나의 학문적 창의성에 해당하는데 크게 두 단계로 나누어 설명하겠다. 하나는 사료를 다루고 종합화한 내용이다. 우선 가능한 한 공적 기록을 중심으로 정확도를 확보했다. 이런 사료는 물론 나의 얘기는 아니지만, 어느 곳에 어떤 기록과 자료를 배치할지부터 자료의 조합 양상 혹은 방향 등은 연구자 개인의 창의적 영역에 속한다고 할 수 있다. 더하여 참고하는 문헌의 다양성, 양, 질 등도 마찬가지다. 이처럼 '모은 뒤 걸러내는' 작업은 역사 연구의 가장 기본이 되는 출발점이며, 이미 이 단계에서부터 연구자의 학문적 창의성이 갈린다고 할 수 있다. 이 책에서는 지면과 도시건축과의 연관성 등을 고려해 수용 가능한 다양한 지식정보를 종합화한 뒤 적절하게 거르고 재구성하는 등 촘촘하게 조합했다.

다른 하나는 이를 바탕으로 각 시대에 진행된 도시건축에 대해서 다양하게 해석한 내용이다. 연구방법론은 역사 연구의 꽃이라 할 수 있는데, 나의 사관은 '복합 사관' 혹은 '혼합 사관'이다. 나는 이 사관을 기본적인 연구방법론으로 삼아 지금까지 집필한 여러 저서에 적용했다. 또한 각 저서에서 다루는 주제에 따라 다양하게 응용하면서 꾸준히 발전시켜오고 있다. 이 책도 '기원전 51년부터 1751년까지의 파리 역사'라는 주제에 대해 나만의 복합 사관을 적용해서 집필한 것이다. 크게 네 단계로 이루어진다.

첫째, 포괄적 종합화다. 우선 다양한 자료를 많이 모으는 게 중요하며, 이는 '포괄적'이라는 말에 해당하는 사항이다. 다음은 '종합화'다. 역사에서 장르를 구분하는 것이 큰 의미가 없을 수도 있겠으나, 앞서 언급한 여러 학문 분야의 자료를 해석 주제에 맞춰 적절하게 배치했다. 연대기식 진행을 기본 틀로 삼아 파리의 도시건축과 연관이 있다고 판단되는 왕조사와 종교사 등 상위 개념의 역사를 먼저 정리한 뒤 도시와 건축의 구체적인 역사를 살폈으며, 이 모든 과정에 사회사와 문화사 등을 적절하게 혼합했다.

둘째, 세밀한 선별이다. 포괄적 종합화를 통해 큰 주제의 틀을 잡은 뒤 각 주제를 다시 세부 주제로 나누었다. 이어 여러 관련 분야에서 세부 주제에 필요한 내용을, 각 자료의 스케일에 따라 '파리 → 프랑스 → 유럽'으로 차원을 달리하며 살펴 선별했다. 자료는 가능한 한 공적 기록과 권위 있는 기존 연구 등을 참고하여 정확도를 확보했다. 하나의 사료에 대해서는 최대한 두 가지 이상의 자료를 참고해 교차 확인했다.

셋째, 나만의 플롯으로 재구성한다. 전체 편제는 세 부로 구성되는 '로마와 초기 기독교-중세-초기 근대'의 문명사 분류를 가장 상위에 두고 그 아래에 장과 소장小章(서브 챕터)으로 이원화해서 추가로 분류했다. 각 시대의 앞부분은 개괄적인 소개의 장으로 시작하며, 이후는 왕조사와 종교사 등 주요 역사의 진행, 도시건축의 주요 주제, 대표 건물, 사회사와 문화사에서의 의미 등 여러 주제로 구성했다. 이때 플롯은 모든 시대에 대해 일률적으로 맞추지 않고 각 시대에 따라 가장 적절하다고 판단하는 방향으로 짰다. '중세 시대의 건물'이라는 대상 소재를 예로 들면, 노트르담 대성당, 시테궁, 생트샤펠 등은 중세 파리에서 차지하는 위치와 중요도를 존중해서 단일 장으로 따로 살폈다. 그리고 다른 교회들은 한 장에 모은 뒤 교회 건축을 해석하는 주제에 따라 집합적으로 살폈다. 큰 주제에서 파생하는 이런 다양한 소주제가 각 장을 이루는 '소장'을 구성한다.

넷째, 역사적 종합화다. 앞의 세 단계를 통해 다양한 관련 분야의 방대한 사료에 대해 '편제 구성-분류 정리-개별 주제의 분석-해석을 통한 의미 추출' 등의 연구 과정을 거쳐 역사적 종합화를 이루었다. 첫 단계인 포괄적 종합화가 자료를 모으고 분류하는 단계라면 역사적 종합화는 해석을 거쳐 최종적으로 정리되는 나만의 시각과 주장을 담은 단계라 할 수 있다. 각 시대에 진행된 도시건축의 내용에 대해서 다양한 해석의 시각을 제시했고, 다시 여기에서 역사적·사회문화적 의미를 찾아내어 정의했다.

이상과 같은 복합 사관은 줄여서 말하면 결국 '사료와 해석의 조화로운 이중주'라 할 것이다. 두 내용이 명확히 구별되는 건 아니다. 장별로 각각의 성격이 두드러지기도 하고, 한 장 내에서 소장이나 문단 등의 하부 단위로 섞여 있기도 하다. 심지어 한 문단 내에서도 섞여 있을 수 있다. 어쨌든 이 두 가지의 상호작용은 분명 역사 연구에서 가장 기본적이면서도 또한 가장 흥미진진한 최고도의 작업이라 할 수 있다. '기원전 51년부터 1751년까지의 파리 역사'라는 주제는 이미 수많은 역사적 사실부터가 호기심을 자극하기에 충분한 흥미로운 내용으로 가득하다.

128개의 '유닛'
이 책에서 사용한 지식정보 단위

많은 내용을 다루다 보니 독자 입장에서 받아들이기에 적절한 편제로 구성하는 일이 중요할 것이다. 나는 이 문제를 오래전부터 고민해왔고 연구와 저술에서 '유닛 단위의 지식정보 분절 방법'이라는 나만의 방법론을 개발해 꾸준히 활용해오고 있다. 각 장의 하부 제목인 소장이 바로 '유닛 단위'다. 이 책은 원고지 1,700매가량의 분량을 차례에서 보듯이 26개의 장으로 구성했고, 이를 다시 총 128개의 유닛으로 나누어 구성했다. '유닛'이라는 말은 책 전체를 이루는 부분이면서 독립된 정보 단위라는 두 가지 뜻을 동시에 갖는다. 특히 뒤쪽의 '독립된 단위'에 비중을 두고 싶다. 이는 책의 활용도를 높이기 위한 편제다.

유닛 단위는 나만의 복합 사관을 구축하는 데 도움이 된다. 유닛 단위 자체가 세밀한 선별 작업의 결과물이며, 이것들의 조합은 곧 나만의 플롯 구성이다. 둘을 합하면 복합 사관의 시작과 끝인 '포괄적 종합화'와 '역사적 종합화'가 된다. 이 책을 이해하는 가장 좋은 방법은 물론 전체 내용을 다 읽고 숙지하는 것이다. 그러나 이것이 힘들 상황에 대비하여 128개의 유닛 단위로 세분했고, 각 유닛의 분량을 원고지 10~15매로 비슷하게 맞췄다. 내용의 충실함과 지식 활용의 효용성을 모두 만족하고자 했으며, 특히 독자 쪽에서는 개인별로 관심 있는 주제를 취해서 독립된 정보 단위로 활용할 수 있게 했다.

유닛별 분류는 지식정보의 유통과 관련한 최근의 유행 경향이기도 하다. 즉 디지털 시대에 정보가 유통되는 경향이다. 이는 최근의 학문 연구에서 새롭게 시도되는 마이크로 러닝 개념의 지식정보 체계를 도입한 것으로도 볼 수 있다. 이 방법은 장점이 많은데, 크게 세 방향으로 생각할 수 있다. 첫째, 책을 기준으로 보면 다양한 주제가 만들어지면서 이것을 일목요연하게 정리할 수 있다. 둘째, 독자 쪽에서는 압축적으로 정리된 지식정보를 취할 수 있으며 세부 주제들을 다양하게 조합해서 각자의 목적에 맞게 활용할 수 있다. 셋째, 좀 더 일반적인 학문의 발전이라는 주제로 확장하면 주제어별로 분류·정리되면서 분야를 뛰어넘어 공통으로 연결되는 보편성을 갖는다. 한때 유행하던 말로 '분과횡단'의 특징이다.

유닛은 백과사전 체제일 수 있는데, 앞과 같은 세 가지 장점을 살리기 위해 각 유닛에서 다루는 주제에 대해 가능한 한 숫자를 붙여서 한 번 더 정리했다. 여러 주제를 종합한 데다 많은 정보가 숨 가쁘게 이어지기 때문에 주요 내용의 특징과 핵심 사항을 최대한 일목요연하게 정리한 것이다.

다음으로 용어와 기본 정보의 표기에 대해서도 이쯤에서 함께 설명하겠다. 둘을 합해서 다음의 다섯 가지 사항을 숙지하기 바란다. 첫째, 파리를 다룬 책이어서 가능한 한 프랑스어 표기를 기준으로 삼았으나, 참고한 자료의 성격과 출처, 명칭의 보편성에 따른 필요 등 상황에 따라 영어 등 다른 언어 표기가 더 적절한 경우 해당 언어로 표기했다. 둘째, 기본 정보를 편리하게 접할 수 있도록 서양어 명칭, 왕의 재위 기간과 교황의 재임 기간, 주요 인물의 생몰 연도, 주요 사건의 발생 연도 등을 괄호 속에 병기했다. 셋째, 이런 기본 정보가 여러 장에 반복해서 등장하는 경우 역시 정보 접근의 편리를 돕고자 가능한 한 장마다 표기하되, 문맥에 따라 생략하는 게 좋다고 판단되는 정보에 대해서는 생략했다.

넷째, 왕명의 경우 '공정왕'이나 '성왕' 등 별명이 있더라도 이를 따르지 않고, 이름 뒤에 숫자를 붙여 '필리프 2세'나 '루이 9세' 등 표준명으로 표기했다. 단 필요에 따라 별명은 괄호 속에 추가로 표기했다. 다섯째, '프랑스'와 '파리'의 구별과 혼용이다. 기본적으로 두 단어를 구별해서 사용했으나 맥락에 따라서 동의어로 사용하기도 했다. 프랑스는 수도 집중이 심한 나라여서 많은 내용에서 파리가 프랑스를 대표하는 정도는 거의 절대적이라 할 수 있다. 하지만 그와 동시에 차이점도 분명히 존재한다. 따라서 이 책에서도 문맥에 따라 두 경우를 적절히 선별해서 사용했다.

우리에게 파리란

왜 사람들은 파리에 열광하는가

그렇다면 과연 우리에게 파리란 어떤 도시일까? 왜 나는 파리라는 외국의 한 도시에 대해서만, 그것도 1715년까지의 도시건축 역사만을 한 권의 두꺼운 책을 통해 살펴보려는 것일까? 그 답을 네 가지로 제시하겠다.

첫째, 서양에서 파리라는 도시 자체의 위상이다. 무엇보다 종합점수에서 파리는 서양 최고의 도시라 할 수 있다. 정치, 사회, 종교, 문화예술, 건축 등 개별 항목에서는 파리보다 더 훌륭한 도시도 있겠으나, 이 모두를 종합했을 때는 파리가 최고라 할 수 있다. 여기에 파리의 역사성을 추가하면 가중치는 대폭 증가한다. 오랜 기간 문명 활동의 여러 분야가 유기적으로 협력하면서 최고의 도시를 만들어냈다. 이런 평가는 서양을 넘어 세계를 대상으로 해도 크게 다르지 않아 보인다.

둘째, 이런 강점은 그대로 파리만의 전문성이 된다. 관광은 물론이고 유학이나 비즈니스 등 파리를 방문하는 내용과 목적도 대부분 도시건축을 필두로 미술, 디자인, 패션, 박물관, 공연, 음악, 발레, 요리 등 문화예술의 전문분야에 집중한다. 파리의 정체성은 일단 '문화예술에 전문화된 도시'가 된다. 현대의 예술 권력은 파리에서 뉴욕으로 넘어갔는데, 이는 미술과 공연 등의 장르에 한정한 것이고 도시건축으로 확장하면 아무래도 아직 파리가 최고 자리를 누린다고 볼 수도 있다. 이런 전문성에 기반한 충성도, 즉 이른바 '마니아층' 면에서 파리의 인기는 확실하다. 이 점에서 파리는 아마도 할 얘기가 정말 많은 도시일 것이며, 오랜 역사 덕에 그 위력은 더욱 커진다. 세계의 혁명사를 주도할 정도로 오랜 기간 서양 정치의 정신적 중심지로서 쌓아온 내용이 참으로 많다. 가톨릭 역사에서도 로마 교황청과 쌍벽을 이룰 정도로 파리는 그 역사가 풍성하다.

셋째, 대중성은 전문성과 쌍벽을 이루는 파리의 강점이다. 이는 곧 파리가 세계적인 관광 도시라는 말과 동의어다. 일단 한국에서부터 가장 인기 있는 관광 도시 가운데 하나이며, 세계를 기준으로 하면 그 순위는 1, 2등을 다툴 정도다. 코로나 이전을 기준으로 대략 매해 1,800만 명이 파리를 방문했다. 이는 유럽에서는 로마를, 서양권 전체에서는 뉴욕을 젖힌 숫자다. 파리 경제의 20%가량이 관광 수입에서 나온다는 사실만 보아도 그 규모를 짐작할 수 있다. 이제 세계에서 파리와 경쟁할 관광 도시는 런던(2,000만 명)과 방콕(2,100만 명)밖에 없다. 그런데 런던 방문자 가운데에는 관광이 아닌 금융 비즈니스와 유학생이 상당수를 차지한다. 방콕은 관광의 목적이 환락이나 미식 등에 치우친 면이 있다. 파리 방문자만이 대부분 순수한 관광객이다. 그것도 도시건축과 문화예술을 감상하고 공부하고 즐기러 가는 수준 높은 관광객이라 할 수 있다.

넷째, 이런 대중성과 전문성이 분리되지 않고 하나로 합해졌다. 뉴욕과 런던이 세계 금융의 중심지로서 '경제'라는 전문성에서는 세계 최고지만 일반인들에게 이는 어렵고 낯선 전문분야에 불과하다. 파리는 다르다. 우리는 파리에서 이루어진 수많은 혁명의 역사를 알고 있고, 또한 파리의 문화예술을 즐기고 사랑한다.

흔히 유럽 여행을 계획할 때 '최소한 파리는', '파리부터', '또 파리' 등과 같은 수식어가 붙는다. 도시문명을 지닌 유럽에는 여행지 후보로서 쟁쟁한 경쟁 도시들이 많다. 수도에서만도 로마, 런던, 베를린, 빈, 마드리드, 암스테르담 등이 각자의 매력과 강점을 자랑한다. 수도가 아니어도 바르셀로나, 피렌체, 베네치아, 뮌헨, 잘츠부르크 등은 이런 수도들과 어깨를 나란히 한다. 하지만 모두 파리에는 미치지 못한다. '파리병'이라는 말도 있다. 파리의 매력을 '콕 짚어서' 말할 수는 없고 파리가 가장 좋은 것도 아니지만, 묘하게 시간을 두고 계속 파리가 생각나고 한 번 더 가보고 싶어지는 현상을 이르는 용어다. 한번 갔다 오면 여운이 남고 많이 생각나고 다시 가고 싶은 곳, 그런 곳이 바로 파리다.

한국인의 '해외 수도' 파리,
도시 연구의 이상적 본보기

이상을 종합하면 파리는 한국인에게 '제2의 수도' 혹은 '해외 수도'라 할 수 있다. 애국심이 부족하거나 파리를 무조건 찬양하는 문화 사대주의로 보일 수도 있다. 그런데 21세기 현재 한국 사회가 국제화를 강하게 지향하고 있는 점에서 한 번쯤 '해외 수도'라는 개념을 생각해볼 필요도 있다. 그리고 앞과 같은 네 가지 이유를 근거로 나는 그 후보로서 '파리'를 제시하고 싶다. 단순히 한국인의 이동 인구만 보면 최고의 도시는 로스엔젤레스일 것이며 뉴욕, 샌프란시스코, 도쿄, 홍콩, 상하이, 베이징, 방콕, 런던 등도 모두 파리를 앞설 수 있다. 하지만 이들 도시로 이동하는 목적 가운데는 이민, 유학, 비즈니스 등의 비중이 높다. 순수한 관광 목적의 이동량과 함께 도시건축을 필두로 한 문화예술 역량을 기준으로 잡는다면 파리를 해외 수도로 볼 이유는 충분하다.

이런 이유로 파리를 연구한 이 책은 우리에게 여러 가지 면에서 중요하다. 무엇보다 파리라는 세계적인 도시를 한국인의 학술적 역량으로 연구해서 책으로 출간한 점은 그 자체로 의미가 크다. 서양권에서는 지금까지 파리에 관한 많은 연구서가 출간되었으나 한국에서는 빈약한 편이다. 그것도 주로 여행에 한정되었으며, 내용도 숙박, 식당, 교통 등 실용 정보 중심이다. 권수도 한 자리 숫자를 넘지 못한다. 이런 상황에서 이 책은 큰 의미를 갖는다고 하겠다.

전문적으로 보면 이 책은 도시건축 연구의 본보기가 될 수 있다. 파리는 스케일, 도시구조, 건축 수준, 역사성, 대중성, 관련 사료, 사회문화적 배경 등 여러 면에서 도시건축을 연구하기에 가장 좋은 조건을 갖춘 도시다. 로마 시대부터 21세기에 이르는 긴 역사를 자랑하며, 이를 거쳐온 여러 시대를 골고루 잘 갖추고 있다. 또, 이와 연관된 각종 역사 자료가 풍부하고 정리도 잘 되어 있다. 이를 바탕으로 문화예술의 잠재력과 수준 모두에서 가장 이상적인 도시라 할 수 있다. 이런 유리한 조건을 십분 살려서 모범적 연구 사례를 한번 구축하면, 이를 본보기로 다른 도시들에 대해서도 다양한 연구 방법을 모색할 수 있다. 최근 한국에서도 '공간'이라는 사회적 유행을 따라 도시건축 연구가 활성화되고 있다. 좁게는 서울을 비롯한 우리의 주요 도시를, 넓게는 유럽, 나아가 북미권과 아시아 등 세계 주요 도시를 연구하는 데에 이 책이 모범적 본보기가 될 수 있다.

이 책은 개인적으로는 나의 주전공인 서양 건축사 가운데 '버전 4'에 해당한다. '버전 1'은 기본 양식사로서 『임석재 서양 건축사』 시리즈 다섯 권(2003~2008년)과 『한 권으로 읽는 서양 건축사』(2011년) 등을 출간했다. '버전 2'는 기본 양식사를 다양한 주제로 해석하는 단계로 『임석재의 생태건축』(2011년), 『기계가 된 몸과 현대 건축의 탄생』(2012년), 『건축과 미술이 만나다, 1890~1945』(2008년), 『건축과 미술이 만나다, 1945~2000』(2008년) 등이다. '버전 3'은 건물 종류로 세분하는 단계로, 『유럽의 주택』(2014년), 『극장의 역사』(2018년), 『계단 문명을 오

르다: 고대~르네상스』(2009년), 『계단 문명을 오르다: 바로크~20세기』(2009년), 『피라미드의 문』(2021년) 등 역시 여러 권을 출간했다.

'버전 4'는 도시별 연구다. 도시 연구는 나의 주요 전공 분야 가운데 하나로 늘 관심을 가지고 기회가 있을 때마다 연구 내용을 축적하고 준비해왔다. 도시는 내용이 매우 방대해서 연구와 집필의 방향을 좁힐 필요가 있는데, 우선 그 첫 번째 주제로 도시별 연구를 택했다. 같은 취지에서 일단 2022년에 대한민국 수도 서울의 도시건축 역사를 연구한 『서울 건축사, 1394~2021: 건축으로 읽는 629년의 사회문화사』를 가장 먼저 출간했다. 이어 해외 도시 가운데 첫 번째로 파리를 선택해 이번 책을 내게 되었다. 파리를 다루는 책은 총 두 권으로 구성할 계획인데, 건도부터 루이 14세의 1715년까지, 즉 파리의 '중세와 고전의 시대'를 다룬 이 책을 먼저 내고 곧이어 '혁명과 제국의 시대'라 할 수 있는 18~19세기를 다룬 후속작을 낼 계획이다. 파리는 그 역사성에 걸맞게 사실상 이 두 개의 도시가 공존하고 있으며, 이로써 파리의 도시건축 역사를 충실하게 갖출 수 있다고 자부한다. 이로써 2023년 현재 한국인에게 가장 중요한 두 도시에 관한 연구를 마쳤으며, 앞으로도 기회가 되는 대로 도시 연구를 이어갈 계획이다.

감사의 글로 맺고자 한다. 먼저 졸고를 출간해준 이화여자대학교출판문화원에 깊이 감사한다. 주변이 여러모로 어려운 가운데 내가 좋아하는 연구와 집필에 전념할 수 있는 환경을 마련해준 한국 사회에도 깊은 감사의 마음을 전한다. 마지막으로 소중한 가족, 아내와 두 딸에게 마음 깊이 감사하고 사랑한다는 말을 전한다.

2023년 7월
임석재

차례

3부 중세 시대(751~1514년)

4부 초기 근대(1515~1750년)

1부 파리는 어떤 도시일까

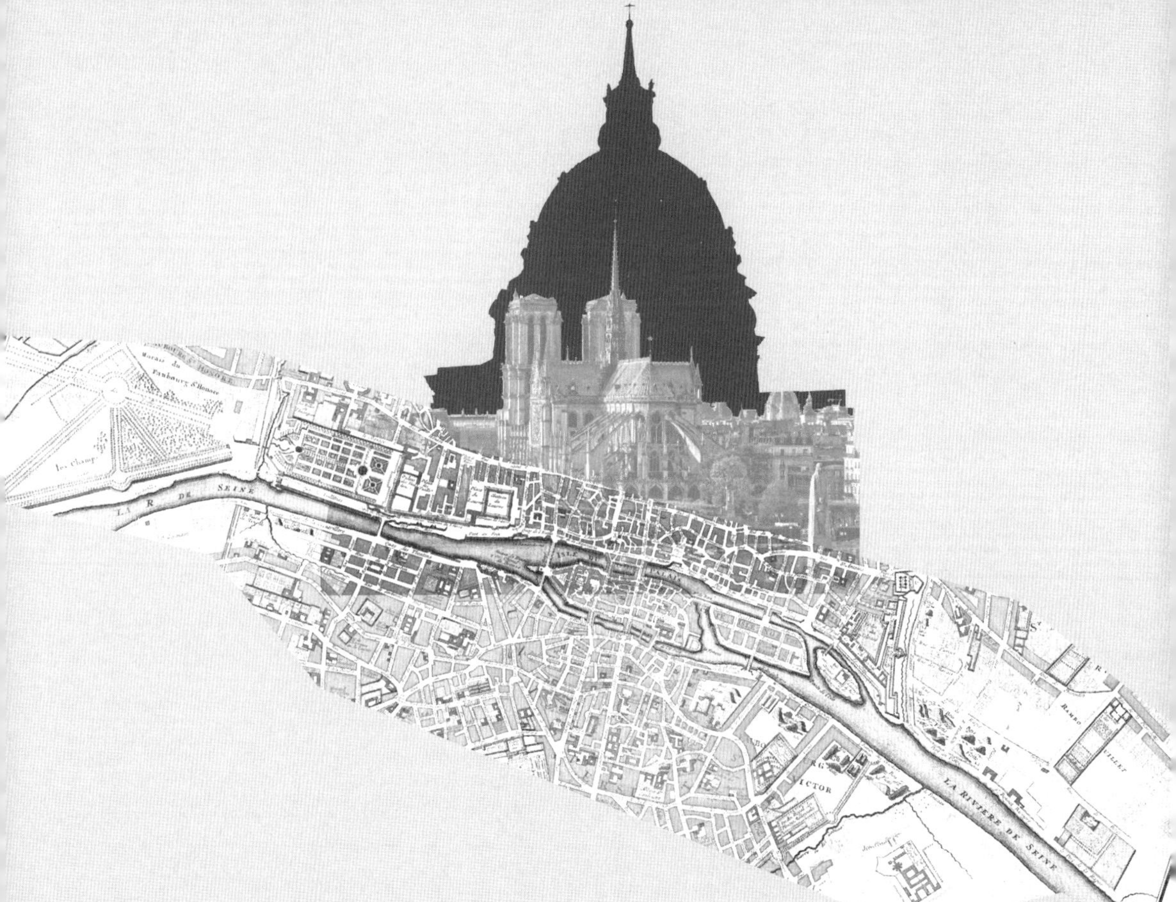

A History of the Urban Architecture of Paris

프랑스의 문화적 힘과 파리 도시건축의 특징 1장

혼성과 형식화의 조화

프랑스의 네 가지 문화적 힘 1
혼성 문화

파리는 어떤 도시일까? 물론 프랑스의 수도다. 그런데 이국만리 먼 이 땅에도 파리에 열광하는 두꺼운 팬층이 있는 걸 보면 단순히 한 나라의 수도를 뛰어넘는 '그 무엇'이 있는 게 틀림없다. 우리까지 올 필요 없이 유럽 본바닥에서도 파리는 모든 도시의 선망의 대상이며 많은 유럽인이 파리는 반드시 가보아야 하는 도시로 생각한다. 파리는 어떤 도시길래 이런 인기를 누리는 걸까? 이 질문에 답하기 위해 파리의 특징을 종합 요약하는 장으로 시작하고자 한다. 앞으로 역사 순으로 전개될 내용을 주제별로 압축해서 정리함으로써 파리를 크게 바라보고 이해해보고자 한다.

파리가 누리는 명성의 배경에는 우선 프랑스라는 나라 전체의 문화적 힘이 있다. 이어 이것을 수도의 도시건축으로 압축하여 구축한 집중력이 있다. 순수하게 건축물을 짓는 구축적·조형적 집중력부터 이를 이끌고 후원하는 정치 권력과 경제 권력, 그리고 마지막으로 이를 문화로 승격시키는 담론화와 이론화 과정 등 프랑스는 한 도시의 도시건축이 번성하는 데 필요한 소프트·하드 역량 모두에서 뛰어나다. 이런 점에서 파리의 도시건축을 이해하기 위해서는 먼저 프랑스의 문화적 힘을 살펴볼 필요가 있는데, 크게 넷으로 요약할 수 있다. 혼성 문화, 개방성과 다양성, 종합화와 토착화, 역사성과 포용성 등이다. 차례대로 살펴보자.

첫째, 혼성 문화다. 프랑스는 문화적 개성이 강한 나라로 알려진 것과 달리 의외로 혼성화 쪽에 가까운 특징이 관찰된다. 문화의 형성 과정이 그랬으며 그 결과 형성된 '프랑스 문화'도 혼성의 성격이 강하다. 인종부터 그렇다. 수도 파리를 중심으로 한 일드프랑스Île-de-France의 수도권 지역에는 보통 갈리아족Gallia(= 골족Gauls)을 대응하며, 드골 대통령이 상징하듯 갈리아족은 프랑스 인종을 대표하는 것으로 통한다. 이를테면 우리의 '한민족'에 해당한다.

그러나 프랑스는 핵심 민족만 해도 갈리아족 이외에 켈트족, 프랑크족, 노르만족, 브르통족, 고트족 등이 있어 여러 인종의 집합체다. 이미 프랑스 헌법에서도 민족 구성에 대해 '추산 불가능'이라 규정하고 있다. 물론 이 문구는 차별 철폐 같은 숭고한 인류 가치를 지향하는 뜻을 갖지만, 그 근원에는 이런 다인종의 국가 구성이 깔려 있다. 이런 현상은 개방적 인종 정책과 함께 최근에 더욱 두드러지고 있다. 한국에서도 누구나 쉽게 확인할 수 있는 대표적 사례가 프랑스 축구 국가대표팀일 것이다. 주전 11명 가운데 두세 명만 순수 백인이어서 사실상 흑인 팀이나 아프리카 팀에 가깝다. 혈통의 순수성을 중시하는 일부 기성세대에서 '저 팀이 과연 진정한 프랑스의 국가대표팀이라고 할 수 있을까'라는 의구심을 품을 정도다.

인종 구성이 이렇다 보니 문화 역시 적어도 형성기의 뿌리를 캐보면 자생적인 것보다는 외부에서 받아들이거나 이민족이 가지고 들어와 형성한 것들이 다수다. 이런 이민족은 대체로 앞서 열거한 다인종들인데, 이들이 나중에 '프랑스'라는 지금의 국경선 테두리 안으로 합해지면서 그 문화까지 '프랑스 문화'가 된 것이다. 실제로 문화예술사를 기준으로 보면 프랑스 문화의 형성기인 '로마-초기 기독교-로마네스크'에 이르는 기원전 1세기부터 서기 987년까지의 기간에 사실상 파리는 물론이고 프랑스 전역이 이민족의 지배 아래에 있었다고 해도 과언이 아닐 정도다. 장르마다 차이가 있겠지만, 도시건축의 경우 프랑스에서 이 세 양식은 당시로서는 외세가 들고 들어온 이방 양식이었다. 물론 시간이 흘러 이제는 프랑스 도시건축사에 당당히 포함되어 있다.

이 시기 서유럽과 중유럽에서는 매우 많은 민족이 뒤섞여 혼전을 벌이고 있었다. 프랑스라는 나라는 아직 형성되지 않았다고 볼 수 있다. 예를 들어 지금은 프랑스의 포도주를 대표하는 부르고뉴를 비롯하여 노르망디, 브레타뉴, 아키텐 등의 주요 주들이 당시에는 별도의 작은 공국이었다. 부르고뉴는 고트족이 세웠고 독일어권과 더 가까웠으며, 노르망디는 노르만족이 세웠고 영국과 노르만 혈통을 매개로 한때 영국에 속하기도 했다.

당시의 프랑스 지역은 이런 여러 공국이 뒤섞인 상태였다. 이 과정에서 갈리아족을 중심으로 몇 개의 종족이 합세한 프랑스의 핵심 민족이 최초로 형성되었으며, 이들은 지리적 이점이 많은 파리와 일드프랑스 일대를 차지하는 데 성공했다. 북쪽의 대서양, 동쪽의 라인강과 마른강, 서쪽의 루아르강, 남쪽의 센강 등 주요 물길을 경계로 삼아 비교적 비옥한 넓은 영토를 확보한 것이다. 이것이 오늘날의 파리를 형성하는 뿌리가 되었다.

프랑스의 네 가지 문화적 힘 2
개방성, 종합화, 역사성

둘째, 개방성과 다양성이다. 단일민족의 관념적 가치에 익숙한 우리에게 혼성 문화는 자칫 부정적으로 보일 수 있지만, 혼성 문화 자체가 반드시 나쁜 건 아니다. 우선 원론적으로 세계 주요 나라는 대부분 혼성 문화다. 이른바 '대이동exodus'은 반드시 살기 좋은 땅을 찾아 떠난 것이라기보다, 그 이전에 '인류'라는 종의 중요한 본능 가운데 하나여서 문명은 기본적으로 섞이게 되어 있다. 인류사회의 문명 자체가 이처럼 교류를 바탕으로 형성되어서 적어도 널리 알려진 대형 문화권 가운데 순수한 의미의 '단일문명'이나 '단일민족'은 없다고 볼 수도 있다. 결국 인류 문명의 역사에서 더 중요한 건 외래문화를 받아들여 이것을 자신들만의 문화로 빚어내는 능력일 것이다. 여기에는 두 단계가 필요한데 그중 하나가 개방성과 다양성이고 다른 하나가 종합화와 토착화다.

개방성은 이방 문화를 받아들이는 데에 적극적인 자세다. 자신보다 발달한 문명을 받아들여서 그걸 뛰어넘으려는 발전지향적 의지부터 이방 문화에 대한 차별 없는 균형감, 혹은 좀 더 중립적 의미의 호기심이나 포괄성에 이르기까지 고급문화를 이루는 데에 필요한 미덕이다. 그리고 다양성은 이렇게 받아들인 이방 문화를 시간과 공간 모두에서 계승하고 확장하면서 유지하는 경향이다. 프랑스인들이 선천적으로 이런 성향을 얼마나 가지고 있는가에 대해서는 평가가 다를 수 있지만, 적어도 두 가지는 확실해 보인다. 하나는 최소한 고급 문화에 대해서는 '선별적'이라는 단서 아래 개방성과 다양성의 성향이 뚜렷하다는 것이고, 다른 하나는 개방성과 다양성의 가치를 좋은 것으로 판단하고 이런 성향을 자신들의 문화에 접목하려 노력한다는 것이다. 68혁명 이후 프랑스 사회를 주도하고 있는 '차이의 존중'과 '톨레랑스tolérance'는 이런 현상이 현대까지 이어진 대표적인 사례다.

셋째, 종합화와 토착화다. 종합화는 외래에서 들어온 이방 요소들을 하나로 통합해내는 성향이나 능력이다. 이렇게 정착한 이방 문화가 한 지역 내에서 일정한 시간과 공간을 점유하고 진행하다 보면 자연스럽게 그 지역의 문화로 굳어지는 토착화가 일어난다. 이는 곧 이방 문화를 프랑스의 것으로 만드는 '프랑스화化'를 의미하는데, 곧 프랑스는 원본 문명과의 관계에서 표절이나 아류 시비에 걸리지 않게 프랑스만의 특징을 입히는 데에 뛰어난 능력이 있다. 이 과정에서 종종 원본과 동등한, 심지어 원본을 뛰어넘는 작품성을 확보한다. 이탈리아에서 들여온 고전주의가 대표적으로, 이 내용은 뒤에서 구체적 사례를 통해 살펴볼 것이다. 더 확장하면 이 책의 내용 가운데 초기 근대에 해당하는 4부 전체가 이 과정이었다.

넷째, 이상의 여러 능력을 하나로 결집하는 역사성과 포용성이다. 두 성향은 서로 협력해서 상승효과를 내며 함께 간다. 역사적 인식 없이 포용성만 있으면 정통성이 부족한 '잡탕 문화'가 되며, 반대로 포용성 없는 역사성은 우리의 조선 말기 같은 폐쇄적 쇄국으로 귀결된다. 포용성이라는 커다란 문화적 판을 확보한 뒤 오랜 기간 기다리며 이것을 다듬어내는 역사성이 함께 가야 한다. 이는 분명 쉽지 않은 수고인데, 프랑스는 이런 점에서 뛰어난 나라이며 파리는 다시 수도답게 그 결과물을 도시건축으로 집약해냈다.

역사성이 특히 중요해서, 이런 문화적 판을 일단 확보하고 나면 무엇을 받아들이건 간에 파리에 들어오는 순간 프랑스의 것으로 둔갑해버리는 요술 같은 일이 벌어진다. 이때 '문화적 판'이란 다름 아닌 '예술 수도로서의 파리의 명성'과 같은 말이다. 20세기 현대예술이 대표적이다. '예술 수도'라는 멍석을 잘 깐 덕에 세계 각국의 예술가들을 흡수해서 사실상 파리지앵으로 만들어버리는 일이 관행이 되어버렸다. 스페인 태생의 파블로 피카소Pablo Picasso(1881~1973년)와 스위스 태생의 르코르뷔지에Le Corbusier(1887~1965년)가 대표적이다. 이는 이민 국가인 미국이 '용광로'라는 기치를 내걸고 세계 각국의 인재를 미국 시민으로 흡수해서 초강대국이 된 현상의 예술 버전으로 볼 수 있다.

파리의 여섯 가지 도시건축 특징 1

고전주의 + 사회 형식화 = 고전 형식화

이상이 프랑스의 네 가지 문화적 특징이다. 예술은 이런 현상을 구현해내는 대표적인 분야로, 파리는 수도라는 지위에 걸맞게 특히 도시건축으로 이를 집중해냈다. 우선 파리의 도시건축 자체가 외래 양식으로 시작했다. 크게 '고전주의-중세 양식-현대 산업 양식'의 세 종류인데 고전주의는 이탈리아에서, 중세 양식은 당시 다른 나라였던 프랑크 왕국, 부르고뉴, 노르망디 등에서 각각 받아들인 이방 양식이었다. 현대 산업 양식은 런던과 함께 종주국의 양대 산맥을 이루긴 했지만, 산업혁명을 먼저 시작한 영국에서 일정한 영향을 받았다.

파리는 여기에 그치지 않고 앞의 네 가지 국가적 문화 역량을 발휘해서 이런 외래 양식들을 반영해 파리만의 도시건축을 탄생시켰다. 여기에서 다시 파리만의 여섯 가지 특징과 역량이 나온다. 고전주의, 사회 형식화, 구조 합리주의, 중세정신, '2H'의 문화적 뿌리, 고급 예술의 상품화 등이다. 이는 곧 프랑스 도시건축의 특징인데, 수도 파리에 집약적으로 구현되면서 그 경연장이 되었다. 차례대로 살펴보자.

첫째, 고전주의는 표면적으로 프랑스의 이미지와 가장 잘 맞는 특징이라 할 수 있다. 프랑스는 샹송, 와인, 요리, 패션 등이 발달해서 언뜻 낭만주의가 발달했을 것 같은데, 낭만주의는 적어도 문화예술사에서는 의외로 독일과 영국의 몫이다. 고급 레스토랑에서 와인을 곁들여 멋진 요리를 먹거나 샹송을 들으며 선남선녀가 사랑을 속삭이는 것과 같은 장면은 물론 프랑스인의 기질인 게 틀림없지만, 어떤 면에서는 영화나 대중문화가 만들어낸 '환상의 상품'에 가까울 수 있다. 주변에 '파리가 무척 좋은 건 아닌데 묘하게 반드시 한 번 더 가고 싶어진다'는 이른바 '파리병'에 걸린 사람들 얘기만 들어봐도 파리의 매력을 낭만성이라고 보기는 어렵다.

프랑스는 오히려 그 반대로 고전주의가 발달하고 고전주의를 매우 사랑하는 나라다. 그런데 문예사에서 고전주의는 보통 낭만주의의 반대편 사조로 분류한다. 고전주의의 발상지는 그리스와 이탈리아이며, 르네상스와 바로크를 거친 근대 고전주의는 사실상 이탈리아 양식이다. 프랑스도 처음에는 이탈리아 고전주의를 받아들여 시작했고 곧바로 자신들의 '국가 양식'으로 선택해서 초기 근대의 200여 년에 걸쳐 완성·발전시켰다. 이 과정에서 프랑스만의 특징이 들어간, 즉 '프랑스화'한 프랑스식 고전주의를 창출했다. 대체로 바로크 시기를 거치면서 이탈리아 원본과 차별화된 '프랑스 바로크 고전주의'를 탄생시키는 데에 성공했다.도 1-1

물론 프랑스는 고전주의 이외에 중세 양식과 현대 산업 양식도 국가 양식으로 갖는다. 이런 점에서 건물의 개수나 국가 양식에서 그것이 차지하는 비중 등을 기준으로 보면 고전주의 하나만을 국가 양식으로 갖는 원조국가 이탈리아에 미치지 못하는 것으로 볼 수도 있다. 하지만 양식의 완성도와 고전에 대한 국민적 사랑 및 자부심 등은 뒤지지 않는다. 우선 프랑스는 양적 측면에서 이탈리아 다음으로 고전주의가 융성한 나라다. 유럽에서 이탈리아를 제외하고 이 수준에 이른 나라는 아마도 프랑스가 유일할 것이다. 이를 바탕으로 이탈리아 고전주의와의 관계에서도 우열의

1-1. 앵발리드 교회 정면. 프랑스 국가 양식의 완성판이다.

판단을 넘어서는 프랑스만의 고전주의를 창출했다. 실제로 유럽 고전주의 건축 족보에서는 이런 프랑스 고전주의를 보통 이탈리아 고전주의와 구별된 독립적 양식으로 평가한다.

여기서 끝나지 않고 역사의 끈을 늘려 보면 이탈리아 양식이 저물기 시작하는 계몽주의부터는 이탈리아의 뒤를 이어 가장 앞에서 현대 고전주의를 이끈 나라가 되었다. 대체로 17세기 바로크를 중첩기로 볼 수 있다. 이 시기 프랑스만의 고전주의를 창출하는 데 성공했으며, 이를 바탕으로 지리적으로 가까운 영국, 독일, 오스트리아 등에 일정한 영향을 끼치는 단계까지 이르게 되었다. 프랑스 바로크 고전주의만 보면 이탈리아에 조금 못 미칠 수 있지만, 이런 영향 관계까지 포함하면 이탈리아와 함께 유럽 바로크를 양분한 것으로 볼 수 있다. 이후 이탈리아가 쇠락한 18~19세기에는 유럽 신고전주의 전체에서 프랑스가 주도적인 역할을 했다.도 1-2 이런 전통은 20세기까지 이어졌다. 전통이 사라진 근현대 건축에서 파리와 그 주변의 신도시 일대는 이른바 현대 고전주의 양식의 건축물이 꾸준히 지어지는 지역으로 남았다.

1-2. 파리 팡테옹. 고전주의가 18세기에 '구조 합리주의'라는 새로운 사조로 발전한 것을 보여주는 대표 건물이다.

둘째, 사회 형식화는 건물을 개별 예술품으로 두지 않고 '공적 기념비'로 만드는 성향과 능력이다. '공적'이 '사회'에, '기념비'가 '형식화'에 각각 대응한다. 공공성을 이상적인 사회 가치로 추구하면서 이것을 절제된 품격으로 표현하는 건축이 발달했다는 뜻이다. 이는 프랑스가 유독 혁명이 잦고 국민 전체가 정치사회에 관심이 많다는 국가적 특징이 건축에 반영된 현상으로 볼 수 있다.

건축 사조로는 고전주의가 사회 형식화에 가장 어울린다. 형식화에는 적절한 건물 크기와 정리된 규칙성이 필수인데, 고전주의가 이것을 대표하기 때문이다. 이를 바탕으로 사회적 권위를 표현하는 공공화가 더해지면 기념비로 발전한다. 이처럼 고전주의가 사회 형식화와 잘 어울린다는 사실을 가장 먼저 인지하고 가장 적극적으로 활용한 나라가 프랑스였다. 그리고 수도 파리는 이것이 집중된 도시였다. 노트르담 대성당을 필두로 파리의 만만치 않은 중세 고딕 건축에도 불구하고 실제 파리를 거닐다 보면 눈에 먼저 들어오는 건 분명히 공적 기념비로 승화한 고전주의 건물이다.

여기에서 '고전주의 + 사회 형식화 = 고전 형식화'의 등식이 성립된다.

이 부분이 이탈리아 고전주의와 차별화되는 프랑스 고전주의의 특징이다. 이탈리아 고전주의는 '알베르티-브라만테-라파엘로-미켈란젤로-베르니니'로 이어지는 이른바 정통 로마주의 족보를 거치며 개인에 따른 섬세한 예술성을 대표 특징으로 형성했다. 반면에 프랑스 고전주의의 대표 특징은 이와 달리 개인 건축가는 드러나지 않는 대신 대칭, 수직성, 오더 등의 기본 규범을 강조하면서 형식성으로 나타났다. 마침 이런 프랑스 고전주의 건축이 완성된 때가 루이 14세 시기였기에 자국의 자랑스러운 역사가 쌓이면서 사회적 권위를 드러내는 기념비로 성장했다.

파리의 여섯 가지 도시건축 특징 2

구조 합리주의 + 중세정신 = 중세 합리주의

셋째, 구조 합리주의는 프랑스의 과학 정신에 해당하는 건축 양식이다. 프랑스는 과학과 수학이 발달한 나라인데, 고전 형식화에 이어 프랑스인이 낭만적일 것이라는 선입견에서 벗어난 또 다른 국민성이다. 이런 국민성이 첫 번째로 꽃을 피운 게 고딕 건축의 '데가주망dégagement 공법'이다. 실내 천장을 40 미터 이상 올린 첨단 공법으로서 구조기술을 합리적으로 활용해 이런 쾌거를 이루었다는 뜻으로 '구조 합리주의structural rationalism'라고도 부른다. 부르고뉴와 노르망디에서 로마네스크 양식을 받아들여 일드프랑스에서 완성했다.도 1-3

아직 현대적 의미의 수학이나 역학이 발달하지 않았던 때에 오랜 기간에 걸친 시행착오 끝에 이 공법을 만들어냈다는 사실은 일드프랑스 지역의 국민성이 기본적으로 과학적임을 말해준다. 고딕 양식은 나라와 지역에 따라 여러 갈래로 나뉘며 다양한 특징을 보이는데, 유독 일드프랑스 지역만 구조 합리주의 한 가지로 귀결된 것도 같은 맥락으로 이해할 수 있다. 이런 구조 합리주의는 18세기 계몽주의 건축에서 독립 사조로 발전하며 유럽 전체의 근대 전기pre-modern 건축을 이끌었다. 이어 프랑스는 19~21세기에 이르는 현대건축에서 구조 미학 계열의 건축을 대표하는 나

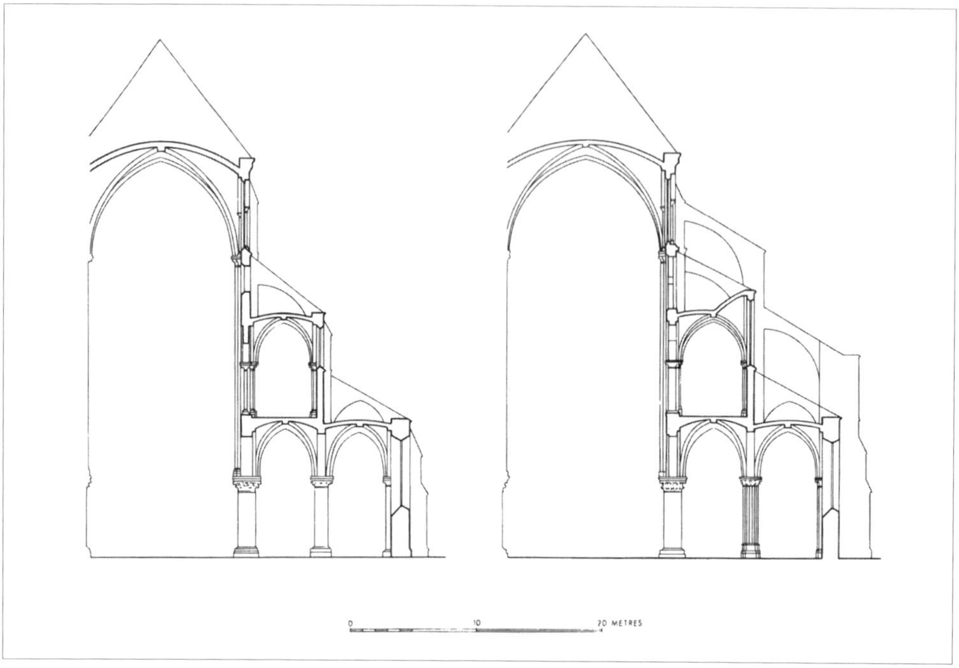

1-3. 데가주망 공법을 보여주는 파리 노트르담 대성당의 구조 단면도. 왼쪽이 성가대석이고 오른쪽이 네이브다.

라 가운데 하나가 되었다. 이를테면 '에펠탑'이라는 이질적인 토목구조물이 파리의 아이콘이 된 현상도 프랑스인의 합리주의적 국민성을 보여주는 좋은 예라 하겠다.

넷째, 중세정신은 프랑스의 기독교 역사와 그 정신을 말한다. 프랑스 기독교는 그 뿌리를 거슬러 가면 외래 종교로 처음 들어왔다. 초기 기독교 시대에 바티칸에서 서방 가톨릭과 아우구스티누스의 교리를 받아들이며 시작했고, 이후 다른 여러 분야와 마찬가지로 토착화에 성공한 뒤 꾸준히 성장·발전해서 12~13세기에는 유럽 전체의 기독교를 이끄는 나라가 되었다. 이때의 활동을 바탕으로 이른바 '중세정신medieval spirit'이란 게 형성되었다. 중세정신은 유럽의 모든 중세 국가가 이루었는데, 프랑스의 경우 특히 두 가지 명확한 문명 운동으로 집약된 점에서 이 현상을 대표하는 나라가 되었다.

하나는 순수한 신학으로서 스콜라 신학Scholasticism으로 좁힐 수 있다. 파리 전역에 포진해 있던 수많은 수도원과 교회 등에 더해 1215년경 파리 대학이 설립되면서 파리는 유럽 신학의 중심도시 가운데 하나가 되었다. 이는 중세 기독교의 전성기에 해당하는데, 당시 파리는 크고 작은 수도원과 여러 대학이 즐비한 지성의 산실로서 이런 종교적 역량과 학문적 저력을 바탕으로 스콜라 신학을 완성하고 주도했다.

스콜라 신학은 기독교를 자연과학과 아리스토텔레스의 학문 등으로 해석한 새로운 신학이었다. 과학과 지성이 발달한 프랑스의 역량을 기독교에 적용해서 탄생한 것이다. 기독교 양식이던 고딕 건축의 구조 합리주의를 뒷받침한 종교적 배경도 스콜라 신학이었다. 프랑스는 종교개혁 이후 신교와 구교 사이에서 진통과 갈등을 겪은 뒤 가톨릭 국가로 남게 되었다. 19세기 이후 기독교는 세속화되고 쇠퇴하지만, 기독교 정신은 아직은 프랑스 정신에서 중요한 위치를 유지하고 있다.

다른 하나는 '갈리아주의Gallicanism'다. '갈리아 교회주의'라고도 부르는데, 우선 사전적 뜻은 '교황권 제한주의'로 요약할 수 있다. 교황과 로마 교황청 중앙정부의 간섭을 제한하고 프랑스 교회의 자율적 운영과 독립성을 지키려는 활동을 말한다. 좀 더 풀어쓰면 프랑스 국왕과 왕실이 가톨릭보다 우위에 서서 교회를 이끈 현상을 말한다. 교회가 재산권을 왕실에 넘긴 것이 대표적이다. 프랑스 가톨릭은 교황의 권력을 견제할 물리적 힘이 결국 국왕과 왕실에 있다는 현실을 받아들여 종교의 자유를 보장받는 조건으로 사실상 왕실에 종속된 것이다.

이로써 프랑스는 국가와 종교가 하나로 합해진 국수주의 교회관을 성립했다. 프랑스의 정교일치 혹은 신정일치 전통도 여기에서 온 것이다. 프랑스 건축의 '국가 양식'이 왕궁이 아닌 교회 건물에서 탄생한 점 역시 이런 배경이 있어서였다. 갈리아주의는 요즘 같은 대형 자본으로 무장한 경제 주체가 없던 중세에 핵심적인 건축주 역할을 담당하며 주요 교회 건물의 든든한 정치적·경제적 버팀목이 되어주었다. 이는 스콜라 신학이 좀 더 순수한 이론적·예술적 차원에서 프랑스 중세정신의 산실이었던 것과는 다른 정치종교적 차원에서의 기반이 되었음을 의미한다.

다섯째, 이상의 네 가지를 모으면 이른바 서양문명의 뿌리라고 부르는 '2H'가 된다. 2H란 헬레니즘Hellenism과 헤브라이즘Hebraism의 머리글자를 딴 말이다. 헬레니즘은 고전주의로 앞의 네 가지 특징 가운데 고전주의와 사회 형식화에, 헤브라이즘은 기독교로 구조 합리주의와 중세정신에 각각 해당한다. 유럽 건축사에서 고전주의는 보통 '고대-지중해-남유럽'이, 기독교는 '중세-대서양-서중부 유럽'이 각각 대표하는데, 파리는 지리적으로는 후자에 속하지만 도시건축은 묘하게 이 둘 모두가 집약된 도시에 해당한다.

물론 다수의 유럽 도시가 이 두 계열의 건물을 갖추고는 있지만, 근원성과 영향력, 완성도와 융성한 정도, 역사성과 전체 규모 등을 종합적으로 볼 때 파리는 이런 양수겸장兩手兼將에서 단연 최고의 도시다. 이는 프랑스의 국가 양식이 고전주의와 중세주의 두 가지 모두라는 사실을 의미한다. 로마의 국가 양식이 고전주의이고 런던과 독일 도시들의 국가 양식이 중세주의로 국가마다 둘 중 한 가지인 것과 다른 파리만의 이례적인 특징이다. 이는 또한 앞에서 말한 혼성 문화를 보여주는 대표적인 건축 현상이다.

파리의 여섯 가지 도시건축 특징 3
고급 예술의 상품화

마지막으로 여섯째, 고급 예술의 상품화commodification는 프랑스의 유명 디자인 브랜드를 생각하면 이해하기 쉽다. 디자인이라는 분야 자체가 실용예술이어서 상품화가 최종 목적이긴 한데, 프랑스는 디자인을 고급 예술로 유지하면서 상품화도 함께 성공한 대표적인 나라다. 요즘 말로 하면 일종의 '하이엔드 머천다이즈high-end merchandise' 전략을 예술과 상업의 결합에 적용한 것이다. 독일과 영국이 디자인을 대량 생산에 기반한 대중 산업이나 국민 장르로 운용하는 것과 대비되는 프랑스만의 능력이다.

건축에서도 같은 현상이 일관되게 관찰된다. 일드프랑스의 고딕 건축은 당시 둔탁하고 별 매력 없던 로마네스크 양식을 받아들여 날렵하게 뽑아 올리는 데 성공했는데, 그 이면에는 '빛'을 최대한 활용하려는 고급화 전략이 숨어 있었다. 건물 전체에 찬란하기 그지없는 '빛으로 그린 그림'인 스테인드글라스를 둘러서 최고의 예술품으로 숙성해냈다.도 12-5, 15-3 가장 프랑스다우며, 나아가 프랑스의 문화 역량과 건축 역량을 대표하는 고딕 건축을 완성한 것이다. 파리 내에서만도 노트르담 대성당과 생트샤펠을 비롯한 수많은 고딕 교회가 이를 잘 보여준다.

물론 고딕 건축의 중심지는 파리가 아닌 일드프랑스 지역이었고, 노트르담 대성당도 프랑스 고딕 건축 전체에서는 여러 중요한 건물 중 하나일 뿐이었다. 그런데 이것이 수도 파리라는 공간과 장소를 배경으로 단연 프랑스 고딕 건축 전체를 대표하는 대중성, 즉 상품성을 확보하게 된 것이다. 수많은 세계사적 사건이 일어난 현장으로서 수도 파리가 지닌 시간성과 역사성이 합해진 결과였다. 처음 지어지던 중세에는 아직 자본주의가 발달하지 않아서 '상품화' 개념이 약했겠지만, 초기 근대를 거치며 파리가 관광주의를 대표하게 되는 과정에서 이런 역사성을 무기 삼아 곧바로 상품화의 위력을 유감없이 발휘했고, 이는 21세기에도 이어지고 있다.

고전주의도 마찬가지였다. 앞에서 본 바와 같이 이탈리아 원본을 받아들여 프랑스만의 고전주의로 만든 뒤, 이것을 국가 양식으로 승화시키는 과정에서 루이 14세라는 세계사적인 스타 왕의 통치 역사와 결부시켜 고급 예술품으로 상품화해내는 데 성공했다. 이는 곧 집중력의 성공일 수 있다. 원본 이탈리아 고전주의의 경우 천재들의 활약에 의존하다 보니 개별 건축가 사이의 차이가 커서 전체를 모아놓고 보면 다소 산만하게 느껴졌다. 반면 프랑스는 절대왕정의 왕실에서 고전주의 양식 전체를 틀어쥐고 하나의 강력하고 통일된 이미지로 만들어내는 데에 성공했다. 이를 바탕으로 프랑스 고전주의는 원조국 이탈리아를 제치고 영국, 독일, 오스트리아 등 이웃 나라의 바로크 건축에 본보기가 되어 영향을 끼쳤다.

똑같은 현상이 19세기 신건축운동에서도 반복되었다. 신건축은 산업혁명의 발상지 영국에서 먼저 등장해 발전했는데, 파리는 이것을 받아들여 19세기에 다양한 문화 담론과 결부시킴으로써 풍성한 논제를 창출했으며, 다시 이를 사회경제적 추진력에 실어 예술 상품으로 만드는 데 성공했다. 당대 문화 담론에서는 자국의 중세 데가주망 공법을 철물건축으로

1-4. 에펠탑, 1889년. 파리의 사회경제적 추진력이 만들어낸 대표적인 예술 상품이다.

번안하는 '합성 성당cathédrale synthétique'이라는 주제가 대표적이었다. 파리가 사회경제적 추진력으로 예술 상품으로 만드는 데 성공한 사례는 에펠탑이 대표적이었다.도 1-4 런던에서 먼저 시작한 주제인 철물건축을 받아들여 100여 년에 걸쳐 런던과 선의의 경쟁을 벌인 결과였다.

2장

'파리, 파리' 하는 열 가지 이유

도시건축 역량에서 자연환경까지

도시건축 역량

로마와 맞설 수 있는 유일한 도시

이상이 파리의 도시건축을 형성한 다양한 배경이었다. 국가 전체의 거시적 문화 배경과 파리만의 미시적 도시건축으로 나누어 살펴보았다. 이제 그 결과물로서 우리가 접하게 되는 실체적 파리를 살펴보자. 파리 그 자체가 주는 무게감부터 순수한 공간적 특징 등 여러 방향으로 파리만의 도시건축적 강점과 공간적 특징이 관찰된다. 파리는 유럽 도시들 가운데 개성이 상당히 강한 편에 속한다. 여기에 파리의 인기를 더하면 사람들이 그토록 '파리, 파리' 하는 이유를 짐작할 수 있는데, 크게 열 가지를 생각해볼 수 있다.

첫째, 파리는 명실공히 유럽의 문화예술 수도다. 이는 파리에 가장 많이 붙는 칭찬의 수식어다. 유럽은 수십 개의 나라가 다닥다닥 등을 맞대고 있는 지리적 특성으로 인해 오랜 기간 국가 단위를 뛰어넘어 대륙 전체를 한 덩어리로 보는 관례가 있었다. 1990년대에 형성된 유럽연합EU은 이런 관례에서 가장 포괄적이고 거대한 역사적 흐름일 테고, 또 다른 대표적인 예가 대가의 반열에 오른 예술가들이 국경을 초월해서 활동하는 것이다. 이 기준을 도시에도 적용할 수 있다. 유럽은 늘 자신들 전체를 대표하는 수도를 정하고, 그 도시의 정치, 사회, 문화예술, 교육 등을 본보기로 삼았는데, 파리는 빠르면 18세기부터, 최소한 20세기부터는 확실하게 이 명예로운 타이틀의 주인공이 되었다.

둘째, 파리는 아마도 유럽에서 로마에 맞설 수 있는 유일한 도시일 것이다. 유럽의 도시들 중 로마의 무게는 실로 어마어마하고 무시무시하게 크다. '영원한 도시Eternal City'라는 별명은 '도시 분야에서 명예의 전당'에 해당한다. '유럽 도시의 조상' 혹은 '유럽의 아버지 도시'라 할 수 있다. 이런 로마에 비하면 파리는 젊은 도시에 속한다. 로마의 자손으로 볼 수 있는 측면도 많다. 그런데 16세기 르네상스 이후부터 파리는 조금씩 도시 역량을 키우며 로마의 자리를 대체하기 시작했다. 물론 유럽은 로마제국의 붕괴 이후 한 도시에 정치 권력을 몰아주는 일은 피해 왔다. 파리를 필두로 런던, 빈, 베를린, 암스테르담, 브뤼셀 등 여러 국가의 수도가 정치 권력을 나눠 갖는 형국이 계속되었다. 하지만 문화예술 권력은 조금 달라서 도시의 역량과 뛰어난 예술가들의 활동 여하에 따라 한 도시에 집중될 수 있었는데 파리가 그랬다. 17~18세기 계몽주의를 거치고 18세기 말의 프랑스대혁명과 19세기 근대적 통일국가의 시대를 거친 뒤, 20세기부터 파리는 유럽 역사에서 처음으로 로마와 동급의 도시로 성장했다.도 2-1

셋째, 내부로 눈을 돌려 파리 자체의 도시건축을 보면 가장 두드러진 장점으로 우선 '역사성'을 들 수 있다. 단 역사성에도 종류가 있는데, 파리의 역사성은 '다양한 시대 양식의 종합 축적', 즉 '시간의 축적'이라는 개념에 가깝다. 역사성을 단순히 '오래된 시간'으로만 보면 앞서 얘기했듯 파리는 사실 젊은 도시다. 그러나 '시간성'으로 보면 아마 유럽에서 가장 다양한 양식의 도시건축을 골고루 갖춘 도시일 것이다. 크게 보면 앞에서 말한 바와 같이 유럽 도시건축의 양대 산맥이라 할 수 있는 고전주의와 고딕 건축의 양면성이 두드러진다. 더하여 유럽 대부분 도시의 취약 지점인 18세기 계몽주의에서 강점을 보이며, 이를 바탕으로 19세기에도 유럽 건축을 이끌었고, 20세기 이후의 현대건축 역시 생각보다 골고루 갖추고 있다. 여기에서 파리에 '건축 사조의 백과사전'이라는 별명을 붙여볼 수

2-1. 파리 개선문. 나폴레옹 1세가 로마제국의 개선문을 모방해서 지었다. 프랑스와 파리의 영광을 함축하고 있다.

있다. 로마의 '영원한 도시'와 짝을 이루는 개념이다.

넷째, 파리의 가로를 걸어보면 느낄 수 있는 파리만의 독특한 도시건축 풍경이 있다. 물론 이탈리아, 프랑스, 영국, 스페인, 독일, 네덜란드 등 문화예술 강국이라 불리는 주요 국가의 도시들은 대체로 각자만의 도시건축 풍경이 있다. 그런데 대부분 중소 규모의 도시가 그렇고 런던, 베를린, 마드리드 같은 수도 급의 대도시에서는 이런 통일성이 약해진다. 심지어 로마조차도 구도심을 벗어나면 통일성이 깨지면서 가로 풍경은 혼란스러운 쪽에 가깝다. 파리는 유럽에서 가장 큰 도시 가운데 하나이면서도 상대적으로 도시건축의 통일성을 가장 잘 유지하고 있는 도시다.

다섯째, 이럴 수 있었던 중요한 배경 중 하나로, 파리시 당국이 도시건축을 철저하게 관리한다. 특히 새로 짓는 건물에 대한 심사는 엄격하기로 정평이 나 있다. 좁게는 새 건물이 들어서는 블록의 주변 분위기, 넓게는 파리 전체의 도시건축 맥락을 이어받으면서도 일정한 창의성을 갖추도록 요구한다. 오랜 기간 이런 노력이 쌓여 파리 도시건축만의 '시간성'과 '역사성'을 갖추게 된 것이다.

‘국가-예술’ 역량
역사적 장소의 보고와 센강의 축복

여섯째, 또 다른 중요한 배경으로 고전주의에 대한 국가적 대응에서 성공했다는 점을 들 수 있다. 고전주의는 고대 그리스와 로마에 뿌리를 두고 있으며, 적어도 유럽의 도시건축에서는 반드시 갖춰야 하는 첫 번째 필수 양식이다. 그러나 알프스 이북 지역의 나라들에서는 고전주의가 외래 양식이어서 거부감도 동시에 존재한다. 이런 거부감은 ‘문화 민족주의’의 형태로 유럽 예술사 여러 곳에 등장한다. 거의 모든 유럽 도시건축이 마주하는 숙제 같은 것인데, 모범답안은 아무래도 고전주의와 각국의 전통양식 사이에서 균형과 조화를 찾는 것이 될 것이다. 이는 곧 보편성과 개별성의 조화이기도 하다. 파리는 이 숙제를 가장 잘 해낸 도시에 해당한다. 파리는 이탈리아 다음으로 고전주의를 사랑하는 도시로, 그 옆에 ‘프랑스주의’를 잘 마련해서 함께 갖추는 걸 잊지 않았다.도 2-2

2-2. 루브르궁의 파리 바로크 고전주의. 이탈리아 고전주의를 받아들여 파리만의 고전주의로 재창출한 대표적인 양식이다.

일곱째, 프랑스라는 나라의 국력 덕도 크다. 프랑스는 유럽에서 러시아와 우크라이나에 이어 세 번째로 큰 나라로 공식 등재되어 있는데, 이는 단순히 국토 면적만을 기준으로 한 것이다. 러시아와 우크라이나는 일

단 한국에서 '유럽'으로 통하는 주요 나라에 속하지 않는다. 이 둘을 제외하고 보면 프랑스는 인구만 이탈리아 한 나라보다 조금 작고 면적과 인구 모두에서 가장 크다. 이렇게 된 데에는 통일국가를 일찍 이루었다는 점도 중요하게 작용했다. 이를 바탕으로 중세 이후의 유럽 역사에서 프랑스는 늘 중심 국가 가운데 하나였다. 물론 20세기 이후에는 미국, 소련(러시아), 중국, 일본, 독일 등 프랑스를 능가하는 강대국이 여럿 나와서 프랑스가 상대적으로 뒤처지게 된 것도 사실이다. 그러나 적어도 19세기까지는 세계 역사를 선도하던 국가 가운데 하나였다. 이런 나라의 수도라는 점에서 파리는 일단 기본 점수는 따고 들어간다고 볼 수 있다. 도시건축은 예술이기 이전에 경제력과 기술력이 필수인 대형 산업 분야라서 이에 대한 평가와 관심은 국력에 비례할 수밖에 없다. 이렇게 볼 때 국가의 든든한 위상은 수도 파리에 명성을 안겨준 중요한 배경이 되었다.

여덟째, '장소the place'라는 주제에서도 파리는 빠지지 않는다. 파리에는 루브르궁, 바스티유 광장, 튈르리궁, 샹드마르스 광장, 라빌레트 공원, 개선문, 샹젤리제, 방돔 광장 등 정치사적으로나 문화사적으로 중요한 장소들이 즐비하다. 파리의 명성은 여기에서 일어났던 세계사적 사건이나 축적된 문화사적 기록에 기인하는 바가 크다. 국력과 같은 맥락의 얘기다. 도시건축물이 중요한 장소가 되기 위해서는 두 가지 조건이 필요하다. 하나는 도시와 건물 자체의 작품성이 뛰어난 경우이고 다른 하나는 세계사적 사건들이 일어난, 정치사회적 중요성이 축적되는 경우다. 파리는 전자도 물론 뛰어나며, 여기에 더해서 이 장소 저 장소에서 일어났던 사건들이 그대로 유럽, 심지어 때때로 세계 전체의 역사적 사건이 되었고 그 장소의 공간과 건물 역시 덩달아 세계적 도시건축이 될 수 있었다.

아홉째, 파리에 넘쳐나는 다른 예술 장르와의 시너지 효과다. 파리는 특히 회화, 조각, 공예, 디자인, 패션 등 시각예술이 발달해 있다.도 2-3 문학, 음악, 철학 등 비시각 장르가 발달한 독일이나 영국과 중요한 차이다. 비록 베토벤이나 모차르트는 못 길러냈지만 20세기에 오면 '샹송'이라는 대중 장르가 성공했는데, 이것과 가장 잘 어울리는 게 아마도 파리의 가로 풍경일 것이다. 나이가 조금 든 세대라면 '파리' 하면 흐린 하늘 아래에

2-3. 로댕 미술관. 1680년경~1741년 사이에 지어진 오텔 비롱Hôtel Biron을 개조했다. 이곳을 견학한 학생들은 청소년 시기부터 건축과 미술이 어우러진 파리의 문화 역량을 체화하며 성장한다.

서 코트 깃을 올리고 센 강변이나 에펠탑을 등지고 걷는 파리지앵이 떠오르는데, 이런 장면의 배경 음악으로 샹송이 무척 잘 어울린다. 이런 장면은 샹송과 같은 시기에 성공한 프랑스 영화와 함께 파리를 매우 낭만적인 도시로 만드는 데 큰 역할을 했다. 더하여 전 세계적으로 소득 수준이 높아지면서 고급 음식문화를 향한 관심이 커지고 있는데, 파리가 이 부분에서 뛰어나다는 점도 관광문화 전반에서 큰 장점으로 작용한다.

열째, 이렇다 보니 심지어 파리의 자연 지형도 도움이 된다. 우선 '센강의 축복'이다.도 2-4 센강은 폭부터 좁은 편이어서 이른바 '좌안·우안'의 양안兩岸의 가로 풍경이 서로 어울리기에 적절하다. 유람선만 타고 봐도 감상의 집중도와 효과에서 유리하다. 그 한중간에는 '시테Cité'와 '생루이Saint-Louis'라는 두 섬을 만들어 선물했다. 특히 노트르담 대성당이 위치한 시테섬이 중요해서 파리는 이 섬을 초점으로 삼아 동심원 형태로 퍼져나가며 성장했다. 북쪽에는 몽마르트르Montmartre, 남동쪽에는 생트주느비에브Sainte-Geneviève라는 두 언덕이 있는데, 모두 경사도와 높이가 도시건축을 구사하기에 적절하다. 또, 센강과 몽마르트르 언덕을 제외한 지형

2-4. 센 강변의 파리 노트르담 대성당과 시테섬 전경

은 대부분 평지라서 파리의 유명한 '방사형 도로'를 내기에 적합하다. 이처럼 파리는 도시건축을 결정하는 네 가지 자연 지형 요소인 '강-섬-언덕-평지' 사이의 이상적인 황금비를 갖추고 있다.

3장 파리의 도시구조

아롱디스망과 동심원

센강, 포부르, 아롱디스망

지리와 행정으로 본 파리 구성

파리는 프랑스의 수도로 1790년까지 센주Seine département(센데파르트망)의 주도였으며 현재는 일드프랑스 지역에 속한다. 북위 약 48도, 동경 약 2도로 프랑스 내에서는 북동부에 위치한다. 동쪽과 남쪽에서 각각 마른강La Marne과 센강La Seine이 흘러 들어와서 파리에서 만나 센강으로 합해진 뒤 영국 해협으로 빠져나간다.

파리의 광역부, 즉 '그랑 파리Grand Paris(영어로 'Greater Paris')' 영역은 구획 기준에 따라 '파리시City of Paris', '어번 파리Unité Urbaine', '메트로폴 파리Métropole du Grand Paris'의 셋으로 나누어 볼 수 있다. 각각의 기준에 따른 파리 권역의 면적과 인구에 관한 통계는, 프랑스 국립통계경제연구소INSÉÉ: Institut national de la statistique et des études économiques에 따르면 2019년 기준 파리시가 약 105 제곱킬로미터에 216만 5,000명, 어번 파리는 약 2,853 제곱킬로미터에 1,085만 9,000명, 메트로폴 파리는 약 18,940 제곱킬로미터에 1,302만 5,000명이다.*

서울은 2020년 기준으로 면적이 약 605 제곱킬로미터에 인구수가 약

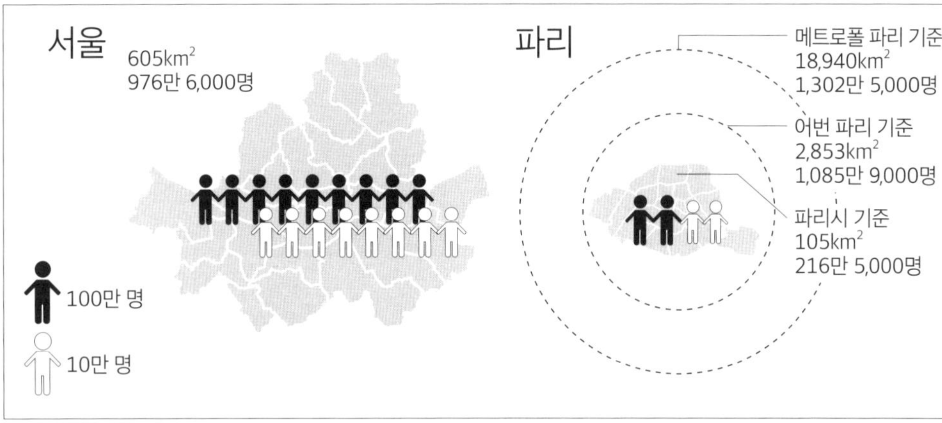

3-1. 파리와 서울의 면적 및 인구수 비교

976만 6,000명이어서 면적은 파리시의 5.7배 정도 혹은 파리시와 어번 파리의 중간 정도이고, 인구수는 어번 파리와 엇비슷한 정도로 볼 수 있다. 파리시의 면적만 놓고 보면 서울 강남구(약 39.5 제곱킬로미터)의 2.5배 정도 혹은 '종로구 + 중구 + 은평구 + 마포구 + 서대문구' 등의 강북 5개 구를 합한 정도여서 큰 도시는 아니지만, 사실상의 생활권인 광역권은 면적, 인구수, 경제 규모, 도시 인프라 등에서 세계 선두권에 든다.도 3-1

파리의 도시구조를 파악하는 기준은 여러 가지인데, 크게 '지리 · 행정'과 '도시공학'의 두 가지가 있다. 먼저 '지리 · 행정'을 보면 다시 다음의 다섯 단계로 나누어볼 수 있다. 첫째, '센강 – 시테섬 – 생루이섬'의 핵심부다. 파리도 서울의 한강과 마찬가지로 센강이 도시 한복판을 가로지르고 그 중간에 시테섬Île de la Cité과 생루이섬Île Saint-Louis의 두 섬이 있다. 두 섬 가운데 시테섬이 상대적으로 더 중요해서 지리적으로는 파리의 심장, 역사적으로는 뿌리 역할을 했다. 시테섬을 초점으로 삼아 최소 2,000년 이상의 오랜 기간에 걸쳐 파리가 확장했다.

둘째, '좌안 · 우안'이다. 센강은 파리를 동서로 가로지르는데, 이를 동쪽에서 바라보아 남쪽을 좌안左岸 · left bank, 북쪽을 우안右岸 · right bank이

* https://statistiques-locales.insee.fr/#c=zonage; https://www.insee.fr/fr/statistiques/1405599?geo=DEP-75; https://www.insee.fr/fr/statistiques/1405599?geo=UU2020-00851; https://www.insee.fr/fr/statistiques/1405599?geo=AAV2020-001

라 부른다. '안'이라는 단어가 들어간 데에서 알 수 있듯이 양안은 센 강변을 따라 동서로 길게 이어지며, 이에 따라 각 안을 종 방향으로 삼등분해서 각각에 '중앙-서쪽-동쪽' 등의 접미어를 붙이기도 한다. 즉 '좌안 중앙-좌안 서쪽-좌안 동쪽' 하는 식이다.

셋째, '도심·외곽'이다. 도심은 파리 성곽이 최종적으로 헐리는 1861년까지는 대체로 '성내' 혹은 '성안'을 의미했다. 성곽이 동심원 방향으로 연차적으로 확장하면서 도심도 이와 함께 확장했다. 성곽과 인접한 바깥 지역은 포부르Faubourg라 불렀다. 고대 프랑스어인데, 현대 프랑스어로는 '교외'라는 뜻의 'banlieue'(영어의 'suburb')에 해당한다. 파리에만 있었던 건 아니고 프랑스를 비롯하여 인접 나라의 여러 도시에 있었다. 도로를 따라 도시 외곽 쪽에 형성된 지역으로, 도심에 살 형편이 안 되는 사람부터 농부와 상공업자 등 다양한 계층이 이곳에 모여 살았다. 이동과 유통의 편리를 위해 처음에는 도로 양옆에 형성되었으며 파리가 커가면서 함께 융성해 나중에는 내부에 자체적인 도로망까지 갖추면서 독자적인 작은 마을 혹은 행정구역을 이루었다.

포부르가 공식적인 행정구역으로 기능하기 시작한 건 16세기부터인데, 중세 때에도 성곽 외곽에 사람이 모여 살았으므로 파리 도시사에서 '포부르'라는 용어 자체는 중세부터 등장한다. 포부르에 붙이는 이름은 인접한 성문이나 성내의 지명을 그대로 사용했는데 '포부르 생제르맹데프레Faubourg Saint-Germain-des-prés'를 대표적으로 예로 들 수 있다. 포부르는 성곽이 외곽으로 확장되는 과정에서 연차적으로 도심에 편입되었으며, 1861년에 파리 성곽이 마지막으로 철거되면서 함께 사라졌다. 이때 앞에 말한 현대 프랑스어인 'banlieue'로 대체되었으며, 과거의 포부르 지역은 이때부터 교외가 되었고 20세기 이후에는 여기서 다시 한 단계 업그레이드된 신도시가 들어섰다.

넷째, 아롱디스망arrondissement이다. 우리의 '구區'에 해당하는 파리의 핵심 행정 단위다. 영어로도 같은 철자를 쓰며 우리말로는 '행정구' 혹은 줄여서 '구'라고도 번역한다. 파리에는 총 20개의 구가 있으며 번호를 붙여서 '1구-2구-…' 하는 식으로 구별해서 부른다. 숫자가 작을수록 도심부에 위치하고 먼저 생긴 구역으로, 대체로 연도 진행과 확장 방향이 일치한다.

다섯째, 각 구를 속으로 잘라 들어가면 모든 구가 똑같이 4개의 '카르티에quartier'(지구, 영어로 'quarter')로 이루어진다. 영어에서 'quarter'의 뜻이 1/4인 것과 일치하는 세분이다. 우리의 행정구역과 비교하면 'arrondissement'은 '구', 'quartier'는 '동' 정도일 텐데, 파리에서는 모든 구의 'quartier'를 넷으로 분할하는 것으로 통일한 점이 특징적이다. 이렇게 하면 파리에는 총 80개의 카르티에가 있게 된다. 우리말로 '동' 이외에도 '지구', '구역', '지역' 등 여러 말로 번역하는데, 이 책에서는 원어를 명확하게 드러내기 위해서 프랑스어 발음인 '카르티에'를 사용하겠다.

세 겹 동심원과 성곽

도시공학으로 본 파리의 도시구조

다음으로 도시공학을 기준으로 삼아 파리의 도시구조를 살펴보자. 여기에서는 다시 '동심원'과 '파리 성곽'이라는 두 가지 주제가 파생한다. 파리 전체로 보면 우선 동심원 구조가 대표적인 특징이며, 파리 성곽 역시 이에 대응하면서 여러 번의 확장을 거듭했다. 두 주제를 차례대로 살펴보자.

먼저 동심원은 시테섬을 초점으로 삼아 20개의 구가 시계 방향으로 소용돌이치듯 돌아 나가는 방식으로 형성되는데, 이것을 지리적 위치와 형성 순서 등을 기준으로 정리하면 총 세 겹이 된다. 구 자체는 중세 때부터 있던 파리의 기본 행정구역 체계지만 현재의 20개 체계는 1860년 확장 때 확정된 것으로 볼 수 있다. 그전까지는 루이 16세의 관세 성곽 안쪽으로 중세에서 바로크 사이에 확정된 총 12개 체제가 있었다. 전체 구도는 '우안 서쪽 → 우안 동쪽 → 좌안 동쪽 → 좌안 서쪽'의 시계 방향 순서로 한 바퀴 도는 구도였다는 점 이외에 특별히 이름 붙일만한 규칙은 없었다.

3-2. 파리의 20개 구 지도

이후 파리의 마지막 성곽인 티에르 성곽이 1846년에 먼저 완성된 뒤 1860년에 현재의 20개 체제로 확장 재편했다. 두 체제 사이에 겹치는 부분은 거의 없어서 완전히 새로운 체제가 만들어진 것으로 볼 수 있다. 이렇게 탄생한 20개 체제의 번호 순서와 탄생 연도 순서가 완전히 일치하지는 않지만 대체로 일치하는 편이며, 그 결과 등장하게 된 가장 대표적인 파리의 도시구조가 바로 '세 겹의 동심원 구조'다.

1차 동심원은 1~6구로 이루어지며 양안에 걸쳐 코어 구역을 이룬다. 이 6개 구는 동심원의 코어에 들어 있어서 면적이 작은 편이다. 2차 동심원은 그 주위를 한 바퀴 돌아가며 에워싸는 7~11구이고, 다시 그 밖으로 크게 한 바퀴 더 도는 3차 동심원이 12~20구로 이루어진다.도 3-2 이 순서와 각 구의 내용은 뒤에서 자세히 살펴볼 것이다.

다음으로 파리 성곽이다. 성곽은 유럽 도시사 전체에서 상당히 흥미로운 주제인데, 파리 성곽은 그 가운데에서도 이례적이다. 유럽은 비슷한 크기의 수많은 도시가 오랜 기간 경쟁체제를 이어왔기 때문에 대부분 성곽 도시로 시작했다. 성곽이 군사적으로 무의미해진 시기가 대포가 보편화된 15세기 이후인 걸 볼 때 이전에 건설된 도시는 대부분 성곽을 가지고 있었을 것이다. 로마를 필두로 파리, 런던, 빈 등 수도 급 대도시들은 현대에 접어들며 확장하는 과정에서 성곽을 철거했지만, 여러 중소도시는 아직도 성곽을 보존하고 있으며 리스본처럼 수도이면서 성곽이 일부 보존된 예도 있다.

이때 성곽의 겹 수와 확장 양상은 도시마다 차이가 큰데, 파리는 확장 횟수가 비교적 잦은 편에 속한다. 전체 윤곽은 대부분 도시와 마찬가지로 원형을 이루었기 때문의 확장과 증축은 동심원 형태로 이루어졌다. 그 과정은 부분적으로 확장하거나 전면적으로 헐고 크게 확장하는 등 다소 복잡해서 성곽의 동심원이 아롱디스망의 동심원과 완전히 일치하는 건 아니다. 그러나 성곽은 도시구조에서 가장 중요한 시설이자 경계선을 이루므로 파리의 아롱디스망 구역을 구획하는 데에 중요한 기준이었으며, 그 출생 연도 순서는 대체로 세 겹 동심원의 형성 순서와 일치한다.

이처럼 파리 성곽은 오랜 역사를 자랑하며 확장과 증축의 횟수에서도 이례적이었다. 다른 대도시들의 성곽은 역사가 짧거나, 길다고 해도 증축 횟수가 많지 않은데 파리는 이 두 기록 모두에서 로마와 함께 가장 앞선 도시 가운데 하나라고 할 수 있다. 이 과정에서 파리에서 진행한 여러 사건의 기록이 쌓이는 역사성도 획득했다. 현재 성곽의 구조물은 하나도 남아 있지 않지만, 지명, 연관 건물, 역사적 기록 등 여러 방면으로 그 흔적을 남기고 있다. 따라서 파리 도시건축은 물론이고 정치문화사를 살필 때 성곽은 빠질 수 없는 중요한 주제다. 크게 보면 '켈트 갈리아 시대 – 로마 시대 – 클로비스 1세 – 필리프 2세 – 루이 13세 – 루이 14세 – 루이 16세 – 7월혁명 정부(티에르 성곽) – 오스만 재개발'의 순서로 중요한 증축과 확장이 있었는데, 자세한 내용은 각 시대를 다룬 해당 장에서 살펴보겠다.

4장 20개의 아롱디스망

세 겹 동심원과 역동적 확장

1차 동심원 1

우안의 1구와 2구

이상이 파리의 전체 도시구조를 '지리 · 행정'과 '도시공학'의 두 기준으로 살펴본 내용이었다. 이 가운데 현대 파리의 핵심을 이루는 20개 아롱디스망을 동심원 구조와 연계해서 번호 순서대로 살펴보자.도 4-1 물론 '아롱디스망'은 한국인들에게는 파리를 좋아한다고 해도 낯선 용어일 수 있다. 관광 차원에서는 더욱 접하기 어려운 말이다. 하지만 파리를 20개 아롱디스망, 즉 구의 순서로 살펴보는 건 유용하다. 크게 네 가지 점에서 그렇다.

첫째, 파리 전체를 파악하는 데 유리하다. 파리 정도의 면적을 20개 구역으로 나눈 뒤 이것들을 동심원 형태의 나선형으로 퍼져나가는 구조로 파악하는 건 크기, 개수, 기하학적 구성 등 여러 면에서 한 도시의 전체 구도를 파악하고 이해하고 기억하기에 아주 좋은 방법이다. 둘째, 그 연장선에서 주요 건물과 도시 현장의 정확한 위치를 파악하는 데에 도움이 된다. 파리는 유명한 건물이 너무 많아서 보통은 이름만 기억할 뿐 위치까지 정확하게 기억하기는 매우 어려운데, 숫자를 붙인 일정한 지역 단위와

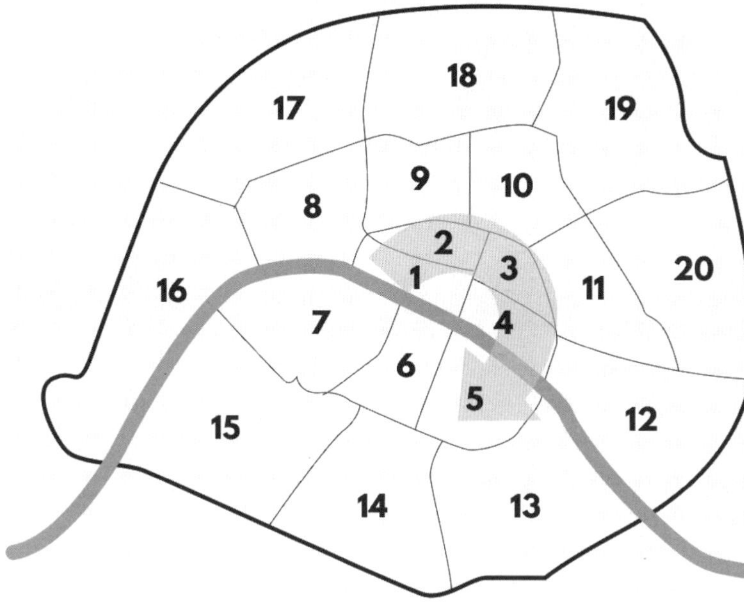

4-1. 파리의 20개 구가 번호 순서대로 소용돌이를 그리며 확산하는 구도

건물·현장의 위치를 대응시키면 기억하는 데 도움이 된다.

셋째, 역시 같은 맥락에서 파리가 형성되고 확장·발전해온 역사를 파악하는 데 도움이 된다. 파리는 대체로 구의 번호 순서대로 확장되어왔기 때문이다. 넷째, 우리의 구나 동처럼 현지 파리인들이 실제 사용하는 행정 단위라는 점에서 실질적인 이해에 도움이 된다. 한 예로 일전에 파리지앵을 만나 인사를 나누며 “파리 어느 동네에 사냐”고 물으니 그가 “13구”라고 답한 적이 있는데, 이어 내가 동네 이름으로 말해달라고 하자 오히려 상대방이 머뭇거렸던 일화가 있다. 무엇보다 파리를 소개하는 각종 공식 자료와 사이트부터도 행정구역이나 위치를 설명할 때는 보통 구를 기준으로 삼는다. 이상의 배경 아래 이제 본격적으로 20개 구를 세분하여 살펴보자.

1구는 시테섬의 서쪽 절반과 우안 동쪽 일대로 로마 시대 때 파리가 탄생한 심장이자 씨앗에 해당하며, 중세에 가장 번성한 지역 가운데 하나다.도 4-2 일반 지방자치코드code général des collectivités territoriales로는 ‘루브르구’라고도 한다. 네 카르티에는 생제르맹록세루아Saint-Germain-L’

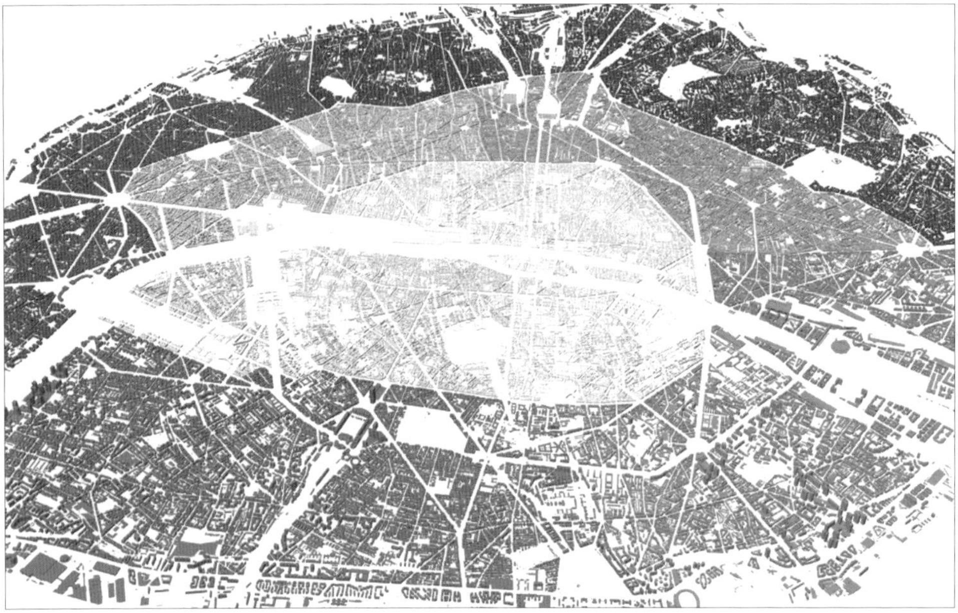

4-2. 파리의 20개 구가 밝은색에서 어두운색의 순서로 형성된 과정

Auxerrois, 레알Les Halles(구 파리중앙시장), 팔레 루아얄Palais-Royal, 방돔 광장Place Vendôme 등 넷이다.

첫 번째 구답게 이곳에는 파리를 대표하는 역사적 도시건축이 즐비하다. 우선 앞의 네 카르티에부터 모두 건물이나 광장 이름이며, 방돔 광장은 집합 주거의 이름을 겸한다. 더하여 시테섬에서는 서쪽을 대표하는 시테궁Palais de la Cité과 생트샤펠Sainte-Chapelle이 여기에 속하며, 우안에서는 루브르궁Palais du Louvre(지금의 루브르 박물관), 튈르리궁Palais des Tuileries(지금의 튈르리 정원), 생으스타슈Saint-Eustache, 코메디 프랑세즈Comédie Française, 갈르리 베로-도다Galerie Véro-Dodat 등이 주요 건물이다.

1구에는 다리, 도로, 광장, 광장형 주거 등이 즐비하다. 우선 다리는 퐁네프Pont Neuf와 퐁 데 자르Pont-des Arts가 있고, 도로는 오페라가Rue de l'Opéra, 몰리에르가Rue Molière, 리볼리가Rue de Rivoli 등 파리를 대표하는 주요 대로가 포진한다. 또한 주요 광장과 광장형 주거가 몰려 있는데, 앞의 방돔 광장 외에 퐁 네프가 걸쳐 있는 시테섬 서쪽 끝에는 도핀 광장Place

Dauphine이 있고, 승리 광장Place des Victoires은 1구 북쪽 끝에 위치하면서 2구에까지 걸쳐 있다. 파리의 5대 광장 가운데 세 곳이 1구에 몰려 있는 셈이다. 세 광장을 둘러싸고 '르네상스-바로크' 시기인 16~17세기에 고급 도시 주거인 광장형 주거가 형성되어서 이 세 광장의 이름은 그대로 광장형 주거의 이름을 겸한다.

2구는 1구의 북쪽에 위치하며 일반 지방자치코드로는 '부르스구Bourse Arrondissement'라고도 한다. 15~16세기에 파리가 교외로 확장하는 과정에서 그 전의 '1-2-3-5-6구' 등 다섯 개 구가 통합되며 새로 확정된 구역이다. 국립도서관Bibliothèque Nationale, 부르스(옛 증권 거래소), 갈르리 비비엔Galerie Vivien 등을 제외하면 특별히 중요한 건물은 없는 편이며 카르티에도 갈르리 비비엔을 제외하면 모두 낯선 이름이다. 다만 '1-3-9-10구' 등 네 구를 접하면서 이들과 통하는 파리의 중심 대로가 유난히 몰려 있는 것이 2구의 특징이다.

1차 동심원 2
우안의 3구와 4구

3구는 2구의 동남쪽 3~4시 방향에 위치한다. 처음에는 13~14세기에 파리가 확장하면서 탄생했으며, 이때는 샤를 5세(재위 1364~1380년) 성곽을 북쪽 경계로 삼았다. 이후 1859년에 파리가 티에르 성곽Enceinte de Thiers(영어로 'Thiers Wall')까지 확장할 때 과거의 '6-7-8구' 등 세 구의 일부를 통합해서 최종적으로 현재 상태로 확정되었다. 카르티에는 2구와 마찬가지로 중요한 이름은 없는 반면, 구역 전체에 중소형의 주요 미술관과 박물관이 몰려 있다. 마레 지구의 북쪽 절반도 여기에 속한다. 대부분 과거 권력층의 고급 주거인 오텔을 개조한 것들인데, 오텔 수비즈Hôtel Soubise(지금의 내셔널 아카이브), 오텔 카르나발레Hôtel Carnavalet(지금의 카르나발레 박물관), 오텔 살레Hôtel Salé(지금의 피카소 미술관) 등이 대표적이다. 이런 오텔들 역시 당시에는 1구의 광장형 주거와 함께 주로 '르네상스–바로크' 때의 도시 개발 사업으로 탄생했다. 이외에도 3구에는 주요 오텔들이 여럿 남아 있으며 다른 많은 미술관과 박물관도 몰려 있어서 보통 예술의 동네로 알려져 있다.

또한 기사단(탕플라) 수도원Monastère du Templar(12세기)도 이곳 3구에 있었다. 정확히는 4구에도 걸쳐 있었는데 3구 쪽 면적이 더 넓었다. 이 이름을 따서 3구를 일반 지방자치코드로는 '탕플Temple구'라고 한다. 이 수도원은 1857년에 헐린 뒤 탕플 광장Square du Temple이 되었으며, 19세기에는 이 광장에 철재 체육관인 카로 뒤 탕플Carreau du Temple(1863년)이 세워졌다. 이외에 파리의 5대 광장 가운데 하나인 보주 광장Place des Vosges 역시 3구와 4구에 걸쳐 있다.

4구는 3구의 남쪽 아래에 위치한다. 1구와 함께 우안의 핵심 구역이다. 우선 시테섬의 동쪽 구역에 있는 노트르담 대성당과 센강의 또 다른 섬인 생루이섬까지 포함한다. 우안에서는 인접한 마레 지구의 절반이 여기에 속하는 등 3구와 여러 가지를 공유하면서 현지인의 실제 생활이나 관광 등에서도 3구와 묶여 같은 동네로 인식된다. 가장 대표적인 게 3구에 이어 예술의 동네가 계속되는 점이다. 차이도 있는데, 3구를 이루는 것이 주로 오텔의 중소형 미술관이라면 4구에서는 대형 종합 문화예술시설인 퐁피두 센터Centre Pompidou가 유명하다.

4구에는 중요한 공공건물도 많이 있는데, 우선 교회 건물이 두드러진다. 노트르담 대성당에 더하여 생자크 탑La Tour Saint-Jacques, 생메리Saint-Merri, 생제르베Saint-Gervais 등 중요한 중세 교회들이 위치한다. 이 가운데 '생메리–생제르베–노트르담'이 그대로 카르티에의 이름이 되었는데, 이는 4구가 우안의 종교적 중심지임을 뜻하는 것으로 볼 수 있다. 또한 앞에 말한 바와 같이 중세에는 기사단 수도원 일부가 4구에 있었으며, 1634년에는 이 자리에 탕플 뒤 마레Temple du Marais라는 개신교회가 세워졌다. 이 때문에 4구 일대를 '탕플'이라고 부르기도 하는데, 이는 3구의 일반 지방자치코드 이름인 탕플구와는 다른 것으로, 주로 주민들 사이에서만 사용하는 동네 이름이다. 4구의 일반 지방자치코드 이름은 '오텔 드 빌Hôtel de Ville구'다. 탕플 뒤 마레도 파리의 바로크를 대표하는 주요 교회로, 이로써 4구의 종교적 중요성은 종교개혁 이후의 개신교까지 이어짐을 알 수 있다.

진짜 공공건물로는 우선 파리 시청사인 오텔 드 빌과 파리에서 가장 오래되었고 파리를 대표하는 공공병원인 오텔 디유 병원Hôpital Hôtel-Dieu이 있다. 시청사는 우안에, 오텔 디유 병원은 시테섬에 각각 위치한다. 이외에 프랑스대혁명의 중요한 역사적 현장인 바스티유 광장Place de la Bastille의 서쪽 부분이 4구에 속한다. 이 광장은 북쪽으로 11구에, 동쪽으로 12구에 각각 걸쳐 있다. 또한 4구에는 3구에 이어 주요 오텔이 많이 남아 있다. 우선 생루이섬이 17세기 전반부에 앙리 4세, 그리고 그의 사후 왕비였던 마리 드 메디치Marie de Médicis가 주도한 부동산 개발 사업의 결과 상류층의 고급 주거가 몰려 있는 지역이 되었다. 우안에서는 오텔 드 상스Hôtel de Sens와 오텔 쉴리Hôtel Sully가 대표적이다.

이상과 같은 1~4구의 네 구를 합해서 '파리 상트르Paris Centre'라고 부른다. 시테섬과 생루이섬까지 포함한 우안 지역으로, 이를테면 '강북 도심' 혹은 '원도심의 강북 지역'쯤 된다. 여기에서 다시 '1, 2구'의 두 아롱디스망만 합해서 '심장coeur'(영어로 'heart')이라고 부르기도 한다. '1~4구'의 네 구는 면적이 작으면서 지역 현황이 비슷한 점이 많아 행정의 효율을 위해 함께 운영되는데, 이를 통칭하여 제1섹터sector라고도 한다.

1차 동심원 3

좌안의 5구와 6구

이어 좌안으로 넘어가보자. 먼저 5구가 4구의 남쪽 아래 6~7시 방향에 위치하면서 2차 동심원이 시작한다. 5구는 좌안의 동쪽, 즉 센강의 남동쪽 지역이며, 일반 지방자치코드로는 '팡테옹Panthéon구'라고 한다. 라탱Latin 지구의 동쪽 절반이 5구에 속하는데, 파리에서 가장 오래되고 유서 깊은 지역임과 동시에 종교, 학문, 박물관 등의 중심 지역이기도 하다.

우선 파리의 로마 유적 두 곳인 루테체 원형경기장Arènes de Lutèce과 클뤼니 목욕탕Thermes de Cluny이 이곳에 있다. 남쪽에서 올라온 로마 세력이 센강을 건너지 않고 그 남쪽 기슭에 터를 잡은 것이다. 이어 중세와 르네상스를 거치면서 교회와 대학이, 19세기 제국주의 시대에는 박물관이 차례로 지어졌다. 5구의 '교회 – 대학 – 박물관'에서는 공통으로 특이한 양상을 볼 수 있는데, 대표 시설을 중심으로 같은 종류의 덜 중요한 시설들이 함께 포진한다는 점이다. 우선 교회는 생트주느비에브Sainte-Geneviève라는 중세의 대표 교회를 필두로 발 드 그라스Val-de-Grâce, 생테티엔뒤몽Sainte-Étienne-du-Mont, 생세브랭Saint-Séverin 등 파리의 주요 교회가 여럿 몰려 있다. 생트주느비에브 교회는 18세기에 파리 팡테옹으로 다시 지어졌으며 그 옆에는 생트주느비에브 도서관이 있다.

대학은 프랑스를 대표하는 소르본대학Sorbonne Université을 중심으로 여러 대학이, 박물관은 동물학 박물관Galerie de Zoologie(=진화 대大박물관 Grand Galerie de l'Évolution)과 식물원Jardin des Plantes을 중심으로 역시 많은 박물관이 함께 포진해 있다. 카르티에도 이런 주요 시설인 식물원, 발 드 그라스, 소르본 등의 이름을 사용한다. 이외에 우안과 파리 남부를 가로지르는 여러 중요한 대로가 5구를 거쳐 가는데, 우안을 동서 방향으로 가로지르며 6구로 길게 이어지는 생제르맹 대로Boulevard Saint-Germain가 대표적이고, 5구 내에서는 대학이 몰린 지역임을 상징적으로 보여주는 에콜가 Rue des Ecoles가 남북을 가로지른다.

6구는 좌안의 서쪽, 즉 5구의 서쪽이며 센강 건너편이 1구다. 일반 지방자치코드로 '뤽상부르Luxembourg구'라고 한다. 라탱 지구가 5구에 이어 6구에 걸치면서 두 구는 행정상으로만 구별되고 실제로는 한 지역으로 인식된다. 이런 점에서 우안의 '3, 4구'의 두 구와 비슷하다. 실제로도 '5, 6구'의 두 구는 공통점이 많은데, 로마 시대에 개발된 점, 생제르맹데프레 Saint-Germain-des-Prés라는 파리 기독교의 뿌리가 되는 또 다른 대표 교회를 중심으로 여러 교회가 포진하는 점, 리세Lycée(대학예비학교, 고등학교)와 전문대학 등 전문 고등교육기관이 여럿 있는 점, 공연시설과 극장을 중심으로 한 문화시설이 몰려 있는 점 등이 대표적이다.

건축사에서 중요한 대표 건물로는 생제르맹데프레, 생쉴피스Saint-

Sulpice, 노트르담데샹Notre-Dame des Champs 등의 여러 교회, 파리의 5대 궁궐 가운데 하나인 뤽상부르궁Palais du Luxembourg, 파리4개국대학Collège des Quatre-Nations(지금의 프랑스학사원Institut de France), 오데옹 극장Odéon, Théâtre de l'Europe, 에콜 데 보자르École des Beaux-Arts 등을 들 수 있다. 대부분의 구와 마찬가지로 6구의 카르티에에도 이들 주요 건물인 오데옹, 노트르담데샹, 생제르맹데프레 등의 이름을 사용한다. 도로에서는 '5, 6구'의 두 구가 붙어 있어서, 5구의 대로 가운데 동서로 횡단하는 도로들은 대부분 6구도 지난다. 또한 퐁 네프와 퐁 데 자르 두 다리가 이들을 1구의 시테섬 부분과 연결해준다.

이상의 5구와 6구가 좌안의 중심 구역이며, 우안의 1~4구에 더하여 파리의 원도심을 이룬다. 이렇게 1구에서 시작해 시계 방향으로 한 바퀴 돌아 1구의 아래에 도달했다. 이런 두 이유를 합해 여기까지를 1차 동심원으로 볼 수 있다. 1차 동심원 구역은 로마와 중세 때 형성되고 르네상스와 바로크를 거치면서 확장되었다는 점에서 파리의 씨앗이자 심장에 해당한다.

여기에서 1차 동심원에 함께 속하면서 동시에 파리 지리를 거시적으로 나누는 좌안과 우안의 양안을 비교할 수 있다. 현재 파리를 볼 때 양안은 도시에서 차지하는 비중과 대표 건물 등이 엇비슷하다고 할 수 있는 가운데 각 안만의 특징이 형성되어 있다. 좌안은 로마 세력이 들어와서 처음 정착한 곳이었으며, 초기 기독교와 중세를 거치면서 기독교 및 학문의 중심지로서 정신적 공간이 되었다. 여기에 더해 19세기에는 박물관들이 지어지면서 문화적 공간이 추가되었다. 반면 우안은 로마가 물러간 뒤 북쪽의 이민족을 상대해야 하는 요충지로서 정치와 국방의 중심지였고, 이에 따라 파리 시민들의 도시 활동 공간도 주로 우안에 몰려 있었다. 더하여 좌안만큼은 아니어도 이들을 위한 별도의 교회 건물들이 세워졌다.

이런 두 안 가운데 우안부터 1구가 시작하면서 우안의 4구까지를 제1섹터로 잡은 건 지리적으로나 역사적으로 이쪽이 더 중요했기 때문으로 볼 수 있다. 정신과 문화도 중요하지만 파리 전체를 안전하게 방어하고 정치와 경제를 잘 돌아가게 하는 게 더 우선이었기 때문이다. 그래서인지 우안에는 왕궁, 시청사, 시장 등 '정치-사회-경제'의 핵심 공공시설이 모두 몰려 있다. 여기에 시테섬의 노트르담 대성당과 생트샤펠이 가세하고 별도의 교회 건물도 추가함으로써 파리 역사를 이끌어온 4대 핵심 세력인 '기독교-왕실-행정사법-시민'의 공간이 골고루 갖추어지게 된다.

이런 차이는 두 안을 대표하는 지구 이름이 우안은 '마레', 좌안은 '라탱'인 데에서도 확인된다. '마레'라는 말 자체는 '습지대'라는 뜻인데, 시간이 지나면서 마레 지구는 왕실과 귀족들의 공간이 되었고 급기야 19세기 중반에 오스만 재개발도 주로 우안에 집중되면서 부르주아의 공간으로 대변신했다. 그래서인지 지금도 이 일대는 쇼핑을 비롯한 소비문화의 중심지가 되었다. 반면 '라탱'은 '로마시 테베레강 유역 주민의 고대 언어'라는 뜻으로, '고대'와 '언어'라는 두 단어가 유구한 역사와 정신성을 말해준다. 현재는 오래된 카페와 주요 서점 등이 남아 있는 파리의 대표적인 대학촌이 되었다.

2차 동심원 1
7구

이어서 2차 동심원으로 넘어가자. 시작은 1차 동심원이 끝나는 6구의 서쪽 끝이다. 이 지점에서 더 서쪽으로 7구가 이어지면서 시계 방향으로 2차 확장, 즉 2차 동심원이 시작한다. 시테섬을 기준으로 9시 방향의 좌안 서쪽 일대이며, 원래는 성 밖의 생제르맹 포부르였는데 루이 13세의 성곽 확장 때 성내로 편입되었다.

7구도 주요 건물이 포진한 만만찮은 행정구다. 17~18세기 루이 14세의 바로크 건물인 앵발리드 돔Dôme des Invalides과 육군사관학교École Militaire, 그리고 19세기 신건축운동을 대표하는 에펠탑Tour Eiffel이 포진하면서 초기 근대와 전근대 시기를 대표하는 구역이 되었다. 모두 이 지역의 중심인 샹드마르스Champs de Mars 주변에 위치한다. 샹드마르스는 지금도 에펠탑 앞에 빈 채 남아 있는 거대한 잔디밭으로, 지금은 '샹드마르스 광장'이라 부른다. 루이 14세 때까지 오랜 기간 공터로 남아 있다가 17세기 후반부 들어 동쪽 끝에 앵발리드 돔을 세우면서 본격적으로 개발되었고, 이어서 18세기에 남쪽 끝에 육군사관학교까지 지으면서 1차적으로 루이 14세의 공간이 되었다. 아직 공터가 많이 남아 있어 1855, 1867, 1878, 1889, 1900년 등 5회의 파리 만국박람회장으로 사용되었으며, 오늘날 1889년 세워진 에펠탑과 1900년 세워진 오르세역Gare d'Orsay(지금의 오르세 미술관)이 남아 있다.

7구는 또한 중앙정부의 주요 관청과 대사관이 몰려 있는 구역이기도 한데, 이는 16~19세기의 초기 근대와 전근대 시기를 거치면서 왕실이 파리에 완전히 정착하고 통일국가가 형성된 데 따른 것이다. 국회의사당Assemblée Nationale이 가장 대표적인데, 이 건물의 원래 이름이 팔레 부르봉Palais Bourbon이었고 7구의 일반 지방자치코드 이름도 이를 따서 '팔레 부르봉구'라 한다. 카르티에 역시 대표 건물의 이름을 따서 '앵발리드'와 '에콜 밀리테르' 등으로 명명된다.

이처럼 7구가 행정도시가 되면서 고위 관료인 법복 귀족의 오텔도 이곳에 집중되었다. 이들은 처음에 3, 4구의 마레 지구에 자리 잡았지만, 신흥 관료들이 루브르궁과 튈르리궁 주위로 모여들면서 이곳에는 주로 신흥 관료들만 남고 전통 귀족은 7구로 이주해서 자리 잡았다. 이때까지도 7구의 이름으로는 '생제르맹 포부르'가 통용되고 있었는데, 여기에서 '포부르'만 떼어 이 지역의 새로운 주인이 된 '귀족'이라는 말과 같은 의미로 사용하는 관습어가 만들어졌다. '포부르'의 기억은 계속 이어져서 지금도 7구 일대를 아예 '포부르'라 부른다.

이런 과정을 거쳐 7구는 마레 지구와 함께 파리에서 가장 부유한 개인 주거가 몰려 있는 지역이 되었다. 이 때문에 프랑스대혁명 때는 약탈의 주요 표적이 되었고, 19세기에 복권·복원된 이후 대부분 박물관과 미술관으로 사용되고 있다. 로댕 미술관으로 용도 변경된 오텔 비롱Hôtel Biron이 대표적이다.

2차 동심원 2
8구~11구

8구는 7구와 센강을 사이에 두고 마주 보는 우안의 구역으로 중세까지는 필리프 2세 성곽의 성 밖 포부르 가운데 하나인 '포부르 뒤 룰Faubourg-du-Roule'이라는 지역이었다. 원래 '샹젤리제Champs-Élysées(엘리제 평원)'가 있던 넓은 공터였는데 루이 16세 때 성곽을 확장하면서 일부가 성내로 편입되었고, 최종적으로 루이 16세의 관세 성벽 때 완전히 도심으로 들어왔다. 샹젤리제를 중심으로 개발한 지역이어서 8구 안에는 '엘리제'라는 이름이 여러 곳에 등장한다. 우선 일반 지방자치코드 이름부터 '엘리제구'이며 카르티에 이름 가운데 하나에도 '샹젤리제'가 들어 있다. 유명한 '샹젤리제가Avenue des Champs-Élysées', 그리고 프랑스 대통령궁인 '엘리제궁Palais de l'Élysée'도 이곳에 있다.

8구는 또 다른 정치 중심지인 동시에 파리에서 가장 부유한 동네이기도 하다. 엘리제궁부터 그러한데, 원래 1722년에 '오텔 드 루이 앙리 드 라 투르 도베르뉴Hôtel de Louis-Henri de la Tour d'Auvergne'라는 긴 이름의 귀족 오텔로 지어졌으나 프랑스 제3공화국 때인 1879년부터 대통령궁으로 사용하기 시작해서 현재에 이른다. 19세기 들어 한 세기 동안에는 나폴레옹 가문과 파리 부르주아의 구역으로 집중 개발되었다. 나폴레옹 1세가 파리 개선문Arc de Triomphe de Paris과 마들렌 교회Église de la Madeleine를 먼저 짓기 시작했으며, 나폴레옹 3세가 이를 받아 오스만 재개발을 통해 완성한 신파리의 핵심 구역이다.

이때 샹젤리제가가 부르주아 계층의 중심 도로로 건설되면서 오늘날 파리의 고급 디자인 브랜드가 몰려 있는 세계 패션의 거리로 탄생했다. 샹젤리제는 또한 대로를 따라 부르주아들의 고급 아파트가 줄지어 들어서면서 앞에 말한 마레 지구 및 7구의 귀족 오텔과 짝을 이루는 파리의 대표적인 고급 도시 주거 구역이 되었다. 물론 고급 아파트는 대로의 여러 곳에 지어졌는데, 아무래도 샹젤리제가 가장 대표적이라 할 수 있다.

샹젤리제가 끝나는 동쪽 끝에는 콩코드 광장이 위치하면서 1구의 리볼리가와 튈르리 정원, 루브르 박물관 등으로 연결된다. '루브르궁－튈르리궁'의 중심 궁전으로 연결된다는 점에서 앞에 말한 '또 다른 정치 중심지'라는 8구의 특징이 더 뚜렷해진다. 파리 개선문은 무려 12개에 이르는 방사형 도로의 초점에 위치하면서 16구와 17구에 걸쳐 있는데, 아무래도 샹젤리제와 연결되는 8구가 이를 대표한다고 할 수 있다.

이처럼 8구는 전형적인 19세기 구역인데, 이외에도 1837년에 준공한 생라자르역Gare Saint-Lazare, 그리고 1900년 파리 만국박람회의 주요 전시관인 그랑 팔레Grand Palais와 프티 팔레Petit Palais가 센강을 끼고 오르세역의 건너편 자리에 세워졌다. 다리로는 알렉상드르 3세교Pont Alexandre III가 있다. 카르티에 이름에는 앞에 말한 샹젤리제 이외에 '마들렌Madeleine'과 '포부르 뒤 룰Faubourg du Roule'이 있다.

9구는 8구의 동북쪽 2~3시 방향에 위치한다. 두 구를 합하면 오스만 재개발의 핵심 구역이 된다. 무엇보다 그의 이름이 들어간 오스만 대로Boulevard Haussmann가 이곳을 관통하며 샹젤리제와 함께 19세기 대로를 상징한다. 두 대로 모두 파리 개선문에서 갈라져 나오는데, 오스만 대로가 9구의 위쪽에, '샹젤리제가－리볼리가'가 8구와 1구의 아래쪽에 각각 위치하면서 우안의 대로를 대표한다. 9구의 북쪽 경계선은 몽마르트르Montmartre 언덕이다.

9구는 19세기 구역 가운데 정치적 중심지는 아닌 대신 전형적인 부르주아의 문화 놀이터였다. 오페라 가르니에Opéra Garnier(=파리 오페라 하우스Paris Opéra House)가 대표적이며 라파예트 백화점Galeries Lafayette과 프렝탕 백화점Printemps의 두 대표 백화점도 이곳에 몰려 있다. 세 건물 모두 오스만 대로에 위치한다. 이에 따라 9구는 쇼핑의 거리이자 오페라 가르니에 주변에 여러 극장이 몰려 있는 공연의 중심지가 되었다. 일반 지방자치코드는 가장 대표적인 건물 이름을 따서 '오페라Opéra구'라고 부른다. 카르티에에서는 '몽마르트르'를 제외하면 크게 중요한 이름은 없다. 몽마르트르 일대는 18구에 속하는데, 아래쪽 경계선이 9구에 걸쳐서 카르티에 이름에 사용한 것으로 보인다.

10구는 9구의 동쪽에 위치하면서 2차 동심원의 동진을 이어간다. 일반 지방자치코드로는 '앙트르포Entrepôt구'라고 한다. 10구는 북역Gare du Nord과 동역Gare de l'Est의 가장 큰 두 역이 위치하고 생마르탱 운하Canal Saint-Martin도 있어서 무엇보다 교통의 요지라 할 수 있다. 생마르탱 운하는 센강과 영국 해협을 연결하는 운하여서 원래는 남쪽으로 센강까지 이어졌는데, 19세기 중반 오스만 재개발 때 지금의 포부르 뒤 탕플가Rue du Faubourg du Temple와 만나는 지점부터 대로를 내기 위해 복개覆蓋하면서 사라졌다. 지금도 북쪽으로는 영국 해협까지 이어진다.

교통의 요지여서 동쪽과 북쪽에서 파리로 들어오는 관문이었는데, 이 때문에 생드니 성문Porte Saint-Denis과 생마르탱 성문Porte Saint-Martin의 두 중요한 성문도 이곳에 있다. 일반 지방자치코드를 창고라는 뜻의 '앙트르포'라 하는 것도 이와 연관이 있어 보인다. 일찍부터 교통의 요지여서 물류를 보관하는 창고가 많았기 때문으로 추정할 수 있다. 한편 '생마르탱'이라는 이름이 여러 번 나오는 데에서 알 수 있듯이 이 일대는 4세기 초기 기독교 시대에 파리의 기독교를 이끈 마르탱 성인이 활동하던 지역이기도 하다.

일반 건물로는 생뱅상드폴 교회Église Saint-Vincent-de-Paul가 가장 중요하며, 갈르리 브라디Galerie Brady와 레퓌블리크 광장Place de la République 등의 19세기 주요 시설들도 10구에 있다. 성 밖 포부르였던 중세에는 루이 9세가 지은 시민 구호시설이던 생루이 병원Hôpital Saint-Louis이 있었으며, 현재 건물은 앙리 4세와 루이 13세 때인 1607~1611년에 다시 지은 것이다. 카르티에는 '생뱅상드폴–생드니 성문–생마르탱 성문–생루이 병원'의 네 주요 건물 이름을 그대로 사용한다.

11구는 10구의 남동쪽에 위치하며 일반 지방자치코드로는 '포팽쿠르Popincourt구'라고 한다. 4구와 함께 바스티유 광장을 공유하는 것을 제외하면 특별히 중요한 건물은 없는 편이다. 그 대신 일반 주거지가 몰려 있으며 갈르리도 여럿 들어서 있다. 카르티에에서도 특별한 명칭은 없다.

3차 동심원 1
12구

이상과 같이 '7~11구'의 다섯 구가 2차 동심원을 이루었다. 이어 12구부터 외곽으로 크게 도는 3차 동심원이 시작한다. 11구의 우안 남쪽 끝에서 시작해 '서진-북진-동진-남진'의 시계 방향으로 한 바퀴 크게 돈 뒤 20구가 12구의 북쪽 위에서 끝나면서 드디어 20개의 구가 만드는 파리 전체의 세 겹 동심원이 완성된다. 3차 동심원 구역은 파리에 속하기는 하지만 원도심에서 벗어난 외곽 지역이어서 이전 2차 동심원까지의 구역과 도시의 양상이 다르다. 하나로 묶어서 보면 크게 다섯 가지 특징으로 요약된다.

첫째, 역사적으로는 대체로 루이 16세와 오스만 재개발 때부터 부분적으로 파리에 편입되었으며, 그전까지는 모두 포부르였다. 파리에 본격적으로 편입된 건 19세기 후반 이후부터 20세기에 걸쳐서였다. 둘째, 파리 내에서 비교적 젊은 구역이라 할 수 있고, 상대적으로 유명한 역사 유적은 적은 대신 현대건축이 3차 동심원 구역에 몰려 있는 편이다. 셋째, 그래서인지 12구부터 일반 지방자치코드 명칭에 건물 이름이 사라지고, 대신 사람, 공공시설, 중세 때 포부르 등의 이름이 사용된다. 같은 맥락으로 카르티에 명칭에서도 몇 곳을 제외하면 특별한 사항은 없는 편이다.

넷째, 면적이 넓어지고 원도심에서 한발 떨어진 지역이어서 지가에도 상대적으로 여유가 있는 편이라 공원, 정원, 묘지 등이 많다. 현대건축이 몰려 있는 것도 같은 이유로 원도심과 비교해 상대적으로 개발이 쉽기 때문이다. 다섯째, 바깥 경계선이 티에르 성곽Enceinte de Thiers(지금의 파리 순환도로Boulevard Périphérique)까지 맞닿아 있으며, 다시 그 밖으로 파리의 도시림이라 할 수 있는 여러 숲을 공유한다.

이상의 배경 아래 3차 동심원 구역의 구를 살펴보자. 먼저 12구는 11구의 남동쪽에 위치하며 남쪽으로는 센강까지 닿는다. 12구는 2차 동심원의 특징을 공유한다고 볼 수 있는데, 3차 동심원에 포함시킨 것은 여기부터 파리 순환도로를 접하는 구가 시작하기 때문이다. 이런 점에서 무엇보다 앞과 같은 3차 동심원의 특징을 집약적으로 보여준다. 동쪽으로 뻗어 나가는 순환도로와 경계선을 공유하면서 파리 외곽임을 말해주는 시설들인 숲, 동물원, 묘지, 현대건축 등이 몰려 있다. 우선 동쪽에는 중세 때 왕의 사냥터였던 현재의 뱅센 숲Bois de Vincennes이 있었다. 이후 중세를 거치면서 파리 동부를 방어하는 뱅센 성채가 지어져 루이 14세 때까지 사용했으며, 현재도 건물은 남아 있다. 이어 1934년에는 파리 동물원Parc Zoologique de Paris(=뱅센 동물원Zoo de Vincennes)이 이곳에 들어왔다.

묘지는 픽푸스 묘지Cimetière de Picpus가 대표적이다. 원래 픽푸스 수도원이 있던 자리인데, 프랑스대혁명 때 혁명 정부가 압류해서 1794년에 혁명 기간에 사망한 사람들을 위한 묘지로 개발했다. 이외에 리옹역Gare de Lyon도 12구에 있는데, 기차역을 원도심 안에 들이지 않는 원칙이 드러난다는 점에서 이 구역의 외곽적 특성을 보여준다고 할 수 있다. 현대건축에서는 '베르시'라고 줄여 부르는 파리·베르시 복합스포츠 시설Palais Omnisports de Paris-Bercy 역시 이곳에 있다. 이상의 '픽푸스'와 '베르시'는 카르티에 명칭으로도 들어가 있다.

파리의 외곽임을 보여주는 시설이 역사와 연관되어 형성된 곳도 있다. 프랑스 동부에서 파리로 들어오는 길목이어서 루이 14세의 왕비 마리테레즈 도트리슈Marie-Thérèse d'Autriche의 파리 입성을 축하하는 트론 광장Place du Trône이 건설되었다. 광장 주변은 이 시기를 전후해 공예예술가들이 모여들면서 공예의 거리로 탈바꿈했으며, 17세기에는 주로 센 강변을 중심으로 귀족들의 교외 휴양지로 사랑받았다. 또한 루이 16세가 관세 성곽과 함께 세운 50개의 관세 징수소 가운데 하나인 트론 징수소가 현재에도 남아 있다.

12구에서 가장 중요한 곳은 아무래도 프랑스대혁명의 중심 공간 가운데 하나였던 바스티유 감옥일 텐데, 감옥이 있었다는 사실 역시 이곳이 외곽임을 말해주는 또 다른 증거다. 이 감옥이 '4구-11구-12구'의 세 구에 걸쳐 있던 탓에 12구는 프랑스대혁명 때 뜨거운 구역 중 하나가 되기도 했다. 이 가운데 감옥 건물을 개조한 바스티유 오페라와 7월혁명 기념탑Colonne de Juillet이 12구에 있다. 1880년에는 제3공화국의 탄생을 기념해서 트론 광장의 이름을 나시옹 광장Place de la Nation으로 바꾸었고, 1899년에는 그 중앙에 <공화국의 승리Triomphe del la République>라 이름 붙인 동상을 세웠다.

3차 동심원 2
13구~20구

이어 13~20구는 대표적인 내용을 선별해서 일괄하겠다. 13구에는 오스테를리츠역Gare d'Austerlitz이 있다. 14구에서는 카르티에 몽파르나스가 중요하며 몽파르나스역Gare Montparnasse은 14구와 15구에 걸쳐 있다. 15구에는 특히 파리 시내에서 가장 대표적인 20세기 고층 건물 구역이자 상업지역인 보그르넬Beaugrenelle이 있어, 파리의 현대 도시건축에서 라데팡스La Défense와 함께 핵심 지역을 이룬다. 라데팡스가 외곽의 신도시라면 보그르넬은 도심에 있는데, 건물 긴축을 엄격히 제한하는 파리에서는 예외적인 지역이라 할 수 있다.

16구는 '13~20구'의 8개 구에서 가장 중요한 구역으로, 트로카데로 광장Place du Trocadéro과 개선문이 중심지다. 트로카데로 광장은 샤요궁Palais de Chaillot이 위치하면서 센강 건너편의 에펠탑을 마주 본다. 에펠탑이 가장 잘, 그리고 가장 멋있게 보이는 곳이어서 파리 관광에서도 최근에 이른바 '핫 플레이스'가 되었다. 개선문은 '8구-16구-17구'의 세 구가 만나는 결절 지점에 위치해서 그 일부가 16구에 속하는데, 트로카데로 광장과 개선문을 잇는 클레베르가Avenue Kléber가 이 구역은 물론이고 파리 우안 서북 지역의 주요 도로가 되었다. 더하여 개선문 외곽 쪽으로 16구와 17구의 경계선에는 파리의 대표적인 신도시 라데팡스로 나가는 마이요 성문Porte Maillot이 있다. 이외에도 16구는 외곽으로 불로뉴 숲Bois de Boulogne을 접한다. 이 숲은 면적, 수목, 정원, 건축 등 각종 시설 등에서 뱅센 숲과 함께 파리의 양대 숲으로 간주된다.

17구는 루이 16세의 관세 성곽 서쪽 경계선을 공유하며, 이때 지어진 몽소 징수소Barrière de Monceau가 몽소 공원 내에 남아 있다. 또한 작은 교회들이 유독 몰려 있는 구이기도 하다. 18구는 몽마르트르의 동네로 사크레쾨르Sacré Coeur가 대중적으로 유명하다. 19구에서는 현대 해체주의 건축의 발상지 라빌레트 공원Parc de La Villette과 센강으로 연결되는 운하가 중요하다.

마지막으로 20구는 파리의 대표적인 다문화 혹은 코스모폴리탄 구역으로, 외국인이 많이 살며 쟁쟁한 예술가들이 묻힌 페르라셰즈 묘지Cimetière du Père-Lachaise가 가장 대표적이다. 이 묘지에는 작곡가 쇼팽과 로시니, 문학가 발자크와 프루스트, 극작가 몰리에르, 화가 다비드와 들라크루아 등 파리에서 태어났거나 활동했던 세계적 거장들이 묻혀 있으며 피카소도 이곳에 묻혀 있다.

2부 로마와 초기 기독교 시대 (기원전 51~서기 751년)

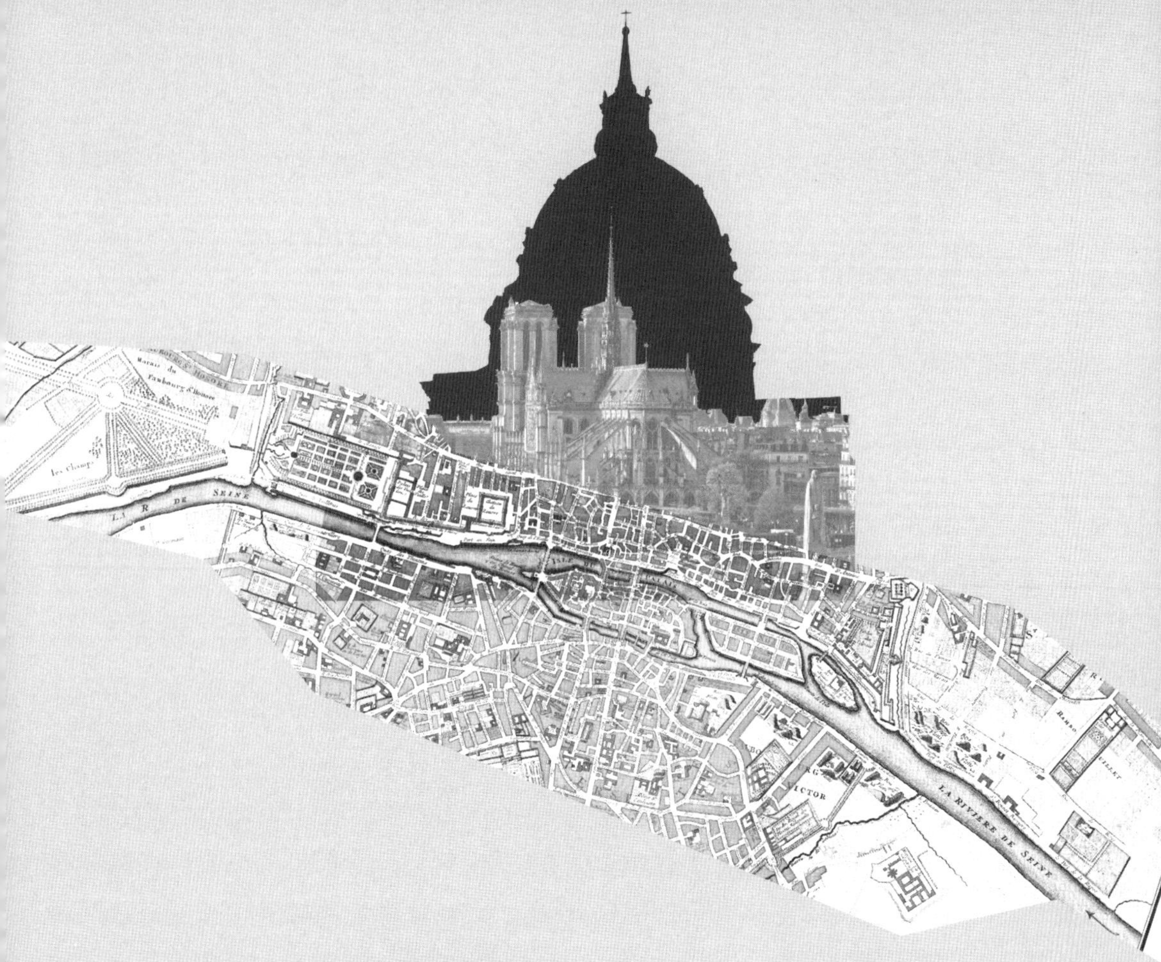

A History of the Urban Architecture of Paris

로마 시대(기원전 51~서기 476년)

5장

카이사르와 '루테티아 파리시오룸'

루테티아

켈트 갈리아족이 세운 요새화된 시장 도시

파리에는 신석기 시대부터 사람이 살기 시작했을 것으로 보인다. 신석기 시대에 프랑스 일대에는 '남부 문화Southern Culture'와 '다뉴브 문화Danubian Culture'의 두 문명이 있었는데, 남부 문화는 지중해 지역에 분포했고 파리는 다뉴브 문화에 속했다. 다뉴브 문화는 현재의 릴Lille 일대인 대서양 북부 지역에서 발흥해 남서진하다가 파리를 지나 부르주Bourges 일대에서 직각으로 꺾어 동진해서 다뉴브강을 따라 동유럽으로 전파되었다.

다뉴브 문화는 이어 청동기를 거쳐 기원전 8세기경에는 철기 문명의 단계까지 발전했으며, 이후 기원전 7세기경 프랑스 일대는 '켈트 갈리아족Celtic Gauls'이라는 종족의 차지가 되었다. 켈트족 자체는 프랑스, 독일, 스위스, 알프스산맥 주변 등 유럽 중심부의 여러 곳에서 출현한 인도유럽어족의 일파로, 청동기 시대부터 다뉴브 문화를 이끈 핵심 종족이었다. 철기 문명 이후 부흥하기 시작해서 기원전 200년경 전성기를 누리며 '잉글랜드-프랑스-독일' 등 3국 전역을 포함해 동유럽까지 진출했다.

켈트족은 시작부터 여러 곳에 다인종으로 출현했으며 분파하는 과정에서는 더욱 분화했다. 이들의 하위 종족인 '브리튼족Britains – 갈리아족Gallia – 게일족Gaels'은 오늘날 '잉글랜드 – 프랑스 – 아일랜드' 3국의 대표 종족이 된다. 그중 다뉴브 지역에서 이동해온 종족 가운데 하나가 켈트 갈리아족이었고 프랑스 일대에 정착했다. 이로써 골족Gauls이라고도 불리는 갈리아족은 고트족Goths, 노르만족Normans 등과 함께 프랑스의 주축 종족이 되었다.

켈트 갈리아족 역시 상위 종족인 켈트족과 마찬가지로 여러 하부 인종이 모인 다민족 복합종족이었다. 이동과 정복 전쟁을 통해서 프랑스를 중심으로 남서쪽 이베리아반도와 남쪽 이탈리아 포 계곡Po Valley을 비롯, 심지어 남동쪽 멀리 발칸반도Balkan Peninsula 등 유럽 전역을 훑고 다녔다. 이때 발칸반도의 '갈라티아Galatia'라는 지방까지 진출하면서 '골' 혹은 '갈리아Gallia'라는 이름을 얻었으며, 여기에 상부 종족인 '켈트'를 합해서 '켈트 갈리아족'이라 불리게 되었다.

이런 켈트 갈리아족의 하부 인종 중 다시 한 부류가 기원전 4~3세기에 파리에 정착하면서 '골리쉬 파리시Gaulish Parisii' 혹은 '켈틱 파리시Celtic Parisii'라는 명칭을 획득했다. 이때 오늘날 '파리'의 기원이 되는 '파리스Paris'라는 명칭이 처음 등장한다. 파리스는 트로이 전쟁 이야기에 나오는 트로이 왕자의 이름으로, 먼 나라 왕자의 이름을 자신들의 부족 이름으로 삼은 것이다.

트로이 전쟁이 기원전 13~12세기 때 있었기 때문에 파리스 왕자의 존재에 대해서는 문명의 전파를 타고 파리 일대에도 충분히 알려졌을 것으로 추정할 수 있다. 에게해 문명은 해양 문명이어서 뱃길로 유럽 전역을 순시했고 대서양 지역도 다녀간 기록이 있는데, 이 과정에서 이 내용이 전해졌을 것으로 추정된다. 파리스 왕자는 독화살에 맞아 전사하는 비극적 최후를 맞이하는 가운데에서도 끝까지 항전한 전투 의지의 상징이었다. 아마도 전사 문명을 대표하던 고대 켈트 갈리아족의 파리시가 파리스 왕자의 영웅적 전쟁 이야기를 전해 듣고 그 정체성을 빌려 자신들의 부족 상징으로 삼은 것으로 보인다.

켈트족이 전쟁만 한 건 아니었다. 이들은 철기 문명이 진행하면서 농업을 발달시켰으며, 여기에 주석 등을 주요 품목으로 삼아 서유럽 일대에 '농산물·금속 재료'의 교역망을 형성해서 운영했다. 프랑스 중부 지방과 남부 지방을 따라 두 갈래의 망이 있었는데, 중부 지방 망이 파리의 아래쪽을 지났다. 이로써 파리는 철기 시대를 거치면서 발달한 기술, 안정적인 식량, 경제력 등 향후 도시로 성장하는 데 필요한 기본 조건을 모두 확보하게 되었다.

이를 바탕으로 기원전 3세기경 파리에는 골리쉬 파리시가 세운 최초의 문명이 등장한다. 이들은 처음 파리 북쪽의 몽마르트르 언덕에 진출했으며 다시 언덕 남쪽 아래의 랑디 평원Plaine de Lendit으로 내려온 뒤 최종적으로 센강 한복판의 시테섬Île de la Cité'에 정착했고, 일부는 시테섬 남쪽까지 점유했을 것으로 보인다. 시테섬과 남북 내륙의 양안은 나무다리로 연결했으며, 이때 시테섬에 최초로 성벽을 세운 흔적이 있다. 중심지는 시테섬이었는데, 이때의 도시 형태는 시장도시market town였다. 이렇게 형성된 최초의 파리 도시 문명을 '루테티아lutetia'라고 불렀다. 프랑스어로는 '루테체' 혹은 '루테스'라고 발음하는 'lutece'다. 넓게는 시테섬과 센강을 접한 좌우 양안까지 포함하는 지역이고, 좁게는 시테섬의 시장 도시만을 말하기도 한다. 어쨌든 이렇게 해서 파리의 심장이자 중심 초점인 시테섬이 '요새화된 시장도시 루테티아'로 탄생했다.

하지만 아쉽게도 켈트족이 파리에 남긴 유산 중 건물이나 문화유적은 없다. 이들은 무덤, 칼집, 종교 미술품, 항아리 등 많은 유산을 넓은 지역에 걸쳐 남겼는데, 파리에서는 이렇다 할 유적이 발굴되지 않고 있다. 당시 파리는 늪지대여서 센강을 낀 거점 도시 이상으로 번성하기는 힘들었을 것으로 보인다. 또한 이후 로마와 중세 시대를 거치면서 습지가 개척됨에 따라 땅밑에 묻혀 있던 것들마저 대부분 소실되었을 것으로 보인다. 파리의 처음 이름인 '루테티아'도 고대 그리스어로 '습지swamp·marsh'라는 뜻이었다. 켈트어로는 심지어 '쥐mouse'라는 뜻이었는데, 이는 습지에 쥐가 많이 살아서 붙은 명칭이다.

로마 시대의 복합 도시

카이사르가 세운 '루테티아 파리시오룸'

이런 이유로 루테티아를 파리 최초의 도시, 즉 '건도建都'라고 보기는 어려울 것 같다. 파리의 건도는 기원전 52년, 로마 공화정의 대표적인 권력자이자 집정관이자 사령관이었던 율리우스 카이사르Julius Caesar(기원전 100~기원전 44년)가 이루었다고 보는 시각이 일반적이다. 이처럼 파리의 도시 역사를 여는 첫 길목에 다른 나라 사람의 이름이 등장하다니 의외이긴 하다. 어쨌든 카이사르는 기원전 58~기원전 51년에 지금의 프랑스 지역인 갈로 로마(줄여서 '갈리아')를 원정해서 로마의 속주로 편입시켰다. 그는 전쟁의 귀재였다. 그의 권력은 수많은 정복 전쟁의 승리에서 나온 것이었다. 기원전 59년에 집정하기 전 기원전 61년부터 이미 스페인 원정을 시작했고, 집정 기간에는 프랑스 전역과 독일의 서부 지역을 정복했다.

갈로 로마Gallo-Roma는 '팍스 로마나pax romana'(로마의 지배 밑에 형성된 지중해 세계와 유럽의 평화)를 형성하는 주요 토대였다. 로마가 정복해서 편입시킨 속주는 크게 로만 라틴, 로만 이스트, 로만 아프리카 등 3대 지역인데, 갈로 로마는 로만 라틴의 핵심 지역이었다. 갈로 로마를 코어로 삼아 '게르만－잉글랜드－이베리아반도'를 잇는 동·북·서 세 방향의 속주를 확장하고 이민족의 침입을 방어할 수 있었다. 이런 중요성으로 인해 카이사르는 프랑스 전역을 완전 복속시켰다. 그는 갈로 로마를 크게 남북으로 나눠서 통치했는데, 남쪽의 중심도시는 리옹Lyon이었고 파리는 북쪽의 중심도시로 편입되어 최초의 도시로 탄생하면서 로마 문명 아래에서 성장했다. 보르도Bordeaux가 중심도시였던 서쪽 지역은 갈로 로마에 속했다기보다는 당시 '아키텐Aquitaine'이라는 별도의 지역으로 구분되었다.

카이사르는 갈리아 원정 마지막을 파리 건도로 장식했다. 기원전 52년에 시테섬 남쪽에서 진입하며 크고 작은 전투를 벌인 끝에 결정적으로 알레시아Alesia 전투에서 베르킨게토릭스Vercingetorix 추장을 무찌르고 시테섬을 중심으로 남북 양안을 연결한 루테티아를 접수했다. 이름은 '루테티아 파리시오룸Lutetia Parisiorum'이라고 붙였다. '루테티아'는 켈트족이 사용하던 걸 그대로 둔 것이고, 여기에 이들의 종족 이름인 '파리시오룸'을 붙인 것이다. 즉 파리시오룸은 갈리아족의 고대 이름이며 오늘날 '파리'라는 이름은 여기에서 탄생한 것이다.

여기에서 '파리'라는 이름이 앞 켈트 갈리아족의 '파리시'에 이어 최초의 공식 기록에 등장한다. 그런데 '파리'가 부족의 이름을 넘어 앞에 붙은 '루테티아'와 뒤에 붙은 '-이오룸-iorum'마저도 떼고 파리 시민들 사이에서 수도의 이름으로 완전히 자리 잡게 되는 건 프랑크 왕국에서 독립하며 민족 정체성을 완성하던 10세기 말~13세기 초였다. 이 내용은 중세 편에서 자세히 살펴보겠다. 실제로 로마의 지배를 받던 시절의 이름은 보통 줄여서 '루테티아'라고 했다. 이때까지는 아직 '파리시오룸'은 중요하게 여기지 않았고, 앞 시대부터 사용하던 늪지라는 의미의 '루테티아'를 중요하게 여겼다는 뜻이다. 단순히 긴 단어를 줄인 이유가 컸겠지만, 로마 정부의 입장에서 보면 정복 지역의 정체성을 영웅적 투쟁을 상징하는 '파리시오룸'으로 형성하는 것보다는 늪이라는 자연 지형의 상태를 뜻하는 '루테티아'로 남겨두는 게 통치에 유리했기 때문일 것이다. 이 책에서는 켈트 갈리아족 때의 명칭과 구별하기 위해 루테티아 파리시오룸의 전체 이름을 사용하겠다.

카이사르는 시테섬의 시장도시 기능을 그대로 유지하면서 남북 내륙 양쪽에 신도시를 건설하는 등 루테티아 파리시오룸을 세 지역으로 나누어 더 발전시켰다.도 5-1 시테섬은 '루테티아 시테Lutetia Cité'라 불렸고 켈트족 시대에 이어 파리의 중심부로 남았다. 남북 양쪽 가운데에는 남쪽이 단연 중심도시였다. 남쪽 일대에는 '로마 병영Camp Romain'이 설치되었고 그 주변을 주거지와 포럼을 갖춘 도시 중심부로 개발했다. 북쪽은 대체로 평원과 숲 지대였다. 시테섬을 직접 마주한 북쪽의 좁은 지역은 '포부르Faubourg'라 불렸다. 포부르 바깥의 북쪽 넓은 지역 전체는 '마레'라 불렀는데, 이미 당시부터 지리적 상태에 따라 '마레 숲', '마레 백사장', 마레 평원' 등으로 세분해서 불렀다.

이 뼈대는 대체로 카이사르 이후 로마 시대 전체에 걸쳐 유지되었다. 한 가지 변화도 있었는데, 로마가 제국으로 발전하고 영토를 확장하면서

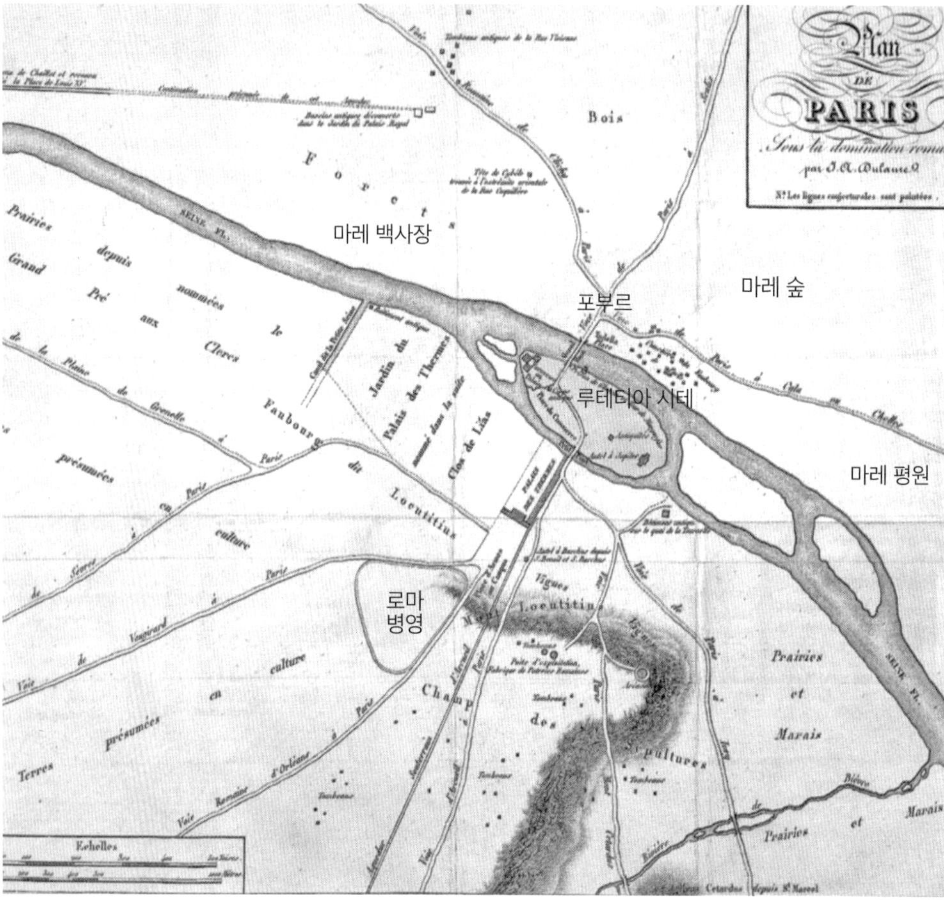

5-1. 로마 시대 루테티아 파리시오룸. 루테티아 시테는 시장도시와 요새도시를 겸하고 좌안은 병영도시이며 우안은 아직 도시로 개발하지 않은 포부르로 남아 있다.

시테섬의 방어 기능이 중요해지자 이곳에 요새도시의 기능을 추가한 것이다.도 19-6 혹은 앞에 말한 대로 이미 켈트족이 '요새화된 시장도시'로 건설한 것을 그대로 이어받아 발전시킨 것이기도 했다. 이때 켈트족이 세운 것으로 기록되어 있는 성곽을 그대로 사용했을 것으로 보인다. 이 과정에서 마침 '시내'라는 뜻의 '다운타운downtown'과 '외곽'이라는 뜻의 '업타운uptown'의 두 단어가 시테섬을 기준으로 남북의 방위에 따른 두 신도시와 일치하게 되었다. 실제로 도시사에서는 이 두 단어의 출처 가운데 하나로 카이사르 시절의 파리를 잡기도 한다.

남북의 도시 기능의 차이는 두 지역의 상황에 따른 것이었다. 무엇보다 좌안에 해당하는 남쪽은 중앙 정부인 로마를 향해서 이곳에 주거지와 포럼을 건설하는 건 당연했다. 로마와 수시로 교통을 했는데, 북쪽의 우안을 중심도시로 건설할 경우 당시로서는 대형 물자나 인원이 센강을 건너는 일이 쉽지 않았다. 북쪽 이민족의 방어를 생각해도 마찬가지였다. '몽마르트르 언덕–센강–시테섬'으로 이어지는 우안 남쪽의 자연 지형이 좌안을 세 겹으로 막아줘서 도심으로 개발하기에는 좌안이 유리했다.

그런데 당시에는 남쪽 지역 내에서도 동서의 지형이 달랐다. 지금의 5구에 해당하는 동쪽은 생트주느비에브 언덕Mont-Sainte-Geneviève(로마 시대 이름은 몬스 루코티티우스Mons Lucotitius 일대)인데, 주로 습지인데다 언덕이어서 도시 건설에 불리한 조건이었다. 반면 지금의 6구에 해당하는 서쪽은 생제르맹데프레 지역으로 자연조건이 좋은 평지였다. 이런 조건을 고려해서 도시를 건설하고 건물을 짓기에 적합한 생트주느비에브 언덕 아래부터 생제르맹데프레에 이르는 시테섬 남쪽 일대에 포룸forum(로마 시대의 광장)을 비롯한 도시 중심부를 건설했다. '5, 6구'의 두 구에 걸친 이 구역을 합하면 지금의 라탱 지구이며, '라탱'이라는 단어가 로마를 구성하던 종족과 언어를 뜻한 데서 그 기원을 찾을 수 있다.

우안에 해당하는 북쪽은 시테섬과 몽마르트르 언덕 사이의 랑디 평원이 중심이었다. 습지가 없는 너른 평원이어서 자연조건은 좋은 편이지만 북쪽의 켈트족이 침입하면 가장 먼저 맞이하는 불리한 곳이어서 로마 시대에는 상대적으로 좌안의 남쪽 지역과 비교해 개발이 덜 되었다. 제국 시기를 거치면서 주로 켈트족의 침입을 방어하기 위한 간단한 군사시설 정도를 설치했을 것으로 보인다.

이상과 같이 세 지역으로 형성된 루테티아 파리시오룸의 면적에 대해서는 경계를 어떻게 잡느냐에 따라 여러 의견이 있다. 대체로 초기에는 54만 제곱미터(16만 평) 정도로 시작해서 전성기에는 165만 제곱미터(50만 평)에 이르렀다는 게 중론이다. 인구는 8,000~1만 명 정도였다. 최대 면적인 165만 제곱미터는 1.65 제곱킬로미터이므로 한쪽 변이 약 1.28 킬로미터인 정사각형 면적이 되는데, 이 정도의 면적과 인구는 대체로 서울 시내 동 하나의 평균과 엇비슷하다 할 수 있다. 이 크기에 대한 평가는 엇갈린다. 현대 대도시를 기준으로 하면 작은 크기지만 로마 시대 유럽 전역을 놓고 보면 그렇게 작은 편도 아니었다. 당시 큰 도시는 원래부터 형성되어 있던 대도시들을 복속시킨 로만 이스트와 로만 아프리카에 많았다. 알프스산맥 북쪽의 유럽 일대는 로마가 새로 세운 도시들이 대부분이어서 크기가 상대적으로 작았다.

불르바르의 도시 파리
십자축 대로와 방사형 도로망

이상이 파리의 건도에 해당하는 카이사르 때의 파리 구성이다. 이후 로마가 제국으로 확장 발전하면서 루테티아 파리시오룸 전체의 도시 성격도 복합적으로 되어갔다. 특히 로마제국이 여러 지역을 정복한 뒤 중심도시들을 묶은 도시 복합체제였기에 파리를 이런 거시적 틀 속에 넣고 보면 복합성은 더욱 분명해진다. 이런 기준에 따라 로마제국 시절의 파리를 여러 각도에서 살펴보자.

우선 로마제국 때 속주 도시는 크게 네 종류로 나뉘었다. 군사와 교통의 요지에 세운 식민도시(콜로니아Colonia), 이민족과 접하는 경계선에 이들을 방어하기 위해 세운 병영도시(카스트라Castra), 한 도시 내에서 핵심부에 따로 방어 목적으로 세운 요새도시(오피둠oppidum), 인구가 밀집한 교통과 교역의 요지에 세운 상업도시(키비타스Civitas 혹은 키비타테스Civitates) 등이었다. 시장도시는 상업도시의 한 종류였다. 이 기준을 따르면 시테섬은 요새도시를 기본 틀로 잡아 내부에서 시장도시를 겸했고, 남쪽은 주거지를 낀 상업도시와 이를 지키는 병영도시를 겸했다. 이를 합한 루테티아 파리시오룸 전체는 갈로 로마의 북동쪽 지역을 담당하는 식민도시로 볼 수 있었다. 이처럼 로마 시대 파리는 네 종류의 도시가 합해진 복합도시였다.

시테섬 북쪽은 기독교가 전파된 3세기 전까지는 카이사르의 건도 때와 마찬가지로 거의 개발되지 않았다. 평원과 숲으로 이루어진 자연환경을 이용하는 목축업은 발달했을 것으로 추정되나 도시를 이룰 정도는 아니었다. 북쪽 영국과 켈트족을 방어해야 했지만, 로마가 강성할 때는 이들이 파리를 침공하기 쉽지 않았을 것이고 앞에서 본 대로 '몽마르트르 언덕 – 센강 – 시테섬'이 천혜의 방어 기능을 해주어서 이로 대신했을 것으로 보인다.

이와 반대로 남쪽의 병영도시는 로마의 대표적인 십자축 도로체계도 갖추었다. 로마 시대 병영도시에서는 군사작전의 효율을 위해 도시 중간에 동서 두 방향으로 중심 대로를 냈다. 이때 남북 방향과 동서 방향의 두 중심축 도로를 각각 카르도cardo와 데쿠마누스decumanus라 불렀고, 둘의 교차 지점에 포룸을 건설했다. 이 기준으로 당시 파리를 보면 우선 카르도가 잘 갖추어졌고 데쿠마누스는 상대적으로 완성도가 떨어졌다. 카르도는 시테섬과 양안에 걸쳐 루테티아 파리시오룸 전체를 하나로 연결하며 중심부를 관통했다. 이는 당시 파리가 '병영도시 – 시장도시 – 주거지역' 등이 함께 작동하는 복합도시였음을 말해준다.

카르도 막시무스Cardo Maximus가 이런 중심 카르도였다. 좌안 동쪽의 습지였던 생트주느비에브 언덕에서 시작해 북쪽으로 뻗어 센강을 건너 시테섬까지 이어졌으며, 다시 우안까지 올라갔다. 이 도로는 현재까지도 남아서 파리의 주요 도로로 기능하고 있다. 좌안에서는 생자크가Rue Saint-Jacques가 중요한데, 파리 팡테옹Paris Panthéon에서 시작해 위쪽의 생미셸 대로Boulevard Saint-Michel와 만난다. 시테섬에서는 시테가rue de la Cité가 되었다가 우안으로 넘어가면 레알Les Halles 지구를 관통하는 생마르탱가Rue Saint-Martin가 된다.

카르도와 달리 데쿠마누스는 좌안에만 있었던 것으로 보인다. 당시에는 별도의 이름 없이 도로만 나 있었는데 역시 현재까지 남아 있다. 이름은 수플로가Rue Soufflot인데, 팡테옹 광장 앞에서 팡테옹 교회와 직각이 되는 방향으로 시작해서 뤽상부르 정원Jardin du Luxembourg에 이르는 대로다. 로마 시대부터 지금까지 좌안에서 동서 방향을 대표하는 중심 도로 가운데 하나다.

파리는 도로체계가 발달한 대표적인 도시인데, 그 뿌리는 이처럼 로마 시대까지 거슬러 올라간다. 카르도는 남북 방향으로 달리는 '아브뉘

Avenue'가 되었고 데쿠마누스는 동서 방향으로 달리는 '뤼Rue'가 되었다. 두 도로를 합한 대로 전체를 '불르바르Boulevard'라고 통칭하는데, 파리에서는 특히 '가로에 늘어선 아파트를 도로의 소음과 시선에서 보호하기 위해 나무를 심은 가로수 길'이라는 좁은 뜻으로 특정해서 사용하기도 한다.

어쨌든 파리는 '17세기의 루이 14세 – 18세기 계몽주의 – 19세기 오스만 재개발'을 거치며 가로 미학으로 무장한 '도로의 도시', 즉 '불르바르의 도시'로 거듭나는데, 그 전통을 로마에서 물려받은 것이다. 이런 사실은 '17세기의 루이 14세'에서 확인할 수 있다. 로마가 물러나가고 15세기까지 파리는 전형적인 중세 도시였다. 기독교가 사회 중심 체제가 되면서 로마의 흔적은 자연스럽게 지워졌고 도로체계도 마찬가지였다. 이후 16세기에 르네상스 문화가 도입되면서 파리에서는 로마 시대 전통에 대한 각성이 일기 시작했고 대대적인 로마 고전주의 부활의 시대로 진입했다. 프랑수아 1세와 앙리 4세 등을 거쳐 파리의 도시건축에 프랑스 고전주의를 완성한 장본인은 루이 14세였다. 그가 벌인 주요 사업 중 하나가 파리에 남아 있던 구불구불한 중세 골목길을 밀고 로마 시대의 도로체계를 부활시켜 도입한 것이다.

로마 시대에 발달했던 파리의 도로망은 파리 내부의 '카르도 – 데쿠마누스' 체계에 더해 로마제국 전체에서 점한 파리의 지리적 위치와도 연관된다. 센강이 상당히 큰 강이어서 로마 시대 파리는 센강을 끼고 교역과 교통의 중심지 역할을 했다. 루테티아 파리시오룸에서는 상업 도로망과 제국의 군사 도로망이 모두 교차했다. 그만큼 로마제국 전체의 도로체계에서도 중요한 도시였다는 뜻이다.

'모든 길은 로마로 통한다'라는 말에서 알 수 있듯이 로마는 가히 거미줄처럼 얽힌 '도로망의 제국'이었다. 로마의 도로에는 크게 목적과 등급에 따라 상업용 대로, 군사 도로, 주요 도로, 일반 도로 등이 있었으며, 하나의 도로가 두 가지 이상의 기능을 겸하는 경우도 많았다. 또한 아그리파 가도, 도미티우스 가도, 율리엔 가도 등 건설자의 이름이 들어간 도로도 있었다. 제국 속주의 넓은 영토를 자잘한 지역으로 나눈 뒤 각 지역의 주요 도시마다 여러 도로가 교차하게 만들면서 제국 전체는 방사형 도로망을 갖추었다.

루테티아 파리시오룸도 그중 하나였다. 예를 들어 동쪽의 듀로코토룸 Durocotorum(지금의 랭스Reims), 남동쪽의 아우구스토두문Augustodumun(지금의 오툉Autun), 남서쪽의 세나붐Cenabum(지금의 오를레앙Orléans 지방 일대), 북쪽의 율리오보나Juliobona(지금의 루앙Rouen) 등을 비롯해 최소한 다섯 개 이상의 주요 상업도시(키비타스)나 병영도시(카스트라)를 향하는 도로가 교차했다. 이는 그대로 루테티아 파리시오룸의 방사형 도로망의 뿌리가 되었다.

일찍부터 루테티아 파리시오룸에 방사형 도로가 발달했던 건 우선 지리적 위치가 센강을 낀 주요 교차 지점이었기 때문이다. 하지만 방사형은 더 근본적으로 로마제국 전체의 거대한 도로망의 일환이기도 했다. 프랑스 내에서만도 파리를 비롯한 리옹, 랭스, 오툉 등의 여러 주요 도시가 이미 로마 시대 때에 이런 방사형 도로망의 초점 도시로 건설되어 성장한 경우였다. 한편 여기에서 방사형 도로라는 유럽 특유의 도로체계가 나왔다. 이는 유럽 전체에 해당한다고 볼 수 있으며, 현대에도 유럽 전역이 유독 회전교차로 중심의 도로체계를 사용하고 있다. 개별 도시로는 로마와 파리가 대표적인데, 19세기까지 시간의 끈을 늘려서 보면 다시 파리의 방사형 도로가 특히 두드러진다.

로마 후기

게르만족의 침입과 시테섬의 성곽 축조

하지만 이런 중요성에 비해서 파리는 로마제국의 속주 도시 등급상 낮은 3등급에 해당해 규모를 크게 개발하지는 않았다. 교역의 중심지이긴 했지만, 로마에서 너무 멀리 떨어진 대륙의 북쪽 끝인 데다 곡창지대도 아니었다. 센강이 큰 강이기는 하나 유럽 전체에서는 라인강과 다뉴브강에 비해서 작았으며, 프랑스 내부에서도 마른강과 루아르강 등 다른 강들이 있었다. 특히 습지대여서 많은 인구가 정착해서 살기에 불리했다. 이런 여러 기준을 적용하면 갈로 로마 내에서도 '아를Arles–부르고뉴Bourgogne–아키텐'으로 이어지는 남부 벨트가 더 중요했고, 도시로 보면 리옹이 파리보다 더 큰 도시였다.

이렇게 보았을 때 로마제국에서 파리의 위치는 다소 모호했다. 예를 들어 로마 시대 때 '이탈리아 북부–프랑수 중부와 동부–라인강 일대–잉글랜드'에 이르는 넓은 지역에 은을 이용한 도금과 세공 등 공예산업이 융성하면서 수십 개의 도시 이름이 등장했지만 그중 파리는 없다. 프랑스에만도 이런 공예도시가 20여 곳이 있었는데, 기원전 1세기의 리옹을 필두로 2~3세기의 비엔Vienne, 랭스Reims, 수아송Soisson 등과 4세기의 아비뇽Avignon 등에 이르기까지 우리에게 친숙한 이름들이 여럿 있었지만 파리는 없었다. 또한 로마제국 때에 갈로 로마 지역의 속국 수도는 처음에는 상스Sens였고 나중에는 트리어Trier였다. 그래서인지 프랑스와 라인강 일대의 로마 유적은 이런 도시들에 대부분 집중해 있다.

게다가 나중에 잉글랜드까지 로마에 복속된 것으로 보아 켈트족은 상대적으로 게르만족, 훈족, 동고트족 등의 동유럽 쪽 이민족보다 덜 호전적이어서 방어하기가 쉬웠던 것으로 보인다. 그래서인지 로마 시대에는 이미 세워져 있던 시테섬의 성곽을 유지하는 것 이외에 추가로 성곽을 건설하지는 않은 것으로 기록되어 있다. 특히 몽마르트르 언덕과 센강 정도면 파리 북쪽에서 내려오는 이민족은 막을 수 있다고 판단했던 것 같다.

이런 사실은 카이사르의 '공화정–집정관' 체제를 해체하며 뒤를 이어 등장한 제국의 초대 황제였던 아우구스투스Augustus(재위 기원전 27~기원후 14년) 때부터 영국 정복이 시작된 데에서도 확인된다. 이미 제국의 시작부터 파리는 북쪽의 경계선 안쪽에 들어온 안정적인 영토가 된 것이다. 이런 기조는 2세기 중반의 트라야누스Trajanus(재위 98~117년) 때까지 유지되면서 제국의 국경은 스코틀랜드와의 경계선까지 확장했다. 뒤를 이은 하드리아누스Hadrianus(재위 117~138년)는 여기까지를 제국이 방어할 수 있는 한계로 보고 그 경계선에 현재도 온전하게 남아 있는 '하드리아누스의 성곽Wall of Hadrianus'을 건설했다.

3세기 중반부터 변화가 나타났다. 우선 로마제국 전체로 보면 '후기~말기'에 접어들면서 476년의 공식 멸망까지 오랜 기간에 걸쳐 험난한 쇠락의 길을 겪게 되었다. 정치, 경제, 군사, 사회문화 등 모든 분야가 쇠퇴했는데, 도시건축과의 관련성이 가장 컸던 사건은 이민족의 침입이었다. 로마 시대의 이른바 '이민족barbarians' 전체의 숫자와 종류는 매우 많은데, 이를 포괄하는 대표성은 보통 게르만족과 훈족이 가지며 둘 가운데에서 다시 게르만족을 가장 대표적으로 통칭한다. 로마제국의 멸망도 보통 좁혀서 게르만족의 침입, 혹은 게르만족의 대이동과 결부 짓는다. 제국의 전성기에 크게 유용했던 교역로와 군사 도로가 이번에는 반대로 이민족이 타고 쳐들어오는 침입로가 되는 역전도 일어났다. 전성기에는 이런 교역로에서 가까울수록 좋은 입지였지만 이제 반대가 되어 언덕으로 올라가 피신하는 도시들이 속출했다. 이런 도시들은 로마제국 멸망 이후 중세에 접어들면서 성채형 도시의 뿌리가 되었다.

루테티아 파리시오룸도 동쪽 국경 밖에 있던 이민족의 침입에 시달리는 시기로 접어들었다. 라인강만 넘으면 나오는 루테티아 파리시오룸이 주요 표적지 가운데 하나였다. 게르만족 가운데 프랑크족Franks, 반달족Vandals, 알라만족Alemans, 훈족Huns, 서고트족Visigoths 등 여러 하부 종족의 침입이 있었다. 당시까지 루테티아 파리시오룸에는 성벽이 없었다. 제대로 된 방어시설 없이 타격을 입자 258년에 곧바로 시테섬 일대에 성곽을 축조했고, 좌안과 우안의 도시시설도 대부분 폐쇄한 후 성곽 안으로 몰아넣었다. 이는 시테섬의 두 가지 기능인 시장도시와 요새도시 가운데 후자가 강화된 것으로 볼 수 있다. 도시의 모든 역량이 이전의 교역과 상업 중심에서 군사 방어와 병영 기능으로 전환했다는 것을 의미했다.

이런 변화는 쇠퇴기에 로마제국 전역의 도시에서 나타나던 공통현상이기도 했다. 방어와 성곽 축조 등에서 효율성을 확보하기 위해 외곽의 넓은 지역에 흩어져 있던 도시 영역을 도심으로 몰아서 크기를 줄인 것이다. 시테섬으로 집중된 루테티아 파리시오룸을 비롯하여 아미앵Amiens과 생트Saintes 등 여러 도시의 면적이 대부분 1/10 정도로 대폭 줄어들었다. 몽마르트르 언덕이 있긴 했지만 게르만족의 침입 경로인 동쪽이 아니어서 도심을 그 아래로 옮기는 대신 시테섬에 성곽을 축조해 집중하는 쪽을 택했다. 이때 시테섬 남쪽에 지어져 있던 원형극장을 헐어 성곽 재료로 사용했을 것으로 보인다.

이어 4세기에는 로마제국의 마지막 반격이 시작되면서 루테티아 파리시오룸의 상황도 호전되는 등 잠시 반전을 맞는다. 제국의 북동쪽 경계선이 게르만족을 방어하는 중요한 전진기지가 되면서 드디어 358년에 트리어에 있던 갈로 로마 속국의 수도가 파리로 옮겨 왔다. 그러나 이런 안정도 잠시, 이후 476년 로마제국의 공식적 멸망이 있었고 파리의 로마 시대도 운명을 함께했다. 이어 5년간의 혼란기와 수습기를 거쳐 481년에 메로빙거 왕조Merovingian Dynasty(481~751년)가 시작되면서 초기 기독교 시대로 넘어간다.

로마 뿌리에 대한 현대 파리지앵의 생각
부정과 긍정의 양면

현재 파리에 온전하게 남아 있는 로마 시대 건물은 거의 없지만 일부 유적은 남아 있다. 기록에 의하면 로마 시대의 파리는 대체로 속주 도시의 표준형을 이루었던 것으로 보인다. 보통 중앙 광장인 포룸forum을 중심으로 신전, 목욕탕, 극장, 바실리카basilica(종합시민회관) 등을 갖추는데 파리도 그랬다. 로마 시대 도시시설의 핵심은 아무래도 포룸일 텐데, 파리에는 시테섬 남쪽의 5구와 라탱 지구 일대에 포룸이 있었다. 여기에는 여러 채의 신전을 필두로 극장 한 채, 원형극장 한 채, 목욕탕 세 채 등이 있었고 수로도 갖추었다. 현재 이 가운데 루테체 원형경기장Arènes de Lutèce과 클뤼니 목욕탕Thermes de Cluny(영어로 'Great Baths of the North')의 두 건물이 남아 있다.도 5-2 현장에 남아 있는 로마 시대 유적으로는 이 둘이 가장 대표적이며 유일하다고 할 수 있다.

터만 남아 있는 곳도 있는데, 6구에 있던 머큐리 신전Temple de Mercure이다. 중세 때 노트르담데샹Notre-Dame des Champs이라는 기독교 교회로 개종한 뒤 여러 번의 증·개축을 거치면서 로마 신전의 모습은 사라

5-2. 로마 시대의 광장인 포룸에 속했던 루테체 원형 경기장. 5구 라탱 지구에 남아 있다.

졌다. 이외에 여러 곳에서 출토된 로마 유물이 카르나발레 박물관Musée Carmavalet과 클뤼니 박물관Musée Cluny 등에 분산 전시되어 있다. 한편 로마 포룸이 있던 5구 일대는 이후 초기 기독교 시대에 생트주느비에브 수도원이 들어서고 '생트주느비에브 언덕'이라는 이름을 획득했으며, 중세 때에는 다시 공동묘지로 변한 뒤 17~18세기에 지금의 카르티에 팡테옹으로 최종 정리되었다.

이처럼 현재 파리를 기준으로 보면 로마의 흔적은 거의 남아 있지 않다. 하지만 파리의 기초를 닦은 문명이 로마라는, 즉 로마의 무형적 중요성은 매우 크다. 이미 프랑스 전역의 도시 문명 자체가 로마에서 온 것이었다. 예를 들어 2000년 기준 프랑스에는 인구 10만 명의 대도시가 55개 있는데 이 중 무려 37개가 로마 시대에 처음 세워진 것들이다. 거꾸로 로마 시대를 기준으로 보면 프랑스 전역에 상업 도시(키비타스)가 107곳이 있었는데 이 중 94개가 현재까지 남아서 역시 현대 프랑스 도시의 근간이 되었다.

파리도 이들 로마 기원 도시들 가운데 앞자리에 위치하던 도시였다. 파리에 로마 시대 도시건축의 기념비가 웅장한 모습으로 남아 있다면 로마 기원의 중요성이 더 드러났을 텐데 그렇지 못한 것은 아쉬움으로 남는다. 그랬다면 파리의 도시적 의미나 실제 도시공간에서 느껴지는 미학이 많이 달라졌을 것이다. 물론 현재 파리에 목욕탕과 원형경기장의 흔적이 남아 있지만 웅장한 기념비다움은 전혀 드러내지 못하고 건물들 사이에 포위당한 채 움츠러들어 있다.

하지만 당시에는 이런 시설들을 기념비라 부를 만하게 부풀려 지었다. 로마 시대 속주 도시에는 보통 황제와 제국의 권위를 과시하기 위해 성곽, 성문, 개선문, 원형극장, 신전 등을 군사나 교역 등의 실질적 목적 이상으로 크게 지어 과시하는 게 유행이었다. 루테티아 파리시오룸도 대표적이어서 당시 인구가 8,000명일 때 지어진 원형극장의 수용인원은 1만 5,000명이었다. 물론 인근 지역에서도 관람하러 와 이 자리를 채울 수 있었겠지만, 이 정도 규모면 하나의 거석 구조로, 당시 루테티아 파리시오룸의 면적을 봤을 때 도시 공간 속에서 그 자체가 하나의 거대한 기념비로 작용했을 것이다.

이상의 배경 아래 로마가 파리를 세웠다는 사실에 대한 파리 시민들의 생각은 다양해 보인다. 크게 두 방향으로 정리할 수 있다. 하나는 무관심하거나 부정적인 정서다. 우선 너무 오래전 일이라 대체로 무덤덤하게 받아들이거나 이런 사실 자체를 자세히 모르는 사람들이 많을 것으로 보인다. 실제 이런 사실은 몇몇 전문가만 알 뿐 일반인은 잘 알지 못한다. 혹시 안다고 해도 역사적 기록으로만 흘려듣지 현재 이 시점의 현대 파리와 연관시켜서 직접적으로 실감하지 못한다. 한발 더 나아가 민족정신을 기준으로 보면 거부감을 가지며, 자신들과는 선을 그으려는 경우들도 일정 부분 있을 것으로 보인다.

다른 하나는 로마라는 뿌리를 적극적으로 인정하고 자신들의 문화로 받아들이는 긍정적 정서다. 파리를 필두로 프랑스 전체가 유독 로마 고전주의를 사랑하며 국가 양식으로 삼는 걸 볼 때 그 바탕에서는 자신들의 문화적 뿌리로서 로마를 받아들이는 다수의 정서가 받쳐줄 것이다. 더욱이 유럽 도시 전체에서 로마는 특정 나라를 넘어서 원류 같은 것으로, 실제 많은 도시가 로마에 뿌리를 두고 있으며 파리도 이 중 하나로 볼 수 있다. 특히 프랑스는 유럽 국가들 가운데 이탈리아를 제외하고 로마 고전주의를 국가 양식으로 삼는 유일한 나라로 볼 수 있을 정도로 로마 문화에 대해 우호적이어서 이민족이 자신들의 도시를 세웠다는 사실에 대해 특별한 반감도 없는 편이다.

긍정적 정서 역시 한발 더 나아갈 수 있다. 이보다 더 적극적으로 해석해서 로마를 통해 혜택을 입었다고 생각하는 정서다. 현재 파리에서는 로마 유적의 열악한 상태에 비해 로마 기원의 중요성이 상대적으로 훨씬 큰 게 사실이다. 민족 정서와 별개로 파리에 최초로 도시 문명을 전파·건설·운영한 것이 로마라는 건 부정할 수 없는 역사적 사실이다. 당시 갈로로마 지역으로 진격하던 카이사르는 이 지역을 여러 원시적 상태의 이민족들이 서로 힘으로만 대치하고 있을 뿐 사실상 문명이 시작되지 않은 무정부 상태로 판단했다. 로마는 이런 프랑스 일대에 잘 정리된 수많은 도시를 건설한 뒤 그곳에 잘 조직된 속주 정부를 세우고 학문과 예술과 종교를 전파해서 일구었다. 루테티아 파리시오룸도 그중 한 도시였으며, 이를 바탕으로 비로소 최초로 '문명'이란 걸 일구기 시작했다.

이는 곧 갈로 로마 지역에서도 체계화된 경제 활동이 시작되었다는 뜻이다. 실제로 이 지역이 로마화하면서 그리스와 소아시아 등 동부 지중해 일대의 앞선 문명과 그 부가 프랑스에도 유입되었다. 다시 이를 토대로 로마로부터 많은 인구가 이주해오면서 도로 건설과 도시건축이 활성화했고 투자 붐이 일어났으며, 여기에서 걷은 세금으로 다시 투자와 건설이 촉진되는 선순환 고리가 형성되었다. 프랑스는 비로소 '정치-경제-교역-사회-문화예술-학문-종교'가 하나로 합해져 작동하는 문명이라는 거대한 힘을 실감하고 그 흐름을 운영하는 경험을 해보게 되었다.

도시는 이런 문명이 작동하는 공간환경이었는데, 로마제국 자체가 대표적인 도시 문명이어서 더 그랬다. 파리는 제국의 북쪽 중심도시로서 일찍부터 도시 문명의 핵심을 체득하는 소중한 토대를 구축했다. 당시 갈로 로마 지역에 형성된 엘리트 계층 개개인도 마찬가지여서 이처럼 조직화한 도시를 기반으로 문명 활동을 벌여 부를 축적하고 문화예술을 즐기는 특권적 혜택을 체득했다.

로마 문명과 프랑스 국민성의 공통점인 '형식화'를 매개로 보면 더 그러한 특징이 부각한다. 로마는 도시건축의 형식화 능력 면에서 특출한 문명이었다. 프랑스 역시 형식화에 뛰어난데, 이는 선천적 성향일 수도 있고 로마에서 배운 것일 수도 있다. 어쨌든 시간이 지나면서 프랑스의 형식화 성향은 점차 고전주의를 중심으로 도시건축에 집중되었다. 그리고 드디어 19세기에 이르면 로마의 본보기를 뛰어넘는, '스펙터클'이라는 파리만의 도시건축 미학을 창출하게 된다.

6장

초기 기독교 시대(250~751년)

생트주느비에브와 생제르맹데프레의 활약

파리의 초기 기독교 시대를 정의하는 문제

로마제국이 기울기 시작하는 서기 3세기부터는 파리에도 이민족의 침입이 잦아졌고, 이를 방어하기 위해 병영도시의 기능을 강화했지만 침입을 막기엔 역부족이었다. 로마제국의 운명부터 그러했다. 광활한 영토를 방어할 국력이 쇠퇴하면서 제국 전체의 국경선은 점차 안으로 밀려들었다. 디오클레티아누스Diocletianus 황제(재위 284~305년) 때인 284년에 로마는 동서로 분열되고 293년에는 다시 4분 통치정책을 쓰는 등 거대한 몸집을 줄여 관리하는 방식으로 제국의 생명을 유지했다.

이 시기 파리는 '갈리아-브르타뉴Bretagne-비엔Vienne-스페인'의 네 지역으로 구성되는 갈리아 관할 구역에 속했다. 넷 가운데 갈리아 구역은 다시 '파리 루그두네스-벨기에-게르마니아-세콰니'의 소구역 넷으로 한 번 더 구분했다. 파리는 리옹의 로마 시대 이름인 루그두눔Lugdunum과 하나로 묶여 '파리 루그두네스'라는 소구역에 속했다. 파리 자체로만 보면 루테티아 파리시오룸이라는 이름은 유지했다. 이런 노력에도 불구하고 476년에 제국은 끝내 멸망했다. 파리는 5년 뒤인 481년에 곧바로 프랑크 왕국에 편입되었다.

로마의 쇠퇴·멸망은 파리의 기독교 개종과 시기적으로 일정 부분 중복된다. 우선 4세기 후반에 기독교가 로마의 국교로 성장했는데, 알프스산맥 이북 지역에 기독교 자체가 처음 전파된 시기는 이미 이보다 앞섰다. 정확한 시기에 대해서는 여러 주장이 있는데, 최소한 3세기였던 건 확실하다. 이후 로마의 국교가 되면서 전파는 훨씬 체계적이고 가속화되어서 알프스 이북의 여러 지역이 빠르게 기독교화되어 갔다. 파리도 마찬가지여서 프랑스 여러 지역과 함께 파리 전체가 기독교로 개종하며 기독교 시대가 열렸다. 유럽 교회사에서 고대교회(혹은 초대교회) 시대, 건축사에서는 초기 기독교 시대에 해당하는 새로운 시대로 넘어갔다. 이 책에서는 '초기 기독교' 명칭을 사용하겠다.

이 시기 파리의 유적은 현재의 도시 골격과 건물 모두 실질적으로 하나도 남아 있지 못하다. 문서 기록도 열악한 편이다. 그 대신 이 시기 파리에는 두 가지 중요한 발전이 있었다. 하나는 파리가 기독교 도시로 성장하는 데에 토대가 되는 주요 성인들이 등장해서 활동했고, 이들은 파리의 정신적 지주이자 종교적 뿌리가 되었다. 다른 하나는 파리가 현재의 '독일-벨기에-프랑스 내부의 여러 다른 지역-이탈리아 북부' 등을 아우르는 알프스산맥 이북 지역 전체에서 입지를 다져가는 기간이었다. 이 내용은 주로 정치사에 해당한다. 이 장에서는 초기 기독교 시대의 연도부터 정의한 뒤 주로 이 두 내용을 중심으로 살펴보고, 도시건축과 관련된 내용은 필요한 지점에서 문서 기록을 중심으로 소개하겠다.

먼저 파리에 초기 기독교가 형성된 연도부터 살펴보자. 우선 정확한 연도는 정해진 게 없다. 교회사와 사회문화사에서 초기 기독교의 시기는 중세 이전까지인데, 중세의 연도 자체부터 통일된 의견이 없다. 시작 시점과 끝나는 시점 모두 편차가 상당히 큰데, 이 내용에 대해서는 중세 편(3부)과 르네상스 편(4부)에서 각각 자세히 살펴볼 것이다. 파리도 마찬가지지만 이 책에서는 '왕조사-교회사-도시건축사' 등을 종합해서 초기 기독교 시기를 250~751년으로 잡고자 한다. 250년은 파리에 기독교가 처음 전파된 것으로 추정 기록된 해다. 이어 로마제국의 멸망을 거쳐 481년에 프랑크 왕국의 메로빙거 왕조가 들어섰는데, 이 왕조가 끝난 것은 751년으로 기록되어 있다. 이때까지 파리는 주인만 바뀌었을 뿐 이민족의 시대가 계속되고 있었으며, 뒤이어 등장하는 카롤링거 왕조부터를 보통 중세로 본다.

생드니와 생마르탱

파리를 기독교 도시로 개종하다

초기 기독교 시기 파리의 역사는 앞뒤로 한 번 더 나뉜다. 전반부는 아직 로마제국 시대였으나 이미 이때 파리의 기독교 개종이 있었다. 하지만 이 시기 기독교 기록은 주로 '로마-이탈리아반도-동방교회'에 집중했기에 먼 변방의 작은 도시에 불과했던 파리의 기록까지 정확하게 남아 있진 않다. 물론 3세기가 되면 알프스산맥 이북 지역에도 활발한 전도가 시작되었지만, 이 역시 중심선은 파리를 비껴갔다. 주로 '마르세유-아를-비엔-리옹-오툉-트리어-쾰른'에 이르는 수직 방향으로 북진했다. 지중해 아를의 론강Rhône에서 시작해 북진하다가 오툉에서 센강과 라인강의 갈림길을 만난 건데, 이 중 라인강을 택한 것으로 볼 수 있다. 그러나 파리에 기독교가 처음 전해진 건 3세기였고 이어 4세기에 도시 전체가 정식으로 개종한 건 확실하다.

이런 가운데 파리에 최초로 기독교를 전한 성인은 보통 생드니Saint-Denis(생몰 연도 미상, 주요 활동기 3세기경)로 얘기된다. 이 덕분에 그는 파리의 초대 주교가 되었고 프랑스의 수호성인으로 추앙되었다. 250년경이었는데, 카이사르의 건도와 함께 파리의 가장 큰 역사적 사건이라 할 수 있다. 건도가 탄생을 의미한다면 기독교 전파와 개종은 본격적인 성장을 의미하기 때문이다. 이때 파리는 아직 로마의 속주 도시였다. 생드니는 센강 일대에서 활발히 전도해서 상당한 규모의 기독교 공동체를 이루었으며, 이를 '키비타스 파리시오룸Civitas Parisiorum'이라 명명한 것으로 알려져 있다. 루테티아 파리시오룸에서 '루테티아'를 '키비타스'로 바꾼 건데, 키비타스의 원래 뜻은 '상업도시'였지만 생드니가 이 말을 쓸 때는 '시민 공동체'에 가까웠을 것으로 보인다.

생드니는 너무 활발히 활동한 나머지 두 명의 동료와 함께 258년경에 체포되었고, 파리 북쪽인 지금의 몽마르트르 언덕에서 순교한 것으로 알려져 있다. '몽마르트르'라는 이름도 여기에서 유래한다. 당시 말로 '순교자의 언덕'이라는 뜻의 'Mons Mercurius'라는 이름을 획득한 것이다. 이후 이것이 프랑스어로 변화하면서 '몽마르트르'가 되었다. 이 명칭 자체가 이미 '언덕'이라는 의미를 내포하고 있으니 우리말로 번역할 때 뒤에 '언덕'은 굳이 붙이지 않는 게 정확할 것이다.

여기에서 전설이 하나 전하는데, 생드니가 참수를 당한 뒤 자신의 머리를 직접 들고 더 북쪽인 지금의 생드니 수도원 자리로 옮겨 묻었다는 것이다. 이를 기려 이후에 생드니 바실리카 교회가 세워졌으며, 다시 중세 때 대수도원으로 크게 확장했다. 중세 초기 생드니는 파리보다 큰 또 하나의 도시였으며, 북쪽 외곽에서 파리의 기독교 중흥에 큰 역할을 했다. 나아가 프랑스 전체의 중세 기독교 역사에서 핵심적 역할을 이어갔으며, 수도원을 중심으로 학문, 예술, 문화 등 세속 분야의 발전도 함께 이끌었다.

생드니에 이어 로마가 공식적으로 멸망하는 476년까지의 200여 년 동안 파리는 기독교 도시로 변모해가고 있었다. 주요 성직자와 여러 성인이 차례대로 방문·정착해서 안정적으로 포교 활동을 이어감으로써 완전한 기독교 도시가 되었다. 4세기는 파리 도시 전체가 기독교로 정식 개종한 시기로 볼 수 있다. 346년에 가톨릭 중앙 정부에서 임명한 최초의 파리 주교인 빅토리누스Victorinus가 부임했으며, 360년에는 파리 최초의 교구가 세워졌다. 이들과 함께 4세기 파리의 기독교를 키운 성인은 생마르탱Saint-Martin(316/336~397년)이었다. 그가 로마 시대 때 지어진 머큐리 신전을 개종해서 자신의 이름을 넣어 생마르탱데샹으로 바꾸었다는 건 앞에서 얘기했다.

파리에 기독교 건축이 시작된 것 역시 생마르탱을 전후한 시기로 보인다. 일단 머큐리 신전부터 생마르탱데샹으로 개종하면서 기독교에 맞게 개축한 것으로 보인다. 현재를 기준으로 하면 퐁피두 센터Centre Pompidou

6-1. 중세 때 생마르탱데샹 일대의 모습. 1550년경 제작한 <튀르셰와 오요의 지도Plan de Truschet et Hoyau>에 수록된 그림

북쪽 2구와 3구의 경계선에 있었는데, 중간에 여러 번 헐고 다시 지어서 처음 모습은 남아 있지 않다.도 6-1 중세 때 수도원으로 사용하던 건물은 보존되어 현재 박물관으로 사용하고 있다. 하지만 생마르탱이 파리에 입성하던 360년 이전부터 이미 현재의 노트르담 대성당 부지 인근에 작은 성당이 지어져 있었다는 기록이 있다. 이는 파리에도 주교가 임명되고 교구가 성립된 데 따른 것이었다.

생트주느비에브

파리의 수호성인이자 최초의 정신적 지주

3세기의 생드니와 4세기의 생마르탱이 파리에 최초로 기독교를 전하거나 정착시킨 공로가 있다면, 이를 발전시켜 중세 파리의 실질적인 기틀을 닦은 인물은 그 뒤를 이은 두 명의 성인이었다. 5세기는 생트주느비에브Sainte-Geneviève, Virgin(422년경~500년경)의 시대였다. 그녀는 낭트Nantes

에서 부유한 집안의 딸로 태어났는데, 부모가 사망하자 서임敍任 동정녀 consecrated virgin(신에게 처녀성을 맹세하여 신과 약혼한 것으로 간주하는 여성)를 서약하고 파리로 이주해서 목회 활동을 했다.

이외에도 그녀는 이민족의 침입을 물리치는 의외의 활약으로 파리의 수호성인으로 추대되었다. 군사적 행동은 아니었다. 451년에 훈족의 아틸라Attila가 침입하자 시민들에게 기도하도록 독려했고, 기도의 힘인지 아틸라가 파리를 비껴가는 이적이 일어났다. 곧이어 프랑크족이 연달아 파리를 침공했을 때는 옆 도시에서 식량을 조달하는 큰 공을 세웠다. 낭트에 살 때부터 부잣집 딸이어서 여러 도시와 교역망을 가지고 있던 덕이었을 것으로 추정한다. 이 점에 감동한 프랑크의 장군은 많은 파리 시민의 목숨을 살려줬다.

이런 중요성에 걸맞게 현재 파리에는 그녀의 이름이 들어간 지역이 여러 곳이다. 가장 집중적으로 몰려 있는 곳은 좌안 5구의 라탱 지구에 있는 '파리 팡테옹Paris Panthéon' 일대다.도 6-2, 18-2, 19-1 원래 공동묘지를 낀 교회가 있던 구역이었으며, 우선 그녀의 무덤부터 이곳에 있다. 그녀는 사망하면서 유언으로 프랑크의 왕 클로비스 1세Clovis I(재위 481~509년)에게 '성 베드로와 바오로 교회Église Saints-Pierre-et-Paul'를 지어달라고 했고, 왕이 이를 받아들여 교회를 짓고 그녀의 시신을 이곳에 안치했다. 클로비스 1세와 주느비에브는 긴밀히 협력하며 파리를 안정시키고 크게 발전시켰는데, 이 과정에서 왕마저 496~508년 사이에 세례를 받고 기독교로 개종했다. 이후 이 일대에서 여러 기적이 일어나면서 중세 동안 중요한 순례 교회로 남았고, 앞에서 본 바와 같이 로마 시대 이름인 몬스 루코티티우스에서 그녀의 이름을 딴 '생트주느비에브 언덕Mont-Sainte-Geneviève'으로 개칭되었다.

파리 가톨릭 역사에는 그녀의 이름 및 이 지역과 관련한 중요한 사건이 많았다. 가장 유명한 치유의 이적은 12세기 초에 파리를 휩쓴 전염병을 물리친 일이었다. 모든 노력이 실패로 돌아가던 중 1129년에 그녀의 유골을 싣고 이 교회로 행진하자 전염병이 물러갔다고 한다. 이 신유神癒·God's healing powers의 이적이 일어난 다음 해에 교황에 의해 축일로 지

6-2. 생트주느비에브 언덕 일대 전경. 현재 5구에 위치하며 파리 팡테옹이 중심에 있다.

정되었고, 그녀는 전염병 치유의 성인으로 추앙되었다.

여기에도 흥미로운 가톨릭 역사가 담겨 있다. 1130년은 교황 인노첸시오 2세Innocentius II(재임 1130~1143년)가 선출된 해인데, 그 정당성에 의문을 제기한 반대파에 의해 대립교황 아나클레투스 2세Antipope Anacletus II(재위 1130~1138년)가 추대되었다. 이른바 로마 가톨릭의 대분열이었다. 교황은 도피하던 중 파리에 들렀는데, 이때 생트주느비에브의 이적 소식을 듣고 축일로 지정할 것을 명했다. 로마 가톨릭 교회력Roman Catholic Calendar에까지 오르지는 못했지만, 파리 가톨릭에서는 아직도 중요한 축일로 지키고 있다. 생트주느비에브라는 이름 또한 가뭄, 홍수, 전염병, 기타 여러 자연재해를 지켜주는 수호성인으로 추앙받고 있으며, 무엇보다 파리 전역에 그녀의 이름이 들어간 여러 시설과 교회들이 세워졌다.

루이 15세Louis XV(재위 1715~1774년) 때인 18세기 중반에는 성 베드로와 바오로 교회를 철거하고 그 자리에 그녀의 이름이 들어간 생트주느비에브 교회(프랑스대혁명 때 파리 팡테옹으로 개칭)가 지어지면서 크게 개발되었다. 이때 이 지역에 남은 초기 기독교 시대의 흔적은 사실상 완전히 사라져서 기록으로만 남게 되었다. 물론 현재 파리 팡테옹도 파리를 대표하는 세계적인 건축물인 점은 틀림없지만 생트주느비에브의 흔적이 모두 사라진 건 매우 아쉬운 일이다.

어쨌든 파리 팡테옹은 프랑스가 이탈리아 주도의 바로크 시대를 끝내고 계몽주의 시대를 주도하며 유럽의 중심 국가로 성장해가는 한가운데를 장식한 건물이었다. 이 교회 안에는 19세기 프랑스의 주요 화가 피에르 퓌비 드 샤반Pierre Puvis de Chavannes(1824~1898년)이 그린 주느비에브의 그림이 있다. 또한 이 일대에는 그녀의 이름이 들어간 광장과 도서관도 있다. 이와 별도로 팡테옹 광장이라는 널따란 광장이 있는데, 이것도 사실은 그녀에게 봉헌된 것으로 봐야 한다.

더하여 시테섬 북쪽과 몽마르트르 언덕 사이에는 그녀의 이름이 들어간 평원도 있었다. 현재는 랑디 평원plaine du Lendit으로 불리는데, 원래 이름은 생트주느비에브 평원이었다. 아마도 그녀의 이름이 들어간 5구 지역이 당시에는 습지인 데다 공동묘지까지 있어서 목회 활동은 우안의 평원에서 했던 것으로 추정할 수 있다. 실제로 16세기 후반에 그린 작가 미상의 <랑디 평원에서 자신의 양들을 보고 있는 생트주느비에브Saint-Geneviève Watching over Her Sheep on the Lendit Plain>라는 그림을 보면 그녀가 양을 치는 목자로 묘사되어 있다. 실제로 양을 쳤을 수도 있지만 목회 활동의 비유로 볼 수도 있는 대목이다.

프랑크 왕국, 클로비스 1세, 메로빙거 왕조

초기 기독교 시대 파리의 정치사

마침내 로마가 멸망했고 그로부터 5년 후 알프스 이북 지역에는 '프랑스-독일-이탈리아 북부'의 넓은 지역을 포괄하는 프랑크 왕국Kingdom of the Franks(481~843년)이 들어섰다. 프랑크족Franks은 보통 게르만족 가운데 라인강 하류Lower Rhine와 엠스강Ems River 사이에 살던 종족을 가리킨다. 게르만족은 수많은 하부 종족으로 구성되는데, 프랑크족은 이 가운데 로마에 편입되면서 '로마화한 게르만족'을 일컫기도 한다.

로마제국 시절 지금의 독일에 해당하는 게르만 지역은 크게 둘로 나뉜다. 서쪽의 라인강 일대를 따라 갈리아와 접한 지역은 속주에 편입되면서 로마화한 데 반해, 동쪽은 끝까지 독립적으로 남아 결국 로마를 멸망시킨 주역이 되었다. 제국이 멸망하자 프랑크족은 로마에서 배운 문명화된 전투력을 바탕으로 게르만족의 많은 인구를 흡수하며 하루아침에 알프스 이북 지역의 강자로 떠올랐다. 곧바로 프랑크 왕국을 세우며 메로빙거 왕조Merovingian Dynasty(481~751년)가 시작했고 클로비스 1세Clovis I(재위 481~511년)가 초대 왕으로 즉위했다. '메로빙거'는 창시자 메로베크Merovech에서 따온 이름이다. 그는 로마의 사령관이었는데, 혈통적으로 클로비스의 할아버지여서 왕조명의 유래가 되었다.

클로비스 1세는 호전적 인물이자 전쟁의 귀재였다. 로마제국 붕괴 이후 알프스 이북 지역은 중앙 강자의 부재 속에 넓고 비옥한 영토를 놓고 수많은 민족이 중국의 춘추전국시대를 능가할 정도로 발흥하던 혼란 지대였다. 크게 라인강 일대의 프랑크 왕국, 프랑스 서부에서 스페인에 이르는 서고트 왕국Visigoths, 이탈리아 북부의 동고트 왕국Ostrogoths 등으로 나눌 수 있다.

481년 프랑크 왕국을 건설한 클로비스 1세는 처음에는 프랑스 동쪽 끝의 투르네Tournai(지금의 벨기에)를 수도로 삼아 동남쪽으로 독일의 '쾰른Köln – 마인츠Mainz – 트리어' 지역을 포함하는 작은 영토로 시작했다. 곧이어 '클로비스의 정복 전쟁'이라 부르는 여러 전쟁의 승리를 바탕으로 점차 서진했고 수도를 쾰른으로 옮겼다. 주로 남쪽과 서쪽의 프랑스 쪽으로 확장해서 486년에는 수도를 파리 북동쪽의 수아송으로 옮겼으며, 507년에는 프랑스 서부 아키텐 지역의 서고트 왕국까지 정복했다. 도시를 기준으로 보면 시계 반대 방향으로 '보름스Worms(지금의 독일 라인란트팔츠) – 오세르Auxerre(지금의 프랑스 부르고뉴) – 투르Tours(지금의 프랑스 앵드르에루아르)－렌Rennes(지금의 프랑스 브르타뉴)－루앙Rouen(지금의 프랑스 노르망디)'을 연결하는 커다란 원 형태의 영토를 확보했다.

한편 클로비스 1세 자신은 처음에는 앞에 말한 대로 기독교의 세례 교인이었다가 다시 동방정교로 개종했다. 하지만 서방 가톨릭에도 우호적이어서, 파리에서 생제르맹데프레와 생트주느비에브 등의 초기 기독교 활동에 여러 도움을 주었다. 정치에서는 살릭법Salic Law을 제정한 것이 대표적인 업적이다.

이후에는 왕의 아들들이 영토를 분할하는 전통이 생겨서 그에 따라 유지되었고, 그 중간인 632~638년에 다고베르트 1세Dagobert I(재위 629~639년)만 잠시 통일 왕국을 이루었을 뿐이다. 이런 전통은 샤를마뉴Charlemagne(재위 768~814년)가 다시 깨며 알프스 이북 지역에서는 아마도 역사상 가장 넓은 통일 왕국을 이루었지만 이도 잠시, 그의 사후부터 곧바로 정신없는 분할이 이어지면서 본격적인 중세 시대로 진입하게 된다.

이런 과정에서도 클로비스의 아들들을 필두로 그 이후에도 정복 기조는 이어져갔다. 536~537년까지 영토 확장을 계속해서 부르고뉴 왕국도 정복함으로써 프랑스 내에서 가장 강성한 정치세력이었던 아키텐과 부르고뉴가 모두 프랑스 영토로 복속되었고, 남쪽 국경은 마르세유Marseille까지 다다랐다. 동서로는 라인강에서 루아르강 사이의 영토를 확보했다. 물론 프랑스 왕실 직속령은 이후 무려 천여 년 동안 지금의 일드프랑스 지역을 중심으로 크게 확장되지 못했고, 다른 지역은 왕실에 충성하는 일종의 군주 연합체를 유지했다. 아직 완전한 통일국가에는 이르지 못한 것이지만, 이 정도만 해도 프랑스는 일찍부터 통일국가의 기틀을 잡아가고 있었던 것으로 볼 수 있다.

메로빙거 왕조 때 파리의 도시건축

기독교 도시의 기틀을 닦다

프랑크 왕국의 이런 영토 확장은 파리에 큰 도움이 되었다. 또 다른 호전적 민족이었던 동고트족을 방어하면서 이탈리아 북부 지방에 묶어두는 데 성공함으로써 파리가 안정적인 구도 속에서 도시문화를 일굴 수 있는 토대를 마련한 것이다. 무엇보다 508~511년 사이에 파리가 드디어 프랑크 왕국의 수도가 되었다. 파리가 유럽 역사의 전면에 등장한 분기점이 된 시기인데, 파리의 본격적인 성장 역시 이때부터 시작한 것으로 볼 수 있다. 파리의 수도 확정은 '프랑스'라는 나라의 이름을 탄생시키는 배경으로도 작용했다. 당시 센강과 라인강 사이 일대를 프랑크 왕국의 다른 발음인 '프란시아Francia'라고 불렀는데, 이 일대의 중심도시였던 파리가 수도가 되면서 나라 이름으로 굳어진 것이다. 프랑크 왕국은 이후 더 번성하며 영토도 넓어졌다. 그리고 파리의 초기 기독교 시대는 프랑크 왕국의 비호 아래 751년까지 유지되었다. 파리의 중세 초기 도시문화도 이런 안정 기조 속에서 기틀을 잡아갔다.

파리가 프랑크 왕국의 수도가 된 데에는 여러 요인이 작용했다. 가장 상식적인 이유는 파리가 앞에서 설명한 바와 같이 교통의 요지이자 서북 유럽에서 유리한 지리적 위치를 점했기 때문이다. 더하여 주변에 주요 강과 일정한 토지도 갖추었다. 의외의 이유도 있었다. 프랑크 왕국 초기는 아직 왕권이 확립되지 못했고 영토도 넓지 않아서 프란시아 지방의 성주나 봉신封臣들이 극성을 부리던 때였다. 심지어 이들은 왕이 지나갈 때도 무력으로 막아서며 통행세를 받아냈다. 이를 통제하기 위해 프랑크 왕국이 확장되어가는 과정에서 이 일대의 자잘한 성주들을 제압하고 파리를 아예 수도로 만들어버린 것이다. 이와 비슷한 상황이 12세기 중세의 루이 6세와 루이 7세 때에 반복되었는데, 앞 시대를 교훈 삼아 두 왕 역시 같은 방식으로 파리를 프랑스의 수도로 최종적으로 확정했다.

그런데 이 시기 파리의 상황은 양면적이었다. 물리적 발전을 이루며 향후 파리의 기틀을 닦는 공헌이 있었던 건 확실한데, 이면을 들여다보면 이를 주도한 건 원주민인 켈트 갈리아족에 외부에서 들어온 프랑크족, 부르고뉴족Burgundians, 서고트족Visigoths 등이 가세한 혼합 민족이었다. 이때 이런 외부 민족을 어떻게 볼 것인가의 문제가 발생한다.

우선 프랑크족은 오랜 기간 파리의 주인으로 남으면서 곧 프랑스의 주요 인종이 되었다. 문제는 부르고뉴족과 서고트족이었다. 이들이 처음 프랑크 왕국에 복속될 때는 엄연히 이민족이었다. 물론 이런 복속이 나중에 프랑스 통일국가의 기틀이 된 건 사실이지만 그 과정도 순탄하지는 않았다. 샤를마뉴 이후 중세 때 프랑크 왕국이 분열하면서 부르고뉴족은 부르고뉴 공국을, 서고트족은 프랑스 남서부의 아키텐 공국을 각각 세웠다. 두 공국은 파리 왕실은 물론이고 신성로마제국, 롬바르디아 공국, 잉글랜드 등 주변의 여러 나라와 합종연횡하며 세력을 유지했는데, 이 과정에서 파리 왕실에 불리한 상황을 만들며 왕실과 대립하기도 했다. 이후 초기 근대인 16~17세기 때에 가서야 파리 왕실에 완전히 종속되면서 프랑스 통일국가를 이루게 된다.

인종을 기준으로 보면 당시 파리는 이처럼 원주민이었던 켈트 갈리아족에 여러 이민족이 섞인 다민족 도시였다. 그런데 이런 상황은 앞의 1부 1장에서 본 바와 같은 프랑스 특유의 혼성 문화를 만드는 데에 큰 역할을 하면서 긍정적 결과를 낳았다. 파리에는 이들이 이끌어가는 복합 문명이 들어섰다. 당시 복합 문명의 구체적인 도시건축 유적이 현재는 하나도 남아 있지 않지만, 파리 왕실이 부르고뉴와 노르망디 지방의 발달한 로마네스크 건축을 받아들여 고딕 건축을 완성할 수 있었던 개방성이 바로 이 다민족 복합 문명으로부터 온 대표적인 현상이라고 볼 수 있다.

양면성이 하나 더 남아 있다. 이런 기여에도 불구하고 프랑스 왕조사에 메로빙거 왕조는 들어가지 않는다. 샤를마뉴가 등장하기 전까지의 프랑크 왕국 전반부의 수도가 계속 프랑스 지역에서 나온 것처럼 이 시기에도 파리와 프랑스가 중심지였지만, 정작 현대 프랑스인들은 이 시기를 자국의 진정한 역사로 보지 않고 이민족의 시대로 떼어서 보는 것이다. 프랑스 왕실의 정통 왕조는 보통 987년에 시작한 카페 왕조부터 친다. 파리의 역사 자체는 오래되었지만 정작 프랑스인이 주인이 된 건 10세기 말부터로 인식한다는 것을 알 수 있다.

이상의 여러 배경 아래 파리의 도시건축에서는 메로빙거 왕조가 끝나는 751년까지를 초기 기독교 시기로 분류하는 것이 무난해 보인다. 도시건축사를 반드시 왕조사에 맞출 필요는 없겠으나, 도시구조와 개별 건물 모두에서 초기 기독교 시기의 흔적과 유구가 하나도 남아 있지 않은 현재의 상태에서는 오히려 왕조사나 교회사처럼 상대적으로 정리가 더 잘 되어 있는 상위 차원의 연대 흐름을 따르는 것이 무난하다. 교회 건물로 좁혀 봐도 초기 기독교 시대의 생메리(8세기)와 중세의 노트르담 대성당(12세기) 사이에는 4세기의 시차가 나면서 앞뒤로 분명한 시대 구분을 해주고 있다.

초기 기독교 시기의 파리 도시건축은 기독교가 이끌었다. 기록에 의하면 파리에는 초대교회 때부터 중요한 교회 건물이 세워지기 시작했다. 물론 이 시기의 건물이 수준 높은 예술성을 자랑하거나 완성된 건축 양식에 이르지는 못했을 것이다. 그러나 기독교 활동의 중심 공간으로서의 실체는 분명히 축조되기 시작했다. 이를 바탕으로 3세기부터 6세기까지 한 세기마다 한 명씩의 중요한 성인 네 명이 차례로 등장하며 파리를 기독교의 도시로 키워냈다. 도시 전체로 보면 5~6세기에 좌안의 5, 6구 일대가 기독교 지역으로 성장했다. 당시 우안에는 작은 시장이 형성되어 있어서 전도하기 좋은 지역이긴 했는데, 넓은 땅이 필요한 수도원을 짓기에는 불리할 수 있었고 무엇보다 이민족의 침입도 걱정이었을 것이다. 남쪽에서 북진해 올라오던 기독교 세력은 이런 이유 등으로 로마가 먼저 들어와 닦아놓은 좌안에 정착했다.

메로빙거 왕조 때에는 왕들도 도움을 주었다. 다고베르트 1세Dagobert I(재위 629~639년)가 사망하는 639년까지 역대 왕들은 여러 교회에 묻히면서 파리 기독교 건축의 유명세에 힘을 실어줬다. 다고베르트 1세도 멀리 간 건 아니었고 파리 근교 생드니 수도원에 묻혔다. 유럽에서는 성인, 주교, 순교자와 같은 주요 성직자, 왕과 귀족, 대학자와 예술가 등 여러 주요 인물을 성당이나 교회의 지하 묘지 또는 지상의 부속 예배당 건물 안에 매장하는 관습이 강한데, 파리에서는 이미 초기 기독교 시대부터 왕들이 이 관습의 기초를 닦은 것이다. 이런 도움에 힘입어 초기 기독교 시대의 파리는 기독교 건축을 중심으로 성장할 수 있었다.

생제르맹데프레

신유의 이적과 빈민구제 활동

생제르맹데프레Saint-Germain-des-Prés(496/500년경~576년)는 오툉Autun에서 태어나 이곳에서 수도원장을 지내며 행정력과 빈민구제 등에서 능력을 보여 파리 주교로 초청받아 왔다. 그리고 생트주느비에브와 달리 전쟁이 아닌 신유神癒·God's healing powers에서 여러 이적을 일으켰다. 가톨릭 신앙에서는 이런 이적을 믿는 편인데, 요즘 식으로 합리적으로 따져보면 아마도 빈민구제 사업을 통해 식사, 쉼터, 의료, 공중보건 등을 제공한 덕에 여러 병자와 생명을 구했던 것으로 추정된다. 중병이야 어쩔 수 없었겠지만 열악한 환경에서 오는 가벼운 증세에는 효능을 보였을 수 있다.

오툉에서부터 이런 경력으로 명성을 쌓았고, 그 경험을 파리로 가져와서 맹활약한 것으로 기록되어 있다. 본인의 신앙생활에서도 절제된 성직자의 모범을 보여 종교적으로나 사회적으로나 파리 시민의 존경과 추앙을 받았다. 오툉에서 보여준 또 다른 능력인 종교 행정력을 발휘해 파리 가톨릭의 발전과 성장을 이끈 주역이기도 했다.

이런 그를 기려 이미 그가 살아 있을 때부터 시테섬 남쪽에 그의 이름이 들어간 '생제르맹데프레 교회'를 지었으며, 이후 여러 번의 증축을 거쳐 이 교회는 파리의 중세건축을 대표하는 중요한 건물 가운데 하나로 꾸준히 성장했다. 처음에는 성 밖 포부르에 지었으며 중세 때 대형 수도원 단지로 확장했다.도 6-3, 18-2, 19-1 이후 17세기에 성곽이 확장될 때 성안으로 편입되었으며, 근대화 과정에서 수도원 단지는 사라졌지만 중세 때 지은 본당 교회는 현재까지 남아 있다. 노트르담 대성당이 파리를 넘어 세계적 인기를 누리는 대중 스타라면 생제르맹데프레 교회는 파리 시민에게 종교적·정신적 뿌리 같은 곳이다. 예를 들어 프랑스의 대표 철학자 데카르트가 이곳에 묻혀 있다. 그래서인지 이 교회가 있는 일대의 행정구역명이 '생제르맹데프레'이며, 그 중심을 '생제르맹 대로'가 가로지른다. 생제르맹 대로는 19세기 오스만 재개발 때에 확장해서 넓게 쭉 뻗은 대로로 서점, 카페, 상점, 영화관, 식당 등이 몰려 있는 유서 깊은 도로다.

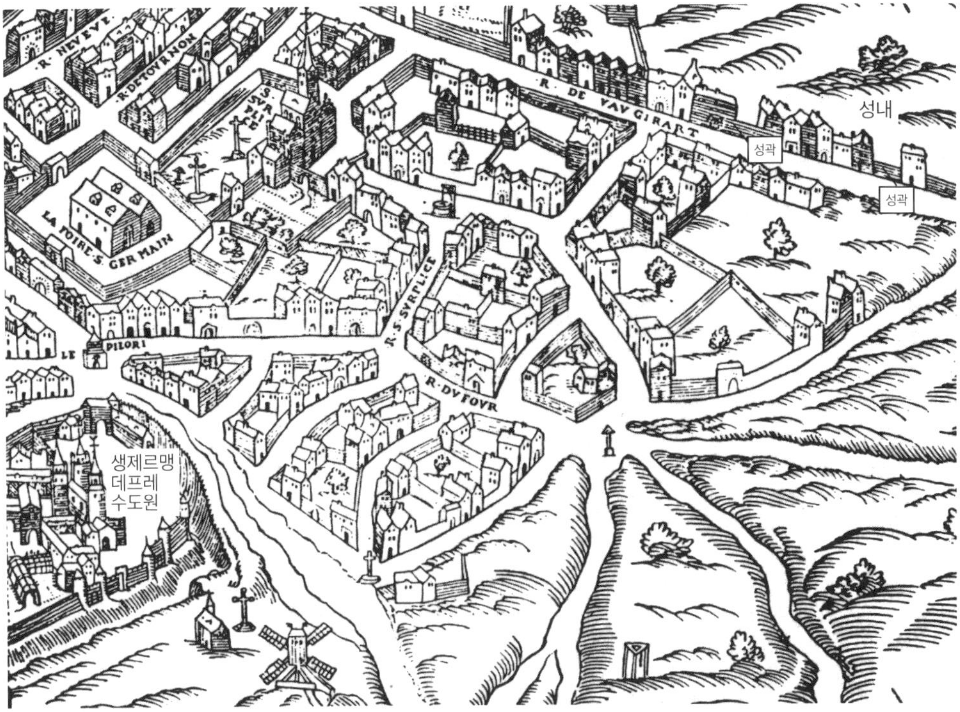

6-3. 중세 때 생제르맹데프레 일대의 모습. 1550년경 제작한 <튀르셰와 오요의 지도>에 수록된 그림

생트주느비에브와 생제르맹데프레의 두 수호성인은 파리에서 정신적 지주로 추앙받는다. 신정神政 일치가 유지되던 전통 시대에는 두 성인을 기념하는 축일 행사들이 자주 열렸다. 이 가운데 상당수는 행렬 등을 수반한 도시 축제를 겸하면서 시민들의 사랑을 받았다. 신정 일치의 붕괴, 즉 정교분리는 1789년의 프랑스대혁명 때 처음 있었는데, 당시까지는 아직 불완전해서 19세기에도 두 성인의 축일 행사는 일정 부분 유지되었다. 이후 1920년대에 국민투표를 통해 완전한 정교분리가 이루어지면서 이런 행사들도 대부분 중단되었다.

그렇지만 두 성인은 파리 도시건축에 중요한 부분을 남기며 그 이름이 현재까지 생생하게 살아 있다. 두 성인의 이름이 들어간 위의 두 구역을 합하면 앞에서 본 바와 같이 파리에서 종교, 학문·지성, 예술문화 등의 중심인 좌안이 된다. 두 교회 자체에 더해 생트주느비에브 도서관, 소르본 대학, 에콜 데 보자르, 오데옹 극장 등이 대표적이며 주요 서점과 역사적인 카페들도 이 일대에 몰려 있다. 이외에도 크고 작은 중세 교회, 바로크의 발 드 그라스 교회, 18세기 신고전주의의 생쉴피스 교회 등의 여러 주요 교회가 추가로 몰려 있다. 이는 우안 지역이 주로 '루브르궁-튈르리궁' 왕궁 단지와 레알의 시장 등이 중심이 된 세속 공간이었던 것과 대칭을 이룬다.

3부 중세 시대

(751~1514년)

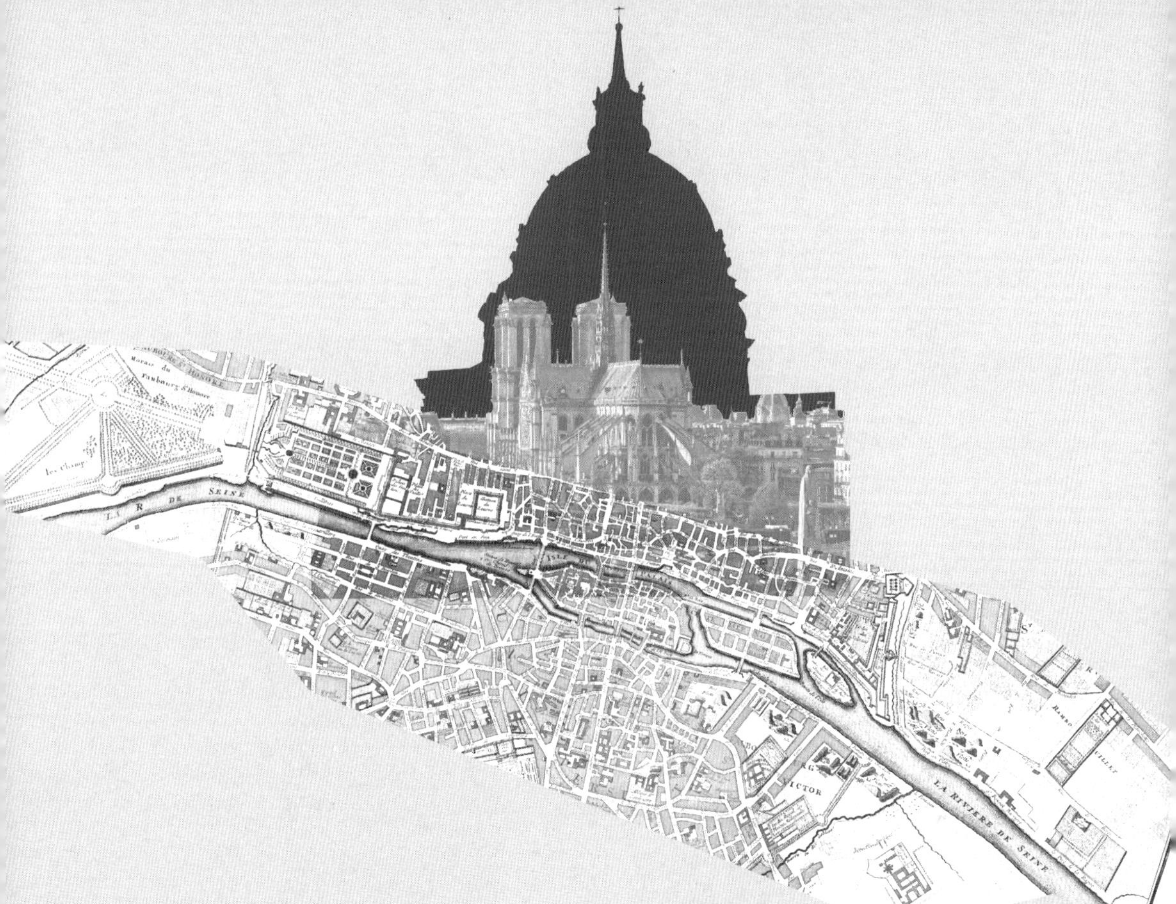

A History of the Urban
Architecture of Paris

‘중세’의 정의와 카롤링거 왕조(751~987년)

7장

서프랑크 왕국의 수도, 파리

중세의 시대 구분

풍성한 역사 논의의 보고

중세의 파리로 들어가보자. 도시가 하나의 시대와 문명을 이루었다는 평가를 받기 위해서는 실체, 번성, 규모, 주체, 기록, 역사성 등의 조건을 만족시켜야 한다. 이 조건에 맞춰보면 중세는 파리가 최초의 문명을 이룬 시대로 볼 수 있다. 로마 시대의 파리는 ‘기록’ 정도만 미미하게 남아 있을 뿐 나머지 조건은 모두 크게 부족하다. 초기 기독교 시대도 연대기로는 로마에 속해서 그 연장선으로 볼 수 있다. 기독교가 시작되었다고는 하나 아직은 파리가 전도를 받는 초창기여서 ‘주체’의 기준에서도 여전히 부족하다.

중세에 비로소 파리는 위 여섯 개의 조건을 (정도 차이는 있지만) 모두 만족시키며 자신만의 시대 문명을 이루게 되었다. 구체적인 내용은 도시의 성장과 역사성, 혼성 문화의 구성 요건, 기독교의 정신적 토대 등을 들 수 있다. 중세는 파리에 있어 이런 여러 면에서 매우 중요한 시기였다. 3부의 제목에서 751~1515년으로 시기를 잡은 것에서도 알 수 있듯 700~800년에 걸쳐 있어 기간도 매우 길다. 초기 기독교까지 합하면 무려

1200~1300년에 이르러서 파리 전체 역사의 절반 이상을 차지한다.

그런데 안타깝게도 도시 골격은 하나도 남아 있지 않으며, 건물도 노트르담 대성당을 필두로 20~30여 채만이 단독으로 남아 있는 정도다. 하지만 이 정도면 한 도시가 일군 시대 문명을 파악할 정도의 조건은 만족시킨 것으로 볼 수 있다. 프랑스의 수도로서 19~20세기의 산업화를 거친 대도시라는 점을 고려하면 더 그렇다. 중세는 고대와 함께 오래된 옛날이라 기록과 역사성도 중요한데, 파리의 중세는 이 기준도 잘 만족시키는 편이다.

프랑스의 중세에는 루이 14세나 나폴레옹 1세만큼 대중적으로 알려진 왕은 없었지만, 자체 역사로 보면 훌륭한 왕들이 여럿 있었다. 필리프 2세 Philip II(재위 1180~1223년)와 루이 9세Louis IX(재위 1226~1270년)가 대표적으로, 이들의 업적은 상당한 편이었으며 이 시기에는 파리의 도시건축에서도 적지 않은 발전을 이루었다. 이들의 도시건축 활동을 포함하여 800년에 이르는 긴 기간 동안 세 왕조를 거치며 이룬 파리의 중세 기록은 어느 정도 정리가 되어 있는 편이다. 이런 배경 아래 파리의 중세 시대를 다루는 3부에서는 이번 장을 비롯하여 세 장에 걸쳐 왕조사 중심으로 중세 역사 전체를 살펴보고 도시구조를 살펴본 뒤 이후의 일곱 장에서 개별 건물들을 차례대로 살펴보겠다.

앞 장에서 파리의 중세가 시작되는 시기를 751년이라 했다. 물론 이 연도가 유일한 정답은 아니며 여러 다른 주장도 있을 수 있다. 이는 우선 유럽에서 '중세'라는 시대 구분 자체에 대해 여러 의견이 있다는 사실과 맥을 같이한다. 따라서 중세에 대해서는 시작 연도를 확정하는 것과 더불어 그 논거를 제시하는 일이 중요하다. 더하여 이 논거에서 신비에 싸여 있는 중세에 대한 풍성한 논의를 파생시키는 추가적인 이득도 있다. 사실 중세는 정답을 확정하기 어려운 내용이 많아서 오히려 논의 과정에서 파생하는 다양한 논제가 더 흥미롭고 중요하다고 할 수 있다. 이런 내용은 무척 많은데 이 책의 주제와 연관이 있는 핵심 내용들만 요약하겠다.

먼저 '중세'라는 용어 문제다. 최근에 이 말 자체보다 숫자 연도로 대신하는 경향이 나타나고 있기는 한데, 한편에서는 여전히 중세라는 분류 단위가 애용되고 있다. 이미 많은 사람이 연도보다 중세 등의 시대 구분에 익숙해져 있으며, 같은 맥락에서 이 말 하나만으로 여러 함의가 전달되는 이점이 있기도 하다. 연도로 얘기하면 더 헷갈리기도 하고, 중세처럼 역사 기록에 모호함이 많은 경우 보편적 포괄성의 기준에서도 적확함이 필요한 정량적 기준보다는 정성적 개념으로서의 중세 구분이 더 적절할 수 있다. 이런 논거에 따라 우선 이 책에서는 '중세'라는 말을 쓰고 숫자 연도를 병기하겠다.

이제 본론인 중세의 시작 연도로 들어가보자. 시대를 구분하기 위해서는 기준이 필요한데, 네 가지가 가능하며 이를 유럽 전체와 파리로 나누어 적용할 수 있다. 유럽 전체의 기준부터 살펴본 뒤 파리의 시작 시점인 751년의 타당성을 점검해보자. 먼저 유럽 전체에서 중세의 시작 시점이다. 결론부터 말하면 5세기부터 8세기, 심지어 10세기까지를 중세로 보는 등 편차가 매우 크다. 기준부터 나라와 도시 등의 지역 기준과 종교, 경제, 정치, 건축, 미술 등의 분야 기준으로 여러 단계로 세분화해 있다. 여기에서는 크게 네 가지를 살펴보겠다.

파리의 중세 구분 기준 네 가지

교회사, 정치사, 도시사, 건축사

첫째, 기독교 교회사다. 유럽 중세는 기독교 문명이어서 우선 중요한 기준은 교회사인데, 여기에도 여러 의견이 있다. 서방 가톨릭의 내부 조직에 비중을 두면 교황제도가 정착된 제45대 교황 레오 1세Leo I(대大 레오 1세Leo the Great)의 재임 기간인 440~461년부터 누르시아의 베네딕토Benedict of Nursia(480~547년)가 최초의 서방 수도원을 세운 529년 사이가, 전도를 기준으로 하면 지리적으로 가장 먼 영국에 전도를 시작한 5세기경이, 교리사에 비중을 두면 제64대 교황 그레고리오 1세Gregorius I의 재임 기간인 590~604년이, 범기독교로 확장하면 동방정교가 비잔틴제국으로 통합된 유스티니아누스 1세Justinianus I의 재위 기간인 527~565년이 각각 적절하다.

둘째, 정치사는 이보다 통일된 편이어서 대체로 로마 붕괴 이후인 476년부터 게르만족이 기독교로 완전히 개종한 5세기 말을 거쳐 교황권과 프랑크 왕국이 연합하면서 기독교가 권력화되기 시작하는 600년경까지의 1세기 남짓한 시기가 된다. 이 사이에는 서유럽의 프랑크 왕국과 동유럽의 비잔틴제국이라는 두 개의 새로운 거대 문명이 탄생했으며, 보통 이 둘을 합해서 '유럽의 탄생'이라 부르기도 한다. 혹은 이 시기부터 카롤링거 왕조가 등장하는 751년과 로마 교황령Papal States이 탄생하는 754년경을 잇는 8세기 중반 사이를 '중세의 시작'이라는 말 대신 '암흑기'라 부르기도 한다. 이 기준에 따르면 중세의 시작은 8세기 중반인 750년대가 된다.

한발 더 나아가 암흑기를 '민족 이동기와 혼란기'로 구체화하며 확장하고, 그 시기를 10세기까지 늦추기도 한다. 10세기는 유럽 역사에서 중요한 시기였다. 경제에서는 장원제도가 성립되고, 정치와 기독교에서는 '프랑스 왕국-잉글랜드 왕국-이베리아 기독교국' 등을 중심으로 한 서유럽과 '독일 왕국-신성로마제국-이탈리아의 여러 도시국가-로마교회' 등을 중심으로 한 중앙유럽으로의 재편이 완성되는 시기였다. 이는 곧 로마제국의 붕괴 이후 유럽에서 정치와 경제 등 새로운 국가체제가 완성되었음을 의미한다. 이 기간이 몇 세기에 걸쳐 길었기 때문에 '암흑기'나 '민족 이동기와 혼란기' 등의 구체적인 말로 특정한 것이다. 어쨌든 이런 새로운 질서를 기반으로 유럽 전체는 안정기에 접어들었고 해당 문화가 15세기까지 이어졌는데, 이를 '중세'로 볼 수 있다. 학자에 따라서는 암흑기나 민족 이동기를 따로 떼어서 로마제국과 중세 사이의 별도의 시대로 보기도 한다.

셋째, 유럽 도시사에서 중세의 시대 구분은 다소 모호한데, 보통은 로마 멸망 이후 알프스 이북 지역에 성채 도시, 장원 도시, 교역 도시 등의 새로운 도시가 등장하기 시작하는 시점부터를 중세로 본다. 세기로 구분하자면 6세기경이 된다. 그런데 이 시점은 초기 기독교 시대를 별도로 잡지 않고 중세에 포함시킨 개념이다. 초기 기독교는 주로 건축사, 미술사,

교회사 등에서 사용하는 분류 단위이고 도시사와 정치사에서는 이 시기를 보통 중세에 포함한다.

넷째, 건축사에서 중세의 시작 시기를 보는 관점은 두 가지다. 하나는 카롤링거 왕조가 성립된 751년과 아헨Aachen의 왕실 전용 예배당Cappella Palatina이 준공된 805년 사이이고, 다른 하나는 로마네스크가 시작하는 900년경이다. 중세 전체로 확장하면 로마네스크를 전반부로 보고 고딕을 후반부로 보는 2등분 체제가 보편적이다.

이상이 유럽에서 '중세'의 시작 시점을 정하는 여러 가지 기준이었다. 다음으로 파리를 보자. 파리는 프랑스의 수도이자 대도시여서 엄밀하게 따지면 분류 기준 자체에 유럽 전체를 포괄하는 '교회사－정치사－도시사－건축사'의 앞 네 가지 모두를 적용할 수 있다. 이 책은 파리의 도시건축을 다루므로 이 가운데 도시사와 건축사를 1차 기준으로 잡고 교회사와 정치사를 추가로 적용하고자 한다. 이렇게 보면 카롤링거 왕조가 시작하는 751년이 적절해 보인다. 우선 건축사와 정치사에 공통으로 해당하는 시기다. 교회사 역시 파리에서는 정치사와 연계성이 강했기 때문에 이 기준이 타당해 보인다. 도시사의 기준도 파리의 초기 기독교 시대를 중세에 포함하면 대체로 일치한다. 이상을 종합해서 볼 때 파리 도시건축에서 중세의 시작은 751년으로 잡을 수 있다.

카롤링거 왕조 1
프랑스 국가 정체성의 성립

파리의 중세는 피피누스 3세Pepin III · Pépin le Bref(영어로 'Pepin the Short', 단신왕, 재위 751~768년)가 즉위하고 카롤링거 왕조Carolingian Dynasty(751~987년)가 성립되면서 시작했다. 앞선 메로빙거 왕조는 막을 내렸다. 국가 전체는 아직 프랑크 왕국에 속했다. 프랑크 왕국의 후반부로 볼 수 있는데, 왕국 전체의 영토 확장에 다시 가속이 붙은 시기다. 피피누스 3세 때 아키텐을 합병했고, 뒤이은 샤를마뉴Charlemagne(재위 768~814

년) 때 최종적으로 '롬바르디아Lombardia - 바이에른Bayern - 작센Sachsen' 등까지 정복하면서 오늘날 '독일 - 프랑스 - 이탈리아 중북부'에 해당하는 광활한 면적을 확정했다.

게르만 출신인 샤를마뉴는 즉위하던 해인 768년에 수도를 아헨으로 옮겼고 파리는 잠시 주춤했다. 파리의 중심지는 시테섬에서 서북쪽으로 11 킬로미터 떨어진 생드니 수도원으로 옮겨갔다. 하지만 프랑스 전체로 보면 샤를마뉴 이후 우리에게 친숙한 프랑스의 대표적인 왕 이름들인 '루이(루이 2세~루이 5세)'와 '샤를(샤를로망 2세, 샤를 3세)'이 등장하는 등 파리는 프랑크 왕국 전체의 융성과 보조를 맞추며 내부적으로 꾸준히 역량을 키워갔다.

샤를마뉴의 사망 이후 루도비쿠스 1세Ludovicus I · Louis le Pious(영어로 'Louis the Fair', 경건왕, 루이 1세, 재위 814~840년)까지는 통일 영토가 유지되다가 843년에 그의 세 아들에 의해 처음 영토가 셋으로 분열되었다. 지금의 프랑스에 해당하는 서프랑크는 샤를 2세Charles II · Charles le Chauve(영어로 'Charles the Bald', 대머리왕, 재위 843~877년)가, 이탈리아에 해당하는 중프랑크는 로타리우스 1세Lotarion I(재위 840~855년)가, 독일에 해당하는 동프랑크는 루도비쿠스 2세 게르마니쿠스 2세Ludovicus II Germanicus(재위 843~876년)가 각각 물려받았다. 앞에 말한 '샤를'과 '루이'라는 프랑스 왕 이름도 이 과정에서 등장했다. 불안한 분할 체제가 유지되다가 최종적으로 875년에 이탈리아계가, 911년에 동프랑크계가, 마지막으로 987년에 서프랑크계가 차례대로 떨어져 나가면서 각각 오늘의 이탈리아, 독일, 프랑스 세 나라의 초기 국경선이 확정되었다. 987년은 프랑스의 카페 왕조가 성립된 해이기도 하다.

이 가운데 프랑스의 전신인 서프랑크의 초대 왕이었던 샤를 2세를 프랑스 최초의 왕으로 잡기도 한다. 하지만 이는 일부의 주장이다. 혈통으로 보면 그는 결국 게르만족 샤를마뉴의 손자였기 때문에 '샤를'이라는 이름만으로는 프랑스 왕의 시조로 인정받지 못하는 것이 상례다. 샤를마뉴나 샤를 2세의 '샤를'도 원래는 독일 성인 '칼Karl'을 프랑스식으로 고친 것이다. 이 기준에 따르면 진정한 의미의 프랑스 왕실은 보통 카롤링거 다음 왕조인 카페 왕조부터를 인정한다. 이때부터 프랑스의 진정한 독립이 시작되었다는 뜻이다. 어쨌든 샤를 2세는 프랑스에 봉건 제도의 기초를 닦았다는 점에서 중요한 인물이었다.

샤를 2세 이후에는 885년까지 공동통치를 하는 등 자잘한 여러 왕이 등장했고, 그 중간인 881년에 게르만 혈통의 카롤루스 3세 크라수스 Carolus III Crassus · Charles le Gros(영어로 'Charles the Fat', 비만왕, 샤를 3세, 재위 881~887년)가 즉위하지만 887년에 프랑스 제후연합Great French Lords에 의해 탄핵되었다. 이를 이끈 게 카페 왕조Capetian Dynasty였고, 다시 그 초창기 중심인물이 센강과 루아르 지방 사이의 파리 분지 일대를 다스리던 군주였다. 영어로는 'Duke of the Paris Basin'이라 하며 이름은 로베르 르 포르Robert le Fort(영어로 'Robert the Strong', 호담공豪膽公, 생몰 815/830~866년)였다. 카페 왕조 이후 프랑스 왕 이름 가운데 '로베르' 계열이 이때부터 등장했다. 카페 왕조 자체는 987년에나 성립되지만 카롤루스 3세의 탄핵 과정부터 프랑스만의 국가적 정체성이 형성된 것으로 볼 수 있다. 실제로 카페 왕조를 탄생시킨 것도 같은 프랑스 제후연합이었다.

파리가 프랑스의 진정한 수도로 자리매김하는 것도 이 시기를 거치면서였다. 파리는 508/511~751년에 프랑크 왕국의 수도였지만 이는 결국 게르만족의 수도인 셈이었다. 파리의 주인이 게르만족이었다는 뜻이기도 하다. 이어 751~843년 사이 수도는 아헨으로 옮겨 갔으며 서프랑크 왕국이 성립된 843년에 샤를 2세가 다시 파리를 수도로 삼았지만, 앞에 말한 대로 그 역시 이름만 '샤를'이었을 뿐 게르만 혈통이었다.도 7-1 어쨌든 파리가 서프랑크 왕국의 수도로 성장하는 가운데 앞의 제후연합 시기를 거치면서 프랑스만의 정체성이 형성되었고, 파리는 비로소 이때 그 중심 수도로서 우뚝 서게 되었다. 이 과정에서 '바이킹족의 침입–카페 왕조의 성립–고딕 건축의 완성–파리라는 명칭의 정착' 등 프랑스 전체의 주요 사건이 있었다. 이 사건들은 프랑스의 국가적 정체성이 처음 형성되는 데 중요한 역할을 했다.

7-1. 843년 프랑크 왕국의 분할. 왼쪽의 빗금 친 영역이 프랑스의 시작으로 간주되는 대머리왕 샤를 왕국의 영역이다.

카롤링거 왕조 2
바이킹족의 침입

주요 사건들 가운데 바이킹족Viking의 침입을 살펴보자. '바이킹'은 스칸디나비아반도와 그린란드 등에 살던 북게르만족으로, 8세기 말~11세기 초에 유럽과 러시아 등으로 이동하면서 이 일대의 여러 나라와 도시를 침략했다. 그중 한 무리가 바닷길을 따라 남서 방향으로 진격한 뒤 다시 센강을 거슬러 파리까지 올라온 것이었다. 이들이 프랑스 북부 해안에 처음 나타난 건 808년이었고, 이후 센강을 거슬러 845~855년 사이에 파리를 여러 번 침공했다. 물론 충돌이 있었는데, 일부 역사에는 이들이 아무런 저항도 받지 않고 센강의 양안을 초토화한 것으로 기록하고 있다. 이들이 생제르맹데프레 교회의 서까래를 떼어서 배를 수리했다는 기록도 있다.

이들이 남하한 건 원래 살던 곳으로 돌아가지 않고 따뜻한 곳에 정착할 목적에서였다. 이들이 살던 북쪽 본거지는 추운 기후와 부족한 식량 등으로 거주하기에 불리했기 때문이다. 이렇게 보면 바이킹족의 남하는 선사시대나 상고시대에 비옥한 땅을 찾아 빈번하게 발생하던 '민족 대이동exodus'이 중세에 일어난 것으로 볼 수 있다. 이렇게 해서 이들은 프랑스 북부 해안 일대에 계속 머물렀으며, 파리를 여러 번 침공하던 끝에 885년 시테섬에서 큰 전투를 벌였다. 바이킹은 700여 채의 배에 나눠 탄 3~4만 명의 병력으로 시테섬을 공격했다. 파리는 어렵게 방어하며, 생제르맹의 영혼이 자신의 무덤을 도굴하러 들어가던 바이킹 병사를 죽였다는 소문에 심기일전해서 버텨냈다. 그러던 중 카롤루스 3세 크라수스가 구원군을 이끌고 입성했다. 그는 싸우지 않고 많은 재물을 줘서 침입자들을 돌려보냈다.

바이킹의 파리 침공 결과에 대해서는 양면적 해석이 가능하다. 어느 정도의 입성에 성공했기 때문에 파리가 뚫린 것으로 볼 수도 있고, 파리의 항전이 거셌으며 바이킹이 결국 돌아갔기 때문에 실패한 것으로 볼 수도 있다. 유럽 전체로 보면 8~10세기는 사라센, 바이킹족, 바랴그족Varyags, 마자르족Magyars 등 서유럽 밖 이민족의 침입이 잦던 시기로 여러 도시에 피해가 있었는데, 파리는 상대적으로 피해가 적은 편에 속했다. 또한 이방 문화가 프랑스 본질을 훼손하지 않는 범위에서 적절히 섞이며 프랑스 특유의 혼성 문화에 일조했다.

한편 바이킹의 침입 때 파리가 버틸 수 있었던 데에는 클로비스 1세가 세운 시테섬 성곽의 덕이 컸다. 그 위력을 실감한 파리는 성곽을 꾸준히 보강·확장하면서 중세 내내 강력한 성채형 도시로 남아 수도로서의 기능을 충실히 수행할 수 있었다. 파리를 묘사한 중세의 그림들을 보면, 당시 파리는 지금의 낭만적인 모습과 달리 대부분 두꺼운 갑옷을 두른 것 같은

7-2. 9세기~10세기 초 바이킹족의 남하 경로. 왼쪽 아래에 노르망디와 파리가 보인다.

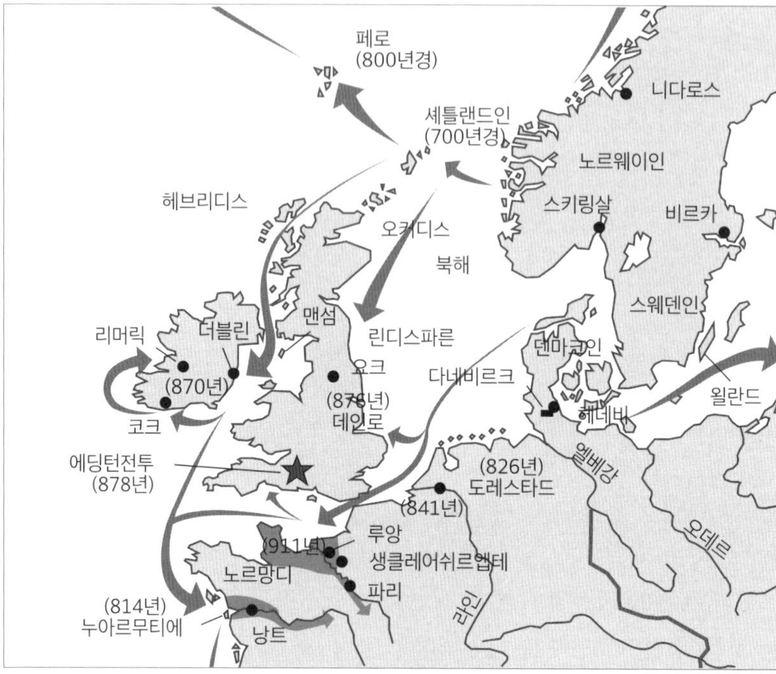

철옹성으로 묘사되어 있다.

이렇게 파리에서 물러난 바이킹족의 일부는 노르망디Normandie와 브르타뉴Bretagne 등 프랑스 북부 지방에 정착해서 프랑스의 '노르만 혈통'을 이루게 된다.도 7-2 '노르망디'라는 이름도 당시 프랑스에서 이들을 '노스족Norsemen(노르만족Normans)'이라 부른 데서 기인한다. 고대의 노르웨이인이나 노르웨이어를 지칭하는 말인데, 이들의 코가 커서 붙인 이름이라는 일설도 있다. 이들은 910~911년에 기독교로 개종했으며 프랑스 왕실과 혼인도 했다. 912년에 샤를 3세가 자신의 딸을 바이킹 족장 롤로Viking chieftain Rollo와 결혼시키고 노르망디의 공작Duc de Normandie으로 임명한 것이다. 이로써 바이킹의 침입이 공식적으로 종료되고 프랑스의 노르만 혈통이 성립되었다.

8장

카페 왕조(987~1328년)

중세 파리의 최전성기

카페 왕조

최초의 진정한 프랑스 왕국

독립 프랑스의 중세 전반부는 카페 왕조Capetian Dynasty(987~1328년)의 시대였다. 987년에 프랑스 제후연합이 위그 카페Hugh Capet(재위 987~996년)를 왕으로 선출하면서 카페 왕조가 시작했다. 카페는 파리 인근 누아용Noyon에서 대관식을 갖고 즉위했다. 프랑스 왕의 족보genealogy에서는 보통 이때부터를 프랑스 왕실의 시작으로 잡는다. 진정한 프랑스만의 왕국이 탄생한 것이다. 카페는 카롤링거 후손들과 싸워 이겨서 왕조의 토대를 굳건히 닦았다. 파리는 당연히 계속 수도로 남았다. 파리는 물론이고 프랑스 전체가 이른바 '카페티안스 파리Capetian's Paris'(카페 왕조의 파리)가 된 이때부터 프랑스인들은 파리를 자신들의 진정한 수도로 여긴다. 물론 이전의 로마인이나 프랑크족도 이후에 프랑스의 다인종 가운데 하나로 흡수되었겠지만 두 민족이 세운 파리는 아무래도 이민족의 파리였다.

우선 파리 자체가 카페 왕조 때에 크게 성장했다. 물론 파리만의 현상은 아니었고 유럽 전체가 로마 붕괴의 충격에서 벗어나 새로운 문명 아래에서 발전을 시작한 과정의 한 현상으로 볼 수 있다. 그러나 동시에 '진정한 파리'를 세운 후에서 국민적 자발성, 집중도, 미래 계획성 등의 효과가 나타나기 시작하며 파리만의 발전을 이끌었다. 발전은 인구와 면적의 증가로도 확인된다.

파리의 인구는 카롤링거 왕조 때 1만 5,000~2만 명이었다가 카페 왕조 기간에는 무려 10배 정도로 인구 폭발이 일어나서 20만 명에까지 육박하게 되었다. 이제 프랑스만의 왕조가 성립되었다는 안정감 속에서 수도로의 집중이 일어나며 번성한 것이다. 인구가 늘면 도시도 확장하게 된다. 면적도 마찬가지여서 필리프 2세 때인 1189/1190년에 흔히 '카페 왕조의 성곽', 혹은 '필리프 2세의 성곽'이라 부르는 성곽을 축조하며 파리의 경계선이 비로소 시테섬을 뛰쳐나와 크게 확장했다. 이전까지 시테섬에 있던 성내 면적보다 무려 25배나 증가했다. 이런 배경 속에서 지금의 파리를 대표하는 다수의 중세 건축물이 카페 왕조 때에 지어졌다.

카페 왕조에서는 총 14명의 왕이 나왔다. 재위 기간이 2~3년밖에 되지 않는 왕도 있었지만, 왕조 자체는 341년을 존속했고 여러 훌륭한 왕을 배출하며 파리에 큰 발전을 이루었다. 누가 뭐라 해도 현재 파리의 기틀은 카페 왕조가 닦은 것이었다. 왕조 전체로 보면 '루이' 왕들의 전성기로 루이 6세부터 루이 10세까지 다섯 명이, 그리고 '필리프' 왕들도 1세부터 5세까지 다섯 명이 이 왕조에서 나왔다. 이외에 로베르, 앙리, 샤를 등 프랑스를 대표하는 성씨들이 왕의 이름으로 골고루 등장했다.

파리의 도시건축을 기준으로 보면 크게 11세기와 12~13세기의 두 시기가 중요했다. 카페 왕조가 처음에는 다소 불안하게 시작했으나 앞 왕조 때 농축했던 역량이 발휘되며 파리는 활기를 되찾고 본격적인 팽창과 발전을 이끌게 된다. 11세기는 파리가 유럽 전체의 상황과 보조를 맞추며 안정기에 돌입해서 본격적인 발전의 토대를 닦은 시기였고, 12~13세기는 이를 바탕으로 필리프 2세와 루이 9세의 전성기를 구가한 시기였다.

11세기 파리의 안정기

교역의 중심지로 기틀을 닦다

11세기를 먼저 보자. 11세기는 유럽 전역이 안정기에 들어가는 중요한 시기였다. 교황권과 게르만족의 대립에서 교황권이 커지고 상대적으로 신성로마제국이 밀리면서 유럽의 국제정세는 큰 충돌 없는 소강 상태 내지는 교황권의 우세로 굳어졌다. 또한 앞에서 본 대로 바이킹족이 정착하면서 파리를 중심으로 한 프랑스 북부와 영국 남부가 대체로 안정기에 들어갔다. 이들이 가지고 온 이방 문화가 섞이면서 문화적 다양성도 일어났다.

이런 안정적 상황을 바탕으로 유럽 전체가 농업, 상공업, 무역 등 여러 경제 분야에서 번성을 누렸다. 로마 멸망 이후 최초로 유럽 전역에 하나의 거대한 교역망이 형성되었으며 평화 기조 속에서 무역이 대폭 증가했다. 유럽은 교역망을 중심으로 크게 세 권역으로 재편되었다. 북해 일대는 '저지대 국가Low Countries(베네룩스 3국) – 잉글랜드 – 스칸디나비아반도' 등이 중심지였다. 유럽 중심부는 '이탈리아 북부 – 프랑스 남서부의 론강 – 센강 일대의 파리와 일드프랑스 – 라인강과 다뉴브 계곡' 등이 중심지였다. 발트해 일대는 지중해권 가운데 베네치아, 제노바, 피사 등 이탈리아 항구 도시들과 동유럽의 콘스탄티노플과 같은 항구 도시들이 중심을 이루었다. 세 권역은 생산량이 증가한 농산물을 비롯하여 각 문화권의 다양한 공예 생산품을 교역했다.

이 시기 유럽 밖 세계에 대해서는 아마도 십자군원정이 가장 크고 대표적인 사건일 것이다. 이는 이슬람권과의 문명충돌을 낳았지만, 문화사와 경제사에서는 교류와 교역이 늘어나는 중요한 계기이기도 했다. 일단 이슬람 문화를 접하게 되었는데, 유럽에는 적대적인 문명이었지만 순수하게 문화만을 기준으로 보면 동시대에 가장 발달해 있던 이방 문화를 접한 것이었다. 더하여 원정 루트 가운데 그리스와 비잔틴을 거쳐 가면서 고대 그리스와 동로마 등 고대 지중해 문화를 접한 점도 중요했다. 이는 시간의 끈을 과거로 연장해서 자신들의 뿌리를 확인하고 배우는 기회였다. 이런 접촉을 통해 당시 서유럽에 없던 다양한 문화를 보충할 수 있었다.

파리도 이런 유럽의 안정 상황을 공유하며 이후 도래할 12~13세기 전성기의 기틀을 닦았다. 유럽 전체의 3대 교역망 가운데 하나인 '중심부' 권역의 핵심 지역으로서 경제가 활성화되자 이에 따라 인구가 증가했고, 다시 도시건축이 활성화되면서 도시 경계선의 확장도 함께 일어났다. 우선 인구 증가가 파리의 발전을 이끈 중요한 현상이었다. 파리와 함께 일드프랑스를 중심으로 한 프랑스 북부 지방의 인구가 꾸준히 늘면서 파리에 경제적·사회적으로 많은 도움이 되었다. 여러 분야에서 수도 파리를 가꾸고 발전시킬 인재를 공급받는 데에도 유리했다.

중심 권역과 경계선의 확장도 있었다. 11세기 프랑스에서는 아직 걸출한 왕은 나타나지 않았으나 경제 활성화를 토대로 민간과 기독교계가 중심이 되어 파리의 도시건축을 발전시켰다. 중심부는 11세기 초부터 시테섬을 벗어나 좌안 남쪽의 생트주느비에브와 생제르맹데프레, 더 멀리는 반대편인 북쪽 외곽의 생드니 등으로 확장했다. 아직 성곽 자체가 확장하지는 않은 상태여서 인구, 상공업 생산, 교역 등이 증가하는 순서에 따라 포부르를 중심으로 외곽 지역이 성장했다. 이런 확장은 인구 증가에 따른 자연스러운 현상이긴 했으나, 다른 한편 정복과 확장에 치중했던 카롤링거 왕조의 특성이 남아 파리에 반영된 것으로 볼 수도 있었다.

12세기 파리의 전성기

양안 개발과 기독교 - 비기독교 양대 건축의 시작

다음으로 12~13세기의 전성기다. 이 시기는 우선 유럽 전체를 이른바 '중세 르네상스Medieval Renaissances'라 부른 중세의 최전성기였다. 파리는 정치, 경제, 종교, 학문, 예술, 건축 등 여러 분야에서 선두에 서서 이를 이끈 도시였다. 파리의 도시건축도 그 한가운데에 있었다. 카페 왕조에서는 제5대부터 제9대 사이의 네 왕이 이런 전성기를 이끌었다. 제5대 왕 루이 6세Louis VI · Louis le Gros(영어로 'Louis the Fat', 비만왕 혹은 뚱보왕, 재위 1108~1137년), 제6대 왕 루이 7세Louis VII · Louis le Jeune(영어로 'Louis the

Young', 소小 루이, 재위 1137~1180년), 제7대 왕 필리프 2세Philip II · Philippe II Auguste(존엄왕, 재위 1180~1223년), 성왕 루이Saint Louis라고도 불리는 제9대 왕 루이 9세Louis IX(재위 1226~1270년) 등이었다. 두 세기는 차이도 있어서 엄밀히 나누면 12세기를 전성기, 13세기를 최전성기로 볼 수 있다. 이 기간 파리의 도시건축 역시 필리프 2세를 기준으로 앞 12세기의 전성기와 뒤 13세기의 최전성기로 나눌 수 있다.

먼저 12세기는 루이 6세와 루이 7세의 시대로 파리가 유럽 전체의 안정과 경제적 번영을 공유하며 발전해나간 시기다. 프랑스 왕실은 교황청과 신성로마제국 모두에 대해서 경계심을 늦추지 않는 가운데 조금씩 교황권과 가까워져가는 추세를 이어나갔다. 파리도 상업경제가 성장하고 도시건축이 활기를 띠기 시작했다. 파리는 비로소 '유럽 중세의 수도'라는 명성에 걸맞은 면모를 갖추어갔다. 크게 세 방향이었다.

첫째, 도시 전체에서는 시테섬을 중심으로 삼아 우안은 경제 중심지로, 좌안은 종교와 학문의 중심지로 초창기 토대가 닦였다. 이때 1구부터 6구에 이르는 여섯 구의 원도심도 형성되었다.도 8-1, 19-6 비록 도시 차원에서 그 흔적은 주요 건물 몇 채를 제외하면 남아 있지 않지만, 오늘날 파리의 뿌리를 추적할 수 있는 중심부가 형성된 것이다.

둘째, 개별 건물 가운데 기독교 건축이다. 중세 르네상스의 전반부라는 시기에 걸맞게 파리에는 많은 교회가 세워지면서 도시건축의 큰 축을 형성했다. 양식으로 보면 로마네스크의 번성과 고딕의 초기가 혼재했다. 루이 6세 때인 1130년대에는 생마르탱데샹 교회Saint-Martin des Champs가 세워졌고, 루이 7세 때인 11세기 중반에는 생제르맹데프레 수도원 교회가 증축되었다. 두 건물은 이후 증·개축을 거치게 되어 현재 당시 상태는 남아 있지 않은데, 로마네스크 양식이었을 것으로 추정된다. 드디어 1163년부터 노트르담 대성당을 짓기 시작하면서 고딕 양식이 등장했다. 파리 밖에서는 생드니 수도원Abbaye Saint-Denis 교회의 공사가 함께 진행되었다.

11세기 파리의 기독교 건축을 이끈 건 생드니의 대수도원장 쉬제Abbot Suger(1081년경~1151년)라는 인물이었다. 그는 성직자이자 정치인으로서 왕실과 긴밀하게 협력하며 두 왕의 집권기에 걸쳐 파리와 생드니 수도원 양

8-1. 중세 초기의 파리 지도

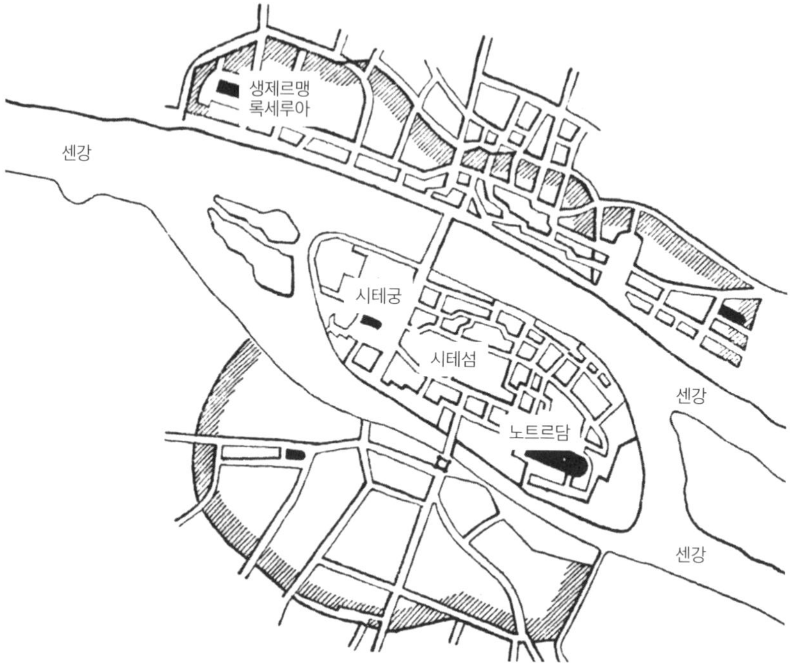

쪽의 고딕 건축을 발전시켰다. 루이 6세 때인 1130~1140년경에는 생드니 수도원 교회의 동쪽 복도 부분에서 고딕 건축을 최초로 시작한 것으로 평가된다.도 8-2 루이 7세와는 더 친밀해져서 왕이 제2차 십자군원정을 떠난 1147~1149년에 파리에 남아 섭정을 맡기도 했다.

셋째, 개별 건물 가운데 비기독교 건축이다. 왕궁, 귀족들의 고급 주거인 오텔hôtel, 일반 주거지역, 우안의 상업지역, 길드 협회 등 여러 방향의 비기독교 건축이 함께 발전했다. 파리의 중세 왕궁이던 시테궁Palais de la Cité의 수리와 증축이 이를 대표하는 가장 큰 공사였다. 성곽 수리 이외의 도시 인프라에 대한 인식도 싹텄는데, 1113년에 센강의 첫 번째 석조 다리로 세워진 그랑 퐁Grand Pont'이 대표적이었다. 시테섬의 정중앙을 가로질러 우안과 좌안을 일직선으로 연결하는 다리였다. 로마 시대부터 사용하던 목조 다리를 석조로 다시 지었으며, 1910~1914년에 지금의 철교로 다시 지으면서 '노트르담교Pont Notre-Dame'로 이름을 바꾸어서 현재에 이른다.도 8-3

8-2. 생드니의 대수도원장 쉬제가 지은 1130~1140년경 생드니 수도원 본당 교회의 동쪽 복도 부분. 고딕 건축이 여기에서 시작했다.

8-3. 그랑 퐁Grand Pont(노트르담교) 전경. 시테섬 오른쪽의 네 개 다리 가운데 아래에서 두 번째

필리프 2세의 파리

13세기 최전성기의 시작

다음으로 13세기의 최전성기다. 필리프 2세와 루이 9세의 두 현군이 연달아 나오면서 중세 프랑스는 최전성기를 구가하게 된다. 두 왕은 '할아버지-손자' 사이인 데다 중간의 루이 8세의 재위 기간이 3년 정도(1123~1126년)로 짧아서 두 왕의 시기는 사실상 붙어 있다고 할 수 있다. 훌륭한 왕 두 명이 연달아 나온 이 시기를 합하면 12세기 말부터 13세기 말의 90년간이 되며, 이때가 바로 중세 파리의 최전성기이기도 했다. 두 왕을 굳이 구별하자면 필리프 2세가 최전성기의 문을 열었고 루이 9세가 이를 기반으로 구체적인 결과물을 남긴 것으로 볼 수 있다. 이렇게 볼 때 보통 루이 9세를 중세 프랑스를 대표하는 단 한 명의 왕으로 꼽지만, 할아버지 필리프 2세가 없었다면 루이 9세도 없었을 것이며, 더욱이 필리프 2세 자신도 만만치 않은 업적을 남겼다.

필리프 2세는 정치력과 정략적인 술수로 아직 혼란스럽던 왕조를 안정시키며 최초로 왕권을 확립했다. 국가체제도 대대적으로 정비하고, 이를 바탕으로 국력을 신장시켜서 '존엄왕Augustus'이라는 영광의 별칭도 얻었다. 1180년경 부르고뉴Bourgogne 합병을 완료하면서 파리를 시작으로 남부까지 길게 뻗은 프랑스 동부 지역이 통일되었다. 이는 통일국가로 가는 출발점이라는 점에서 프랑스 역사에서 중요한 사건이었다.

이상의 업적을 바탕으로 1190년에 '프랑스 국왕Roi de France'이라는 칭호를 최초로 사용하기 시작한 것도 필리프 2세였다. 그전까지는 비록 카롤링거 왕조가 막을 내리긴 했지만, 프랑스의 왕은 무려 200여 년 동안 '프랑크족의 왕'이라고 불렸다. 그러던 것이 1190년 1월부터 필리프 2세를 '프랑스 국왕'이라고 부르기 시작한 것이다. 수도 파리의 도시건축에서도 이에 걸맞은 업적을 남겼다. 크게 다섯 방향으로 정리할 수 있다.

첫째, 성곽을 확장했다. 1180~1210년에 당시 '빌Ville'라고 불리던 파리 전역에 새로운 성곽을 축조했다. 실제 공사는 1189~1190년 사이에 집중되었다.도 8-4, 19-6 파리의 중심지가 최초로 시테섬을 벗어나 양안 내륙으

8-4. 1180~1225년 파리 지도와 필리프 2세 성곽(1189~1190년에 주요 공사)

로 확장한 것으로, 파리의 도시건축 역사에서 의미가 큰 중요한 사건이었다. 'ville'는 '도회지, 시'라는 프랑스어로, 이로써 '파리시'라는 개념이 확립된 것이기도 했다. 당시 빌은 좌안에서는 1구와 3구의 샤틀레Châtelet 지구에 걸쳐 있었으며, 마레Marais 지구의 서쪽 일부도 포함했다. 우안에서는 5구의 카르티에 라탱을 중심으로 6구의 동쪽 구역이 일부 포함되었다. 이를 통해 알 수 있듯이 빌은 당시 파리 시민들이 도시 생업을 영위하던 실질적인 생활공간이었다. 필리프 2세는 성곽을 시민들의 실질적 활동 영역까지 확장해서 새로 지은 것이다.

둘째, 최초로 개발 사업을 시행했다. 새로 확장한 빌을 이루는 양안 모두가 대상이었다. 우안은 왕궁과 시장이 들어서는 세속 활동의 중심지로 개발했다. 좌안에는 이미 교회 건물들이 여럿 지어져 있었는데, 이를 더욱 발전시켜 기독교 구역으로 만듦과 동시에 파리대학도 세워서 종교와 학문의 중심지로 개발했다. 양적 측면만 보면 우안으로의 확장이 두드러졌다. 세속 중심지가 확장되었다는 건 파리가 작은 기독교 도시를 벗어나 수도로서의 면모를 본격적으로 갖추어가기 시작했다는 뜻이었다. 좌안도 물론 등한시하지 않고 성곽을 확장해서 파리 전체의 실질적이면서도 진정한 방어 기능을 완성했다. 그 덕에 파리시의 면적이 무려 25배나 확장되었으며, 이전의 외곽 포부르를 흡수해서 인구도 대폭 증가했다. 장기적으로는 프랑스 전역에서 수도로의 집중이 시작되는 첫발을 뗀 것으로 볼 수 있었다. 양안을 차례대로 살펴보자.

셋째, 우안을 발전시켰다. 우안 개발은 규모도 큰 만큼 다목적이었다. 우선 성곽 건설은 영국의 침략을 방어하는 게 주목적이었다. 이때 형성된 우안 지역을 이르는 '샤틀레'라는 이름도 성곽에서 왔다. '작은 성채'라는 뜻의 일반명사를 지역에 적용해 고유명사가 된 것으로, 당시 성곽을 건설하면서 함께 지은 작은 성채로부터 착안해 만들어진 이름이다. 이 이름은 구 체제가 정비되면서 공식 명칭에서는 사라졌지만, 아직도 이 일대는 '샤틀레'라는 이름으로 통용된다.

이렇게 축조된 성내 안전 지역에 세속 구역을 건설했다. 크게 왕궁과 시장의 두 방향이었다. 이전에 이 지역에 형성되어 있던 왕궁과 시장 등을 정비하고 확장해서 도시 공간에 통일성을 이루고 파리의 세속 기능을 강화했다. 이때 개발한 우안의 서쪽 지역이 루브르궁이다. 이로써 파리 왕궁은 이전의 시테섬에서 나와 우안에 자리 잡았다. 이와 함께 시장을 중심으로 세속 구역의 또 다른 축인 상업 중심지의 기능도 함께 발전했다. 오래된 시장을 철거하고 새로 지었으며, 도로를 포장하고 하수시설도 설치하는 등 대대적인 정비 사업을 벌였다.

넷째, 좌안에서는 파리대학의 설립이 가장 중요한 발전이었다. 좌안 동쪽의 생트주느비에브 언덕이 있는 지금의 라탱 지구에 세워졌다. 이 지역에는 이보다 먼저 생트주느비에브 교회가 지어져 있었고 좌안 서쪽에는 생제르맹데프레 교회가 역시 이보다 먼저 지어져 있었다. 이로써 좌안은 종교와 학문의 중심지로서의 첫 기틀을 닦으면서 '라탱'이라는 이름을 획득했다. 파리대학은 1215년에 교황청의 인가를 획득하면서 처음 설립되었고, 곧이어 주변에 여러 단과대학이 차례로 세워졌다. 이 일을 주도한 이가 훗날 루이 9세의 목사가 되는 신학자 로베르 드 소르봉Robert de Sorbon(1201~1274년)이어서 '소르본대학'이라고도 부르게 되었다.

라탱 지구에는 여러 단과대학이 개별 건물로 산재하는, 이른바 유럽 특유의 예술학교conservatory 방식의 캠퍼스가 조성되었다. 이런 번창에는 대학과 수도원 학교가 연합한 지성의 힘이 크게 작용했다. 파리는 이미 12세기 중세 르네상스 때부터 유럽의 중심도시였다. 그런데 중세 르네상스 가운데 중요한 한 갈래가 아리스토텔레스의 그리스 철학과 자연과학 등의 세속 학문을 통해 기독교를 합리적으로 해석해서 교리를 재정립하고 확장하는 것이었다. 파리가 중심도시였다는 건 파리대학이 설립되기 전부터 이미 세속 학문이 발달해 있었음을 의미한다.

다섯째, 수도원의 발전이 있었다. 우선 앞과 같은 12세기의 세속 학문을 이끈 중심지부터가 의외로 수도원이었다. 파리는 12세기에는 아직 시내에 수도원이 본격적으로 들어서지 않았고 생드니 수도원이 사실상 파리의 중심 수도원 역할을 하고 있었다. 중세 르네상스를 이끈 것도 생드니 수도원의 수도원 학교였다. 이런 전통은 파리대학이 설립되고 이후 13세기 스콜라 신학의 전성기에 파리가 학문의 중심지로 성장하는 중요한 기틀이 되었다. 교황 그레고리우스 9세Gregorius IX(재임 1227~1241년)는 이 시기 파리에 대해 '지성의 특별한 공방wisdom's special workshop'이라 불렀다.

이와 함께 수도원 건설이 시작했다. 13세기 파리는 수도원의 시대라고도 할 수 있었는데, 그 시작이 필리프 2세 때였다. 이는 파리의 기독교 건축에서 중요한 발전이었다. 이전에는 개별 교회 중심으로 진행해오던 것이 좀 더 집단화된 복합단지인 수도원으로 발전한 것이다. 수도원은 개별 교회보다 종교적 영향력이 더 컸으며 건축적으로도 복합단지에서 창의력을 발휘하기에 좋았다. 더하여 앞과 같은 세속 학문과의 협동에서도 선도적인 역할을 하면서 사회에 중요한 역할을 했다. 수도원은 오랜 기간에 걸쳐 조금씩 커가는 게 상례여서 정확한 창건 연대를 특정하기가 쉽지 않은데, 필리프 2세 때에 파리 수도원 건축이 본격화되기 시작했다는 사실만은 대부분 인정되고 있다.

루이 9세의 파리 1
성왕의 신앙심과 프랑스 중세의 최전성기

다음으로 루이 9세를 보자. 그는 프랑스 중세를 대표하는 가장 훌륭한 왕이자 프랑스 역사 전체에서도 몇 손가락 안에 드는 업적을 남긴 중요한 인물이었다. 그가 이룩한 파리 도시건축의 발전 이전에 정치적 업적을 먼저 간단히 살펴보자.

루이 9세에 대한 평가는 양면적이다. 우선 긍정적인 평가는 주로 너그러운 성품과 독실한 신앙심을 바탕으로 이룬 내치에서의 성공에 맞추어진다. 인자하고 베풀기를 좋아하는 성격이어서 병자와 약자를 위한 병원과 보호시설을 지었으며, 이를테면 '왕실의 곳간을 열어' 빈자들에게 직접 먹을 것과 입을 것 등을 나누어주기도 했다. 특히 그의 신앙심은 유명한 것이어서 프랑스 중세 기독교 문명의 전성기를 일구는 데 솔선수범했다. '성왕'이라는 별칭도 여기에서 온 것이며 이런 신앙심을 높이 산 교황 보니파시오 8세Boniface VIII(라틴어로 'Bonifatius VIII', 재임 1294~1303년)는 왕의 사후 27년이 흐른 1297년에 그를 성인에 추대했다. '세인트 루이'라는 이름은 여기에서 온 것으로, 프랑스에서는 유일하게 성인으로 추대된 왕이 되었다.

누구보다 열심히 일하는 왕이기도 해서 에너지 넘치는 추진력으로 내치의 국정 전반을 성공적으로 이끌어 프랑스를 중세 유럽의 중심 국가로 발전시켰다. 우선 호시탐탐 프랑스 영토에서 종속 지역을 회복하려던 영국의 야심을 꺾었으며, 그 연장선에서 왕실에 맞서던 주요 지방 귀족도 제압했다. 이는 필리프 2세가 시작한 통일국가로의 발걸음을 크게 앞당긴 것이었다. 아키텐Aquitaine, 메인Maine, 프로방스Provence 등이 그가 합병한 대표적인 지역이었으며, 사망하던 해인 1270년에는 오베르뉴Auvergne까지 합병했다.

이런 그의 영토 합병 노력은 잠시 멈추었다가 후대에 다시 이어졌다. 1314~1328년에는 노르망디Normandie와 푸아투Poitou도 합병하면서 부르고뉴 정도를 제외한 오늘날 프랑스 국경과 비슷한 크기의 영토를 확보하게 된다. 부르고뉴는 필리프 2세 때 잠시 합병되었다가 백년전쟁 때 영국과 손을 잡는 등 프랑스 왕실을 마지막까지 괴롭힌 지역이었다. 1314~1328년은 재위 기간이 짧은 '루이 10세Louis X(재위 1314~1316년) – 필리프 5세Philip V(재위 1316~1322년) – 샤를 4세Charles VI(재위 1380~1422년)'의 세 왕이 연달아 나오면서 큰 업적을 남기지 못한 시대였음에도 유독 영토 합병을 이룰 수 있었던 건 이처럼 루이 9세가 앞서 닦아 놓은 기반의 덕이 컸다고 볼 수 있다. 이상과 같은 루이 9세의 내치 업적 덕분에 이때쯤 프랑스에는 국가와 민족의 정체성이 형성되어갔다.

반면 치명적인 실패가 있었는데, 이것 또한 독실하다 못해 지나친 신앙심에서 나왔으며 주로 외치로 모인다. 무리한 십자군전쟁 참여가 대표적이었다. 6차 십자군전쟁(1227~1229년)은 섭정을 받던 어린 나이일 때 일어나 참여하지 못했지만, 7차 십자군전쟁(1248~1254년)은 루이 9세가 야심차게 주도했다. 하지만 이집트의 만수라Mansourah에 이르렀을 때 그의 진영에 전염병이 돌아서 패배했으며, 결국 여기에서 포로로 잡혀 막대한 몸값을 치르고 풀려났다.

신앙심에 복수심까지 더해져 모두가 이제 십자군전쟁은 끝났다며 말리는 걸 듣지 않고 8차 원정에 나섰다. 이는 십자군전쟁의 공식 역사에 포함되지 않을 정도로 전적으로 루이 9세 혼자 감행한 무모한 전쟁이었다. 결국 그는 1270년 7월 1일에 다시 원정길에 올랐으나 곧이어 8월 24일 튀니지에서 장티푸스에 걸려 사망했다. 그의 시신은 현장에서 포도주에 끓이는 방식으로 장례를 치렀다. 포도주에 끓이면 내장에 방부 효과가 생기는데, 이렇게 보관된 내장이 유골과 함께 프랑스로 돌아와서 약 1년 뒤인 1271년 9월 생드니 수도원에 안장되었다.

하지만 그에 대한 평가는 여기서 끝나지 않고 한 번 더 양면성의 반전을 이룬다. 우선 긍정적 내용인데, 이는 그의 두터운 신앙심의 연장선에 있다. 7차 원정에서 풀려나 돌아오는 귀국길에서도 신앙심의 화신답게 중동 지역의 카이사레아Caesarea와 시리아Syria 일대에 있는 주요 기독교 유적지와 교회를 들러 이 지역의 기독교를 지원하고 격려해서 기반을 다졌다. 나아가 기독교에 대한 그의 충성심은 앞에 말한 것처럼 1297년에 이르러 성인으로 추대되는 현실적 보답을 받게 된다. 장티푸스로 사망한 것을 단순한 병사로 보지 않고 기독교를 지키기 위한 종교전쟁에서의 순교로 본 것이다.

이때 프랑스 왕은 필리프 4세Philip IV · Philippe le Bel(영어로 'Philip the Fair', 공정왕 혹은 미남왕, 재위 1284~1314년)였는데, 그는 생드니 수도원에 안장되어 있던 루이 9세의 유골과 내장을 개봉해서 프랑스의 주요 교회에 나누었다. 이는 성인의 신체가 '성물'의 주요 품목으로 유통된 초대~중세 교회의 전통을 따른 것이다. 그의 내장은 국외의 카르타고Carthage 대성당에까지 보내져서 안치되었다. 이런 과정을 거치면서 루이 9세는 최소한 중세 동안에는 프랑스의 수호신으로 받들어졌으며, 그의 축일은 로마 교황청 교회력General Roman Calendar에까지 오르게 되었다.

그러다가 다시 반전이 일어나 프랑스대혁명 때에는 운명이 뒤바뀌어 부정적 평가의 대명사가 되었다. 생드니 수도원에 남아 있던 그의 유골이 파헤쳐져서 버려지는 불운을 겪은 것이다. 더하여 내치에서도 그의 지나친 신앙심은 여러 흑역사를 남겼다. 유대교와 이슬람교를 비롯한 이교도를 적대시해서 다수를 죽였고 동성애자에 대해서도 마찬가지였다. 특히 한센병 환자에게도 그랬는데, 이는 병원과 보호시설을 지은 그의 자비심과 어긋나는 것이었다. 아마도 성경에 한센병은 악마의 저주라고 기록된 데에 따른 것으로 보인다. 요즘의 해석으로 보면 성경을 문구 그대로 받아들이는 근본주의 신앙이 빚은 흑역사였다. 어쨌든 그는 성경이나 기독교에서 적으로 보는 계층에 대해 유럽 중세 전체의 흑역사인 종교재판, 마녀사냥, 공개처형 등을 주도한 대표적인 왕 가운데 한 명이었다. 노트르담 대성당의 흑역사와 연관이 있는 유곽 허가도 같은 범위에 넣을 수 있을 것이다.

루이 9세의 파리 2
13세기 최전성기와 기독교 건축

이상이 프랑스의 왕으로서 루이 9세의 치적이었다. 그의 도시건축 활동은 양면성 가운데 아무래도 긍정적 평가의 대상에 들 것이다. 그의 재위 기간인 1226~1270년이 건축사에서는 후기 고딕의 전반부로, 프랑스 전역의 수많은 주요 성당이 이때 지어졌다. 이외에도 세 곳의 수도원을 건립했고 병원, 보호시설, 대학 등의 건립도 적극적으로 지원했다. 수도 파리는 더 말할 것도 없었다. 루이 9세는 중세 파리를 완성시킨 주역이었다. 그는 할아버지 필리프 2세에 이어 파리의 중세 골격을 거의 완성하고 세웠다고 할 수 있을 정도로 파리의 도시건축에 많은 업적을 남겼다. 후기 고딕 시대에 걸맞은 새로운 발전은 없었다는 뜻이긴 하나, 이는 그도 어찌할 수 없는 건축사의 흐름일 뿐 이런 시대 상황과 별개로 그가 파리의 도시건축에 큰 업적을 남긴 것은 사실이다. 13세기 파리의 도시건축은 거의 그의 손을 거친 것이었다.

도시건축의 역사를 보면 종종 권력을 잡은 거대한 정치세력이 건축 내부의 순수한 양식사적 전개와 별개로 진일보한 발전을 이루기도 한다. 이런 현상은 건축 순혈주의나 정치 이데올로기를 기준으로 비판적 해석도 가능하다. 그러나 도시건축 차원에서는 이런 인위적 발전이 도움이 되기도 한다. 건축 순혈주의에만 기대는 경우 한 차원 뛰어넘는 초월적 발전을 기대하기 어렵다. 이런 발전은 거대한 정치 권력이 개입할 때 가능하다. 파리의 역사에도 이런 일이 여러 번 있었는데, 중세에는 루이 9세가 단연 대표적이었다. 크게 세 방향이었다.

첫째, 기독교 건축이다. 루이 9세의 신앙심에 비추어볼 때 그가 기독교 건축에 집중한 건 당연했다. 노트르담 대성당Cathédrale Notre-Dame, 생트샤펠Sainte-Chapelle, 수도원과 기타 교회 등이 대표적 업적이었다. 노트르담 대성당은 루이 7세의 초기 고딕 때인 1163년에 착공해서 필리프 2세 때인 1208년경 1단계 공사를 끝낸 뒤 루이 8세 때인 1225년경부터 2단계 공사를 시작했다. 그러나 루이 8세가 다음해에 갑작스럽게 사망하자 공사는 일시 중단되었다. 이어 전열을 가다듬은 뒤 1230년경부터 루이 9세가 2단계 공사를 재개했다. 처음에는 실내의 창을 확장하는 방향으로 진행했는데, 루이 9세는 이에 만족하지 않고 1250년경에 북쪽 트랜셉트 transept(중세 성당에서 횡 방향으로 팔처럼 튀어나온 부분)를 증축하며 2단계 공사의 큰 부분을 일단 마무리했다.

생트샤펠은 심지어 노트르담의 2단계 공사가 한창이던 1239~1243년에 착공해서 득달같이 밀어붙인 결과 5년만인 1248년에 준공했다. 노트르담보다 생트샤펠에 먼저 공사를 집중한 건데, 이는 아무래도 노트르담은 2단계 증축이었고 생트샤펠은 온전히 그것 자신의 건물이었기 때문으로 보인다. 그러나 노트르담에 대한 책임도 잊지 않고 불과 2년 뒤에 노트르담의 북쪽 트랜셉트마저 준공시켜버렸다.

이로써 파리는 프랑스는 물론 유럽 전체의 고딕 건축을 대표하는 두 걸작을 보유한 도시가 되었다. 기독교 문명이었던 중세 유럽에 성당 건축이 끼치는 영향력은 포괄적이었는데, 이 두 걸작이 세워짐으로써 파리의 위상은 한층 높아지게 되었다. 더욱이 2년의 짧은 시차로 연달아 준공함으로써 상승효과를 극대화했다. 가히 루이 9세의 추진력과 괴력을 보여주는 대목이다. 물론 그는 9살에 즉위해서 1236년까지 10년 동안 선왕 루이 8세의 왕후였던 어머니 블랑슈 드 카스티유Blanche de Castille(1188~1252년)의 섭정을 받았지만, 두 건물의 본격적인 공사는 그가 친정을 펼치기 시작하는 1236년 이후에 진행되었다.

건축사로 좁혀봐도 루이 9세는 중요한 역할을 했다. 건축사에서 루이 9세의 시대는 후기 고딕의 전반부인 '레요낭 양식Rayonnant(1240년경~1400년)'이 처음 시작하는 시기였다. 그런데 파리의 대표적인 두 기독교 건물을 이런 새로운 양식으로 지음으로써 이 양식이 자리 잡고 전파되는 데에 결정적인 역할을 한 것이다. 레요낭 양식은 말 그대로 '태양이 이글거리는 것 같은' 화려한 장식 양식으로, 이때 스테인드글라스가 화려하게 꽃피었다. 노트르담 대성당은 1단계 때 초기 고딕 양식으로 몸통 부분을 지었으며, 루이 9세는 화려한 장미창rose window으로 유명한 북쪽 트랜셉트를 레요낭 양식으로 준공했다. 반면 생트샤펠은 처음부터 레요낭 양식으로 시작해서 이 한 가지 양식으로 건물 전체를 지어, 스테인드글라스 하나만으로 건물 전체가 구성될 만큼 레요낭 양식의 최고봉으로 평가된다.

이어 수도원 건축도 활성화했다. 먼저 지어져 있던 생제르맹데프레, 생트주느비에브, 생마르탱데샹 등의 주요 대형 수도원을 비롯한 여러 수도원에 증축과 개축을 단행해서 규모를 늘리고 시설도 개선했다. 노트르담 대성당도 마찬가지여서 주변에 교회 두 채와 소형 수도원 한 곳을 함께 지음으로써 이 일대를 '파르비스 노트르담Parvis-Notre-Dame'이라 불리는 복합 기독교 단지로 확장했다. 파리 시내에는 생제르맹앙레Saint-Germain-en-Laye라는 소규모 수도원을 새로 지었다.

루이 9세는 이상의 세 가지 굵직한 기독교 건축 이외에 기타 교회도 십수 채 지었다. 이는 파리의 중세 건축 전반을 주도할 수준의 숫자였다. 예를 들어 프랑스대혁명 당시 파리에 남아 있던 200여 채의 교회 가운데 19채가 루이 9세까지의 중세 기간에 지어졌는데, 그 대부분은 어떤 식으로든지 루이 9세와 연관이 있었다. 이 200여 채 가운데에는 르네상스 이후에 지어진 교회들도 상당수여서 루이 9세가 벌인 기독교 건축은 파리 전체의 중세 교회에서 다수를 차지한다고 볼 수 있다. 노트르담 대성당과 생트샤펠의 중요성까지 가중치로 더하면 더 그렇다. 루이 9세 이후 약 200년간 지속된 중세 후반부에서 파리에는 사실상 새로 지어진 기독교 건물이 없었다고 볼 수 있으니 루이 9세의 기독교 건축이 얼마나 중요한지 알 수 있다.

루이 9세의 파리 3

비잔틴과 신성로마제국을 앞지르다

둘째, 비기독교 세속 건축이다. 루이 9세는 현실 정치에서도 성공한 왕답게 그 연장선에서 비기독교 건축에도 여러 방향으로 큰 업적을 남겼다. 시테궁을 정비하면서 파리고등법원을 입주시켰고 루브르궁도 확장했다. 베풀기를 좋아하는 성격에 맞게 병원과 보호시설 등도 새로 지었으며, 교회나 수도원에 부속된 구호시설까지 더하면 그 숫자는 크게 늘었다. 그는 왕실의 재산과 대형 기부를 통해 확보한 자금 등을 활용해서 교회와 구호시설로 구성되는 복합단지를 지어 하사했다.

왕실과 정부가 안정되면서 파리에 정착하는 고위 관료와 귀족들의 수도 늘어났고, 이들의 파리 내 저택인 오텔hôtel의 신축이 뒤를 이었다. 도시가 커가자 도로를 새로 내고 상하수도를 정비하거나 새로 건설했으며, 성곽도 꾸준히 보수했다. 할아버지 필리프 2세가 최초로 시행한 파리의 도시 개발 사업을 이어받아 발전시킨 것이었다. 루이 9세의 이런 비기독교 건축 활동은 비록 수준 높은 예술작품으로서의 건물을 남긴 건 아니어서 건축사에 기록되지는 않았지만, 당시 실제 파리 시민들의 일상생활에 큰 도움이 되었다.

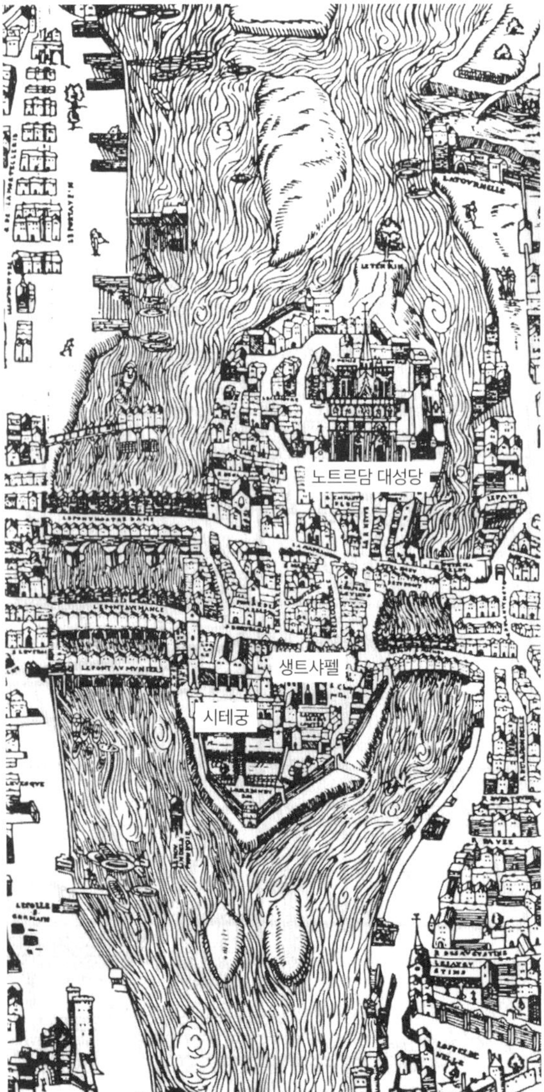

8-5. 12~14세기 파리 전경을 그린 판화 그림. 16세기 제작

셋째, 시테섬 건축의 마무리다. 루이 9세는 필리프 2세가 시테섬을 나와 양안 개발에 집중함에 따라 시테섬 발전이 다소 주춤했던 틈새를 알아채고 거꾸로 시테섬 건축에 공을 들여 이를 완성했다. 앞에서 본 루이 9세의 역작인 '노트르담 대성당–생트샤펠–시테궁'의 세 건물을 합하면 사실상 시테섬 전체가 된다. 따라서 이 세 건물이 준공되고 정비되었다는 건 시테섬의 건축이 마무리되었다는 뜻이 된다.도 8-5 그런데 시테섬

은 파리가 탄생한 씨앗이자 심장이었다. 이걸 완성했다는 건 단순히 물리적 구축만을 의미하지 않았다. 파리 도시 전체의 심장부를 유럽 최고 수준으로 끌어올렸다는 뜻이었다. 이로써 파리는 프랑스의 수도를 넘어 '중세 유럽의 수도'라는 영광스러운 타이틀을 갖기에 합당한 도시적 권위를 구축하게 되었다.

이상과 같은 루이 9세의 파리 도시건축 활동은 파리를 넘어 나라 전체의 국력을 신장하고 국격을 높이는 데 크게 이바지했다. 프랑스에서는 루이 9세가 중세 전성기에 유럽의 중심 국가 자리를 놓고 비잔틴제국과 신성로마제국을 앞지르기 시작했다고 평가한다. '성聖 · saint'이라는 칭호는 기본적으로 종교적 배경에서 나온 것이지만, 그는 세속적으로도 성군이었다.

이를 뒷받침하는 도시건축의 업적 가운데에서는 왕실 전용 예배당Cappella Palatina이었던 생트샤펠이 특히 중요했다. 비잔틴제국과 신성로마제국에는 이 기능을 대표하는 예배당이 각 하나씩 있었다. 비잔틴에는 콘스탄티노플Constantinople 왕궁 부속의 하기아 소피아Hagia Sophia 대성당이 있었고, 신성로마제국에는 아헨Aachen의 왕실 전용 예배당Cappella Palatina이 있었다. 생트샤펠은 이 두 건물과 어깨를 나란히 하거나 심지어는 능가하는 것으로 평가되면서 프랑스가 두 제국을 앞서기 시작하는 분기점을 상징적으로 대표했다. 국가의 권위를 향상시킨 이런 자긍심은 곧바로 국민을 단합케 하는 촉진제가 되었고, 프랑스는 이후 유럽의 중심 국가 내지는 강대국 자리를 한 번도 놓치지 않게 된다.

'파리'라는 이름의 정착

12~13세기의 평화 번영과 '파리스' 왕자의 정체성

이상과 같은 도시건축의 발전을 바탕으로 13세기 말까지 파리는 도시의 규모와 부를 계속해서 늘려갔다. 그 기반을 카페 왕조가 닦았음은 부정할 수 없는 역사적 사실이다. 무엇보다 거시적으로 볼 때 파리에 최초로 평화와 번영의 시기가 도래했다. 파리는 이 시기 유럽에서 가장 과밀한 도시 가운데 하나로 성장했는데, 이는 경제 부흥과 세속 역량의 확장을 의미했다. 파리는 여러 차원에서 유럽의 중심도시로 우뚝 섰다. 무엇보다 13세기에 필리프 2세와 루이 9세를 거치면서 '성당과 교회 - 수도원 - 왕궁과 오텔 - 대학 - 주거와 상업지역 - 도로와 다리 - 상하수도 - 성곽' 등 대도시가 작동하는 데 필요한 모든 시설을 종류별로 골고루 갖추게 되었다.

당시 유럽에서 이를 모두 갖춘 도시는 파리가 유일하다고 할 수 있을 정도로 파리는 유럽 전체의 수도로서 확고히 자리매김했다. 이를 기반으로 기독교와 세속 분야 모두에서 파리는 중심도시가 되었다. 물론 기독교의 중심지는 여전히 로마 교황청이었지만 파리도 '갈리아주의Gallicanism'(갈리아 교회주의. 프랑스에서는 왕실의 세속 권력이 교황청의 기독교 권력보다 우위에 선다는 규칙)와 스콜라 신학의 선도 등을 바탕으로 그 권위를 일정 부분 나눠 가졌다. 여기에 더해 세속 분야의 중심도시라는 지위를 확실하게 굳혔다. 중세 기독교가 정점에 이른 시기에 파리가 이룬 이런 발전은 향후 유럽 문명이 새로운 방향으로 계속 발전할 수 있게 하는 창의력의 원동력으로 작동했다. 파리는 당시 유럽의 최첨단 도시였고, 유럽의 수많은 도시는 이런 파리를 본보기로 삼아 때로는 모방하고 때로는 경쟁했다.

파리는 이런 최전성기에 걸맞은 중요한 기반 하나를 이루게 된다. 바로 '파리'라는 도시 이름이 정착한 점이다. 이 과정은 오랜 기간을 거친 뒤 비로소 13세기에 결실을 맺었다. 그 과정은 이렇다. 앞의 2부 1장에서는 이 이름이 트로이의 '파리스' 왕자에게서 왔다고 했다. 이후 로마 시대와 초기 기독교 시대를 거치며 계속 사용되긴 했는데, 정작 파리 시민들은 오랜 기간 '파리스'라는 말에 큰 의미를 부여하지 않았던 것 같다. 심정적으로까지 완전히 정착하지는 못했다는 것이 역사의 통설이다. 아마도 이 이름 자체가 먼 곳에서 가져온 것인 데다 두 시기 모두 외세가 들어와서 통치한 로마 문명에 속한 시기라 더 그랬을 것이다.

로마가 물러나가고 481년에 파리 중세의 첫 번째 왕조인 메로빙거 왕조가 시작하면서 파리의 명칭을 새롭게 정할 필요가 생겼다. 그런데 이미 그전부터 이 지역 사람들은 스스로를 '파리시아쿠스Parisiacus'라 불러오고 있었다. 하지만 이때는 아직 프랑스의 정체성 자체가 형성되기 전이라 이 이름도 그저 앞 시대에 사용하던 걸 이어받은 쪽에 가까웠다. 이어 카페 왕조 동안 두 번에 걸친 시도 끝에 드디어 파리라는 이름이 시민들의 정체성으로 자리 잡게 된다. 이는 카페 왕조부터를 프랑스의 진정한 역사로 보는 시각과 같은 맥락이다. 이 과정 자체도 다시 여러 단계를 거치게 되는데, 크게 세 단계를 생각할 수 있다.

첫 번째는 978~987년의 주요 역사적 사건이다. 987년까지 파리는 프랑크 왕국 가운데 독일 혈통에 해당하는 카롤링거 왕조의 지배를 받았다. 이런 민족적 차이로 인해 프랑스는 카롤링거 왕조 초반부터 힘을 키우며 민족적 정체성을 형성하고 독립을 준비하기 시작했다. 시간이 흐르면서 이런 움직임이 무르익자 위기감을 느낀 신성로마제국의 2대 황제 오토 2세Otto II(재위 955~983년)가 파리에 징벌성 침공을 단행했다. 그러나 몽마르트르 언덕까지 진격했다가 내부 사정으로 철군하게 되었고, 파리 시민들은 이 철군을 자신들의 승전으로 여기는 분위기였다.

이 과정에서 트로이의 목마로 유명한 '트로이 침공Sack of Troy'이라는, 역사적 위기에 맞서 트로이의 파리스 왕자가 영웅적으로 싸운 사실을 자신들의 자부심과 결부시키는 움직임이 정착했다. 파리스 왕자는 비록 침공을 막아내지 못하고 무기력하게 독화살에 맞아 죽긴 했지만, 영웅적으로 싸웠던 그의 애국심은 파리를 대표하는 상징으로 삼기에 손색이 없었다. 곧이어 987년에 카페 왕조가 문을 열고, 비로소 프랑스인이 중심이 된 국가가 탄생하면서 파리 시민들은 앞서 자신들을 지배했던 '로마제국-메로빙거 왕조-카롤링거 왕조' 등의 영향에서 벗어나기 위해 트로이 가문의 정통성을 강화하면서 '파리스'라는 도시 이름을 1차적으로 정착시켰다. 이때 로마제국 시절 파리의 이름이었던 '루테티아Lutetia'가 경쟁 후보로 거론되긴 했지만 곧 사그라들었다. 우선 그 뜻 자체가 '습지'라 듣기 좋지 않은 데다, 루테티아 시절 파리는 로마 속주 가운데 3등급일 뿐이어서 크게 혜택을 입은 게 없다고 여겼기 때문이다.

두 번째는 12세기에 생드니 대수도원장 쉬제가 주도한 학술 작업의 뒷받침이다. 쉬제는 갈리아주의를 강화하기 위해 생드니 수도원과 파리 왕실과의 연계를 공고히 하는 작업을 여러 방면으로 벌였다. 파리대학이 설립되기 전에 세속 학문을 지원한 게 대표적이었는데, 이때 수도원이 거느리고 있던 역사학자들에게 파리의 기원을 앞과 같은 트로이 가문으로 쓰게 했다. 이는 결국 로마가 들어오기 전의 켈트Celt, 갈리아Gallia, 프란시아Francia 등 프랑스의 원주민이 파리의 주인임을 천명한 것이었다. 아울러 그 뿌리를 트로이의 영웅 파리스 왕자까지 확장한 것이다. 이때 파리에 정착한 켈트족인 '켈틱 파리시Celtic Parisii'가 실제로 트로이 침공 때 탈출해서 이주해온 인종인지는 확실하지 않으나, 고대 민족의 기원은 여러 신화 가운데 하나를 택해서 삼는 경우가 보통이어서 파리 시민들은 '파리스'라는 이름을 거부감 없이 받아들였다.

세 번째는 마지막 13세기에 파리가 최전성기를 맞은 사실이다. 앞과 같은 과정을 거친 뒤 13세기의 최전성기 때에 평화와 번영을 구가하자 '파리'라는 이름이 최종적으로 완전히 정착하게 되었다. 카롤링거 왕조 후반부와 카페 왕조 전반부를 거치며 형성된 국가적 정체성이 13세기의 좋은 결과로 이어지자 파리 시민들은 그 과정과 함께한 이 이름을 기쁜 마음으로 받아들였을 것으로 추정해볼 수 있다.

9장

발루아 왕조의 중세 시기(1328~1515년)

고난을 이기고 재도약하는 파리

발루아 왕조

고난의 시대에 닦은 통일국가의 기틀

카페 왕조 다음은 발루아 왕조Valois Dynasty(1328~1589년)였다. 연도에서 알 수 있듯이 중세 후반부부터 르네상스에 걸친 왕조였다. 1328년이면 사실 중세 왕조가 성립된 시기로는 늦은 편이었다. 이탈리아에서는 14세기에 문학가 프란체스코 페트라르카Francesco Petrarca(1304~1374년)를 중심으로 이미 르네상스가 발아하고 있었다. 하지만 알프스산맥 북쪽 나라의 르네상스는 이보다 훨씬 늦었다. 예를 들어 프랑스의 르네상스 건축은 보통 16세기 초 프랑수아 1세François I(재위 1515~1547년) 때부터 시작한 것으로 본다. 이렇게 보면 발루아 왕조는 파리의 도시건축을 기준으로 했을 때 앞 200여 년은 중세 후반부를, 뒤 100여 년은 르네상스를 각각 담당한 것으로 볼 수 있다. 왕조사와 교회사를 기준으로 한 거시 차원의 프랑스 역사는 아예 발루아 왕조 전체를 중세로 보며, 그 마지막 즈음에 르네상스 문화가 싹튼 정도로 잡는 것이 보통이다.

발루아 왕조에는 필리프 6세Philip VI(재위 1328~1350년)부터 앙리 3세 Henri III(재위 1574~1589년)까지 13명의 왕이 있었다. 파리의 도시건축에서는 이 가운데 보통 루이 12세Louis XII(재위 1498~1515년)까지의 여덟 왕을 중세로, 프랑수아 1세부터 앙리 3세까지의 다섯 왕을 르네상스로 본다. 중세 부분의 주요 왕으로는 '샤를 5세Charles V · Charles le Sage(영어로 'Charles the Wise', 현명왕, 재위 1364~1380년) – 샤를 6세Charles VI(재위 1380~1422년) – 샤를 7세Charles VII · Charles le Victorieux(영어로 'Charles the Victorious', 승리왕, 재위 1422~1461년)'로 이어지는 세 명의 샤를 왕이 대표적이고, 그 뒤를 이은 루이 11세Louis XI · Louis le Prudent(영어로 'Louis the Prudent', 신중왕, 재위 1461~1483년)도 있었다. 이런 여러 왕의 치적은 뒤의 파리의 도시건축 부분에서 함께 보겠다. 여기에서는 발루아 왕조의 중세 시기 전체를 묶어 대표적인 큰 흐름 한두 가지만 살펴보자.

발루아 왕조의 중세 시기는 무엇보다 영국과 벌인 백년전쟁Hundred Years' War(1338~1453년)이 한복판을 차지했으며, 1347~1351년에는 흑사병이 창궐해서 인구가 대폭 감소하는 등 프랑스 전체에 힘든 시기였다. 인구도 줄었는데 100년 동안 전쟁까지 치러야 했으니 고통은 가중할 수밖에 없었다. 이 때문에 발루아 왕조의 중세 시기는 보통 '고난의 시대' 혹은 '고난의 왕조'로 불린다. 백년전쟁은 중간에 소강 상태도 있긴 했지만 발루아 왕조가 들어선 지 불과 10년 만에 터진 데다 1356년에는 장 2세 Jean II · Jean le Bon(영어로 'John the Good', 선량왕, 재위 1350~1364년)가 포로로 잡히고 1422~1436년에는 파리가 영국에 점령당하는 이른바 '영국점령English Occupation'까지 있었다. 국내에서도 여러 번의 반란이 일어났으며, 발루아 왕조 전체에서 재위 기간이 가장 길었던 루이 6세는 정신착란까지 일으켜 큰 업적을 남기지 못했다. 이처럼 프랑스에는 무척 힘든 시기였다.

그러나 중요한 발전도 있었다. 무엇보다 통일국가의 기틀을 마련한 점이 가장 대표적이었다. 아직 현재의 국경선에 해당하는 완전한 통일은 아니었지만, 그에 근접한 진일보한 정치환경과 국가체제를 만들어가고 있었다. 특히 백년전쟁 중간에 영국의 파리점령을 촉발한 부르고뉴 군주의 반란을 경험하면서 통일국가의 필요성은 더욱 절실해졌다. 샤를 7세는 영국점령이 끝나자마자 바로 이 작업에 착수해서 왕실로의 중앙집권을 강화하는 데에 국력을 집중했다. 이는 지방 귀족을 제압하는 결과로 이어졌고, 강화된 중앙 왕실을 중심으로 통일국가의 기틀을 닦았는데 백년전쟁이 끝날 때쯤 이 작업은 완성에 이르고 있었다. 드디어 백년전쟁 종료 후 24년이 지난 1477년에 루이 11세가 부르고뉴를 재합병함으로써 통일국가 건설은 사실상 마무리되었다.

카페 왕조 때 필리프 2세와 루이 9세가 먼저 시작한 영토 합병을 이어받아 완성한 쾌거였다. 한편 통일 과정에서는 '대포'라는 신무기가 중요한 역할을 했다. 샤를 7세와 루이 11세가 대포를 활용해서 통일의 기틀을 닦은 대표적인 왕이었다. 두 왕은 신무기 대포로 무장한 왕실 소속의 중앙 상비군을 창설했다. 이들은 막강한 화력을 앞세워 여전히 창칼로 맞서는 각 지방의 중세 기사단과 봉건영주를 차례대로 격파했다. 부르고뉴 병합이 대표적이어서 역사책에는 '중세 기사단에 대한 근대적 농민군의 승리'라고 기록되어 있는데, 여기에서 '근대적'이란 다름 아닌 '대포라는 신무기로 무장한'의 동의어였다.

이렇게 프랑스는 유럽에서 가장 먼저 통일국가를 이룰 수 있었다. 그 과정은 영토 합병을 넘어 다양한 정치 실험의 장이기도 했다. 여러 왕의 다양한 정치 지도력이 등장해서 각 상황에 맞게 적용되는 이런 실험은 고난의 시대 가운데에서도 발루아 왕조가 남긴 중요한 정치적 자산이었다. 앞 왕조에서는 루이 9세의 '종교적 · 정신적' 권위를 빌렸다. 발루아 왕조에서는 샤를 5세와 샤를 7세가 계몽적 전제주의를 추구하며 법과 제도를 정비한 데 반해, 루이 11세는 교활한 현실주의로 최대한의 이익을 챙겼다.

이런 정치적 자산은 역사 해석의 한 가지 시각인 '숨은 중첩'의 좋은 예이기도 했다. 당장 드러나는 업적은 없지만 뒤이어 등장하는 새로운 시대에의 준비가 숨어 있다는 뜻이다. 발루아 왕조가 시도했던 여러 정치적 실험이 그러해서 프랑수아 1세부터 시작하는 초기 근대와 르네상스 시대의 초석을 보이지 않게 닦은 것으로 볼 수 있다. 중세에 속하며 르네상스와 직접적인 연관이 없어 보이는 시대 변화가 사실은 르네상스의 등장을 촉발한 숨은 요인이었다는 것이다. 우리와 비교했을 때 삼국통일이나 후삼국통일 같은 전면적인 통일 전쟁 없이 부분 전쟁을 통해 통일국가를 이룬 점도 긍정적 요인이었다. 통일 과정에서 그만큼 파괴와 갈등이 적었고 이는 국민의 고통이 적었다는 뜻이기도 하기 때문이다.

이런 프랑스를 본보기로 삼아 영국과 스페인이 뒤를 이어 통일국가의 기틀을 닦았다. 도시국가의 전통이 강했던 이탈리아와 여러 공국의 연합체였던 독일은 유럽의 주요 국가 가운데 통일이 가장 늦어 각각 1870년과 1871년이나 되어서야 이루어졌다. 반대로 영국은 이른 편에 속했지만 이런 영국조차도 프랑스에 비하면 늦은 편이었다. 예를 들어 백년전쟁 때는 두 나라 사이에서 오랜 기간 다양한 교류가 일어나며 서로를 알게 되었는데, 이는 서로의 동질성과 차이를 동시에 확인하는 기회였다. 차이 가운데 가장 큰 것은 아마도 정치체제였을 것이다. 영국 군주제는 15세기까지도 지방 귀족과 부유한 상인에 의존하면서 이들에게 정치적 독립성을 허용하고 있었다. 그러다가 뒤늦게 헨리 8세Henry VIII(재위 1509~1547년)와 엘리자베스 1세Elizabeth I(1558~1603년) 등을 거치며 프랑스를 뒤따르다가 제임스 1세James I(1603~1625년)가 왕권신수설을 제창하며 중앙집권을 강화할 수 있었다.

14~15세기 파리의 건축
교회를 중심으로 역사성을 확보하다

파리는 이상과 같은 일들이 집중되는 수도여서 나라 전체의 상황을 그대로 반영했다. '고난'과 '발전'의 양면적 상황 가운데 고난 부분이 더 크게 반영된 것으로 볼 수 있다. 이 시기 파리는 도시건축의 발전에 신경 쓸 겨를이 없는 편이었다. 통일국가를 이룬 발전의 '숨은 중첩'은 아직 정치 부분에만 해당했고 파리의 도시건축에까지 나타나지는 못했다. 이런 사실은 카페 왕조와 좋은 비교가 된다. 발루아 왕조의 존속 기간은 261년으로 앞 카페 왕조의 341년과 비교했을 때 80년 짧았지만, 문명의 발전 속도라는 가중치를 더하면 수도 파리의 도시건축을 건설할 시간은 비슷했다고 볼 수 있다. 또한 후대로 올수록 문명은 더 발전하는 법이어서 발루아 왕조가 건설한 파리의 도시건축은 카페 왕조 때보다 진일보했어야 맞을 것이다. 하지만 실제로 이룬 내용을 보면 카페 왕조보다 부족했다. 이는 그만큼 시대 상황이 엄혹했기 때문이다.

반면에 '발전'에 해당하는 다양한 정치 지도력의 실험과 '숨은 중첩' 등은 파리의 도시건축에 직접 나타나지 못했는데, 도시건축이라는 장르의 특성 때문으로 볼 수 있다. 건물을 짓고 도로를 넓히는 등 물리적 구축이 수반되어야 하는 장르여서 정치와 역사 분야에서의 이런 발전의 내용이 당장 도시건축에는 추상적일 수밖에 없었다. 이상의 배경 아래 이 시기 파리의 도시건축에도 많은 내용이 축적되었다. 크게 건축과 도시로 나누어볼 수 있다. 차례대로 살펴보되 도시 부분에서는 왕조사를 연계해서 설명하겠다.

먼저 건축이다. 아직 중세여서 기독교 건축이 두드러졌는데, 다시 신축과 증·개축으로 나눌 수 있다. 신축 교회는 생제르베-생프로테Saint-Gervais-Saint-Protais(1494년 착공 후 중단되었다가 1616년 1차 준공)와 생니콜라데샹Saint-Nicolas des Champs(1420~1480년 1차 준공 후 1576~1586년 2차 준공)의 두 채가 대표적이었다. 이외에도 백년전쟁 동안 파괴된 교회를 수시로 수리·복원했다.

증·개축한 교회는 생으스타슈Saint-Eustache(1420년대부터 자잘한 증축), 생로랑Saint-Laurent(1429년 1차 준공 후 16세기까지 계속 보강), 생제르맹록세루아Saint-Germain-L'Auxerrois(1375년부터 16세기까지 꾸준히 증·개축), 생메다르Saint-Médard(15세기 후반부 네이브와 파사드 증축), 생세브랭Saint-Séverin(1448년 화재 후 1520년까지 복원), 생자크드라부셰리Saint-Jacques-de-la-Boucherie(1508~1522년 증축, 1797년 파괴되어 현재 생자크 탑만 남음) 등 여러 채가 대표적이었다.

이런 15세기 교회 건축은 중세와 초기 근대를 하나로 연결해서 아우르는 역사성을 확보한 점이 중요했다. 크게 두 단계를 거쳤다. 첫 단계는 중세 내에서의 역사성을 확보한 것으로, 주로 건축 양식을 통해 이루어졌다. 이 교회들은 후기 고딕의 후반부를 담당했던 플랑부아양 양식Flamboyant이 주를 이루었다. 고딕의 전반부를 담당했던 생트샤펠의 레요낭 양식을 이어받아 더 화려해진 장식 양식이다. 두 양식은 장식 양식이라는 점을 공유하면서 중세의 전후반을 각각 담당하며 하나로 이어지는 연결성이 강하다. 이로써 파리는 건축 양식을 중심으로 후기 고딕 전체를 주도하는 도시가 되었다. 또한 생트샤펠을 지은 루이 9세의 맥을 잇는다는 중요한 상징적 의미가 이를 뒷받침했다.

다른 하나는 주로 증·개축한 교회에 해당하는 것으로서 시간의 끈을 중세를 넘어 앞뒤로 확장함으로써 역사성을 확보했다. 이 교회들은 대부분 이전의 초기 기독교 시대나 로마네스크 때에 처음 지어져 있던 것을 확장한 것이었다. 이는 중세 이전 시대를 중세로 연결했다는 뜻이다. 일부 교회는 앞의 연도 정보에서도 알 수 있듯이 16세기까지도 꾸준히 증·개축이 이어지며 르네상스 양식이 더해졌다. 이는 중세를 다음 시대인 초기 근대로 연결했다는 뜻이다.

이상 둘을 합하면 '초기 기독교 – 초기 중세 – 중세 전성기 – 후기 중세 – 초기 근대'의 긴 역사가 하나로 연결된다. 프랑스 전체의 역사부터 파리 도시건축의 역사 모두에서 이런 시기들은 다소 조각난 상태로 진행해 온 측면이 있었는데, 15세기의 교회 건축을 통해 이를 하나로 연결한 것이다. 이는 통일국가의 등장을 계기로 프랑스의 국가적 정체성이 완성된 것과 맥을 같이하는 현상으로, 건축이 할 수 있는 중요한 역할을 보여주는 대표적 사례다.

이상이 기독교 건축에 대한 설명이다. 비기독교 건축은 외국과의 대형 전쟁을 수행하던 기간이어서 상대적으로 주춤했다. 왕실과 파리시 당국은 모든 물리력을 전쟁에 쏟아부어서 공공건축을 벌일 여력이 없었다. 민간 분야도 흑사병의 창궐과 함께 인구 감소가 일어나서 부동산 수요는 사실상 죽었다고 볼 수 있었다. 그러나 흑사병이 물러가고 전쟁도 끝나면서 줄어들었던 인구가 회복하는 등 15세기 후반에 가면 파리의 민간 분야는 뚜렷한 회복세에 접어들었다. 이를 반영하듯 도시 주거가 대량으로 건설되었다. 고급 오텔 가운데에는 클뤼니 가문의 본거지인 오텔 드 클뤼니 Hôtel de Cluny(1490년경, 지금의 클뤼니 박물관)와 상 대주교의 파리 내 본거지였던 오텔 드 상스Hôtel de Sens(1474년경~1519년)가 대표적이었다.

백년전쟁(1337~1453년) 기간 파리의 도시 상황
꾸준한 발전을 이어가다

다음으로 왕조사와 연계한 도시 부분을 살펴보자. 이 기간 파리의 도시 개발은 크게 두 시기로 나눌 수 있다. 전반부는 발루아 왕조가 성립한 1328년부터 샤를 7세가 사망하는 1461년까지이며, 후반부는 루이 11세부터 르네상스 전까지인 1461~1515년이다. 전반부를 먼저 살펴보자. 이 시기는 백년전쟁(1337~1453년)에 더해 여러 어려운 상황이 겹치면서 발루아 왕조를 대표하는 '고난의 시대' 중에서도 중심을 차지하는 시기였다. 초반에는 전쟁 자체는 의외로 소강 상태를 유지했으나 1347~1351년에 흑사병이 돌았고, 뒤이어 하층민과 귀족 사이의 계급 갈등이 곪아 1358년에는 '자크리의 난La Grande Jacquerie'이라는 농민의 난까지 일어났다.

백년전쟁 자체는 1360년과 1396년에 연달아 휴전했으나 위기는 오히려 프랑스 내부에서 시작했다. 부르고뉴라는 강력한 반란 세력이 등장한 뒤 영국과 손을 잡고 파리를 점령한 것이다. 부르고뉴 공국Duché de Bourgogne은 1361년에 성립된 이후 1384년에 플랑드르Flandre와 프랑슈콩테Franche-Comté를 합병하는 등 프랑스 내의 영토를 놓고 파리 왕실과 대립하는 가장 강력한 적대 세력으로 성장했다. 1409년에 샤를 6세와 부르고뉴 공작이 샤르트르에서 만나 화해하기도 했으나 오래가지 못했다. 1411년 '파리-아르마냑Armagnac(프랑스 남서부 아키텐 일대의 옛 이름)' 연합과 부르고뉴 사이에 전쟁이 먼저 터졌는데, 여기에서 파리가 패하면서 부르고뉴 군주에게 점령당했다. 부르고뉴는 영국과 동맹을 맺고 1415년에 백년전쟁을 재개했으며, 1420년에는 파리를 영국에 넘겼다. 이는 1422~1436년에 파리가 영국에 점령당하는 이른바 '영국점령'으로 이어졌다.

그 한중간인 1429년에는 샤를 7세가 파리를 탈환하기 위해 이른바 '파리 포위전Siege of Paris(파리 공성전)'을 벌였으며, 이때 우리에게도 친숙한 잔 다르크Jeanne d'Arc(1412~1431년)가 등장했다. 처음에는 파리 탈환에 실패했으나 잔 다르크의 활약으로 전세를 역전시켜 드디어 1436년에 파리를 탈환할 수 있었다. 샤를 7세는 이 덕에 '승리왕le Victorieux'(영어로 'the

Victorious')이라는 명예스러운 타이틀을 획득했다. 곧이어 내정 개혁을 단행해서 주요 법령을 반포했다. 1449년에 백년전쟁이 마지막으로 재개되었는데, 프랑스는 1450년에 노르망디를 회복하는 등 승세를 굳혀 1453년에 드디어 긴 전쟁을 최종 종식시켰다.

이상이 백년전쟁을 중심으로 한 1328~1461년의 정치사였다. 전쟁 가운데에서도 파리의 도시건축은 일정한 발전을 이어갔다. 크게 샤를 5세(재위 1364~1380년), 그리고 '샤를 6세(재위 1380~1420년)와 샤를 7세(재위 1420~1461년) 때의 영국점령(1422~1436년)'의 두 단계로 나눌 수 있다. 먼저 샤를 5세는 흑사병과 자크리의 난이 지나간 뒤 파리를 안정시키면서 활발한 건축 활동을 벌였다. 어려운 상황에서도 도시를 재건하고 확장하는 등 일정 부분 파리의 발전을 이끌었다. 개별 건물과 도시 인프라 모두 신경 써서 균형을 잘 잡았는데, 크게 세 방향으로 정리할 수 있다.

첫째, 우안 지역을 동서 방향으로 확장하면서 샤를 5세의 성곽을 축조한 일이 가장 대표적이다.도 9-1 백년전쟁에서 영국을 방어하기 위한 것으로서 주로 1370년대에 시작해 준공은 샤를 6세 때인 1380년대에 이루어졌다. 그러나 보통 샤를 5세의 업적으로 치며, 중세 파리에서는 필리프 2세에 이은 두 번째 성곽 확장에 해당한다. 서쪽으로는 루브르 밖으로 확장한 새로운 구역에 성곽을 쌓았고 이전 성곽과의 사이 구역에 주거 단지를 건설했다. 중세에 이처럼 주거 단지를 따로 조성해서 건설하는 것은 매우 드문 일이었다. 동쪽에서는 성곽 위에 바스티유 성채를 건설했다. 둘째, 바스티유 성채 밖 '뱅센Vincennes'이라는 파리 동편 교외에 새로운 행정 중심지를 계획했다. 샤를 5세는 재위 기간이 길지 않아서 이 계획은 많이 진척되지는 못했고, 실질적인 개발은 후대의 몫이었다.

셋째, 파리 시내로도 눈을 돌려 시테섬을 보강하고 루브르궁 시대를 열었으며, 좌안에 새로운 대학도 설립했다. 시테섬에서는 필리프 2세가 세운 성곽을 보강해서 완성했고, 시테궁 안에서는 카페 왕조 때 필리프 4세(재위 1284~1314년)가 지은 대연회실Grand'Salle 주변을 증·개축하면서 '콩시에르주리Conciergerie'라는 이름을 새로 붙였다. 이 새 이름은 시테궁을 대표하는 이름으로 자리 잡아 현재까지 이른다. 그러나 정작 샤를 5세 본

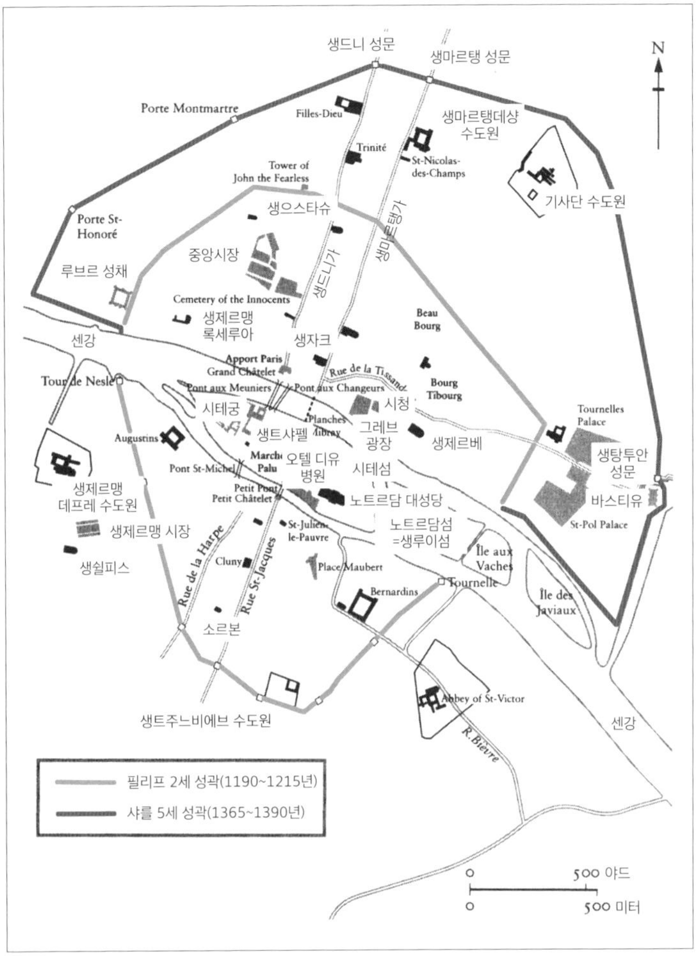

9-1. 중세 파리 지도. 우안으로 확장하면서 새로 축조한 성채를 확인할 수 있다.

인은 즉위하던 해인 1364년에 곧바로 시테궁을 나와 루브르궁에 자리를 잡았다. 이는 파리 왕궁이 시테섬에서 우안의 현재 루브르 박물관 일대로 옮겨온 역사적 사건이었다.

마지막으로 우안의 파리 5구에는 보베대학Collège de Beauvais을 새로 세웠다. 1370년에 보베의 주교였던 장 드 도르망Jean de Dormans, évèque de Beauvais(?~1373년)이 설립했으며, 그의 사후인 1375년부터 건축공사를 시작해서 연차적으로 이어나갔다. 1215년에 먼저 설립되어 있던 파리대학 주변으로 여러 대학이 추가된 현상의 하나였다. 공사는 왕실 소속 장인이던 레이몽 뒤 탕플Raymond du Temple(?~1403/1404년)이 주로 맡았다.

다음으로 샤를 6세와 샤를 7세의 재위 기간으로, 이때는 영국점령의 시기였다. 두 나라 사이의 경쟁 관계를 생각하면 이는 국가적인 치욕이었다. 그러나 당시는 아직 지금과 같은 국가 개념이 정립되기 전이었으며, 봉건영주, 지역 귀족, 공국 등 여러 군소 세력이 합종연횡하던 때였다. 영국점령도 부르고뉴의 반란 덕에 가능해서 이 범위에 해당했다. 파리의 도시건축도 이와 비슷한 양면적 해석이 가능하다. 우선 원론적으로 볼 때 이민족의 점령기는 그 자체로 힘든 시기였다. 실제로도 영국점령 기간에 파리의 도시 발전은 거의 없는 편이었다.

반대의 해석도 가능하다. 바다 건너 이민족이 점령하기는 했지만, 파리의 도시 상황은 샤를 5세 이후 이어지던 평화가 계속되었다. 살상이나 파괴 같은 행위는 없었다. 14년이라는 점령 기간이 지금 보면 길지만, 역사가 느리게 진행하던 중세 때에는 그리 긴 기간도 아니어서 파리를 개발하고 말고 할 시간 자체가 되지 못했을 수도 있다. 따라서 파리의 도시건축만 보면 이민족의 점령이라는 사실이 큰 변수가 아니어서 별 영향을 끼치지 못했을 수 있다는 것이다. 그러나 샤를 6세와 샤를 7세의 재위 기간을 합하면 81년이나 되는데, 이 기간에 파리의 도시건축에서 큰 발전이 없었다는 건 분명히 전쟁의 영향이 없었다고 하기에는 무리가 있다.

15세기 후반부 파리의 도시 상황

전쟁에서 벗어나 르네상스를 준비하다

다음은 발루아 왕조의 중세 시기 가운데 후반부의 파리 도시 상황이다. 이 시기는 '루이 11세(재위 1461~1483년) – 샤를 8세(재위 1483~1498년) – 루이 12세(재위 1498~1515년)'의 세 왕을 합한 1461~1515년이다. 15세기 중후반부로 볼 수 있다. 세 왕 가운데 루이 11세가 재위 기간도 가장 길었고 업적도 가장 많이 남겼다. 앞서 말한 바와 같이 샤를 7세에 이어 대포로 무장한 최신 군대를 앞세워 지방 귀족을 제압하는 업적을 이루었다. 1477

년에는 마침내 파리 왕실을 가장 오랜 기간 괴롭혔던 부르고뉴 공국을 병합하는 데 성공했다. 이로써 사실상 통일국가의 마지막 퍼즐을 맞춘 셈이 되었다.

이 시기 파리의 도시건축은 세 왕을 묶어서 함께 볼 수 있다. 지방 귀족과 전쟁을 치르고 백년전쟁의 후유증을 극복하는 데에 국력을 우선 집중해야 해서 수도 파리조차도 본격적으로 개발할 여력이 부족했다. 크게 보면 전반부 활동의 효과가 계속된 것으로 볼 수 있다. 그런 가운데에서도 일정한 발전은 있었다. 루이 11세와 샤를 8세 때에는 주로 기독교가 건축 활동을 주도했다. 교회, 성당, 수도원을 중심으로 수리, 복원, 확장, 신축 등이 이어졌다. 루이 11세는 이외에도 정부와 파리시의 행정조직을 재정비했으며, 이에 따라 관공서를 중심으로 비기독교 건축도 함께 발전했다. 이어 샤를 8세 후반부와 루이 12세의 16세기 중첩기에 접어들면서 르네상스의 여명이 밝아오기 시작했고, 이에 따라 왕궁 확장과 신축, 택지 개발, 도시 주거 건설, 오텔 신축 등 세속 건축이 활기를 띠었다.

르네상스로의 전이를 보여주는 새로운 변화 가운데 하나로 건축가 가문의 등장을 들 수 있다. 마르탱 샹비주Martin Chambiges(1460~1532년)가 이끈 샹비주 가문이 대표적이었다. 15세기 후반부터 주로 기독교 건축에서 활동하기 시작해 16세기 르네상스 때 전성기를 맞은 가문이다. 마르탱 샹비주는 상Sens, 상리스Senlis, 보베Beauvais 등에 대표작을 남겼는데, 플랑부아양 양식을 이끈 대표적인 건축가로 앞과 같은 파리의 교회 건축 전반부도 사실상 그가 주도했다. 유럽에서 전문 직업인이나 예술가로서 자신의 이름을 내건 '건축가'라는 직업은 보통 르네상스 때에 처음 탄생한 것으로 얘기한다. 파리도 이런 흐름을 따랐으며, 이들은 르네상스로 넘어가는 전환기 때에 파리의 도시건축에 새로운 활기를 불어넣으며 활약했다.

10장 중세 파리의 위상

유럽의 수도로 부상하다

중세 종합형 도시 파리

북유럽의 중심도시에서 유럽의 수도로

이상이 왕조를 기준으로 살펴본 중세 파리의 역사다. 이렇게 많은 사건이 축적되어 탄생한 파리는 중세 당시 유럽 전체에서 어떤 위치를 차지하고 있었을까? 현재 우리가 열광하는 파리의 골격은 사실 상당 부분이 19세기 중반에 행해진 오스만 재개발 때에 형성된 것이다. 하지만 역사 전체로 보면 파리는 유럽 중세를 이끈 대표적인 도시 가운데 하나였으며, 후반에 가면 '유럽의 수도'라는 이름까지 획득한다. 도시건축을 기준으로 보면 파리의 전성기는 크게 세 번 찾아왔는데, 중세는 18세기의 '바로크-계몽주의', 19세기의 제국주의 등과 함께 그 하나에 해당한다. 다만 현재 그 흔적이 충분히 남아 있지 못한 점이 아쉬움으로 남는다. 역사성을 제외하고 현재 상태만 보면 파리는 '청년 도시'인 셈이다.

그렇지만 파리에도 찬란한 중세의 역사가 있었다. 중세 파리는 유럽 중세 도시의 여러 유형이 섞인 종합형 도시였다. 우선 중세 유럽에는 크게 여덟 가지 유형의 도시가 있었다. 로마 도시를 그대로 물려받은 로마 기원 도시, 군사적 중심지이자 봉건영주들의 전쟁 본거지인 성채 도시, 수

공업 생산의 중심지인 상공업 자유도시, 성당과 수도원 등을 갖춘 종교적 중심지인 기독교 도시, 강과 바다를 낀 교통의 요지에 세워진 교역 도시, 학문의 중심지인 대학 도시, 예술 활동의 중심지인 예술문화 도시, 정치의 중심지인 수도 등이었다.

물론 구체적인 각 도시는 대부분 둘 이상이 섞인 '혼합형'이 가장 많았다고 볼 수 있다. 혼합 기능의 숫자가 늘어나면 한 단계 더 나아가 종합형 도시라고 부를 수도 있었다. 현대 도시의 관점에서 보면 이런 식의 복합 기능은 당연하지만, 중세 도시가 처음 형성되던 때에는 단일 기능으로 시작하는 경우가 대부분이었다. 이런 가운데에서도 중세 유럽의 각국 수도는 최소한 혼합형이었으며, 대도시는 수도 여부와 상관없이 거의 종합형이었다. 파리는 이 가운데 종합형을 대표하는 도시였다.

이런 여덟 가지 유형 자체와 혼합형·종합형 도시 등은 로마가 멸망한 후 진행된 역사의 산물이었다. 중세 유럽은 대제국 로마의 붕괴 이후 혼란보다는 오히려 진공에 가까운 상태가 오래도록 계속되었다. 도시도 마찬가지여서 주요 도시들은 대부분 로마의 속주였던 도시들이 그대로 이어지는 형국이었다. 그러나 문명은 흐르는 법이다. 로마의 공식적인 멸망 연도인 476년을 전후한 5~6세기가 되면 중세만의 새로운 도시가 조금씩이나마 발아하기 시작한다. 크게 남유럽과 북유럽으로 나눌 수 있다.

남유럽은 지중해 연안을 끼고 '동로마(비잔틴제국) - 라틴 웨스트Latin West(이탈리아의 여러 도시국가와 스페인) - 이슬람권' 등으로 분할되었다. 이 지역에서는 여덟 가지 유형 가운데 대체로 로마 도시의 전통이 이어지는 편이었다. 한편 북유럽은 남유럽과 대별하기 위해 편의상 붙인 약칭이고, 실제는 '트랜스 알파인trans-Alpine', 즉 알프스산맥 북쪽의 '서부-북부-중부' 유럽을 포괄하는 지역이다. 보통 줄여서 '알프스 북쪽'이라 부른다. 나라로 좁혀보면 프랑스를 중심으로 스페인 동북부, 영국, 독일, 네덜란드, 벨기에, 스위스 등을 합한 것으로 보면 된다. 이 지역에서는 영주가 다스리는 작은 성채 도시가 가장 먼저 등장했다.

남유럽과 알프스 북쪽의 이런 대별 상태는 로마 멸망 이후에도 2세기가량 더 이어진다. 그러다가 프랑크 왕국의 샤를마뉴Charlemagne(재위

742~814년)가 '프랑스-독일-이탈리아 북부'를 중심으로 유럽을 재편하면서 로마 도시의 전통은 사실상 맥이 끊기고, 중세만의 새로운 도시가 본격적으로 등장하게 된다. 로마와 비교해 그 종류가 다양해지면서 앞의 여덟 가지까지 늘어났다. 이때부터 남유럽과 알프스 북쪽의 구별은 사실상 사라지면서 유럽 전역에 여덟 가지 유형의 도시들이 골고루 퍼져나가며 건설되었다.

이렇게 시작한 중세 유럽은 기독교(서방 가톨릭)와 세속 문명이 양대 축을 이루는 거시적 형국을 기본 틀로 갖추어 진행했는데, 이는 800년 크리스마스 때 있었던 샤를마뉴의 대관식을 거치면서 확립된 것이었다. 이날 교황 레오 3세Leo III(재임 795~816년)는 샤를마뉴에게 이슬람과 동방정교로부터 로마 가톨릭과 서유럽을 지켜달라는 부탁과 함께 로마제국의 계관을 수여하고, 그가 로마 황제의 계승자임을 인정했다.

이에 따라 유럽 문명 전체의 지형도 크게 둘로 나뉘었다. 여덟 종류의 도시들이 경계선 없이 유럽 전체에 골고루 퍼진 것과 달리 문명사에서는 대체로 알프스산맥을 경계로 남유럽과 알프스 북쪽이 다른 문명을 이루기 시작했다. 이는 자연조건, 인종, 역사, 전통 등이 다른 데에 따른 당연한 현상이기도 했다. 남쪽의 로마권은 가톨릭 중앙정부와 교황령Papal States(교황이 직접 통치하는 교황청 직속 국가)을 중심으로 서로마와 가톨릭이 연합한 종교의 중심지로 남았다. 알프스 북쪽은 게르만 정신을 바탕으로 정치, 경제, 문화예술, 학문, 군사 등의 세속 문명 중심지로 새롭게 부상했다.

이 가운데 중세 유럽의 중심지는 아무래도 알프스 북쪽 지역이라 할 수 있었다. 지금 '유럽' 하면 가장 먼저 떠오르는 이른바 '영국-프랑스-독일' 3국이 로마에서 분리되어 독자적인 문명을 이룬 시기가 중세였던 것이다. 이른바 유럽 문명의 '서진 현상'이 고대에 그리스에서 로마로 넘어간 데 이어, 로마에서 중세로 넘어가는 새로운 대전환기에도 다시 나타난 것이다. 이에 따라 중세 유럽만의 새로운 도시 문명이 시작되었고 서서히 대도시들도 등장했다.

파리는 이런 중세 유럽의 지형 속에서 일단 알프스 북쪽 지역의 중심

도시로 시작했다. 프랑크 왕국 초반에는 독일의 쾰른Köln, 트리어Trier, 아헨Aachen, 보름스Worms 등과 벨기에의 투르네Tournai, 프랑스의 수아송Soissons, 오세르Auxerre, 투르Tours 등 여러 도시와 경쟁했다. 그러던 중 시간이 흐르면서 이 도시들을 차례대로 누르고 점차 영향력을 키워 프랑크 왕국의 수도가 되었다. 이를 기반으로 오토 3세Otto III(재위 996~1002년) 이후의 중세 중반에는 알프스 북쪽의 중심도시로 입지를 굳혔다.

이어 최종적으로 카페 왕조 때인 11~13세기의 전성기를 거친 중세 후반에는 알프스 북쪽을 넘어 유럽 전체의 중심도시로 발전했다. '유럽의 수도'라는 명칭은 이때 처음 획득한 것으로 볼 수 있다. 비록 과거 로마만큼 모든 면에서 유럽의 수도라고 할 수는 없었지만, 종합점수에서는 분명히 중세 유럽에서 가장 앞선 도시였다. 바로 앞에 말한 여덟 가지 유형의 '종합형 도시'를 대표했기 때문이다.

종합화의 두 가지 배경
지리적 이점과 역사적·정치적 자산

물론 중세 파리의 종합성에 대해서는 양면적 해석이 가능하다. 파리는 우선 여덟 가지 유형 각각이 최초로 형성되는 데에 앞장선 부분에서는 약한 편이었다. 크게 세 가지 이유를 생각할 수 있다. 첫째, 로마의 전통이 남아 있던 점, 둘째, 도시의 중심이 시테섬이라는 섬에서 시작했다는 점, 셋째, 프랑크 왕국의 수도로서 처음부터 대도시를 지향했기 때문에 오롯이 아기자기한 도시구조를 창출하는 것에 전념하기는 어려웠던 점 등이다. 이 때문에 새로운 도시 유형의 탄생을 기준으로 삼는 이른바 정통 도시사에서는 파리가 차지하는 비중이 생각보다 작다. 이 기준에 따르는 주요 도시들은 대부분 중소 도시로서 프랑스 내에서도 파리 이외의 지역에 분포하며, 유럽 전체로 보면 이탈리아, 독일, 스페인, 네덜란드 등 각국에 골고루 퍼져 있었다. 지금도 아기자기한 골목길과 평화로운 광장으로 대표되는 중세 도시들이 이런 지역들에 남아 있으며, 특히 이탈리아와 독일에 많다.

반면 도시가 번창한 정도, 전체 규모, 종합점수 등을 기준으로 삼으면 파리는 분명 중세 유럽 도시에서 선두주자였다. 어떤 면에서는 여덟 종류의 유형을 모두 갖춘 거의 유일한 중세 종합 도시였다고 볼 수도 있다. 도시의 체계적인 구조, 고딕 건축, 병원 등의 구호시설, 대학 등의 학문교육 시설 등을 합한 도시건축, 그리고 다시 이를 뒷받침하는 왕실의 정치력과 가톨릭의 교회 조직 등까지 더한 종합점수에서는 파리가 단연 선두 도시였다. '혼합형'을 넘어 '종합형'의 최고봉으로 성장한 것인데, 이는 프랑스가 인종, 문화, 건축 등 여러 면에서 '혼성'에 기반했다는 사실과 맥을 같이한다. 중세를 거치면서 파리의 도시건축에도 프랑스 특유의 혼성 문화가 형성되며 꽃피었다고 할 수 있었다. 이런 집중력을 바탕으로 파리는 '메트로폴리스Metropolis'라 불리는 국제적 대도시로 성장했다.

중세 전체의 도시문화를 평가하면 파리의 중요성은 확실해진다. 물론 대부분의 역사책에서 유럽의 중세 문명 전체 중 가장 상위 레벨로 정의하는 개념은 보통 '게르만 정신 + 기독교'가 가장 많다. 기독교는 그렇다 쳐도 게르만 정신은 의외일 수 있는데, 이는 아마도 중세 문명의 출발이 게르만족이 세운 프랑크 왕국이어서 그럴 것이다. 그런데 중세 문명이 진행되면서 그 전성기라 할 수 있는 12~13세기의 중세 르네상스를 이끈 나라는 프랑스였고, 중심지는 수도 파리였다. 앞과 같은 종합형 도시여서 가능했는데, 그 배경으로 크게 두 가지 이유를 생각할 수 있다.

첫째, 지리적 조건에서 유리했다. 이탈리아와 이베리아의 두 반도를 합한 지중해 일대의 남부 유럽도 물론 나름대로 찬란한 중세 문명을 일구기는 했지만 아무래도 중세 유럽 전체의 중심지는 '알프스산맥 - 피레네산맥Pyrenees(프랑스 남서부와 스페인 북동부 사이의 산맥) - 대서양' 사이의 알프스 북쪽 지역이었다. 여기가 바로 '카탈루냐Catalonia - 프랑스 - 라인강'을 연결하는 서유럽 일대였으며, 프랑스가 그 중심에 있었다. 유럽 지도를 펼쳐 놓고 보면 프랑스는 독일과 함께 대륙 중심부에서 공처럼 동그랗고 넓은 면적을 차지하고 있다. 스페인과 함께 유럽의 대표적 곡창지대 가운데 하나로, 자연적으로나 지리적으로 유리한 점이 한둘이 아니었다. 대서양과

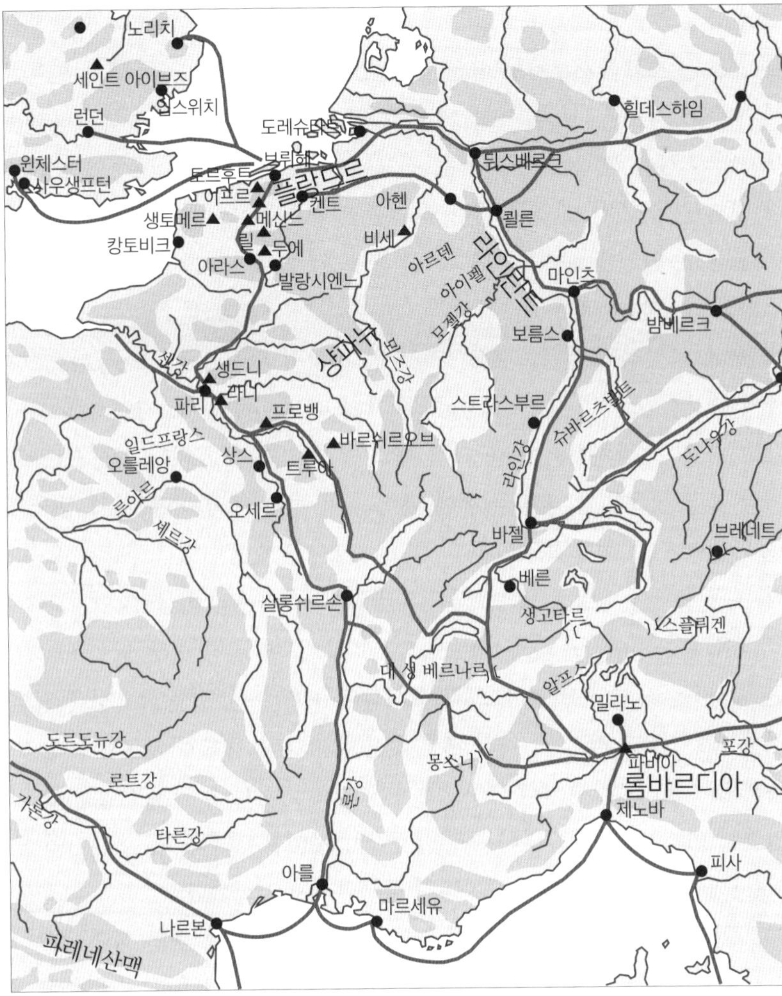

10-1. 1000년경 유럽의 센강-라인강 권역. 굵은 선들이 주요 교역로다.

지중해의 바다, 그리고 알프스산맥과 피레네산맥의 산맥에 둘러싸여 지형 조건부터 안정되었으며, 론강과 센강을 비롯하여 큰 강이 여럿 흘러서 교통이 발달했고 토지는 비옥했다. 파리는 비록 북동쪽에 치우치긴 했지만 이런 프랑스의 수도였다.

강을 중심으로 알프스 북쪽 지역을 보면 크게 라인강권과 파리권이 양분했다.도 10-1 파리는 이 가운데 한쪽 권역의 중심이었으며, 어떤 면에서는 라인강권과도 일정한 연관성이 있었다. 라인강 서쪽은 프랑스로, 파리를 중심으로 한 일드프랑스Île-de-France의 북부권과 '디종Dijon – 브장송Besançon – 스트라스부르Strasbourg – 메스Mess'로 이어지는 동부권으로 이루어졌다. 이 가운데 북부권은 라인강과는 거리가 좀 있으며 센강이라는 독자적인 강을 끼고 있지만, 유럽 전체에서 보면 라인강권과는 옆 동네였다. 동부권을 중간 매개로 삼아 라인강 일대의 '슈파이어Speyer – 만하임Mannheim – 마인츠Mainz – 쾰른 – 아헨' 등의 중세 독일 도시들과 종교를 교류했고 상공업을 교역했다.

둘째, 지리적 조건은 그대로 역사적·정치적 자산으로 이어졌다. 고대에서 중세를 거치며 유럽이 형성되어가던 때에 유럽의 각 지역과 도시가 내릴 수 있는 정치적 선택은 크게 세 가지가 있었다. 로마나 프랑크 왕국처럼 국경을 초월한 대형 체제에 복속되기, 여러 개의 작은 자치 공국으로 나누어지기, 중앙집권적 통일국가로 나아가기 등이었다. 프랑스와 파리는 셋 모두를 경험한 몇 안 되는 나라와 도시 가운데 하나였다.

처음에는 카이사르의 로마에 복속되었고, 로마 멸망 이후에는 여러 이민족의 왕국으로 분열했다. 그리고 샤를마뉴 때 프랑크 왕국으로 통일되면서 흡수되었다가 다시 여러 제후의 봉토와 공국 등으로 분열했으며, 최종적으로 필리프 2세(재위 1180~1223년)와 루이 9세(재위 1226~1270년)를 거치면서 여러 공국을 합병하고 통일국가의 토대를 갖추었다. 15세기의 루이 11세(재위 1461~1483년) 때에는 중앙집권까지 강화했다.

이처럼 다양한 체제를 경험한 건 프랑스와 파리만이 갖는 매우 중요한 역사적·정치적 자산이었다. 파리는 특히 앞과 같은 유리한 지리적 조건으로 인해 늘 힘 있는 민족, 왕, 국가 등이 탐을 내어 우선해서 점령하거나 최소한 관계를 맺는 도시였다. 이 과정에서 여러 체제와 문화를 경험했으며, 그 가운데에서도 독립적 정체성을 잃지 않으면서 혼성과 종합화 능력을 십분 살려, 나중에는 스스로 가장 강력한 중심도시로 발전해 거꾸로 주변을 이끌게 되었다.

중세 파리의 업적
개방적 메트로폴리스 문명을 일구다

파리가 주도한 구체적인 문명의 내용 또한 종합화로 모이는데, 크게 네 방향이었다. 첫째, 거시적 차원에서 종합 문화를 완성했다. 프랑스 국민의 혼성과 종합화 경향이 앞 시대인 고대를 포함해서 중세에 최초로 완성된 것이다. 아직 현대와 같은 체계화된 학문과 기록 문화 등이 없던 시대여서 이런 종합화를 구체적으로 구현하기에는 도시건축이 가장 적합했다. 수도라면 더욱 그랬을 것이고, 중세 파리는 이렇게 탄생한 것이었다. 혼성과 종합화를 이룬 구체적인 문명 요소는 고대 지중해 고전주의(헬레니즘Hellenism), 유대 기독교(헤브라이즘Hebraism), 프랑크 왕국의 게르만 전통 등이 대표적이었다. 이런 요소들은 이전 시기까지 따로 떨어져 독립적으로 진행했거나 심지어 여러 단계에 걸쳐 대립하고 충돌했던 것들인데, 프랑스는 이것을 하나로 통합해서 '중세'라는 밀레니엄 단위의 거대 문명으로 일궈낸 것이다.

일례로 오늘날 프랑스라는 나라의 국민적 자존심이나 국력을 생각할 때 로마제국이 멸망해 나간 뒤 프랑스와 파리가 바로 독립하지 못하고 게르만 혈통의 프랑크 왕국에 다시 500년 가까이 지배를 받았다는 사실이 매우 의외일 수 있다. 심지어 프랑스의 실체를 드러내 실망케 하는 요인으로 작용할 수도 있을 것이다. 하지만 이를 파리가 이룬 중세 문명의 종합화라는 기준에서 보면 반대의 해석도 가능하다. 비록 프랑스가 프랑크 왕국의 지배를 받았지만 끝내 독립을 이루었으며, 그 과정에서 게르만 전통을 흡수해 다른 문명 전통까지 더해서 중세라는 더 높은 차원의 거대 문명을 일궈냈다는 해석이다.

둘째, 중세 프랑스의 경제에서 파리는 모든 교역로의 중심에 자리했다.도 10-2 로마 때 형성된 방사형 도로망의 초점이 더욱 강화되어 파리로 모인 것이다. 프랑스의 주요 도시 가운데 파리와 핵심 방사형 교역로로 연결된 경제 중심지는 크게 두 종류로 나눌 수 있다. 하나는 이른바 '로마 기원 도시Roman origin city'로 북쪽의 루앙Rouen과 아미앵Amiens, 동쪽

10-2. 13세기 프랑스와 독일의 무역로. 파리가 프랑스에서 나아가 대륙 북부 지역의 무역 중심지였다.

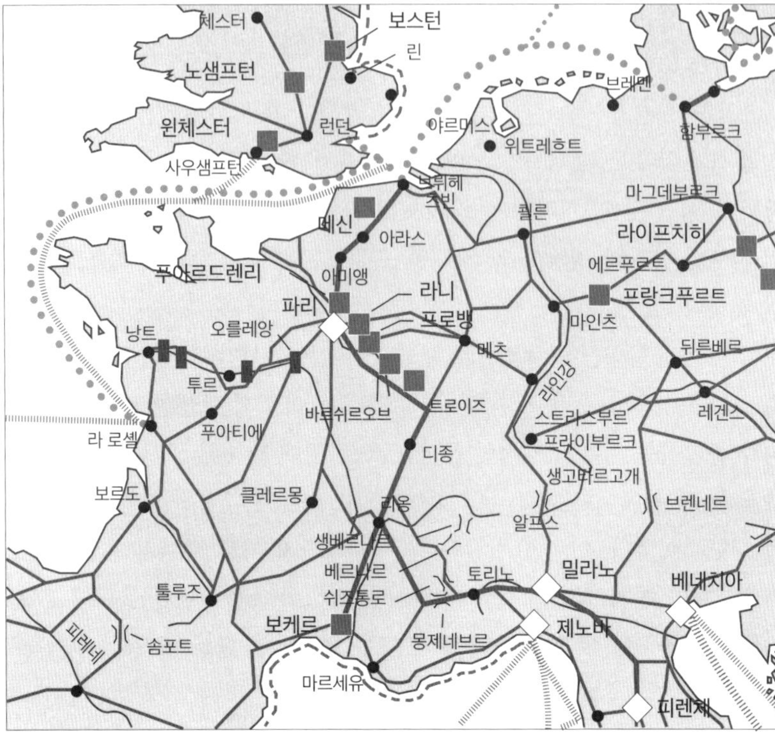

의 트루아Troyes, 남쪽의 '리옹Lyon – 비엔Vienne – 아비뇽Avignon – 마르세유Marseille – 님Nîmes', 서쪽의 '오를레앙Orléans – 투르Tours – 앙제르Angers – 낭트Nantes' 등이었다. 또 다른 하나는 '중세 기원 도시medieval origin city'로 북쪽의 캉Caen, 동쪽의 디종Dijon, 서쪽의 블루아Blois 등이 대표적이었다.

이상을 다 모으면 사실상 프랑스 전체가 된다. 중세 때의 파리는 특이하게 포도주 생산지였지만, 포도주뿐 아니라 이런 모든 주요 도시를 연결하는 경제 교역의 중심지이기도 했다. 이때 성립된 파리의 중요성은 이후 시대를 거치면서 더욱 강화되어, 오늘날 프랑스는 대한민국, 영국 등과 함께 수도 집중이 가장 강한 나라 가운데 하나가 되었다.

셋째, '일드프랑스'라는 수도권을 중심으로 중세 문명의 한 권역을 형성했다.도 10-3 일드프랑스는 파리를 초점으로 삼아 그 주변을 한 바퀴 돌아가며 '샤르트르Chartres – 랭스Reims – 아미앵Amiens – 랑Laon – 누아용

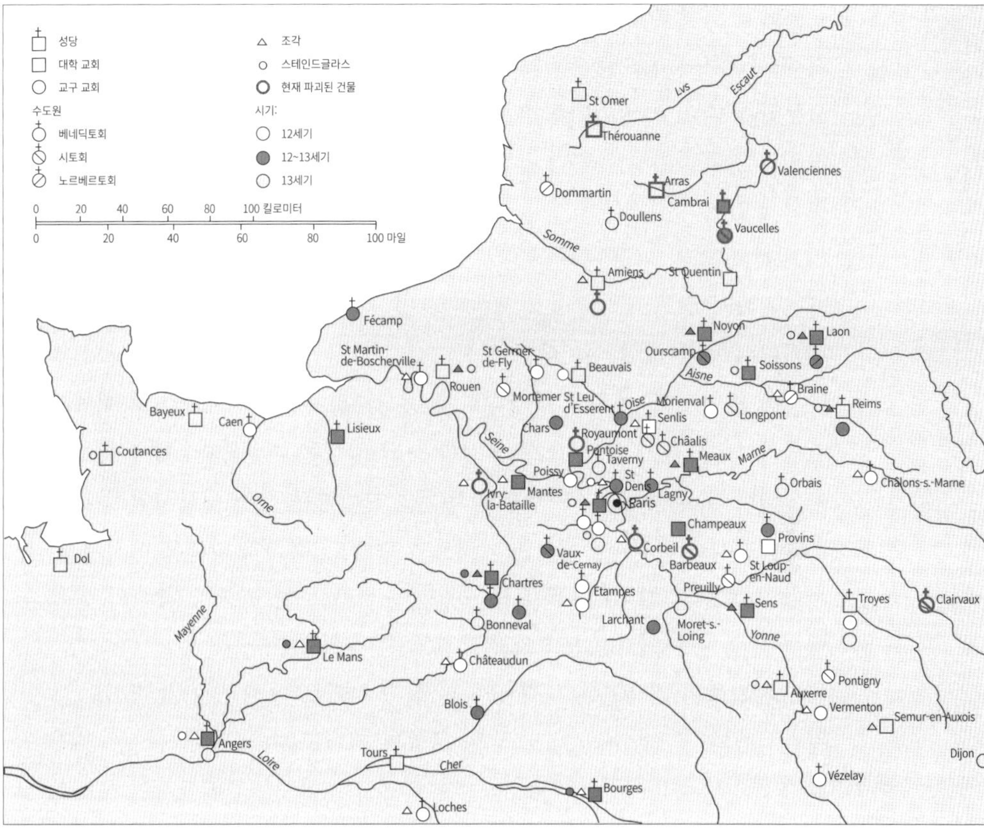

10-3. 고딕 시대 일드프랑스 중심의 프랑스-파리 예술 현황

Noyon－생드니Saint-Denis' 등 십 수 개의 쟁쟁한 중세 기독교 도시들이 반지처럼 감싸는 지역이었다. 앞의 경제 교역로와는 별개로 독자적인 문명을 이룬 권역이었으며, 기독교 신학, 고딕 건축, 수도원 문화, 학문과 예술, 기독교 신학 등 모든 면에서 찬란한 중세 문명을 일궜다. 규모와 사회의 번영도 등을 기준으로 볼 때 프랑스를 대표하는 가장 큰 문명권으로, 유럽 전체에서도 빠지지 않는 대표적인 문명권 가운데 하나였다.

이런 일드프랑스는 전형적인 도시 문명이었으며 파리가 그 중심에 있었다. 이처럼 종합형 도시 파리는 주변 여러 도시를 지원해서 역량의 총합을 집대성함으로써 파리 권역의 중세 메트로폴리스 문명을 일구었다. 파리 권역은 중세 유럽에서 개방적이며 앞선 도시 문명을 이끌고 있었다.

남유럽의 이탈리아가 토스카나와 베네토 등에서 볼 수 있듯이 중소 규모의 도시국가 중심으로 은밀하고 폐쇄적이며 아기자기한 축소 지향의 도시문화를 즐기고 있었다면, 알프스 북쪽에서는 이미 중세부터 국제화된 경쟁과 합종연횡의 논리가 주도하는 시대에 돌입하고 있었다. 파리는 그 중심에 있었다.

넷째, 파리가 일군 구체적인 문명은 매우 다양했다. 무엇보다 수도원과 파리대학이 손잡고 기독교와 철학 등 정신사상 분야를 꽃피웠다. 12~13세기의 중세 르네상스를 이끈 중심도시답게 파리 시내에는 여러 곳의 수도원이 있었으며, 여기에 파리대학을 중심으로 한 여러 대학이 가세해서 스콜라 신학, 자연 신학, 스콜라 철학 등의 사상을 이끌었다. 세속 문화도 융성해서 도시 축제, 왕과 제후의 무훈을 찬미하는 장편 서사시인 무훈시武勳詩, 전쟁과 군사문화에서의 기사도와 명예도, 귀족과 왕족을 대하는 기사들의 풍류 예절, 예술과 고급문화를 중심으로 한 귀족과 왕실의 형식 예절, 일반 시민의 가족문화와 결혼제도 등이 발달했다.

도시건축은 기독교 사상과 세속 문화가 하나로 합해진 중세 파리의 결정판이었다. 수십 채의 크고 작은 교회를 지었고 여기에 부착하는 조각과 스테인드글라스 등 기독교 미술도 함께 융성했다. 그 대표작인 노트르담 대성당은 일드프랑스의 다른 도시에서 완성된 세 가지 중세다움인 샤르트르의 순수한 종교성, 랭스의 십자군다운 속성, 아미앵의 우화적 속성 등이 하나로 종합화한 혼성 건축의 최고봉이었다. 이때 형성된 종합화 경향은 몇 세기 뒤인 16~17세기에 건축 양식의 종류를 바꿔 '로마-그리스-바로크'의 세 가지 고전주의의 혼성과 종합화로 이어지며 파리 도시건축의 전통으로 자리 잡게 된다. 다시 시간의 끈을 늘려 18세기 계몽주의와 19세기 보혁保革 구도, 나아가 20세기 현대건축에서도 시대의 버전을 달리하며 계속 반복해서 현재와 같은 파리가 탄생하게 되었다.

11장

중세 파리의 도시건축

네 구역에 포진했던 다양한 건물들

중세 파리의 건축 개괄

신분제 국가의 종합형 수도

그렇다면 중세 파리의 도시건축은 실제로 어땠을까? 현재 파리에 블록이나 가로 단위의 중세 흔적은 남아 있지 않다. 파리에서 가장 오래된 가로는 18세기 말 프랑스대혁명의 역사가 서려 있는 한 토막 정도일 것이다. 어떤 면에서는 이 점에서 파리가 로마에 못 미친다고 볼 수 있다. 오래된 구역의 블록이나 가로 단위조차도 보존하지 못했다는 뜻이다.

개별 건물로 들어가면 상황은 달라진다. 일정 수의 중세 건물이 남아 유럽 전체로 봐도 수도 급 대도시치고는 가장 많은 중세 유적을 보유하는 것으로 볼 수 있다. 특히 다양성의 측면에서 성당, 교회, 왕궁, 감옥, 저택 등 기독교 건축과 비기독교 건축을 골고루 갖춘 점이 파리만의 강점이라 할 수 있다. 현재 남아 있는 이 정도의 건물 종류만으로도 대표적인 종합형 도시였던 중세 파리의 면모를 파악할 수 있다.

대부분이 공공건물이어서 큰 규모에 일정한 수준 이상의 품격도 갖춘 주요 작품들이다. 오랜 기간 관리해온 덕에 보존 상태도 좋은 편이다. 이런 중세 건물들은 19세기의 오스만 재개발 이후 청년 도시로 확 젊어진 파리에 각별하게 중요하다. 파리의 중세 영광을 증명하는 기록물인 동시에 묵직한 역사성을 부여하는 주역이다. 이를테면 로마의 포로 로마노Foro Romano와 콜로세움Colosseum 혹은 서울의 '경복궁–창덕궁–종묘' 등에 비유할 수 있다. 이런 개별 건물을 씨앗 삼아 중세 파리의 도시구조를 재구성해보자.

개별 건물부터 살펴보면, 파리는 중세 유럽에 지어지던 주요 시설을 골고루 잘 갖추었다. 무엇보다 당시 유럽의 보편적 사회 구조인 '신분제 국가Ständestaat · society of orders'를 선도하는 도시 가운데 하나였다. 크게 '왕족–귀족 관료–성직자–자유 상공인–교수–예술 장인' 등으로 구성되는 신분 체제를 유지했다. 이에 따라 각 신분 계급에 필요한 기능 유형(건물 종류)이 발전했다. 이런 다양성은 종합형 도시라는 개념을 '신분 체계'의 관점에서 바라본 것이다. 종합형 도시를 구성하는 다양한 종류의 건물들이 신분제 국가의 결과물인 동시에 신분제 국가를 받치는 토대였다. 이는 다시 성직자들을 위한 기독교 건축과 나머지 모두를 합한 비기독교 건축으로 나눌 수 있다. 비기독교 건축과 기독교 건축의 순서대로 살펴보자.

먼저 왕족이다. 프랑스 왕실은 의외로 파리가 아닌 다른 도시에 머무는 게 오랜 전통이었다. 하지만 수도를 비워둘 수는 없어서 파리 시내에도 당연히 왕궁을 두었다. 중세에는 시테궁과 루브르궁 두 곳이 있었다. 시테궁Palais de la Cité은 파리 최초의 왕궁으로 현재까지 원래 모습을 잘 보존하면서 파리 중세 건축에서 가장 중요한 비기독교 건물로 남아 있다. 현재는 콩시에르주리Conciergerie와 최고재판소Palais de Justice라는 이름으로 불리며 파리고등법원이 사용하고 있다.

루브르궁Palais du Louvre도 중세 때 성채형 왕궁으로 시작했는데, 현재 1190년경의 터가 발굴되어 있다. 샤를 5세(재위 1364~1380년) 때부터 증·개축해서 정식 왕궁으로 사용했으며, 이에 따라 시테궁은 파리고등법원 단독 건물로 용도가 변경되었다. 루브르궁은 프랑스대혁명 때에 루브르 박물관으로 바뀌어서 현재에 이른다.

다음으로 귀족과 관료는 유력 가문의 도시 저택인 오텔hôtel을 본거지로 삼았다. 현재 오텔 드 상스Hôtel de Sens와 오텔 에루에Hôtel Hérouet 등 일부가 남아 있다. 자유 상공인은 길드를 조직해서 단체로 활동했는데, 1268년에 파리에만 100개 이상의 길드가 있었다. 교수는 좌안 라탱 지구의 크고 작은 건물에 나뉘어 분포된 대학을 본거지로 삼았다. 그 중심이었던 파리대학(지금의 소르본대학)을 필두로 대학 이름과 체제는 이어지지만, 중세 때의 대학 건물은 남아 있지 않다. 예술 장인은 별도의 건물 종류를 갖기보다는 각자 상황에 맞춰 왕실, 수도원, 길드, 대학 등에 분산해서 소속되었다. 이런 소속도 고정된 게 아니어서 일거리를 따라 이곳저곳으로 옮겨 다니는 경우가 대부분이었다.

다음은 기독교 건축이다. 모든 중세 유럽 도시가 그렇듯이 파리 역시 성직자들의 활동 공간이던 기독교 건축이 압도적으로 많다. 크게 성당·교회와 수도원으로 나눌 수 있는데, 성당·교회는 상당수가 남아 있는 데 반해 수도원은 대부분 사라졌다. 성당과 교회는 고고학 차원까지 자세히 들어가지 않고 현재 눈으로 건축 양식을 파악할 수 있을 정도의 실체로 남아 있는 건물만도 어림잡아 십 수 채는 된다. 프랑스국립과학연구소CNRS: Centre national de la recherche scientifique와 건축문화유산관리청La direction générale des Patrimoines et de l'Architecture이 합동으로 조사·정리한 파리의 건축문화유산 목록을 보면 이 숫자는 두 배가량으로 늘어난다. 일드프랑스 지역도 함께 조사했는데, 이 가운데 사실상 파리에 속하는 것으로 볼 수 있는 예까지 더하면 더 늘어날 것이다.

대표적인 예를 보면, 우선 대성당으로 파리를 대표하는 노트르담 대성당Cathédrale Notre-Dame이 있다. 이와 쌍벽을 이루는 생트샤펠Sainte-Chapelle은 가톨릭의 교회 건축 등급 분류에 의하면 처음에는 교구 교회parish church로 지어졌으며, 복원 작업을 마친 뒤 1862년에 교회 등급으로 승격되었다. 하지만 파리에서 차지하는 역사적 중요성, 문화적 무게감, 스테인드글라스의 예술성 등을 기준으로 보면 노트르담과 어깨를 나란히 하며, 이런 의미에서 상징적으로 '명예 대성당', 즉 대성당 등급이라 부를 만하다.

다음으로 성당 등급으로는 생테티엔뒤몽Saint-Étienne-du-Mont이 있으며, 교회 등급으로는 생제르맹데프레Saint Germain-des-Prés, 생으스타슈Saint

Eustache, 생세브랭Saint-Séverin, 생제르맹록세루아Saint Germain-L'Auxerrois 등이 있다. 이상의 여러 성당·교회와 함께 수도회의 활동도 활발했고, 이들의 본거지인 크고 작은 수도원도 여러 곳 있었다.

이 밖에 파리 북쪽으로 11 킬로미터 떨어진 생드니 수도원Abbaye Saint-Denis도 보통 파리의 도시건축을 얘기할 때 포함한다. 이곳의 본당 교회는 5세기에 바실리카basilica 등급으로 시작한 뒤 카롤링거 왕조 때인 8세기에 교회 등급으로 승격했으며, 최종적으로 1966년에 센-생드니 성당Cathedrale de Seine-Saint-Denis으로 한 번 승격해서 현재에 이른다. 본당 교회는 수도원 전체와 함께 프랑스대혁명 때 크게 파괴되었는데, 수도원은 사실상 사라졌고 본당 교회만 복원 등을 거쳐 현재도 남아 있다.

수도원의 도시 파리

포부르를 정비하면서 파리의 확장을 주도하다

이상의 여러 시설 가운데 교회와 왕궁에 대해서는 뒤에서 별도로 살펴보겠다. 오텔은 나의 저서 『유럽의 주택』과 『임석재 서양 건축사 4: 인간과 인간』 등에서 자세히 다루었으므로 생략하고, 길드홀은 현재 남아 있는 것이 하나도 없고 사료도 부족한 편이어서 역시 생략하겠다. 여기에서는 수도원과 대학에 대해서 살펴보자.

수도원은 수도회 소속 수도승들이 집단으로 거주하며 신앙생활을 영위하던 복합단지였다. 중세 유럽에는 크고 작은 다양한 수도회가 있었다. 이를 나누는 기준도 여럿일 텐데, 널리 알려진 대표적인 수도회는 보통 세 갈래로 잡는다. 첫째, 베네딕트파다. 이는 서방 수도회의 문을 연 베네딕트 수도회Benedictines를 비롯하여 여기에서 갈라져 나온 클뤼니 수도회Cluniacs, 시토 수도회Cistercians, 카르투지오 수도회Carthusians 등이 대표적이었다. 둘째, 기사 수도회Orders of Knights로 성전 기사단Knights of Templar, 병원 기사단Hospitallers · Knights of Saint John, 튜턴 기사단Teutonic Knights 등이 속했다. 셋째, 탁발 수도회mendicants로 도미니크 수도회Dominicans, 프란시스 수도회Franciscans, 예수회Jesuits 등이 대표적이었다. 이외에도 군소 수도회인 아우구스티누스 수도회Augustinians와 독립파 등이 더 있었다.

중세 파리에서는 이 가운데 탁발 수도회와 베네딕트 수도회의 두 파를 중심으로 많은 수의 다양한 수도회가 번성했다. 이에 따라 수도원도 곳곳에 지어졌다. 중세 파리의 성내 면적은 상당히 좁아서 수도원은 모두 당시 외곽에 포진했지만, 이곳도 사실상 파리 생활권에 속했으며 이렇게 보면 중세 파리는 의외로 '수도원의 도시'인 셈이었다. 지금은 모두 사라졌지만, 중세 파리에는 수도원이 넘쳐났다.

대표적인 수도회를 보면, 우선 도미니크 수도회와 프란시스 수도회는 탁발 수도회로 유럽 전역에서 융성했는데 파리도 그중 하나였다. 도미니크회 계열인 자코뱅파Jacobins와 프란시스회 계열인 코르들리에파Cordeliers(띠띤 수도회)가 대표적이었다. 이와 함께 프랑스에서 태동해 베네딕트 수도회를 따랐던 시토 수도회와 카르투지오 수도회도 번성했다. 셀레스틴 수도회Célestines도 베네딕트회 계열인데 프랑스가 아닌 이탈리아에서 설립되었다. 이런 두 대형 수도회 계열 이외에도 피렌체에서 설립된 독자적인 수도회인 성모의 종 수녀회Ordo Servorum Mariae(영어로 'Servite Order')와 이스라엘의 카르멜산에서 설립된 카르멜 수도회Carmelites도 파리에 정착해 활발한 활동을 벌였다.

서방 가톨릭에서 수도회는 물론 교황청의 인가를 받아야 설립될 수 있었다. 하지만 자신들만의 영역 내에서 수도를 겸한 별도의 집단생활을 하는 점이 성당이나 교회 등 일반적인 기독교 건물을 중심으로 활동하던 보편적인 가톨릭과 다른 특별 조직 같은 특징이었다. 이런 배경 때문에 여러 수도회가 유럽의 중세 도시로 확산하며 진출했을 때 각 도시의 도심부는 이미 성당과 교회 등 표준 기독교 시설들이 차지하고 있었다.

파리도 마찬가지여서 이들은 성내로 진출하지 못하고 대체로 필리프 2세가 세운 성곽 밖의 포부르 지역에 자리를 잡았다. 이미 6세기에 생제르맹데프레 수도원이 본당 교회를 지었지만, 이때부터 시테섬 안으로 들어오지 못하고 성 밖에 자리를 잡았으며 이 일대는 수도원 이름을 딴 포부르 생제르맹데프레가 되었다. 이후 파리에 진출한 앞과 같은 여러 수도회는 더 바깥으로 자리 잡을 수밖에 없었다. 반대로 이것이 더 유리할 수도 있었는데, 수도회에 필요한 계층은 대부분 포부르나 그 바깥 지역에 살고 있었기 때문이다.

이런 배경 아래 파리에는 13세기 초 여러 수도회가 정착했다. 그 장소는 대체로 1200년경 세운 필리프 2세 성곽 외곽의, 입지 조건이 불리해서 남아 있던 빈 땅들이었다. 좌안에서는 도미니크 수도회의 자코뱅파와 프란시스 수도회의 코르들리에파가 생자크가Rue Saint-Jacques를 따라 성곽 경계선에 자리 잡았다. 우안에서는 성모의 종 수녀회가 레알이 있던 상업 신도시 생자크드라부셰리의 바깥 경계선에 자리 잡았다. 카르멜 수도회는 여기에서 더 동쪽 밖으로 나가 생폴 성곽 밖의 포부르에 자리 잡았다. 나중에는 그 동쪽 밖인 바스티유 광장에까지 셀레스틴 수도원이 들어왔다.

이런 여러 수도원은 이후 오랜 기간에 걸쳐 파리가 현대화하고 확장하면서 현재 사실상 하나도 남아 있지 않다. 특히 16~17세기 초기 근대 때 증가한 인구를 수용하기 위한 택지 개발 사업 때에 많이 매각되기도 했다. 현재는 생제르맹데프레 수도원을 비롯한 몇 곳의 본당 교회만 개별 건물로 남아 있다. 그러나 중세에는 수도원이 들어오면서 파리 전역이 정비되는 부수 효과가 컸다. 특히 그전까지 낙후되어 어수선하게 남아 있던 포부르가 정비되었다. 12~13세기 유럽은 중세가 무르익던 전성기로서, 파리를 비롯한 주요 도시들의 도심은 왕궁, 공공기관, 성당, 교회, 광장 등을 중심으로 질서를 잡아가고 있었다. 그러나 교외 지역은 아직 혼란과 무질서가 남아 있었는데, 수도회가 정착하면서 지역 안정과 발전에 크게 공헌했다. 이후 13세기 중후반부터 교외를 흡수하며 도심이 확장하는 밑거름이 되었다.

파리대학

중세 르네상스와 스콜라 신학을 이끈 지성의 산실

다음은 대학이다. 필리프 2세 때인 1215년에 파리대학(지금의 소르본대학)이 로마 교황청의 인가를 획득하며 설립되었다. 옥스퍼드Oxford(영국), 살라망카Salamanca(스페인), 볼로냐Bologna(이탈리아), 파리 등 주요 국가마다 각자 자기가 유럽 최초의 대학이라고 주장한다. 하지만 대학이라는 특성상 소수의 학생만으로도 운영될 수 있었기 때문에 유럽 최초의 대학이라는 기록에 대해서는 사실 정확한 기준을 세우기가 쉽지 않다. 이 때문에 보통은 1250년을 분기점으로 삼아 그 이전에 설립된 대학들을 '유럽 최초의 대학들'로 묶기도 한다. 이탈리아에서는 볼로냐와 함께 파도바Padova가, 프랑스에서는 파리와 함께 툴루즈와 앙제Anger가 대학 설립을 선도한 도시들이었다.

중세 때 고등교육은 신학을 필두로 고대법(로마법), 철학, 문학, 라틴어, 자연과학 등이 주요 분야였다. 대학이 설립되기 전 중세 초기에는 수도원이 학문과 교육의 중심지였다. 주로 베네딕트 수도회 계열의 수도원에서 수도승이 교육을 맡았다. 이어 12세기 중세 전성기에 국가와 도시가 양적·질적 성장기에 돌입하면서 공공·민간 양쪽에서 전문화된 법관, 변호사, 필경사, 공증인 등의 수요가 폭발적으로 증가했다. 수도원만으로 이 수요를 감당할 수 없게 되자 이들을 길러내는 대형 대학이 앞과 같은 각국의 도시들을 중심으로 설립되었다. 뒤이어 13세기 중반부터 유럽 전역의 여러 도시에 중소형 대학들이 계속 설립되어나갔다.

파리대학은 여러 독립 단과대학의 연합체 성격으로 조직·운영되었다. 부지는 좌안 5구의 생트주느비에브 언덕과 6구의 생제르맹데프레 수도원 사이에 걸쳐 있었다. 설립 당시 이곳은 성내가 아니었고 뷔시 성문Porte de Bussy 밖의 포부르였다. 파리대학이 들어오면서 이 일대는 라탱, '학자들의 동네Prés aux Clercs'(영어로 'Scholar's Field'), '대학 지구Quartier des Écoles'(영어로 'Quarter of the Schools') 등 여러 이름으로 불렸으며, 좀 더 직설적으로 그냥 '대학'이라고 불리기도 했다.

이 가운데 라탱이 지금도 이 지역을 부르는 이름으로 사용되고 있다. 이 일대가 라틴어를 이른바 '링구아 프랑카lingua franca'로 사용한다는 데서 유래한 이름이다. 링구아 프랑카란 '서로 다른 모어를 사용하는 화자들이 의사소통을 위해 공통어로 사용하는 제3의 언어'라는 뜻이다. 당시 파리대학에는 프랑스인뿐 아니라 유럽 전역, 심지어 이슬람권에서까지 유학을 왔기 때문에 지금의 영어처럼 라틴어를 공통어로 사용했다. 이 일대에는 지금의 대학촌 같은 유흥 상업지역도 함께 형성되어 있어서 학생들은 식사와 놀이 문화도 이곳에서 함께 해결했다. 이 장소는 지금까지 이어져 소르본대학을 중심으로 크고 작은 여러 대학이 밀집한 파리의 대표적인 대학촌이 되었다.

파리대학의 설립은 여러 면에서 파리의 발전을 이끌었다. 1300년경의 파리는 서방 가톨릭권에서 가장 큰 도시였다. 대학이 설립되면서 수도원 학교와 연합해 학문과 교육을 주도했으며, 왕실과 기독교가 힘을 합해 적극적으로 후원했다. 이후 대학은 점차 수도원 학교와 분리되어 세속 학문을 번창시키며 중세 르네상스의 중심이 되었다. 대학은 거꾸로 신학에 대해서도 아리스토텔레스의 철학적 방법론으로 체계화하거나 자연과학과 손잡은 자연 신학을 창시하는 등 새로운 바람을 불러일으켰다. 이런 흐름은 스콜라 철학의 전성기를 이끌었다. 당시 유럽 전역의 주요 도시들에 여러 경쟁 대학이 있었는데, 파리는 가장 선두권에 속했다.

시칠리아에서 태어난 이탈리아인으로 중세의 대표적인 신학자였던 토마스 아퀴나스Thomas Aquinas(1225년경~1274년)조차도 13세기 중반에는 파리대학에 유학 온 뒤 이곳에 남아 연구 활동을 하며 중세 최고의 신학자 자리에 올랐다. 그는 이탈리아의 베네딕트 수도회와 도미니크 수도회에서 신학자로 이력을 시작했지만, 당시 이탈리아 가톨릭은 전통 속에 갇혀 권력화되어서 새로운 학문의 흐름으로부터 멀어지고 있었다. 이에 1245년 파리대학으로 유학을 와 연구에 전념해서 스콜라 신학과 자연 신학 분야의 최고봉이 되면서 '토마스주의'라는 자신만의 정신세계를 구축했다. 그는 볼로냐나 파도바 등 이탈리아에도 훌륭한 대학들이 있었음에도 일찍부터 파리대학을 그리워하고 있었다. 파리에 처음 도착했을 때부터 그는 줄곧 이런 파리에 대해 '정신적인 삶에 최상의 도시'라고 칭송했다.

중세 파리의 네 구역

시테섬, 좌안, 우안, 포부르

이상이 개별 건물 중심으로 살펴본 파리 건축의 개괄이었다. 다시 이를 바탕으로 중세 파리의 도시 모습을 추측해볼 수 있다. 크게 네 구역으로 구성된다.

첫째, 시테섬이다. 시테섬은 아마도 현재 파리에서 중세의 흔적이 가장 많이 남아 있는 지역일 것이다. 동쪽에 콩시에르주리와 파리고등법원이 포진하고, 중앙에 생트샤펠이 있으며, 서쪽에 노트르담 대성당이 있다. 생트샤펠을 중심으로 서쪽의 기독교 건축과 동쪽의 비기독교 건축이 균형을 이루며 각자의 영역을 차지한 형국이다. 기능으로 봐도 노트르담은 파리를 대표하는 대성당이고 콩시에르주리는 파리 최초의 왕궁으로 시작한 건물이니 파리의 심장을 종교 권력과 정치 권력이 양분했다. 마침 생트샤펠이 왕실 전용 예배당이어서 기독교와 세속의 양대 성격을 모두 가지는 동시에 중앙에서 중심을 잡는 역할에 잘 어울린다.

둘째, 센강과 접한 남쪽 기슭의 좌안은 중세 때에는 대체로 기독교 구역이었다고 할 수 있다. 이는 기독교가 남쪽에서 올라왔기 때문이다. 포부르 생제르맹데프레와 생트주느비에브 언덕으로 이루어진 라탱Latin 지구가 핵심부였다. 이름에서 알 수 있듯이 파리의 종교적·정신적 지주였던 두 성인의 기독교 활동과 함께 형성되어 성장한 지역이며, 지금까지도 두 성인의 활동 흔적이 도시의 중심 골격을 이룬다. 이에 따라 생제르맹데프레 교회를 필두로 생테티엔뒤몽Saint-Étienne-du-Mont과 생세브랭Saint-Séverin 등의 중세 교회들이 라탱 지구에 함께 지어져 남아 있다.

생트주느비에브Sainte-Geneviève 교회 역시 중세 때 처음 지어졌다가 18세기에 '파리 팡테옹Paris Panthéon'이라는 이름으로 다시 지어져 현재에 이른다.도 11-1 한편 좌안에도 모베르 광장Place Maubert에 별도의 시장이 있었다. 위치는 소르본대학과 시테섬의 중간 정도였는데 큰 규모는 아니었다.

셋째, 센강의 북쪽 기슭인 우안右岸·right bank은 중세에는 대체로 비기

11-1. 작가 미상의 1640~1645년경 제작된 <파리를 내려다보는 말 탄 페팽 데제사르의 초상Vue cavalière de Paris avec le portrait équestre de Pépin des Essarts> 부분. 아래 중간이 생트주느비에브 교회, 위 왼쪽이 노트르담 대성당, 그 오른쪽이 생루이섬이다.

독교 건축 지역이었다. 이런 점에서 시테섬을 중심으로 좌안의 기독교 구역과 대칭을 이룬다고 볼 수 있다.도 11-2 영역별로 구획되는 이런 대칭은 앞에서 본 것과 같이 시테섬 내에 작은 규모로 먼저 있었으며, 다시 파리 전체로 확장되어 시테섬 양안에도 형성되었다. 우안 지역 자체는 세 구역으로 한 번 더 나눌 수 있다.

시테섬과 생루이섬의 중간 정도에 해당하는 중앙부에는 장 2세(재위 1350~1364년) 때인 1357년에 지어진 오텔 드 빌Hôtel de Ville(파리 시청사)이 있었다. 서쪽에는 파리의 또 다른 건물인 루브르궁이, 그 동북쪽 모서리에는 파리 중앙시장인 레알Les Halles이 붙어 있었다. 동쪽은 마레Marais 지구로 오텔 드 상스가 중심 건물이었는데, 이후 초기 근대 때 그 주변으로 주요 오텔들이 추가로 지어지면서 이 일대는 파리의 대표적인 오텔 지역이 된다. 현재 지하철 1호선 생폴역Saint-Paul 일대다.

이 가운데 파리 시청사는 르네상스~바로크 시기인 1533~1628년에 르네상스 양식으로 다시 지어졌다가 1871년 파리코뮌Paris Commune 사태

11-2. 작가 미상의 중세 파리 전경 그림. 맨 앞이 좌안의 생제르맹데프레 수도원이고 강 건너 왼쪽이 루브르 성채다.

때 파괴되었다. 현재 남아 있는 건물은 1882~1892년에 원 건물의 디자인을 유지하면서 르네상스 리바이벌 양식으로 확장 복원한 것이다. 레알은 루이 6세(재위 1108~1137년)의 마지막 해에 지어졌다. 당시에는 '샹포champeaux(영어로 'fields', 들판)'라 불리던 성 밖 교외 지역이었는데, 교외에 지어진 이유는 루브르가 성채형 왕궁으로 성곽을 끼고 처음 지어졌기 때문이다.

원래는 성내에 그레브 광장Place de Grève이라는 시장이 있었다. 현재의 시청 광장인데, 배가 들어오는 센강과 접한 좋은 입지여서 시청사가 지어지기 전부터 자연스럽게 시장이 먼저 형성되어 있었다.도 11-3 이후 주변에 건물이 계속 세워지고 연결 다리도 포화에 이르자 성 밖에 일종의 상업 신도시인 생자크드라부셰리Saint-Jacques-de-la-Boucherie라는 새로운 상업지역이 건설되었다. 이 이름은 이곳에 지어졌던 교회 이름이기도 한데, 지금은 센강 쪽에 붙어서 생자크 탑만 남아 있다. 레알은 이 지역의 중심, 곧 현재의 위치에 파리 전체의 중앙시장으로 지어졌다. 인구와 물동량이 계속 증가하자 생드니가Rue Saint-Denis로 이어지는 다리를 센강에 하나 더 놓았다. 그 결과 시테섬에서 루브르궁 동쪽 끝을 지나 북쪽으로 이어지는 새로운 남북축이 탄생하게 되었다. 이어 12세기를 거치며 파리가 커지자 1189~1190년에 필리프 2세 성곽을 지어 확장하면서 레알을 성내로 편입시켰다. 시장을 이루는 광장은 깔때기 형태이며, 중앙시장이라는 규모와 중요성에 걸맞게 이미 중세 때부터 사방팔방에서 도로가 합류해 들어오는 구조였을 것으로 보인다.

넷째, 성곽과 그 바깥의 포부르Faubourg 구역이다. 성곽은 전쟁이 잦던 중세에 도시를 방어하는 중요한 군사 시설이었다. 외관은 도시의 물리력을 과시하는 상징성이 컸다. 파리는 중세까지 성내 면적이 작았다. 성곽 자체가 도시 전체를 돌아가며 에워싸는 큰 공사인 데다 방어의 효율을 위

11-3. 파리 시청사와 그레브 광장 공중 전경

해서도 성곽 길이는 짧을수록 유리했기 때문이다. 이렇다 보니 도시의 모든 기능이 성내로 수용되지 못했고 일부는 성곽을 끼고 그 바깥 지역에 형성되었다. 농촌과 도시의 중간에 해당하는 이런 지역을 '포부르'라고 불렀으며, 이곳에서는 주로 성내에 살 형편이 안 되는 상공인들이 살았다. 혹은 도시의 세금과 길드 규칙 등을 피하려는 사람들이 자발적으로 포부르로 이주해 나오기도 했다. 한편 우안은 포부르 밖 북쪽의 몽마르트르 Montmartre 언덕이 자연 요새 역할을 했으며, 다시 더 북쪽에 생드니 수도원이 있었다.

중세 파리의 포부르에는 성내에 들어가기 힘든 공공시설이 많이 지어졌다. 구호시설, 병원, 묘지 등이 대표적이었다. 도시에는 우아한 종교시설, 화려한 궁전과 저택, 번듯하고 권위 있는 공공시설만 필요한 게 아니었다. 빈자를 위한 구호시설과 병자를 위한 병원, 망자를 위한 묘지 등도 꼭 필요한 시설이었다. 이 가운데 묘지는 이미 고대부터 도시의 중요한 시설 가운데 하나였지만 구호시설과 병원은 파리가 상당히 앞서서 설치한 편에 속했다. 중세에는 수도 급의 대도시에서 가능했는데, 파리는 이를 앞장서서 이끈 선진도시였다.

사진으로 보는 중세 파리

과밀과 비위생의 문제

이상의 개별 건물이나 구역과 별도로 중세 파리를 담은 사진 기록도 남아 있다. 1852~1869년 사이에 진행한 오스만 재개발 때에 마침 당시 막 발명된 카메라로 찍어서 남긴 것이다. 물론 이 시기면 이미 중세에서 최소 300~400년, 길게는 천여 년이 흘렀을 때라 그동안 파리에 큰 변화가 없었을 것이라는 전제가 있어야 이 사진도 그나마 중세 모습에 가깝다고 할 수 있다. 그러나 이런 사진들은 파리에서 가장 오래된 중세 구역의 모습들을 많이 담고 있어서 실제 중세 때 파리의 모습을 일정 부분 보여준다고 해도 무방할 것이다. 중세 파리를 그린 그림의 장면과도 대체로 흡사하다. 이런 사진들을 통해 중세 파리의 전반적인 가로 모습과 도시경관을 파악할 수 있다.

크게 두 가지를 확인할 수 있다. 하나는 가로 사이사이에 포진했던 도시 주거의 유형으로, 유럽의 일반적인 중세 도시 주거인 '직주職住 겸용' 주택이나 다층 집합주택에 속했던 것으로 보인다. 다른 하나는 도로나 상하수도 같은 도시 전반의 상황이다. 생각보다 낭만적이지는 않아서 도로는 좁고 구불거리며 한눈에도 비위생적임을 알 수 있다. 13세기에 도로를 새로 내고 상하수도를 건설하기는 했으나 시대적 한계가 있어서 다른 유럽 도시와 마찬가지로 도시 전역에 배설물과 오물의 악취가 진동했을 것이다.

이런 두 사실을 합해서 봤을 때 유럽의 새로운 수도로 부상한 파리는 이미 중세부터 주거 부족과 과밀에 시달렸을 것으로 보인다. 우리가 생각하는 아기자기한 중세 유럽의 고도古都는 사실 1870년대까지 통일국가를 이루지 못하고 도시국가의 전통이 이어진 이탈리아와 독일에 많은 편이다. 프랑스에서도 중부 지방의 이른바 '로마네스크 벨트' 지역에 몰려 있다. 파리는 이미 중세부터 메트로폴리스를 이룬 종합형 도시인데다 프랑스의 수도로 시작해서 유럽의 수도로 확장해갔기 때문에 상당히 혼잡했다.

중세 파리의 도시 위생과 공중보건 등의 상황도 매우 열악했다. 음식물 쓰레기나 배설물 등의 오염물질은 강에 직접 버리거나 성 밖 빈터, 길가 등에 내다 버렸다. 오염물질은 사실상 관리가 전혀 안 되어서 비라도 와야 도시 대청소가 되었다. 강은 교통수단의 기능보다 하수도 기능이 더 중요할 정도였다. 1348~1349년에 유럽을 휩쓸었던 흑사병도 이런 비위생적인 도시 환경의 탓이 컸다. 이후에도 15~16세기 르네상스, 심지어 17세기 바로크까지 흑사병은 여전히 남아 있었으며 기타 여러 전염병이 오랜 기간 이어진 것도 같은 이유였다.

중세 파리가 일군 도시건축의 문화예술적 수준과 반대되는 의외의 상황이었다. 하지만 이는 파리만의 문제는 아니었고 전통 시대 전 세계 모든 도시의 공통적인 상황이었다. 이렇게 보면 앞에서 살펴본 찬란한 개별 건물과 이 같은 열악한 공중보건의 양면이 중세 파리의 실상이었다고 할 수 있다. 근대적 상하수도 시설은 대체로 산업혁명 이후 본격적으로 지어졌기 때문에 전통 시대 도시 위생의 관건은 물을 얼마나 구석구석까지 공급하느냐에 달렸다. 로마제국 시대에 일곱 개의 수도교를 세워서 하루에 100만 톤의 물을 공급했던 로마시는 이런 점에서 예외적으로 선진화된 도시였다.

파리는 이런 시설을 갖추지 못한 데다 센강으로 흘러드는 시내 개천의 숫자도 많지 않아서 도시 위생에서는 불리한 여건이었다. 이런 상황은 19세기 중반까지 이어져서 결국 1852~1869년에 오스만 재개발이라는 초대형 도시 개발 사업을 감행하게 된 배경 가운데 하나가 될 정도였다. 거꾸로 오스만 재개발 이후 파리는 세계 최고의 선진화된 상하수도 시설을 갖추게 되어서 현재까지도 불편 없이 사용하고 있다.

12장 노트르담 대성당 1

영욕의 중세 기록

프랑스 역사의 증언자

풍부한 문화 논제를 낳다

파리, 나아가 프랑스 건축의 1등 건물을 뽑는 대회가 열린다면 노트르담 대성당은 아마도 에펠탑과 함께 결승전을 치르게 될 것이다. 물론 여기서 '1등'이란 '가장 유명하고 대중적인'이라는 뜻이다. 다른 기준을 따른다면 사람마다 의견이 다를 수 있지만 적어도 '지명도와 대중성'이라는 기준을 따르는 경우 '노트르담-에펠탑'의 결승전 구도는 대체로 모두가 동의할 것이다.

조심스럽게 결승전 승자는 노트르담으로 예측해본다. 노트르담은 현재 남아 있는 건물을 기준으로 여러 내용을 종합했을 때 아마도 파리에서 가장 오래되었으면서 가장 중요하고 가장 유명한 건물일 것이다. 위치부터 그렇다. 서울 광화문에 해당하는 위치인 시테섬의 터줏대감으로 버티고 서 있다. 에펠탑의 경우 위치가 조금 외곽이라 간혹 도심에서 건물 위쪽으로 머리를 내민 모습을 볼 수도 있지만 제대로 보려면 따로 이동해야 한다. 하지만 노트르담은 도심을 걷다 보면 센강을 따라 여러 곳에서 자연스럽게 포착된다.

파리에 처음 갔을 때 아마도 가장 강렬한 인상으로 다가오는 건물일 것이다. 특히 센강 동쪽 건너 좌안에서 곤충이 다리를 땅에 박고 있는 것 같은 모습을 보면 '이곳이 파리구나'를 실감하게 해주는 주역이다.도 12-1 이어 시테섬으로 건너가 노트르담 광장 앞에서 건물 정면을 본 뒤 다시 실내로 들어가서 건축사와 미술사 책에 나오는 내용을 눈으로 확인하게 된다. 이쯤 되면 파리에 올 때마다 반드시 한 번은 들르는 곳이 된다.

역사는 어떨까? 노트르담은 수도 파리의 대성당이어서 프랑스 전체 역사와 함께한 거의 유일한 건물일 것이다. 여기에서 '전체 역사'라는 말이 중요하다. 기독교는 1924년 총선에서 좌파 연합의 승리 이후 정교분리가 헌법에 따라 완결되고 가톨릭이 현실 세력에서 사라지기 전까지 파리의 도시건축을 가장 포괄적으로 대표하는 단일 세력이었다. 그리고 노트르담 대성당은 그 총본산이었다. 프랑스에는 클뤼니 수도원, 랭스 성당, 루브르 궁, 베르사유 궁전, 에펠탑, 퐁피두 센터 등 스타 건물들이 많지만 모두 한

12-1. 노트르담 대성당. 센강 건너 좌안에서 바라본 동진東陣 전경. 1900년경 우편엽서 사진

시대에 국한된 면이 있다. 포괄성을 기반으로 한 역사적 대표성에서는 아마도 노트르담이 최고봉일 것이다.

그래서인지 노트르담과 관련된 내용은 매우 많다. 수도의 대성당인 만큼 단적으로 역대 왕들의 행적 하나만 봐도 노트르담을 배경 공간으로 한 내용이 많다. 이렇게 되면 노트르담의 역사는 곧 프랑스 전체의 역사의 압축판이 된다. 좀 더 구체적으로 관련 주제를 정리하면 '건물의 건축 역사－서양 건축사에서 건축적 의미－그림 성경의 대표선수－스테인드글라스 미술관－중세 프랑스의 국가 양식－파라다이스를 구현한 중세 이상 도시－피해갈 수 없는 흑역사－중세 이후 프랑스 역사의 증인－시공간을 장악한 파리의 심장－파리 내에서 도시공간적 의미' 등 최소한 열 가지를 기본적으로 살펴야 비로소 노트르담을 제대로 이해했다고 할 수 있을 것이다.

파생 논제가 열 개나 되는 만큼 연관 분야도 다양하다. 순수한 건축부터 도시, 미술, 가톨릭, 정치사, 문화사, 고고학 등이 있으며, 각 분야에서 진행한 연구도 많이 축적되어 있다. 재미있는 관점 하나만 소개하자면 노트르담을 바라보는 나라별 차이를 들 수 있다. 프랑스 자국에서는 당연히 자랑스러운 시각으로 바라본다. 다른 주요 나라들에서는 아마도 영어권이 가장 많이 기술했을 것이다. 미국과 영국이 다시 미묘한 차이를 보이는데, 미국에서 나온 자료들은 대체로 중립적인 데 반해 경쟁국 영국에서는 은근히 '흑역사'를 들춰내려 애쓰는 분위기가 느껴진다. 독일이나 이탈리아에서는 많이 언급하지 않는 편이다.

이상의 배경 아래 지금부터는 앞의 열 가지 관련 주제 가운데 지면 관계상 '건물의 건축 역사－파라다이스를 구현한 중세 이상 도시－피해갈 수 없는 흑역사－중세 이후 프랑스 역사의 증인' 등 주로 도시건축의 역사 및 정치문화사 등과 관련된 네 가지를 선별해서 살펴보자. 조각과 스테인드글라스는 미술사에 해당해서 다음 기회에 다룰 계획이다. '서양 건축사에서 건축적 의미'는 지난 2006년에 출간한 나의 책 『임석재 서양 건축사 3: 하늘과 인간』에서 다룬 바 있다. '중세 프랑스의 국가 양식'은 '국가 양식'이라는 건축사의 또 다른 중요한 주제를 다룰 때 살펴보겠다. '파리 내에서 도시공간적 의미'는 '광장'이라는 주제를 다룰 때 살펴볼 것이고, '시공간을 장악한 파리의 심장'은 도시의 역사성과 공간 구조 등을 다룰 때 살펴보겠다. 네 가지 선별 주제를 차례대로 보자.

건물의 건축 역사 1단계
고딕 최초로 플라잉 버트레스를 세우다

노트르담 대성당은 시테섬의 동쪽 끝에 위치한다.도 12-2 원래 이 자리에는 초기 기독교 시대인 4세기 중반부터 한 채나 두 채의 바실리카 교회, 그리고 세례당과 주교관 등으로 이루어진 기독교 복합시설이 있었다. 당시는 시테섬이 사실상 파리의 전부여서 기독교 시설도 이곳에 처음 지어진 것이다. 이어 메로빙거 왕조 때인 6세기 초에 크게 확장하면서 생테티

12-2. 시테섬 현재 전경

엔 성당Cathédral Saint-Étienne(메로빙거 성당)과 바실리카 노트르담Basilique Notre-Dame이 추가되었다. 두 건물은 거의 붙어 있었는데, 생테티엔 성당은 8세기경에 헐렸고 바실리카 노트르담이 성당의 지위를 물려받았다. 이때의 건물 상태가 19세기부터 시작된 발굴 작업에서 일부 드러났는데, 정면의 폭은 36미터였고 실내는 5랑식인 상당히 큰 규모였다.

이어 1160년에 다시 이 건물도 헐고 다시 짓기로 하면서 지금의 노트르담 대성당이 탄생하게 되었다. 두 단계로 나누어 진행했는데, 대체로 프랑스 중세 전성기를 이끈 카페 왕조의 두 왕 필리프 2세와 루이 9세가 주도했다. 이런 점에서 건물의 대표성과 왕조사의 대표성이 일치하는 좋은 예로 볼 수 있다.

1단계 공사는 1163~1208년 사이에 있었다. 건축사에서는 초기~전성기 고딕에 해당하고, 왕조사에서는 루이 7세(재위 1137~1180년)의 후반부에 착공해서 필리프 2세(재위 1180~1223년)의 한중간에 준공했다. 이 사업을 시작한 건 모리스 드 쉴리 주교Bishop Maurice de Sully(12세기 초~1196년)였다. 그는 1160년부터 사망하던 1196년까지 파리의 주교였는데, 부임하자마자 대성당부터 번듯하게 다시 지어야 한다고 생각하고 오늘날의 노트르담 대성당을 탄생시키는 대역사의 첫 삽을 떠 초반부 공사를 주도했다. 이후 오랜 기간에 걸쳐 여러 번의 공사 단계를 거쳐 준공했다.

1단계 공사 내에서도 다시 '실내-외관'으로 나누어 진행했다. 실내는 1163~1208년의 45년에 걸쳐 지어졌다. 공사 순서는 '슈베chevet(성당의 동쪽 성직자 영역)-네이브nave(신도석의 중앙 넓은 홀)-트랜셉트transept(십자가 형태의 평면에서 양옆으로 팔처럼 돌출한 부분)'였다. 중세 성당 실내의 공사 순서가 보통 '네이브-트랜셉트-슈베'인 것과 달리 특이했다. 슈베를 먼저 지은 건데, 이는 일반 미사보다 성직자 미사를 먼저 올리기 시작했다는 뜻일 수 있다. 아마도 수도 파리의 대성당이어서 핵심 성직자들 중심의 미사 공간이 더 급했던 것으로 보인다. 당시 파리에는 이미 다른 교회도 여럿 지어져 있어서 일반 신도는 우선 다른 곳들에서 미사를 드리도록 했을 것이다.

성가대석이 있는 슈베의 공사는 1163~1177/1182년에 있었고, 1182년에는 교황 특사가 주 제단high altar(여러 개의 제단 가운데 성당 중심에 위치하는 가장 중요한 제단)의 봉헌식을 주재하면서 준공했다. 이어 몸통이라 할 수 있는 네이브가 1180~1208년에, 마지막으로 트랜셉트가 1197~1208년에 준공했다. 연달아 착공한 뒤 준공 연도를 맞춘 건데, 이 마무리 공사는 모리스 드 쉴리 주교의 뒤를 이어 에우데스 드 쉴리 주교Bishop Eudes de Sully(재임 1197~1208년)가 담당했다. 아마도 자신의 임기 내에 마치기 위해서 노력했던 것으로 보인다.

12-3. 노트르담 대성당 플라잉 버트레스. 1180~1185년

다음으로 외관이다. 실내가 만들어지기 위해서는 구조체를 세워야 해서, 이상과 같은 실내의 공사 순서와 1163~1208년이라는 연도는 일단 외관에도 똑같이 해당한다. 더하여 따로 외관에 해당하는 부분이 있었는데, 플라잉 버트레스와 정면이었다. 플라잉 버트레스flying buttress는 몸통에 해당하는 네이브 공사 초기인 1180~1185년 사이에 지어졌다.도 12-3 고딕 건축에서 핵심적인 구조 방식으로, 이와 관련하여 노트르담에 유럽 고딕 건축 최초의 플라잉 버트레스가 세워졌다는 주장이 통설로 받아들여지고 있다. 정면은 1208년에 네이브 볼트 천장을 마무리하면서 바로 공사를 시작해 1225년에 2층 갤러리 높이까지 올린 뒤 1245년에 첨탑과 함께 최종적으로 준공했다.도 12-4 이 공사는 대체로 루이 9세(재위 1226~1270년)의 전반부에 있었다. 이상의 외관 공사 때 '그림 성경'이라 불리는 외부의 수많은 조각상과 돌을새김이 설치되었다.

12-4. 노트르담 대성당 정면 전경

건물의 건축 역사 2단계

스테인드글라스로 스콜라 신학을 실현하다

2단계 공사는 다시 1220년대부터 1330년 사이에 있었다. 루이 9세가 착공해서 주요 부분을 진행했으며, 최종 준공은 발루아 왕조를 세운 필리프 4세(재위 1328~1350년) 때에 이루어졌다. 핵심 인물은 아무래도 주요 부분을 주도한 루이 9세일 것이다. 그는 왕 이전에 신앙심이 매우 돈독한 신자였는데, 아마도 할아버지 필리프 2세가 지어놓은 노트르담의 실내에 만족하지 못했던 것으로 보인다. 기독교 국가 프랑스의 수도에 지은 대성당인데 하늘의 영광을 드러내기에 부족하다고 느꼈을 수도 있다. 1단계의 외관 공사가 진행되던 때에 신앙심이 발동하면서 내친김에 실내에 2단계 공사까지 함께 진행한 것이다.

큰 방향은 천측창天側窓·clerestory(고딕 성당 실내에서 가장 높은 천장 쪽에 낸 크고 넓은 창) 면적을 늘려서 실내에 빛을 가득 차게 하는 것이었다. 이는 당시 전성기에 이른 스콜라 신학을 따른 것이다. 스콜라 신학은 신의 존재를 인간의 논리나 매개로 설명했는데, 높은 천측창에서 떨어지는 빛은 도상icon이라 불리는 기독교 성화와 함께 이를 대표했다. 이때 빛은 그저 빛으로 끝나지 않고 스테인드글라스를 설치하는 경우 '빛으로 그린 그림'을 만들어내게 된다. 이는 빛과 도상이 하나로 합해진 경우로 스콜라 신학을 가장 확실하게 뒷받침하는 인간 매개였다.

건축사에서는 후기 고딕에 해당한다. 마침 후기 고딕의 대표적 경향 가운데 하나가 스테인드글라스를 적극적으로 활용하는 것이었다. 노트르담 대성당의 경우 스테인드글라스는 앞 1단계 때에도 끼워졌지만 양이 충분하지 않았고, 무엇보다 아직 천측창이 충분히 크지 않아서 빛의 효과도 부족했다. 여기에 만족할 리 없는 루이 9세가 앞과 같은 목적으로 천측창을 늘리는 2단계 공사를 한 것이었다. 구체적으로 천측창을 아래로 늘려서 원형 창과 하나로 합했다. 이런 2단계에서 노트르담의 스테인드글라스는 완성에 이르며, 비로소 그 찬란한 예술성을 자랑할 수 있게 되었다. 이렇게 보면 2단계 공사는 스콜라 신학을 건축물로 실현한 게 된다. 오늘날 노트르담에서 감상하는 스테인드글라스는 대부분 이때의 작품들이다.도 12-5

외관에서는 양옆 아일aisle의 상층부를 보강했다. 실내 전체가 5랑식이어서 중앙의 네이브를 뺀 좌우 아일은 각 2랑식인데, 우선 2베이의 지붕부터 경사를 다르게 줘서 2겹 경사double slope로 처리했다. 그 위를 가로지르는 플라잉 버트레스는 이전에는 2베이의 아일에 맞춘 2겹 스팬double span이었는데 이걸 하나로 합해서 1겹 경사single slope로 단순화했다.

이상과 같은 2단계 공사는 구조 기술의 발전을 의미했는데, 이걸 이끈

12-5. 노트르담 대성당 트랜셉트 스테인드글라스

건 자신의 이름을 내건 건축가와 조각가들이었다. 이전까지 이름 없는 장인 예술가들이 성당 공사를 진행했던 것과는 달라진 변화였다. 노트르담에서는 장 드 셸르Jean de Chelles(생몰 연도 미상, 주요 활동기 1258~1265년)과 피에르 드 몽트뢰이Pierre de Montreuil(1200~1267년)가 대표적인 인물들이었다.

파라다이스를 구현한 중세 이상 도시
플라스 뒤 파르비스 노트르담

이상이 1163~1330년에 이르는 167년간의 공사 기록이었다. 1330년 이후부터 건물 자체에서는 유의미한 추가 공사나 변화는 없는 편이다. 그러나 이미 공사 과정 자체가 파리의 중요한 역사가 되었으며, 준공 이후에는 프랑스와 파리의 오랜 역사가 축적되었다. 이 내용은 두 단계로 나누어 볼 수 있다. 하나는 중세 당시에 노트르담 대성당이 파리 내에서 차지하던 미시역사다. '피해갈 수 없는 영욕의 역사'로 요약할 수 있는데, '영욕'이라는 말이 영광과 치욕을 합한 말이듯이 이 내용은 영광과 치욕으로 한 번 더 나눌 수 있다. 다른 하나는 시간을 늘려 파리와 프랑스의 전체 역사 속에서 노트르담에 축적된 거시역사로 '프랑스 역사의 증인'으로 요약할 수 있다. 차례대로 살펴보자.

먼저 영광의 역사다. 크게 보면 중세 파리에서 노트르담 대성당이 차지하던 위상 자체가 큰 영광이었을 것이다. 시테섬이라는 위치, 기독교 문명에서 대성당 등급의 건물이 내뿜는 위용, 이를 뒷받침하는 우수한 건축술, 건물을 가득 채운 조각상과 스테인드글라스가 전하는 '그림 성경'의 신앙, 이런 미술품이 자랑하는 수준 높은 예술성, 프랑스 국민이 최초로 자신들의 정통 왕조로 여기는 카페 왕조의 산물, 그 내에서도 가장 훌륭했던 필리프 2세와 루이 9세의 역작 등을 구체적 내용으로 들 수 있다. 아직 도시가 작아서 시테섬이 도심의 거의 전부이던 시절, 노트르담 대성당이 파리에서 차지하던 비중은 1차로 숫자 비율부터 매우 높았을 것이다. 심리적·종교적·상징적 의미까지 더하면 온 파리 시민에게 지금으로서는 추측하기도 힘든 영광을 선사했을 것이다.

도시건축의 관점에서 이를 뒷받침하는 매우 적합한 구체적인 주제가 있다. 중세 때 노트르담 대성당을 포함한 주변의 광장 일대를 '파라디수스'라고 불렀다는 사실이다. 이는 중세 때 노트르담 광장의 공식 명칭이 'Place du Parvis-Notre-Dame(플라스 뒤 파르비스 노트르담)'였던 데에서도 잘 알 수 있다. 프랑스어에서 'place'는 영어와 같은 '장소'에 더해 '광장'이라는 뜻도 있다. '파르비스parvis'는 영어와 프랑스어 공통인데 '교회, 성당, 공공건물 등의 앞 광장'이라는 뜻이다. 어원은 '파라디수스paradisus'(천국)라는 라틴어에서 왔다. '낙원'이라는 뜻의 영어 '파라다이스'도 여기에서 파생한 단어다. 광장의 종교적 의미를 강조해서 천국 개념으로 특별 처리를 가한 경우로 볼 수 있다.

파르비스에 가하는 특별 처리는 주로 난간과 주랑이었다. 일반 광장의 네 면은 보통 건물이 둘러싸는 것과 달리 파르비스는 난간과 주랑이 네 면을 둘러쌌다. 가장 대표적인 예가 로마 교황청 앞의 성 베드로 광장

12-6. 가브리엘 페렐Gabriel Pérelle(1604~1677년)의 <노트르담 대성당Cathédrale Notre-Dame> 부분. 파르비스 형태의 광장을 볼 수 있다.

Piazza San Pietro(영어로 'Saint. Peter's Square')이다. 노트르담 광장의 공식 명칭에도 '파르비스'가 들어 있는 것으로 보아 그 앞 광장 역시 이런 형식이었을 것으로 추정할 수 있다.

현재 노트르담 대성당 주변을 그린 그림 가운데 가장 오래된 건 17세기에 제도사이자 인쇄제작자였던 가브리엘 페렐Gabriel Pérelle(1604~1677년)이 남긴 <노트르담 대성당Cathédrale Notre-Dame>이라는 작품일 것이다.도 12-6 중세와 시차는 있지만, 아직 노트르담 대성당 주변에 본격적인 변화가 일어나기 전이어서 어느 정도 정확성을 보여준다. 이 그림에는 주랑은 없고 광장 주변으로 난간이 둘러쳐 있다. 난간은 높지는 않지만 광장을 별도의 영역으로 확실하게 구획하고 있는데, 이는 중세 때 관념으로 이 광장을 하나의 '천국'으로 바라봤다는 뜻이 된다.

이상을 종합해서 중세 당시의 플라스 뒤 파리비스 노트르담의 구성을 추측할 수 있다. 난간 바깥으로 북쪽과 동쪽 면을 건물이 돌아가며 막고 남쪽 면만 트인 'ㄷ'자형의 반 열린 광장이었다. 광장의 세 면은 세례당 1채, 교회 3채, 소수도원 1채가 에워싸고 있었다. 이렇게 구성되는 플라스 뒤 파르비스 노트르담에는 강한 기독교적 의미가 들어 있다. 대성당을 중심으로 여러 채의 다양한 기독교 시설이 군집해 있는데, 중세 때 파리의 규모에 견주어보면 이 정도만으로 하나의 작은 기독교 도시를 이룬 것으로 볼 수 있다. 이는 다시 기독교의 이상 도시인 '천상의 예루살렘Heavenly Jerusalem' 혹은 '새 예루살렘New Jerusalem'을 지상에 구현한 것으로 볼 수 있다. 아마도 '유토피아'라는 어원에서 온 '파르비스'라는 단어를 앞에 넣은 것도 이 때문일 것으로 추측해볼 수 있다.

현재는 안타깝게 대성당 본체를 제외한 이런 시설들이 사실상 남아 있지 않다. 광장과 주변 건물은 남아 있지만 파르비스 구성은 사라졌다. 18세기 계몽주의에 들어와 기독교 시대가 완전히 저물면서는 주변 건물부터 철거되기 시작했다. 이어 프랑스대혁명 때 대성당이 최종적으로 파괴되었다. 19세기에 대대적인 복원이 있었지만 대성당 한 채에 집중되었고 주변의 파르비스까지 되살리지는 못했다. 현재 주변 건물에는 일부 공공기관이나 기독교 관련 기관이 입주해 있긴 하지만 대부분 사무실이나 상가 같은 일반 건물로 바뀌었다.

피해갈 수 없는 흑역사 1
유곽을 낀 성적 타락상

다음으로 피해갈 수 없는 흑역사다. 앞과 같은 자랑스럽고 긍정적인 영광의 역사에 더해 '치욕스러운 역사'도 함께 점철되었다. 누구나 피하고 싶은 흑역사일 텐데, 이 역시 역사의 기록에 의해 피해갈 수 없게 되었다. 이 가운데에는 13세기의 영국, 19세기의 프로이센, 제2차세계대전 때의 독일 등 외세가 들어와서 점령한 내용도 있을 것이다. 하지만 이들이 노트르담 대성당을 직접 부수는 등 불경스러운 행동을 했다는 기록은 크게 눈에 띄지 않는다. 이보다는 오히려 노트르담 스스로 쌓아온 바람직하지 않은 역사가 대부분이라고 볼 수 있다.

역사책에는 이와 관련해서 '경건함piety'이라는 기독교의 긍정적이고 숭고한 단어 뒤에 '가난poverty – 질병disease – 비행delinquency – 범죄crime' 등의 정반대되는 세속의 부정적 단어가 붙어 함께한다. 물론 가난과 질병이야 당시의 시대 상황이었으니 노트르담 대성당이 저지른 직접적인 흑역사는 아닐 것이나, '비행'과 '범죄'는 분명한 흑역사라 할 수 있다. 어쨌든 노트르담 대성당은 이처럼 영욕이 뒤범벅된 펄펄 끓는 용광로 같은 곳이었다. 이런 배경 아래 흑역사는 크게 세 가지로 정리할 수 있다.

첫째, 노트르담은 중세 가톨릭의 성적 타락상에서 중심적 위치에 있었다. 시테섬 서쪽 끝의 글라티니가Rue de Glatigny 일대가 유곽 지대였다는 사실이 이를 뒷받침해준다. 대성당에서 걸어서 몇 분이면 갈 수 있는 거리에 유곽 지대가 있었던 것이다. 1850~1860년에 샤를 마르빌Charles Marville이 이 거리를 찍은 사진도 현재 남아 있다.

불가능해 보이는 이런 동거는 두 시설의 설치 순서를 보면 더욱 이해하기 힘들다. 유곽과 종교시설의 동거 자체는 전 세계적으로 보편적인 현상이긴 한데, 보통은 유곽이 먼저 생긴 뒤 구제 성격의 종교시설이 나중에 들어간다. 그런데 시테섬에서는 그 순서가 반대였다. 즉 노트르담은 1160년경에 공사를 시작해서 1200년경이면 기본 골격이 완성되는데, 글라티니 유곽을 공창 지역으로 허가한 건 이보다 한참 뒤에 즉위한 루이 9세(재위 1226~1270년)였기 때문이다.

이해하기 힘든 이런 결정에는 다소 아름답지 못한 이중적 뒷얘기가 있다. 중세 가톨릭의 부패와 맞물려 노트르담 대성당 일대에서도 방탕한 생활이 벌어졌던 것으로 알려져 있다. 루이 9세는 '성왕'이라는 칭호가 무색하게 교회 공간에서의 이런 방탕한 생활을 국가가 공식적으로 지원해주기 위해 유곽을 허가한 게 된다. 이런 방탕한 생활에 대한 기록은 무려 16세기 말까지도 남아 있다. 파리에 유학을 왔던 스위스 의학도 토마스 플래터Thomas Platter(1499~1582년)는 노트르담 대성당이 상당히 방탕한 생활로 얼룩졌다고 기록하고 있다. 당시는 한 사람이 여러 전공을 겸하던 르네상스 때여서 플래터 역시 의사 이외에 저술가 등을 겸한 인문주의 학자였는데, 이런 그의 눈에 대성당 주변에서의 매춘 행위는 기록으로 남길 만한 일이었던 것으로 보인다.

물론 중세 시대에 기독교 주변에서 벌어진 이런 일이 당시에는 크게 문제가 되지 않았다는 주장도 있다. 성직자들도 어쩔 수 없는 한 명의 인간이기 때문에 성적 욕망에서 벗어날 수 없다는 관용이 중세를 지배한 것은 어느 정도 사실이었다. 매춘을 도덕적 타락으로 보기 시작한 것 역시 종교개혁 이후 등장한 신교와 청교도의 시각일 수 있다. 노트르담 대성당 광장 주변에 있었던 고아원도 마찬가지여서, 처음에는 '대성당-교회-수도원'의 종합 기독교 단지에서 나오는 신부와 수녀 사이의 사생아를 수용하기 위한 시설로 시작했다. 이는 비단 노트르담 대성당 광장뿐 아니라 여러 곳의 중세 수도원에 해당하는 보편적인 현상이었다.

유곽이 나중에 더해지기는 했지만, 매춘부와 관련한 흥미로운 기록도 있다. 매춘부들이 건축 공사비 일부를 부담한 것이다. 당시 모금 운동은 공사 시작 때부터 파리 전체, 나아가 전 국가적 사업이었던 것으로 알려져 있다. 물론 로마 교황청, 프랑스 가톨릭, 카페 왕조 등 세 조직이 중심이 되어 진행했다. 더하여 여러 계층의 파리 시민들이 십시일반으로 건축헌금을 냈다. 그런데 기록에 의하면 파리의 매춘부들도 건축비를 모아서 창문 한 장을 짓는 데에 보태겠다는 뜻을 교회 측에 전해왔다고 한다.

앞에서 보았듯이 중세 성당의 창은 비용이 무척 많이 든다. 창 하나의 높이가 보통 십 수 미터에 이르며, 이를 안전하게 짓기 위해 주변에 정밀한 구조가 세워진다. 여기에 스테인드글라스까지 끼운다면 그 비용은 몇 배 비싸진다. 요즘으로 환산하면 공사비와 유리 재료비만 따져도 창 하나당 수억 원은 들어갈 것이며 작가의 작품 비용까지 더하면 더 비싸진다. 이런 대형 공사는 동서고금을 통해 모두가 그렇듯이 자금 조달이 필수적인데, 여기에 파리의 매춘부들도 힘을 보태겠다고 나선 것이다. 1단계 공사는 필리프 2세가, 2단계 공사는 루이 9세가 이끌었던 점도 모금 열풍을 일으키는 데에 한몫했을 것이다. 특히 노트르담 대성당 인근의 유곽을 허가한 게 루이 9세여서 매춘부들 쪽에서는 고마운 마음도 컸을 것이다.

피해갈 수 없는 흑역사 2
종교재판소와 치유의 미신

둘째, 중세에는 악명 높았던 종교재판의 재판소 역할도 함께했다. 전통시대에는 사법권을 집행할 때 보통 광장이나 장터 같은 공개된 장소에서 시민들을 모아놓고 했는데 종교재판이 대표적이었다. 광장이나 공터 같은 넓은 공간에 높은 단을 쌓은 뒤 크고 화려한 의자를 놓고 집행관이 위압적인 자세로 형을 집행했다. 가톨릭의 세속 권력화와 함께 비합리성, 잔인함과 폭력, 물질적 타락과 부패 등 중세 기독교를 대표하는 부정성의 집합체였다. 파리에서는 플라스 뒤 파르비스 노트르담이 이를 거행하는 대표적인 장소였다.

종교 사범의 사형 장소는 시테섬 우안의 시청 광장인 그레브 광장Place de Grève이었다. 먼저 노트르담 광장 앞에서 신의 가호를 비는 의식을 하고, 시내를 한 바퀴 도는 조리돌림을 한 뒤 사형장으로 이동했다. 교황 군주제가 시행되던 때에는 가톨릭이 영주의 세속 권력도 겸했는데, 영주로서의 파리 주교가 내린 명령을 위반한 사범은 플라스 뒤 파르비스 노트르담 주변의 간이 구치소 같은 시설에 집단으로 수용하기도 했다.

마지막으로 셋째, 치유의 미신이 횡행하던 장소이기도 했다. 병자를 고치고 싶은 간절한 마음을 달래는 게 종교의 심리적 기능 가운데 하나이긴 하지만, 문제는 이것이 지나친 미신으로 발전하는 경우다. 보통은 비합리적이고 비과학적인 치유 행위까지 함께 행하는데, 이렇게 되면 종교의 영역을 벗어나서 건강과 생명에 해를 가하는 위험한 행위가 된다. 중세 때에도 이런 미신이 횡행했다.

중세에는 가톨릭이 신유의 기적을 행한다는 믿음이 보편적이었고 노트르담 대성당은 당연히 이런 믿음의 중심 공간이었다. 원래는 좋은 뜻으로 시작했다. 예를 들어 대성당 인근에는 당시 파리에서 가장 크고 좋은 병원인 오텔 디유 병원Hôpital Hôtel-Dieu이 있었다. 'dieu'가 '신'을 의미하는 데서 알 수 있듯이 중세 때 '하느님의 자비로 세운 병원'이라는 뜻으로 붙인 이름이다. 651년에 파리 주교였던 성 란데리쿠스Saint Landericus(?~661

년)가 세운 것으로 추정된다. 시민을 위한 자선 병원이었는데 신유의 기적과 연계되면서 대성당 옆에 지어졌다. 오스만 재개발 때인 1878년에 현재 건물로 새로 지어서 그 자리에 남아 있다.

그런데 지나친 믿음이 치유의 미신으로까지 발전했고, 치료 행위 등에서의 비과학성으로 인해 선의의 목적과는 다른 정반대의 비참한 결과를 낳았다. 이를 전하는 역사 기록이 남아 있다. 병원 앞에 있었다는 높이 3 미터의 거대한 남성 조각상과 관련된 얘기다. 누가 언제 어떤 목적으로 세웠고, 정확하게 어떤 모습이었는지 등 정확한 기록은 남아 있지 않다. 아마도 대형 공공병원 앞에 장식용으로 세운 것으로 보인다. 그런데 병원 앞에 거대한 남성 조각상이 있다 보니 신유와 관련한 여러 미신이 횡행하게 되었다. 처음에는 고대 그리스·로마 신화에서 외과의 신인 에스쿨라피우스Esculapius의 현신顯身이라고 믿어졌다. 돌덩어리인 조각상이 신의 현신이라는 믿음도 그렇거니와 이방신의 현신이라고 믿은 점에서 심각한 미신이었다.

미신에는 부작용이 따르는 법이다. 지방에서 파리에 처음 올라와 이곳을 방문하는 사람들에게 이 동상을 '무슈 르 그리Monsieur Le Gris'라고 하며 여러 가지 사기를 치는 행각도 빈번하게 벌어졌다. 'Monsieur'는 프랑스어로 '미스터'라는 뜻이고 'Le Gris'는 '회색'이라는 뜻인데, 병든 환자의 힘든 상태에 비유한 단어로 보인다. 두 단어를 합하면 '병을 대표하는 남성 신'이라는 뜻이 된다. 이후 중세 기독교 문명이 무르익으면서 이 동상은 급기야 예수 그리스도의 현신, 즉 '현현顯現·manifestation'이라는 미신으로까지 번졌다. 프랑스대혁명 때 사라졌다고 기록되어 있는데, 이 동상이 있던 자리는 대혁명 때까지 파리부터 지방 사이의 거리를 재는 이른바 '도로원표道路元標'가 있던 자리이기도 했다.

종교와 신유의 미신을 합한 상징성의 대표적인 사례인데, 이로 인해 노트르담 대성당과 오텔 디유 병원 일대는 오히려 각종 질병의 온상이 되었고 전염병이라도 돌면 대형 전염의 감염원이 되었다. 병원의 병실 내부를 보면 침대 하나에 서너 명씩 포개 뉘어서 전염병을 비롯한 각종 질병이 급속하게 전파될 수밖에 없었다. 물론 이는 의학과 공중보건 등이 발달하지 않았던 시대에 흔히 있던 일반적인 비과학적 현상이다. 그러나 신유의 미신이 병원 내 과밀의 위험성과 위생에 대한 경각심을 크게 약화한 탓도 컸다.

건축적으로 보면 병원이 급속히 확장하는 과정에서 건물을 기능에 맞춰 체계적으로 계획해 증축하지 않고 그때그때 되는대로 짓다 보니 병원 전체가 혼란스럽게 되어버린 것이다. 신유의 미신은 이런 혼란상에서도 역시 주요 원인이었다. 그래서인지 노트르담 대성당은 물론이고 심지어 오텔 디유 병원 일대에는 중세 시기 주요 전염병이 돌 때마다 집단 감염과 대규모 사망의 진원지였다는 흑역사가 남아 있다. 흑역사는 프랑스대혁명 때까지도 계속되었는데, 이 기간에 입원했던 환자의 1/4이 병원 내 감염으로 사망했다.

라블레의 『가르강튀아와 팡타그뤼엘』

인문주의가 비판한 노트르담 대성당의 이중성

이상은 종교의 순수한 뜻이 비합리성 및 비이성과 결부되어 불행한 결과를 낳은 대표적인 종교적 이중성이었다. 유럽 중세의 기독교 문명은 이런 이중성이 극에 달한 시대이기도 했다. 그래서인지 이런 이중성은 『가르강튀아와 팡타그뤼엘*Les Cinq livres des faits et dits de Gargantua et Pantagruel*』이라는 매우 중요한 소설 작품의 배경으로 사용되었다. 16세기 프랑스의 교육이론가이자 풍자소설가, 소설의 아버지, 설화 작가 등 많은 수식어가 붙었던 프랑수아 라블레François Rabelais(1494~1553년)가 1532~1564년이라는 긴 시간에 걸쳐 총 5권으로 완성한 대작 소설이었다. 르네상스가 무르익던 시기에 중세 가톨릭의 비합리성과 종교적 이중성을 소재로 쓴 소설인데, 그 배경 공간이 노트르담 대성당이다. 16세기 인문학자의 눈에는 노트르담 대성당이 숭고한 종교적 공간으로만 보이지 않고 오히려 비이성이 판치는, 심지어 비이성의 총본산으로 보인 것이다.

주인공은 거인왕 가르강튀아와 그의 아들 팡타그뤼엘이다. 소설에는 가르강튀아가 시민과 싸우다가 노트르담 대성당 첨탑으로 피신해서 아래를 향해 소변을 쏴 26만 418명을 죽였다는 황당한 내용이 나온다. 여기에는 풍자성 상징 구도가 반영되어 있다. 시민은 아직도 기독교 중심의 중세적 사고와 미신 중심의 가치관에서 벗어나지 못하고 있던 당시 프랑스의 교육과 학문 풍토를 상징한다. 주인공 가르강튀아는 이런 낡은 제도에 맞서 싸우는 라블레 자신을 상징하며, 확장하면 르네상스 인문학자를 상징한다. 소설은 처음부터 끝까지 이런 비판과 싸움으로 일관하며 중세 가톨릭의 이중성을 신랄하게 풍자한다.

이때 배경 공간을 노트르담 대성당으로 삼은 것도 당시 이 일대에 형성되어 있던 앞과 같은 이중적 동거 상황을 풍자한 것으로 볼 수 있다. 이 소설이 쓰인 시기는 마침 앞에 얘기한 파리 유학생 플래터가 노트르담 대성당의 흑역사를 기록한 시기와 일치한다. 당시 인문학자들의 눈에 노트르담 대성당이 어떻게 보였는지를 짐작할 수 있는 대목이다. 이는 르네상스와 종교개혁의 세기였던 16세기에 프랑스가 처한 문화사적·종교사적 상황과도 연관된다. 16세기면 문화사에서는 인문주의와 실용주의가 합해진 르네상스가 시작한 지 한참 지나 절정을 달리던 시기였다. 종교사에서는 종교개혁이 일어나 유럽 전역에 신교의 개혁 바람이 들불처럼 번져나가던 시기였다. 르네상스는 이탈리아가 주도했고 종교개혁은 독일에서 시작해 스위스, 네덜란드, 영국, 북유럽 등으로 확산했다. 프랑스만 두 개혁운동 모두에서 뒤지고 있었다.

라블레의 소설은 유독 프랑스만 이런 새로운 시대 흐름에 동참하지 못한 걸 비판하며 각성을 촉구하는데, 이런 후진성의 중심 공간으로 노트르담 대성당을 잡은 것이다. 그렇다고 종교 자체를 부정한 건 아니었다. 종교와 도덕을 여전히 사회 가치관의 중심에 두되 지나치게 정신적 가치에 함몰될 경우 빠질 수 있는 이중성의 위험을 피해야 한다고 보았다. 이를 위한 대안으로는 과학기술과 체육을 제시했다. 과학기술은 인간 중심의 합리적 학문과 실용주의를, 체육은 인간의 육체적 건강과 단련을 각각 상징했다. 이를 합하면 르네상스 인문주의의 기본 가치관이 된다.

이렇게 되면 라블레의 이 소설은 단순한 문학작품을 넘어 인문주의 가치를 전파하는 사상서로 볼 수도 있다. 실제로 이 소설에서 제시한 새로운 문명과 제도에 대한 계몽사상은 라블레보다 40살가량 어리면서 16세기 프랑스 근대철학을 태동시켜 이끌었던 미셸 드 몽테뉴Michel de Montaigne(1533~1592년)에게 큰 영향을 끼쳤다. 이어 100여 년이 지난 바로크 때에는 바다 건너 영국의 경험주의 철학자 존 로크John Locke(1632~1704년)에게, 다시 200여 년이 지난 계몽주의와 프랑스대혁명 기간에는 장 자크 루소Jean-Jacques Rousseau(1712~1778년)에게 모두 몽테뉴를 중간 매개로 큰 영향을 끼쳤다.

13장

노트르담 대성당 2

중세 이후 프랑스 역사의 증인

16세기와 노트르담의 '역사적 항상성'

왕실 행사의 장이자 시민의 축제 장소

이상이 중세 노트르담 대성당과 관련해서 일어났던 여러 사건이었다. 표준 건축사에서는 노트르담 대성당을 보통 '샤르트르Chartres–랭스Reims–아미앵Amiens'으로 이어지는 전성기 고딕 성당보다 중요성이 떨어지는 것으로 평가한다. 그러나 문화사와 연관된 내용은 아마도 프랑스는 물론이고 유럽 전체의 고딕 성당 가운데 가장 풍성할 것이다. 이는 파리가 파란만장한 역사의 장이었고 그 역사의 많은 부분이 수도의 대성당이었던 노트르담을 배경 공간으로 삼아 일어났기 때문이다. 기독교 시대가 중세를 끝으로 인문주의로 넘어갔다고는 하나, 기독교 자체는 사실상 19세기까지 가장 강력한 세력 가운데 하나로 남았으므로 노트르담 대성당은 이때까지 여전히 파리와 프랑스 역사에서 중요한 배경 공간이 되었다.

이상의 내용이 쌓이면서 노트르담 대성당은 현재까지 프랑스 역사와 관련하여 포괄성, 상징성, 사회적 파급력 등의 종합적 측면에서 가장 대표적인 건물의 자리를 고수하고 있다. 노트르담에서 벌어진 앞과 같은 치욕의 중세 역사는 시간의 흐름 속에서 어느덧 화석과 같이 중립적 기록이 되었고, 이제는 찬란한 건물만 남아 프랑스 최고의 아이콘이 되었다. 우아한 중세 고딕 문화재로서 프랑스의 문화 역량이 집약된 결정체인 동시에 파리 관광을 선도하는 대표 주자로서의 위용을 자랑한다.

이에 걸맞게 노트르담 대성당 건물 하나에 프랑스 역사 전체에서 매 시대를 대표하는 주요 사건들이 쌓여 있다. 중세가 끝난 16세기에도 여전히 중요한 역사의 현장으로 남아 현재까지 그 지위를 유지하고 있다. 이처럼 하나의 건물이 시대와 함께하는 연속과 축적의 특징을 건축사에서는 '역사적 항상성historical constancy'이라 한다. 한 시대를 뛰어넘은 일종의 건축적·역사적 초월성이라 할 수 있다. 대표적인 사건들을 선별해서 살펴보자.

먼저 16세기다. 중세가 끝났음에도 노트르담 대성당은 여전히 중요한 역사적 사건이 진행되는 배경 공간이었다. 크게 세 가지로 요약할 수 있다. 첫째, 여전히 왕실의 주요 행사가 벌어지는 컨벤션 센터 역할을 했다. 프랑수아 1세의 장례식(1547년), 앙리 2세의 장례식(1559년), 프랑수아 2세의 결혼식(1599년) 등이 대표적이었다. 왕실 행사여서 루브르궁이 더 좋은 후보가 될 수 있었지만 16세기에 루브르궁은 아직 제대로 된 왕궁이 아니어서 일단 건축적으로 부족했다. 명성까지 고려하면 더 그랬다.

이는 왕궁보다 대성당 중심으로 왕실의 주요 행사와 국가적 사건이 전개되어온 유럽의 전통이기도 했다. 이런 전통은 기독교 문명이던 중세 때에 형성되어 르네상스까지는 대체로 유지했다. 이어 바로크 때부터 조금씩 변화해서 주요 행사의 거행 장소가 점차 왕궁으로 넘어갔다. 베르사유, 뮌헨, 베를린, 빈, 마드리드, 런던 등 주요 수도의 유명한 왕궁은 대부분 17세기 바로크 시대의 산물이었다. 그전까지 유럽에서는 대체로 왕궁보다 대성당을 건축적으로나 정치적으로 더 중요하게 여기는 전통이 있었다. 파리에서도 16세기는 초기 근대로의 문명 대전환이 일어나는 중요한 시기였지만 왕실의 중대사를 담아낼 공간 배경은 노트르담 대성당밖에 없었다.

프랑스의 경우 이런 왕실 제식 때에는 대성당의 웅장한 실내에 '테 데움 찬가Te Deum Chant'가 울려 퍼졌다. '테 데움'은 '당신을 주로 찬양하고

받듭니다'라는 뜻으로 절대신 기독교 하나님에게 바치는 찬양의 성가였다. 이 찬가는 성 암브로시우스Saint Ambrosius(339/340~397년)와 성 아우구스티누스Saint Augustinus(354~430년)의 합작품이라는 설이 있다. '암브로시우스 찬가'라고도 불리며, 혹은 '거룩한 삼위일체 찬가'로도 불린다. 작곡 연도와 두 성인의 이름, 내용 등을 종합해서 볼 때 유럽 가톨릭 역사를 대표하는 주요 성가다. 이런 성가가 프랑스 국왕의 경조사에서 울려 퍼지는 장면은 실로 장엄하고 웅장했다. 종교 권력과 세속 권력이 합해진 지상 최대의 행사였다. 노트르담 대성당은 그에 합당한 공간적 위용을 갖추어 제공하는 또 하나의 권력체였다.

둘째, 왕실 행사와 반대의 의미에서 시민 축제의 장이었다. 노트르담 대성당은 왕실의 전유물이 아니었다. 시민 전체에게 주요 축제의 장으로도 개방되었다. 바보제fête des Fous(미친 사람들의 축제)가 대표적이었다. 도 13-1 유럽에서는 중세부터 시민 축제 혹은 도시 축제를 기독교 축일과 함께 벌이던 전통이 있었는데 바보제도 그중 하나였다. 크리스마스와 주현절 사이에 벌였는데, 연말의 들뜬 기분과 맞물려 눌려 있던 놀이 욕구가 분출되면서 열광을 넘어 광란으로까지 번지곤 하던 요란한 축제였다. 그래서 '바보'나 '미친 사람들'이라는 말을 붙였다.

바보제는 파리 전역에서 벌어졌는데, 노트르담 광장이 가장 중요한 중심 장소였다. 바보제를 비롯한 주요 축제에는 행렬이 수반하는데 노트르담은 행렬의 출발점인 동시에 종착점이었다. 이런 점에서 중세의 도시 축제는 단순한 놀이 행사를 넘어서 파리의 여러 시민 자치기관이 화합하고 통합하는 장이기도 했다. 노트르담 광장은 그런 화합과 통합이 일어나는 공간이었다.

바보제의 마지막은 주현절主顯節 · epiphany로 장식했다. 이는 시민 축제를 넘어 중세 가톨릭 전체에서 중요한 종교 축일이었다. 말 그대로 주님이 현신顯神(혹은 현신現身)으로 출현한 날을 기념하는 축일이다. 그리스도가 하느님의 아들로서 온 세상 사람들 앞에 나타난 당일에 행한다. 즉 예수가 제30회 탄생일에 세례를 받고 하느님의 아들로서의 공증을 받은 날을 기념하는 축일이다. 보통 1월 6일이나 나라에 따라서 1월 2일부터 1

13-1. 피터르 반 데르 하이덴Pieter Van der Heyden이 1559년 제작한 판화 작품 <바보제Fête des Fous>

월 8일 사이의 일요일로 하기도 한다. '주현절'이라는 말은 개신교에서 쓰는 용어이며, 가톨릭에서는 '주님 공현公現 대축일'이라 하고 성공회에서는 줄여서 '공현절'이라고 한다. 동방정교에서는 '신현 대축일', '주님 세계 대축일', '성 삼위일체 대축일' 등의 여러 말로 부른다. 이처럼 범기독교의 주요 축일이다.

노트르담 대성당에 부착한 조각, 돋을새김, 스테인드글라스, 공예장식 등의 주옥같은 수많은 예술품이 의미를 갖고 힘을 발휘하는 시기 중 하나가 이런 축제 때였다. '가톨릭–왕실–시민'을 하나로 묶는 포괄적 중요성을 뒷받침하기 위해 왕실과 가톨릭은 꾸준히 공예예술을 지원했다. 중세 때에는 건축 공사와 함께 주로 조각, 돋을새김, 스테인드글라스 등을 부착했으며, 16세기부터는 장식을 좀 더 화려하게 보이게 할 목적에서 금은 세공품 등의 공예장식을 추가했다.

종교전쟁(1562~1598년) 기간
콜리니 살해 미수 사건의 현장

셋째, 종교개혁(1517년) 이후 종교전쟁 기간의 역할이다. 결론부터 말하면 프랑스도 처음에는 국교를 신교로 바꾸려다가 가톨릭 국가로 남게 되었는데, 이 과정에서 노트르담 대성당이 결정적인 역할을 했다. 크게 두 방향이었다. 하나는 콜리니 살해 미수 사건이 일어났고, 앙리 4세가 노트르담에서 미사를 드리는 등 구체적인 사건이 일어난 공간 배경이었다. 특히 앙리 4세가 1594년 3월 22일 파리에 입성하며 가장 먼저 노트르담 대성당에서 미사를 드린 일이 결정적이었다. 이는 좁게는 프랑스 역사, 넓게는 16세기 유럽의 종교전쟁과 관련해서 매우 상징적이고 중요한 사건이었다.

다른 하나는 좀 더 거시적 차원에서 가톨릭이 파리 시민의 민심을 얻게 되는 과정의 중심 본부이자 정신적 지주 역할을 했다는 것이다. 가톨릭은 당연히 노트르담 대성당을 중심으로 축일 행사, 봉사활동, 시민 축제 등을 시행하면서 민심을 얻었다. 이는 노트르담이 중세 때부터 유지해오던 프랑스 기독교의 대표성과 상징성을 십분 활용한 것이다. 두 내용을 묶어서 종교전쟁의 역사를 요약해보자.

종교개혁 이후 프랑스도 독일의 30년전쟁(1618~1648년)과 비슷한 종교 내전을 겪었다. 프랑스의 종교전쟁Guerres de Religion en France(영어로 'French Wars of Religion')이라 불리는 위그노전쟁Guerres des Huguenots이었다. 종교개혁의 발상지 독일보다 56년 이른 1562년에 시작해서 1598년까지 36년간 계속되었다. '바시 대학살Massacre de Wassy(1562년 3월 1일) – 앙리 4세 결혼식(1572년 8월 18일)의 콜리니Coligny 살해 미수 사건 – 성 바르톨로메오 축일의 대학살Massacre de la Saint-Barthélemy(1572년 8월 24일) – 앙리 4세 즉위(1589년 8월 3일) – 낭트칙령Édit de Nantes(영어로 'Edict of Nantes', 1598년 4월 13일)'을 중심 사건으로 삼아 진행했다. 총 8번의 무력 충돌이 있어서 보통 1차 위그노전쟁~8차 위그노전쟁으로 나누기도 한다.

위그노란 프랑스의 신교도를 일컫는데, '36년 종교전쟁'이라고 하지 않고 '위그노전쟁'이라고 한 이유는 이 전쟁이 주로 가톨릭이 위그노를 살해하는 내용으로 진행했기 때문이다. 처음에는 신교도 만만치 않은 세력으로 맞섰으나, 프랑스는 이미 중세부터 '갈리아주의Gallicanism'를 바탕으로 가톨릭 세력이 가장 강한 국가 가운데 하나여서 종교개혁 초기부터 신교도가 많은 학살을 당했다. 신교는 당하고만 있지 않아서 나중에 앙리 4세가 되는 당시 나바라의 엔리크Enrique de Navarre를 중심으로 세력을 모아 대항했다. 그러나 힘의 우위를 지킨 가톨릭이 승리했고 이후 민심 수습의 과정을 거치게 된다. 노트르담 대성당은 대체로 이 과정 전체에서 가톨릭의 중심 역할을 했다.

앙리 4세(재위 1589~1610년)는 왕위에 오르기 전 나바라(지금의 스페인 북부 나바라주) 왕국의 왕일 때부터 원래 신교였고, 그의 주변에 포진하고 있던 젊고 유능한 인재들도 모두 신교도였다. 그런데 앙리 4세가 1572년 8월 18일에 마그리트 드 발루아Marguerite de Valois(샤를 9세의 동생)와 치른 결혼식을 분기점으로 가톨릭의 본격적인 공세가 시작했다. 이 결혼식 자체가 왕실 행사 관행에 따라 노트르담 대성당에서 거행했는데, 이를 축하하러 참석했던 신교 지도자 가스파르 2세 드 콜리니Gaspard II de Coligny(1519~1572년)를 살해하려다 미수에 그친 사건이 발생했다.

콜리니는 결국 8월 24일 새벽에 앙리 3세(재위 1574~1589년)의 명령에 따라 집에서 살해당했으며, 이를 신호탄으로 이날부터 곧바로 성 바르톨로메오 축일의 대학살이 시작했다. 이 대학살 때에 앙리 4세 측근의 신교도 인재들이 대부분 살해되었다. 앙리 4세는 목숨을 건진 대신에 왕궁에 갇혀 강제로 가톨릭으로 개종당했다. 이후 1576년 2월 파리를 탈출하여 나바라 왕국으로 돌아오면서 다시 신교로 돌아섰다. 그는 신교 세력을 모아 구교에 맞서며 여러 번의 종교전쟁에서 승리하기도 했으나, 결국 가톨릭의 벽을 완전히 넘지는 못하고 힘의 한계를 느껴 현실 상황에 따라 유동적인 행보를 유지했다.

종교전쟁 기간
앙리 4세가 미사를 드리고 종교전쟁을 종식한 곳

그러던 중 1589년 8월 2일 선왕 앙리 3세가 사망하면서 왕위 계승 원칙에 따라 프랑스의 왕으로 즉위하게 되었다. 그런데 당시까지도 프랑스 내부는 중세 때의 '갈리아주의'가 건재하면서 가톨릭 세력이 나라를 장악하고 있었다. 더욱이 프랑스 왕위 계승법에 따르면 프랑스 국왕은 가톨릭 신자여야 했고, 이를 근거로 가톨릭 신성동맹은 앙리 4세를 국왕으로 인정하지 않았으며, 앙리 4세는 어정쩡한 상태에서 계속 나바라 왕국에 머물렀다. 앙리 4세는 신교를 계속 유지하면서 처음에는 힘으로 이를 돌파하려 했지만, 신성동맹의 세력을 넘지 못하고 1593년 7월 25일 생드니 수도원에서 다시 가톨릭으로 개종한다고 선언했다.

원칙대로라면 이 선언은 노트르담 대성당에서 해야 했지만 그러지 않고 파리 근교인 생드니 수도원에서 한 것은 이 수도원이 정교일치를 따르지 않고 정치적 중립을 지켜왔기 때문이다. 또한 무엇보다 아직 파리로 입성하기에는 신변의 안전을 장담할 수 없었기 때문이다. 아니나 다를까 개종 선언 이후에도 신성동맹에서는 의심의 눈초리를 거두지 않았고 두 세력의 대립은 계속되었다. 앙리 4세는 개종 선언 당시 했던 '파리는 미사의 자격이 있다'라는 유명한 말로 일단 파리 일반시민들의 환심을 어느 정도 사는 데에는 성공했으며, 이를 바탕으로 시간을 갖고 꾸준히 신성동맹을 힘으로 눌러갔다.

어느 정도 전세를 장악하자 드디어 1594년 3월 22일 파리에 입성하게 된다. 왕으로 즉위한 지 무려 5년 7개월여가 지나서야 겨우 수도에 입성하는 수모를 겪은 것이다. 하지만 앙리 4세의 파리 입성은 프랑스에는 의미가 큰 역사적 사건이었다. 앙리 4세는 가톨릭 광신도에 의해 어처구니없는 암살을 당해 오래 통치하지는 못했지만, 상당히 똑똑한 인물이었다. 눈치 보기라고 비판을 받기는 했지만, 균형감 있는 정치력을 통해 종교전쟁으로 분열되어 피폐해진 나라를 통합하고 재건하는 데 성공한 현군이었다. 앙리 4세의 업적이 있었기에 그 뒤를 바로 이어 17세기 '루이' 왕들의 바로크 전성기가 가능했다. 이런 앙리 4세가 비로소 수도 파리에 안착하면서 프랑스는 종교전쟁을 마무리하고 재도약할 수 있었다.

어쨌든 앙리 4세는 이렇게 입성하면서 가장 먼저 노트르담으로 달려가서 미사에 참여했다. 이어 축일과 종교행사가 많은 가톨릭의 제의 전통을 십분 활용해서 꾸준히 민심을 얻어갔다. 노트르담 미사가 있고 십여 일 뒤부터 곧바로 '세족 목요일Maundy Thursday'(성 목요일. 4월 17일 부활절의 전 목요일)에 가난한 자의 발을 씻어주는 자선행사를 벌였고, 부활절 영성체Easter Communion에도 참석했다. 또한 '왕의 괴질King's Evil'이라고 불리는 신유 행사도 벌였다. 이는 목에 멍울이 나고 곪아 터지는 '연주창連珠瘡 · scrofula'이라는 병의 별명인데, 성직자를 닮은 생활 방식과 통치 행위로 '경건왕'이라 불렸던 로베르 2세Robert II · Robert le Pieux(재위 996~1031년)가 이 병에 걸린 환자의 환부에 손을 대자 병이 나았다는 전설에서 유래한 별명이다.

드디어 이 긴 얘기의 마무리 단계까지 왔다. 앙리 4세는 이와 같은 현실주의적 정치력을 바탕으로 꾸준히 힘을 축적해 마침내 1598년 4월 13일에 낭트칙령을 반포하면서 종교전쟁을 종식했다. 가톨릭을 프랑스 국교로 인정함과 동시에 신교에도 종교의 자유를 허용함으로써 두 진영 모두가 일정한 실익을 거두게 되는 일종의 타협성 화해였다. 물론 반대로 어정쩡한 줄타기 봉합이기도 해서 두 진영 모두 불만은 남았으나 어쨌든 36년의 길고도 참혹한 종교전쟁을 마무리함으로써 17~18세기 '루이' 왕들의 전성기로 나아가는 토대를 닦은 것은 확실했다.

위그노전쟁은 단지 한 나라의 종교전쟁을 넘어 유럽 역사에서 상당히 크고 중요한 사건이었다. 당시 프랑스는 유럽의 중심국가였던 데다 종교개혁은 '위대한 분열the Great Divide'이라고 불릴 정도로 가톨릭의 대륙 유럽 전체를 둘로 갈라놓은 문명 변혁의 사건이었다. 위그노전쟁은 이 두 가지가 함께 작용한 대충돌이었다. 프랑스 국내는 물론 교황청을 비롯하여 영국, 독일, 스페인, 네덜란드, 이탈리아, 포르투갈 등 유럽의 주요 나라들이 모두 참전하거나 최소한 간여한 대형 전쟁이었다. 노트르담 대성당은 이런 대형 전쟁에서 가톨릭이 승리를 거둬가는 과정에서 중심 역할을 함으로써 프랑스를 넘어 유럽 전체에서 역사적 공간의 자리를 확보하게 되었다. 이어 민심 수습의 뒤처리까지 주도하면서 가톨릭이 종교전쟁 때 저지른 대학살의 나쁜 이미지를 회복하는 데에도 앞장섰다.

17세기 루이 14세 기간
프롱드의 난과 베르니니 방문 사건

루이 14세는 비록 베르사유를 지어서 나가기는 했지만 무려 72년 3개월을 재위했기 때문에, 수도 파리를 건설하는 일을 게을리하지 않았다. 그의 재위 기간에는 파리에도 많은 역사적 기록이 남았다. 당시 도시의 중심 공간이었던 노트르담 대성당도 그중 하나였다. 대표적인 사건은 두 가지를 들 수 있다. 정치적 사건이었던 프롱드의 난과 문화예술사의 사건이었던 베르니니의 파리 방문이었다. 차례대로 살펴보자.

먼저 프롱드의 난 때 노트르담 대성당은 정치적 주장을 담은 격문과 포스터가 붙는 가장 중요한 건물이었다. 프롱드의 난La Fronde이란 루이 14세가 섭정을 받던 1648~1653년 사이에 일어난 난으로, 섭정 모후 안 도트리슈Anne d'Autriche(1601~1666년, 왕비 1615~1643년, 섭정 모후 1643~1651년)와 마자랭 재상Jules Mazarin(1602~1661년)의 왕당파에 대항해서 귀족과 시민의 연합군이 반기를 든 무력 충돌 사건이다.

처음에는 귀족 · 시민 세력이 우세했으며, 이 여세를 몰아 시민 세력을 더 모으기 위해 1649년 1월 8일부터 파리의 주요 도로와 장소에 포스터와 플래카드를 붙이기 시작했다. 포스터에는 '프랑스를 구하자Le Salut de la France'라는 구호가 붙었고 플래카드에는 시민들의 참여를 독려하고 왕당파를 공격하는 내용이 담겼다. 당시에는 플래카드가 파리 시내를 '담요처럼' 덮었다는 말이 돌 정도였다. 노트르담 대성당이 가장 중요한 지점이어서 정문에는 이 포스터와 함께 '악당 마자랭!'이라는 격문이 내걸렸다. 이 전략은 왕당파에게 결정타가 되어, 모후는 불과 이틀 후에 당시 10살이던 어린 루이 14세를 데리고 한밤중에 황급히 파리를 탈출해서 망명길에 올랐다.

다음은 베르니니의 파리 방문이다. 루이 14세는 프롱드의 난을 진압하고 파리로 환궁해서 안정적으로 성장했고 성인이 된 1661년에 친정을 시작했다. 3년 뒤에는 루브르궁 동익랑East Wing(이스트 윙) 공사를 결정하고 국제 현상공모에 붙여서 서양 예술 역사 전체를 통틀어 최고라는 찬사를 듣는 이탈리아의 조각가 겸 건축가 잔 로렌초 베르니니Gian Lorenzo Bernini(1598~1680년)의 작품을 당선안으로 뽑았다. 당시 베르니니는 바티칸 교황청 소속으로 유럽 바로크 예술 최고의 거장 자리에 올라 있었다. 일찍부터 교황청에서 발주하는 중요한 예술 일을 맡아 대표작들을 남겨오고 있었는데, 말년의 대작을 짓기 위해 교황청의 양해를 얻어 1665년 6월에 파리를 방문했다.

베르니니는 프랑스 건축계·예술계의 텃세와 견제로 인해 이 일을 포기하고 1년 만에 교황청으로 돌아갔는데, 처음부터 견제가 심했던 것은 아니었다. 무엇보다 이탈리아 고전주의를 누구보다 좋아하고 존경했던 루이 14세의 정중한 초청이 있었다. 당시 콜베르 재상Jean Baptiste Colbert(1619~1683년)은 루이 14세의 명령을 받고 베르니니에게 직접 파리 시내 관광을 안내했다. 가장 먼저 보여준 곳이 당연히 시테섬, 그중에서도 노트르담 대성당이 첫 번째였고 생트샤펠이 다음이었다.

노트르담 대성당에서는 건물 외관 전체를 돌아가며 휘감고 있는 수많은 조각상을 자랑스럽게 감상시켰다. 베르니니는 이 조각작품에서 큰 감명을 받았을 것으로 추정된다. 우선 천재들끼리 최고의 걸작을 매개로 시대를 뛰어넘어 통하는 그 무엇이 있었을 것이다. 베르니니는 바로크 당대는 물론이고 서양 조각 역사 전체를 통틀어서도 미켈란젤로와 함께 최고의 조각가로 평가받는다. 노트르담 대성당의 조각작품 역시 제작 당시에는 비록 시대의 관습에 따라 이름 없는 장인들이 만들기는 했지만, 이들도 당대에는 최고의 조각가들이었다.

이런 작품성에 가톨릭의 종교성까지 더할 수 있다. 중세 조각 장인들의 작품활동은 예술가의 창작을 넘어 그 자체가 신앙생활이자 구도 행위였다. 시간이 한참 흘러 시대가 바뀌었지만, 베르니니도 이에 못지않았다. 누구보다 독실한 가톨릭 신자였으며 신학자나 성직자 수준의 신앙심과 가톨릭 지식을 바탕으로 교황청의 핵심 인사로서 교리 논쟁에도 참여할 정도였다. 이런 그에게 중세 때 구도 행위로 제작한 노트르담 대성당의 조각작품은 영적 울림을 주기에 충분했을 것이다.

이후 베르니니가 로마로 돌아가서 남긴 말년의 대표작 가운데 노트르담 대성당에서 받은 감동과 연계해서 해석할 만한 내용이 보인다. 가장 대표적인 작품이 <축복받은 루도비카 알베르토니Beata Ludovica Albertoni>(영어로 'Blessed Ludovica Albertoni', 1671~1674년)라는 조각작품일 것이다.도 13-2 종교적 환희의 절정을 섬세하고도 열정적인 조각 솜씨로 빚어낸 걸작이다. 물론 이런 환희의 절정은 이보다 30여 년 전에 제작한 <성 테레사의 환희Estasi di santa Teresa d'Avila>(영어로 'Ecstasy of Saint Teresa', 1647~1652년)라는 작품에서 이미 선보인 적이 있었다. 그러나 <축복받은 루도비카 알베르토니>에서 종교적 엑스터시는 표정, 몸짓, 의복 등 여러 면에서 더 농익고 격정적으로 성숙해져 있다.

건축에서 말년의 대표작 성 베드로 광장Piazza San Pietro(1656~1667년) 역시 노트르담 대성당과의 연관성을 추적해볼 수 있다. 노트르담 대성당 앞의 광장인 플라스 뒤 파르비스 노트르담Place du Parvis-Notre-Dame과 성

13-2. 잔 로렌초 베르니니Gian Lorenzo Bernini가 1671~1674년 제작한 조각 작품 <축복받은 루도비카 알베르토니Beata Ludovica Albertoni>

베드로 광장 모두 주랑과 난간으로 둘러치는 '파르비스' 형식이라는 공통점이 있었다. 베르니니는 성 베드로 광장을 파리에 초청받아 오기 전부터 시작했지만, 준공은 파리 방문 뒤여서 당시 파르비스 형식으로 남아 있던 노트르담 대성당의 광장을 보고 자신의 작품이 최종적으로 완성되었을 때의 모습을 상상했을 것이다. 건축가들은 어느 공간에 가든지 항상 이런 상상을 하기 때문이다.

절대왕정~19세기

쇠락과 파괴와 복원의 역사

루이 14세 때의 이런 두 가지 일화는 파리의 도시공간 속에서 노트르담 대성당이 차지하는 위상을 보여주기는 하지만 역사의 흐름 전체로 보면 어떤 면에서는 단편적 사건 같은 것이었다. 루이 14세의 시대는 정치사에서는 보통 '절대왕정Absolutism'의 절정기로 본다. 그런데 거시적 관점에서 보면 절대왕정은 노트르담 대성당에는 불리한 시대가 시작되었음을 뜻하는 것일 수 있었다. 절대왕정이란 중세 봉건시대에서 근대 시민사회로 넘어가는 중간 시기인 16~18세기의 정치체제를 말한다. '기독교-영주-장원 제도'의 중세에서 벗어나 강력한 중앙집권적 왕권을 바탕으로 한 통일국가가 전면에 나서 정치를 주도하는 체제다.

이런 점에서 통일국가의 틀을 갖춘 프랑스와 영국이 주도했다. 프랑스에서는 멀리는 프랑수아 1세(재위 1515~1547년), 심지어 샤를 7세(재위 1422~1461년)까지 올려잡기도 하나, 보통은 좁게 잡아서 루이 13세(재위 1610~1643년)부터 프랑스대혁명 직전의 루이 16세(재위 1774~1792년) 사이의 네 '루이' 왕 시리즈 기간을 말한다.

절대왕정은 노트르담 대성당에는 좋은 일은 아니었다. 중세에서 벗어나고 강력한 왕권이 구축되었다는 건 가톨릭이 쇠퇴했다는 뜻이기 때문이다. 물론 프랑스에는 이미 중세부터 교회 재산이 왕실에 부속되는 '갈리아주의'가 있어서 왕의 세속 권력이 기독교 권력보다 우위에 있다고 볼 수도 있었다. 그렇지만 '중세 = 기독교'라는 시대적 대표성이 갖는 힘도 무시할 수 없었고, 특히 교황청과의 관계까지 함께 보면 더 그랬다. 절대 왕정의 시대는 이런 가톨릭 권력이 사실상 붕괴하면서 기독교가 왕실에 완전히 종속되었음을 뜻했다.

거시적으로 보면 17~18세기의 '바로크·계몽주의' 자체가 '혁명'의 시기였다. '혁명'이라는 단어 하나만 쳐도 인류 문명사를 바꿔놓은 '종교개혁-과학혁명-지성혁명-산업혁명-프랑스대혁명'의 대변혁 사건 다섯 개가 하나로 연결되던 시대였다. 종교로서의 가톨릭은 살아남았지만, 종교의 시대가 가면서 가톨릭이 중세 때 누리던 현실 권력도 종말을 고했다. 그런데 이런 17~18세기의 혁명의 시대를 이끈 중심국가가 프랑스였고, 이 시기의 수도 파리는 온갖 혁명 기운이 분출하던 용광로 같은 곳이었다.

노트르담 대성당은 역사의 파수꾼답게 자신에게 불리했던 이런 대변혁의 기록조차도 담아냈다. 주로 건물에 부착하는 미술품에 나타난 변화가 중심이었다. 건물 자체를 손대기는 여러모로 불가능하거나 최소한 부담이 컸다. 반면 미술품은 탈부착이 가능한 부가물이라 대체로 권력자들이 부담 없이 손대는 전통이 있었다. 노트르담에 대해서는 이미 루이 13세(재위 1610~1643년) 때인 1630년경부터 이런 변혁 작업이 시작해서 루이 14세(재위 1643~1715년) 때에 절정을 이루었다. 주로 두 왕의 조각상을 설치하거나 두 왕을 찬양하는 미술품을 새로 추가했고, 간혹 과거의 미술품을 일부 수정하기도 했다.

처음에는 프랑스의 바로크 미술을 이끈 샤를 르브룅Charles Le Brun(1619~1690년), 세바스티앙 부르동Sébastien Bourdon(1616~1671년), 으스타슈 르스뇌르Eustache Le Sneur(1617~1655년) 등 예술가 그룹이 두 루이 왕을 차례로 거치면서 먼저 등장했다. 루이 14세의 친정이 시작되면서 이 작업은 건축가들에게 넘어갔다. 왕실 건축가였던 로베르 드 코트Robert de Cotte(1656~1735년)와 쥘 아르두앵-망사르Jules Hardouin-Mansart(1645~1708년)가 대표적이었다. 이들은 건축가여서 건물이나 구조부 등도 손을 대기는 했는데, 순수한 건축 차원에서 한 건 아니었고 주로 새로 부착하는 미술품의 바탕 면과 설치 공간을 확보하거나 작품에 맞게 구조부를 변형시키는 정도였다. 이들과 함께 니콜라 쿠스투Nicolas Coustou(1658~1733년)와 기욤 쿠스투Guillaume Coustou(1677~1733년) 부자, 그리고 앙투안 쿠아즈보Antoine Coysevox(1640~1720년) 등의 예술가들이 협업했다. 뒤를 이은 루이 15세(재위 1715~1774년) 때에도 이 작업은 계속했다. 재위 말년인 1771년경부터는 파리 팡테옹Paris Panthéon의 설계자인 제르맹 수플로Germain Soufflot(1713~1781년)가 주로 이 일을 담당했다.

이어 프랑스대혁명 때에는 다시 반달리즘이 가장 집중된 건물 가운데 하나로써 '파괴와 광기'라는 바람직하지 못한 역사를 기록한 장본인이 되었다. 절대왕정의 루이 왕들이 제작한 이런 부가 조각품들이 프랑스대혁명 때 가장 먼저 철거된 건 당연했다. 그러나 역사는 반전하는 법. 19세기에 파리가 남긴 중요한 도시건축 업적 가운데 하나인 '복원'을 이끈 건물 역시 노트르담 대성당이었다.

노트르담 대성당 복원 작업은 1843~1864년에 걸쳐 진행했는데, 이 작업을 이끈 건 프랑스 국민을 각성하며 복원 운동에 불길을 당긴 대문호 빅토르 위고Victor Hugo(1802~1885년)였다. 19세기 프랑스 보수주의를 대표하며 이끌던 거장 위고는 프랑스의 정신이자 파리의 심장인 노트르담 대성당이 파괴된 채 흉물스럽게 방치해 있는 걸 보고서 의분과 함께 애국심이 발동해 본격적인 복원 운동을 전개했다. 노트르담 대성당을 계기로 주로 프랑스대혁명 때 파괴된 여러 건물을 복원하는 큰바람이 불어 19세기에 하나의 문화운동으로까지 발전했다. 이는 고고학의 발전도 함께 이끌었다.

그런데 이런 복원 작업 때에도 루이 왕들이 더한 조각물들의 경우, 기독교 건물에 왕의 조각상이 부착되었다는 사실 자체가 불합리하다고 판단되어져 복원하지 않았다. 절대왕정 때에 지어진 부분도 복원할지에 대한 논의가 있긴 했는데 대체로 부정적인 의견이 많은 편이었다. 복원을 주도한 건축가이자 복원 전문가였던 비올레 르뒤크Viollet Le Duc(1814~1879년)가 중세 근본주의 성향이 강한 점도 중요하게 작용했다. 가능한 한 중세 때의 원본 위주로 복원하다 보니 절대왕정 때의 내용은 사라지게 되었다. 따라서 절대왕정 때 부분은 지금은 기록으로만 남아 있고 그 모습을 찾아보기는 힘들게 되었다. 이 내용은 <파리 도시건축의 역사: 혁명과 제국의 시대>(2024년 출간 예정)에서 자세하게 다루겠다.

14장 시테궁

프랑스 정치사의 압축판

시테궁 개요

시테섬의 터줏대감, 왕궁 복합단지

시테섬은 파리의 뿌리이자 심장이다. 파리에서 가장 먼저 사람들이 정착해 살기 시작한 곳이어서 발생학적으로나 역사적으로 파리의 씨앗에 해당한다. 도시건축을 기준으로 봐도 시테섬에서 여러 중요한 기록이 나온다. 기원전 3세기경 파리 최초의 성곽이 이곳에 세워졌던 흔적이 있으며, 기록에 남아 있는 공식적인 최초의 성곽 역시 로마 정부가 258년에 시테섬에 세운 것이었다. 기독교 건축도 마찬가지여서 최초의 기록은 아니지만 파리, 나아가 프랑스 전체의 중세 건축을 대표한다고 할 수 있는 노트르담 대성당과 생트샤펠의 두 거작이 시테섬에 있다. 더하여 시테섬에 '뿌리-심장-씨앗' 등의 말을 붙일 수 있는 중요한 근거가 하나 더 있는데, 바로 이곳에 시테궁Palais de la Cité이라는 파리 최초의 왕궁이 세워졌다는 점이다.

현재 시테섬에 남아 있는 중세 건물은 거의 기독교 시설인 가운데 이에 못지않은 거대한 세속 건물이 하나 남아 있는데 이 건물이 시테궁이다. 비록 건축 양식을 기준으로 보면 섬세한 면은 떨어지지만, 일단 규모

면에서 노트르담 대성당의 맞은편에서 대성당보다 훨씬 넓은 면적의 복합단지를 이루며 대성당을 압도하는 위용을 뽐낸다.도 14-1 이처럼 시테섬에 왕궁 단지가 있었고 지금도 그중 많은 건물이 남아 있다는 사실을 아는 사람들은 많지 않은 것 같다. 관광 자료에도 이곳은 보통 '콩시에르주리'라는 더욱 낯선 이름으로 표시되어 있거나 관광의 대상이 되기 힘들 것 같은 '파리고등법원(최고재판소)'으로 표기되어 있어서 더 그렇다.

하지만 이곳은 엄연한 파리의 왕궁이었다. 센강 건너편에서, 특히 우안 쪽에서 보면 중세 성채의 원형 탑이 그 증거로 아직도 남아 있다. 파리 도시경관과 어울리지 않는 낯설고 다소 불쾌하기까지 한 모습이지만 거꾸로 파리가 중세 도시라는 사실을 보여주는 증거이기도 하다.도 14-2 '프랑

14-1. 1610년경 상태의 시테섬 모형. 아직 중세 그대로다.

스 왕궁' 하면 단연 베르사유 궁전이 떠오르며 루브르는 박물관인지 왕궁인지 헷갈리는 정도일 것이다. 물론 이 두 궁전이 프랑스의 왕궁을 대표하는 건 맞지만 모두 르네상스 이후에 지어졌다. 그렇다면 중세 때의 왕궁은 어디였을까? 바로 시테궁이었다.

이제 천 수백 년의 시간이 흐른 지금, 시테궁의 현재 상태는 다소 모호하다. 일단 단일 건물이 아니고 10~20여 채의 크고 작은 건물로 이루어진 복합단지여서 공간 구성이 복잡하다. 건물의 역사도 복잡하며 주요 시설의 이름은 낯설다. 원래 이름은 시테궁으로 시작해서 중간에 '콩시에르주리Conciergerie'라고 불렸으며 현재는 '파리고등법원Palais de Justice(최고재판소)'이 이 복합단지의 공식 명칭이다. 생트샤펠이 이 왕궁 단지에 속해 있던 왕실 전용 예배당이었다. 현재는 단지의 응집력이 해체되어 유럽 도시에서 흔히 보이는 것과 같은 오래된 건물이 군집한 정도로만 인식된다. 생트샤펠을 제외한 왕궁 구역은 대체로 중세풍의 성채형으로 남아 있다. 중세 때 파리 그림도 대부분 센강을 낀 성채로 지금의 파리와 매우 다른데, 이곳을 그린 것이어서 그렇다. 파리에 남아 있는 중세 건물이 거의 기독교 교회와 성당인 걸 볼 때 우선 기능 유형에서 희소성이 있다. 하지만 관광 차원에서는 이상하게 발길이 닿지 않는데, 아마 외관에서 느껴지는 '중세 공포증medieval phobia' 때문일 것이다.

14-2. 시테궁(지금의 파리고등법원)의 시계 부두Quai de l'Horloge(북쪽 센 강변) 전경. 중세 성채 모습이 아직 남아 있다.

하지만 자세히 들어가면 시테궁도 노트르담 대성당처럼 프랑스의 거의 전 역사와 함께한 매우 중요한 곳이다. 비기독교 세속 건물이어서 노트르담 대성당에 기록되지 않은 나머지 절반의 역사를 담당했다고 볼 수 있다. 시테궁은 사실 시테섬의 터줏대감이었다. 여러 면에서 노트르담 대성당과 좋은 비교 대상이다. 공간적으로 보면 시테섬의 서쪽 절반을 차지하며, 동쪽 절반의 중심 건물인 노트르담 대성당과 시테섬을 양분한다. 시간상으로는 노트르담 대성당과 함께 파리에서 가장 오래된 곳인데 굳이 연도를 따지면 시테궁이 200여 년 빠르며, 따라서 시테섬에 가장 먼저 들어선 시설이었다. 시공간상의 이런 대비는 그대로 '세속 건물 vs. 기독교 건물'의 대비를 이루며, 두 곳에서 진행한 역사를 합하면 자연스럽게 프랑스의 약사略史가 된다.

시테궁은 어떤 면에서 노트르담 대성당보다 더 압축적으로 프랑스 역사를 간직한 곳이다. 왕궁에서 시작해서 법원이 이어받았기 때문이다. 특히 '법원'이 중요해서 프랑스 역사가 법원을 중심으로 진행했다고 해도 과언이 아닐 정도였다. 사법부는 왕권, 신권臣權, 종교권, 시민권 등과 함께 프랑스 역사를 이끌어온 5대 권력 가운데 하나였다. 이 나머지 네 권력 집단 사이의 복잡한 충돌 관계가 궁극적으로 법원에까지 올라왔기 때문에 법원이 갖는 역사적 포괄성은 상당히 컸다. 세속 권력의 중심지여서 왕실을 끼고 진행한 왕조사와의 연관성이 큰 곳이기도 했다. 이상을 종합할 때 시테궁은 건축 양식보다는 이곳 공간에서 진행된 역사가 더 중요한 대표적인 사례라고 할 수 있다. 더하여 유럽 전체에서도 '법원' 건물이 이처럼 중요한 예는 찾기 힘들다는 희소성도 크다.

중세 때의 시테궁

콩시에르주리에서 파리고등법원으로

이상이 시테궁의 현재 상태이자 파리에서 갖는 위상이었다. 건물 자체의 작품성이나 건축 양식의 의미보다 이곳에서 벌어진 역사가 더 중요한 대표적인 건물일 것이다. 시테궁의 건축 역사와 함께 프랑스의 역사를 따라가보자. 시테궁이 최초로 등장한 건 로마 지배 시절이다. 275년경에 시테섬이 침공을 받은 뒤 파리 최초의 성곽을 쌓는 과정에서 4세기 초에 왕궁을 함께 축조한 것이 시작이었다. 이후 로마인들이 물러간 뒤 프랑크왕국의 메로빙거 왕조Merovingian Dynasty(486~751년)가 문을 열며 이 시설을 이어받아 왕궁으로 사용했던 것으로 보인다. 고고학적 증거가 부족하긴 하지만 이때까지의 시설을 보통 '메로빙거궁'이라 부르며 그 존재는 인정되고 있다. 이를 근거로 시테궁의 시작 연도를 보통 6세기로 잡는다.

고고학적 증거가 확실한 단계는 이 뒤를 이은 카페 왕조Capetian Dynasty(987~1328년) 때다. 이때 시테궁의 전반적인 골격이 잡혔으며 이를 '카페궁'이라 부른다. 가장 먼저 로베르 2세(재위 996~1031년)가 '왕의 홀Aula regis'이라는 방을 지으면서 자신의 왕정청王政廳 · Curia Regis을 소집해 함께 입주시켰다. 왕정청이란 노르만 왕가의 직속 관리와 주교로 구성된 상설회의로 최고재판소의 기능을 수행한 기관이다. 이로써 시테궁은 일찍부터 정치 권력과 사법 권력을 합한 최고 권력의 공간으로 자리 잡았다. 이어 루이 7세(재위 1137~1180년)는 시테궁에 완전히 정착해서 주궁으로 삼았고, 필리프 2세(재위 1180~1223년)는 이곳에 왕실 기록 보관소를 설치하고 사법 기능을 강화했다.

시테궁을 가장 많이 키운 왕은 루이 9세(재위 1226~1270년)와 필리프 4세(재위 1284~1314년)였다. 두 왕 모두 프랑스 역사 전체에서 사법부의 권한을 강화한 업적을 남기게 되는데, 이에 따라 시테궁 내에 파리고등법원 구역이 확장되었다. 더하여 시테궁에 드리운 중세 공포증 가운데 중요한 부분을 차지하는 감옥도 정확한 연대는 모르나 이 과정에서 법원 부속시설로 처음 설치되었다. 두 왕은 또한 시테궁을 대표하는 핵심 건물을 각 하나씩 세웠다. 먼저 루이 9세가 생트샤펠을 세웠는데, 이는 시테궁 단지 내부뿐 아니라 프랑스 고딕 건축, 심지어 유럽 고딕 건축 전체에서도 중요한 사건이었다. 필리프 4세는 나중에 샤를 5세 때 '콩시에르주리'라는 이름으로 불리게 되는 대연회실Grand'Salle · Salle des Gens d'armes을 세웠으며, 그 주위에 왕궁 수비대Salle des Gardes, 주방, 지롱댕 예배당Chapelle

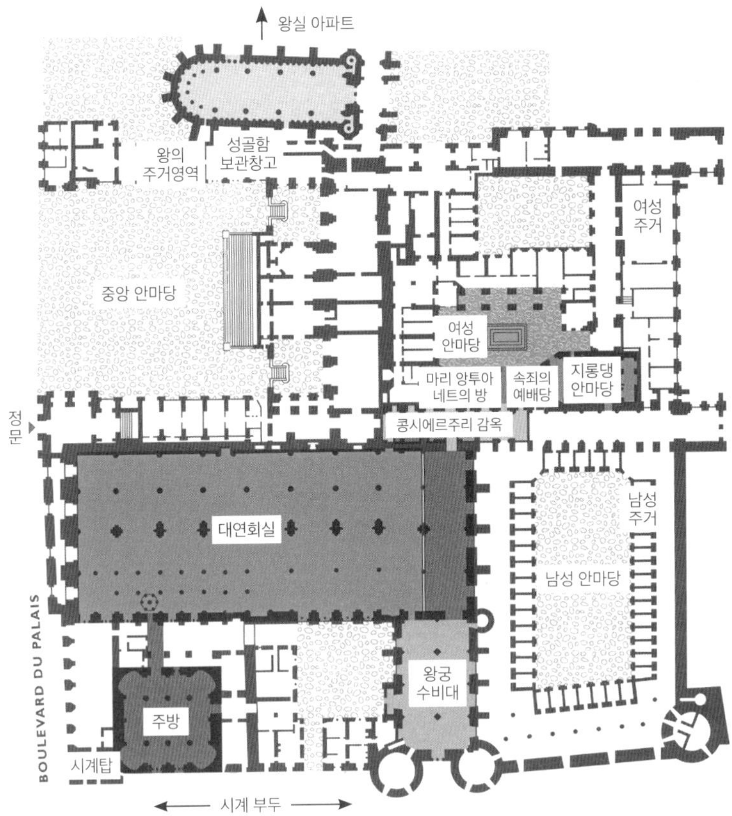

14-3. 시테궁 배치 평면도

des Girondins, 감옥, 남성 왕족 주거, 여성 왕족 주거, 수 개의 안마당, 시계탑Tour de l'Horloge 등 여러 부속시설을 추가해서 중정형의 큰 단지로 키웠다.도 14-3

이로써 시테궁은 생트샤펠을 중심으로 한 종교 구역, 그리고 대연회실을 중심으로 한 왕실 구역의 두 구역으로 나뉘면서 전형적인 중세형 복합 왕궁 단지로 완성되었다. 이를테면 중세 봉건시대 때 영주들이 사용하던 성채형 왕궁의 '파리 버전'이라 할 수 있다. 중세 성채는 왕궁을 겸했지만, 대부분 군소 영주들이 주인이어서 규모가 작고 내부 구성도 삐뚤빼뚤했다. 그런데 시테궁은 파리 왕궁답게 규모를 크게 잡은 뒤 여러 복합시설을 십자축 구성에 따라 정리한 것으로 보인다. 물론 중세 건물

14-4. 시테궁 대연회실Salle des Gens d'Armes의 나선형 계단. 19세기 제2제국 때 복원했다.

이어서 완전히 격자 구성으로 정리되지는 못했고 내부는 여전히 복잡한 편이었다. 외관의 성채 모습과 함께 실내 역시 중세 건축을 대표하는 첨두아치pointed arch와 나선형 계단으로 구성되었다.도 14-4 어쨌든 루이 9세와 필리프 4세의 두 왕을 거치면서 시테궁의 중세 부분은 거의 완성되었으며 19세기에 확장될 때까지 더 이상의 큰 변화는 없게 된다.

왕궁이 떠난 뒤

파리고등법원, 혁명재판소, 최고재판소

뒤를 이은 발루아 왕조Valois Dynasty(1328~1589년) 때에는 건물의 변화는 없는 편이었지만 용도에 큰 변경이 있었다. 왕조 초기인 14세기에는 무엇보다 나라 전체에 백년전쟁, 자크리의 난, 마르셀의 난 등 크고 작은 위기가 있었다. 이런 위기를 오롯이 감당한 건 장 2세(재위 1350~1364년)였는데, 이때 반란 세력이 시테궁으로 쳐들어와서 중신을 살해하는 일이 벌어졌다. 어린 나이에 이를 목격한 샤를 5세(재위 1364~1380년)는 이런 기억이 싫어서 즉위하는 해인 1364년에 바로 루브르를 새로운 본거지로 삼아 시테궁을 떠났다. 이로써 시테궁에는 사법, 연회, 집회 등의 기능만 남게 되었으며 사법 기능이 강화되는 과정에서 감옥 구역도 확충했다.

르네상스 이후 시테궁은 왕실이 떠나서 그런지 19세기에 근대적 사법제도가 들어오기 전까지 새로운 건축은 없는 편이었다. 그러나 시테섬 전체에는 크고 작은 변화가 있었다. 앙리 4세(재위 1589~1610년)를 예로 들어보면, 시테궁의 서쪽 끝에 있던 왕의 정원을 도핀 광장Place Dauphine이라는 광장형 도시 주거 단지로 개발했으며 이곳에서 센강을 가로지르는 유명한 퐁 네프Pont Neuf도 준공했다.

더 중요한 건 사법 기능이 강화된 것이었다. 이미 프랑스대혁명 이전의 앙시앵레짐 기간에 시테궁은 프랑스 사법부의 총본산이 되면서 절대왕정을 견제하는 상징적 장소가 되었다. 절대왕정과의 공방을 벌이는 과정에서 '재판 침대Lit de Justice · beds of justice'나 '루이 15세의 채찍질 연설Louis XV Flagellation Speech' 같은 재미있는 조어들이 탄생한 현장이기도 하다. '재판 침대'란 프랑스의 역대 왕들이 침대에서 판결을 내리던 전통에 따라 이곳에 설치된 침대를 말한다. 여러 단의 계단 위 높은 곳에 설치해서 재판관으로서 왕의 권위를 과시했다. 이런 공간이어서 프랑스대혁명 때에는 혁명 세력의 본거지 가운데 하나였다. 1793년에는 혁명재판소가 이곳에 차려졌으며, 그 연장선에서 루이 16세와 마리 앙투아네트Marie Antoinette(1755~1793년)도 이곳에서 재판을 받았다. 앙투아네트는 10월 16일에 처형되기 전까지 콩시에르주리의 감옥에 투옥되어 있었다. 이 방은 나중에 '앙투아네트의 방'으로 명명되어 지금도 당시 상태로 보존되어 있다.

이후 19세기를 거치며 사법 체계가 근대화되면서 그에 맞춰 파리고등법원에도 대대적인 증·개축이 있었다. 먼저 1812~1819년과 1847~1871년에 두 번의 큰 공사를 했으며, 그 후반부인 1862년에는 시테궁 전체가 역사 기념비Historic Monument로 분류된 뒤 1864년에 최종 지정되었다. 그러나 1871년 파리코뮌Paris Commune 사태 때 대화재를 겪은 뒤 일부 시설의 철거와 함께 1891년까지 복원, 그리고 한 번 더 큰 개조를 거쳐 오늘날 최고재판소의 시설을 갖추게 되었다. 하지만 이곳의 감옥이 완전히 폐쇄된 건 1934년이나 되어서였다. 이때까지는 프랑스 역사를 이끈 크고 작은 재판과 수감이 이곳에서 진행했다.

15장 생트샤펠

스테인드글라스, 스콜라 신학, 갈리아주의

루이 9세의 신앙심의 산물

성물 보관교회를 겸한 왕실 전용 예배당

생트샤펠은 시테섬의 왕궁 단지 안에 있는 왕실 전용 예배당이다. 관광 차원에서는 가까이 위치한 노트르담 대성당에 가려서 많이 알려지지 않았지만, 건축사나 기독교 역사에서는 노트르담과 어깨를 나란히 하며 풍성한 배경으로 가득 찬 주요 건물이다. 특히 이름에서 알 수 있듯이 왕실과의 직접적 연관성을 바탕으로 좁게는 파리, 넓게는 프랑스 중세 기독교 역사의 흥미진진한 내용이 압축해 있는 건물이다. 중세 때 파리를 그린 그림을 보면 생트샤펠이 시테궁과 함께 견고한 요새를 이루면서 성벽 위 고딕 교회의 모습으로 우뚝 솟아 있다.도 15-1 루이 9세의 신앙심, 세 가지 복합 기능, 빛과 스테인드글라스, 노트르담과의 비교 등 네 가지 주제가 중요하다. 차례대로 살펴보자.

먼저 루이 9세의 신앙심이다. 생트샤펠은 프랑스 중세 역사를 대표하는 루이 9세(재위 1226~1270년)가 1239~1243년에 착공해서 1248년 4월 26일에 준공했다. 이때 공식 명칭은 '왕실 전용 예배당Cappella Palatina'(영어로 'Royal Chapel')이었으며 가톨릭의 교회 건축 등급 분류로는 '교구 교

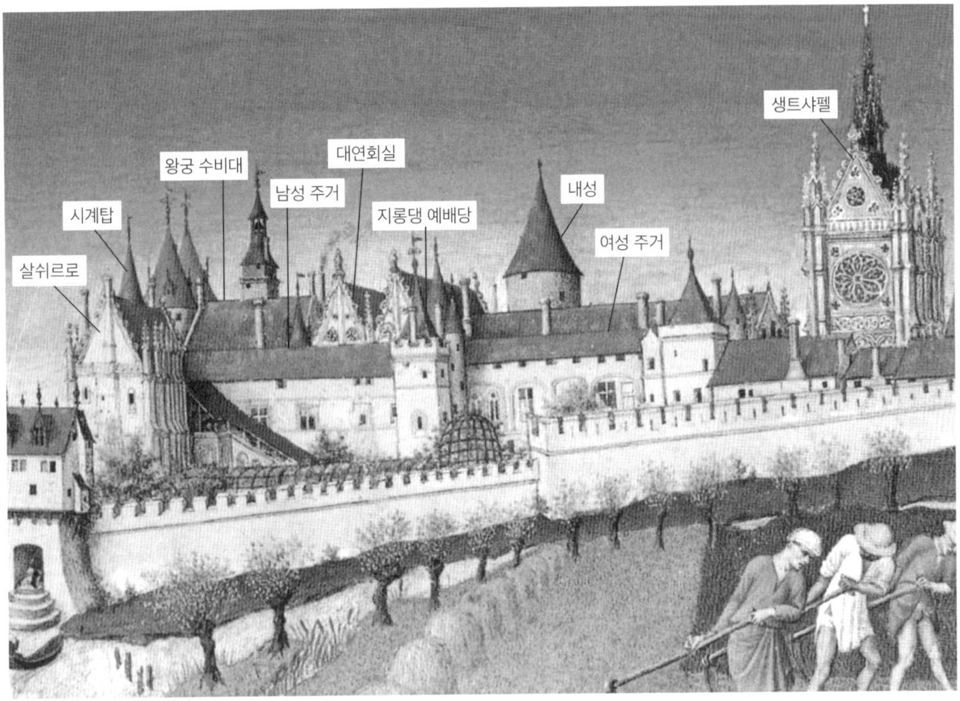

15-1. 랭부르 형제 Limbourg Brothers의 1413~1416년 제작된 <베리 공작의 매우 호화로운 기도서, 6월 Très Riches Heures du Duc de Berry, Juin>

회parish church' 등급이었다. 1837~1859년 사이에 진행한 복원 작업을 마친 뒤에는 1862년에 '교회' 등급으로 격상되었다. '성 예배당'이라는 뜻의 지금 이름인 '생트샤펠Sainte-Chapelle'도 이때 붙었다.

생트샤펠은 종교적으로나 정치적으로나 루이 9세의 치적을 드러내는 대표 업적이었다. 종교적 측면을 보면 그가 왕으로서는 매우 드물게 성인으로 추대되어 '세인트루이스', 즉 '성왕 루이'라는 별칭으로 불리게 된 데에서 알 수 있듯이, 신앙심이 독실하다 못해서 지나칠 정도로 강했던 인물이다. 병풍을 친 것 같은 스테인드글라스로 실내 공간을 극화한 이 화려한 교회는 전적으로 이런 그의 신앙심이 낳은 결과물이었다.

정치적으로도 마찬가지였다. 프랑스에서는 루이 9세를, 중세 전반부에 유럽의 중심 국가를 놓고 경쟁하던 비잔틴제국과 신성로마제국을 앞지르기 시작하는 업적을 이룬 왕으로 평가한다. '성'이라는 칭호는 기본적으로 종교적 배경에서 나온 것이지만 세속적으로도 '성군'이라는 뜻을 겸했다. 이런 업적 가운데 생트샤펠이 중요한 부분을 차지했다. 전통 시대에는 대형 공공건축이 국력 향상에 큰 역할을 했는데 생트샤펠이 그랬다. 요즘 같은 경제적 파급효과보다는 국가의 권위 향상을 기반으로 국민을 단합시키는 역할이 컸다. '왕실 전용 예배당'이라는 건물 종류로 좁혀 봐도 프랑크 왕국의 수도 아헨Aachen의 왕실 전용 예배당Cappella Palatina, 그리고 콘스탄티노플 왕궁의 왕실 전용 예배당이었던 성 소피아Hagia Sophia 성당 등과 어깨를 나란히 하거나 이를 능가하는 걸작이었다.

두 배경 가운데 종교적 배경을 자세히 살펴보자. 이 건물은 처음에 왕실 전용 예배당과 함께 '성물 보관교회reliquary church'의 기능을 겸해서 지어졌다. 이런 성물을 모으는 과정에서 루이 9세의 신앙심은 다시 한 번 유감없이 발휘되었다. 당시 콘스탄티노플에는 예수의 가시 월계관Couronne d'épines du Christ(영어로 'Christ's Crown of Thorns', 줄여서 '가시관') 등 이른바 '예수 수난 성물Passion relics'이라고 믿어지던 유물들이 보관되고 있었다.

루이 9세는 이런 유물들과 에데사의 이미지Image of Edessa(메소포타미아의 에데사라는 도시에서 발견된 의상으로 예수의 얼굴로 믿어지는 흔적이 남아 있다) 등을 포함한 총 39점의 성물을 구매해서 일차로 '루이 9세 컬렉션Louis IX's Collection이라 이름 붙였다. 이때는 아직 생트샤펠이 준공되기 전이라 이 컬렉션은 성골함聖骨函 · Grande Châsse에 담아 일단 당시 왕궁 안의 성채 두 곳에 나누어서 보관했다.

교황 인노첸시오 4세Innocentius IV(재임 1243~1254년)는 1239년에 '예수께서 자신의 가시관으로 왕에게 왕관을 씌워주셨다the Lord has crowned you with His crown of thorns'라며 루이 9세의 신앙심과 종교적 노력을 인정했다. 이 평가는 루이 9세가 죽은 지 27년이 지난 1297년에 성인으로 추대되는 데에 도움이 되었다. 독실한 가톨릭 신자였던 루이 9세는 교황의 인정까지 받자 기운 백 배 해서 이 사업에 드라이브를 걸었다. 크게 두 방향이었다.

하나는 성물 보관교회를 짓는 김에 왕실 전용 예배당을 겸해서 아예 크게 새로 짓기로 했다. 왕권 시대에 유럽의 주요 국가에는 대체로 왕실 인사들과 초청받은 하객만 사용하는 전용 예배당을 따로 갖추는 관례가 있었다. 시테궁 내에서도 루이 6세(재위 1108~1137년)가 세운 성 니콜라스 예배당Chapelle Romane de Saint-Nicolas이 사용되고 있었다. 하지만 필리프 2세(재위 1180~1223년)를 거치면서 프랑스의 국력이 크게 신장하자 이 건물로는 부족하다고 느끼게 되었다. 이에 루이 9세는 성물 보관교회를 크게 지어 왕실 전용 예배당을 겸하기로 했다.

다른 하나는 성물의 추가 구매였다. 생트샤펠의 준공을 앞둔 1248년에 진성 십자가True Cross와 성창聖槍 · Holy Lance을 비롯한 여러 성물을 추가로 매입했다. 드디어 준공식 날 앞의 39점에 더해서 성대한 미사 의식과 함께 최종적으로 이곳으로 합해서 보관했다. 여기에는 십자군전쟁이라는 커다란 역사적 배경이 있었다. 교황의 칭찬이 일회성이었다면 십자군전쟁은 유럽 중세 문명 전체를 뒤흔든 역사적 사건이었다. 그런데 루이 9세가 성물을 구매하고 생트샤펠을 짓는 일은 모두 이런 십자군전쟁과 연계되어 있었다. 루이 9세는 자신의 신앙심을 십자군전쟁으로 표출한 대표적인 왕이었다. 7차 십자군전쟁(1248~1254년)을 야심 차게 주도했는데, '1248년'은 '성물 추가 구매 – 생트샤펠 준공 – 7차 십자군전쟁의 시작'의 세 사건이 겹치는 해였다.

세 가지 복합 기능
성물 보관교회, 왕실 전용 예배당, 대학 교회

다음으로 세 가지 복합 기능이다. 이렇게 탄생한 생트샤펠은 왕궁 부속 예배당임에도 불구하고 시테궁 단지 내에서 왕궁 부분을 제치고 사실상 중심 건물이 되었다. 시테궁에도 중심 공간인 대연회실이 있었지만 크기나 화려함 등에서 생트샤펠과 비교 대상조차 되지 못했다. 더욱이 왕궁에서는 보통 왕의 침실King's Chamber이나 옥좌실Throne Room 등이 또 다른 중심 공간인데, 시테궁에서 이런 시설은 이름조차 거론되지 않을 정도로 존재감이 전혀 없었다. 반면 생트샤펠은 준공하면서부터 큰 규모와 화려한 스테인드글라스로 단번에 시테궁의 중심 건물이 되었다. 심지어 노트르담 대성당과도 어깨를 나란히 하면서 파리의 중세 기독교 건축을 대표했으며, 나아가 유럽 고딕 건축 전체에서도 한 획을 긋는 걸작이었다.

생트샤펠은 위 예배당Upper Chapel과 아래 예배당Lower Chapel의 2층 구조인데, 이런 중요성에 걸맞게 위 예배당에는 왕과 왕비의 주거동인 왕실 아파트royal apartments로 직접 연결되는 갤러리가 설치되었다.도 15-2 더하여 '대학 교회collegial church' 기능까지 추가로 겸했다. 루이 9세는 시테궁의 남쪽 구역에 사제들을 위한 작은 신학대학을 지어서 운용했는데 생트샤펠은 자연스럽게 이 대학 교회도 겸하게 되었다. 이로써 '성물 보관교회–왕실 전용 예배당–대학 교회'의 세 가지 기능을 겸한 복합 교회가 되었다.

이게 끝이 아니었다. 성물 보관교회라는 본연의 기능에 맞게 성골함 보관 장소를 따로 지었다. 성골함은 종교적으로는 물론이거니와 그 안에 보관한 성물의 구매 가격을 볼 때 경제적으로도 왕실의 중요한 보물창고였다. 이를 위해 건물 북쪽 측벽에 '성골함 보관창고Trésor des Chartes'(영어로

15-2. 시테궁 전경 판화. 17세기

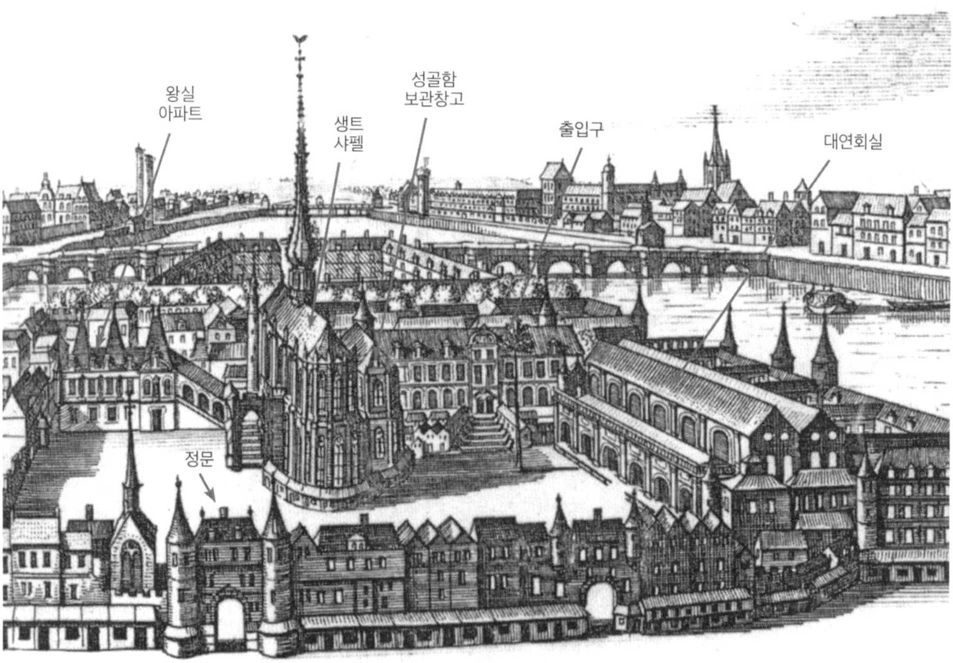

'Charters Treasury')라는 별도의 부속 건물을 지어 보관했다. 단순한 창고는 아니었고, 본 건물의 소품miniature 개념으로 지은 3층 구조의 제법 큰 또 하나의 정식 교회 건물이었다. 3층이 왕실 문서 보관소royal archives로, 성골함은 이곳에 주요 문서와 함께 보관했으며 아래 두 개 층은 기타 성구 보관실sacristy이었다.

중세 이후에는 자잘한 추가 공사, 화재, 프랑스대혁명 때의 파괴 등으로 인해 훼손과 재건이 끊이지 않았다. 가장 큰 손실은 물론 프랑스대혁명 때의 본당 파괴와 성골함 약탈이었으며, 이보다 6년 전인 1783년에는 확장 공사 때 안타깝게도 성골함 보관창고를 철거했다. 19세기에 대대적인 복원을 거쳐 오늘에 이르는데, 처음 모습과 일정 부분 달라지긴 했지만 다행히 대체로 중세 때 모습을 되찾은 것으로 볼 수 있다.

생트샤펠은 화려한 스테인드글라스와 함께 성물 보관교회까지 겸해서 이래저래 돈이 많이 든 비싼 건물이었다. 루이 9세는 당연히 성물 구매에 막대한 비용을 썼는데, 이와 관련한 일화가 전해진다. 오래전 일이라 성물 구입 대금을 지금의 화폐가치와 비교하기는 쉽지 않지만 생트샤펠의 건물 공사비보다 많이 든 건 확실했다. 당시 건축공사비는 크게 비싸지 않았다. 반면 '금·은·동'과 대리석 같은 비싼 재료를 사용하는 성물 장식이 더 비쌌다. 실제로도 생트샤펠의 총 공사비는 4만 리브르livres(리브르는 중세 당시 금 1파운드의 가격)였던 데 반해, 이 안에 들어가는 성물은 이보다 무려 2.5배 더 비싼 10만 리브르였다. 또 다른 중요한 소장품으로 루이 9세가 콘스탄티노플의 황제에게서 사온 왕관이 있는데, 이 가격은 무려 13만 5,000 리브르였다.

중세 때에 건축공사비가 이렇게 저렴했던 건 인건비와 재료비가 모두 낮았기 때문이다. 우선 건축공사를 담당한 장인의 인건비가 쌌다. 물론 중세에도 '건축가-석공-세공장인-목수' 등으로 구성된 전문 시공회사가 있었다. 이들이 건축공사 때 작성한 계약서를 보면 인건비가 책정되어 있다. 또한 이들은 길드에 소속되어서 집단 차원에서 이권을 보호받았다. 그러나 중세에는 교회, 성당, 수도원 등의 기독교 시설을 짓는 일이 건축공사이기 이전에 그 자체가 하나의 구도 행위이자 신앙생활이라는 사회 분위기가 있었다. 길드조차 기독교 건축공사에 대해서는 공사비를 비교적 적게 책정했다. 일부 장인은 하나님의 성전을 봉헌한다는 신앙심 위에, 요즘 말로 하면 '먹여주고 재워만 주면' 거의 무보수로 일하는 경우까지 있었다.

재료비마저도 쌌다. 중세 프랑스에서는 보통 화산암을 많이 사용했는데, 프랑스의 지질 구조에서 화산암은 화강암이나 대리석보다 상대적으로 가격 부담이 낮은 재료였다. 감람석 등 기타 고가의 장식용 석재와 비교하면 더 말할 필요도 없었다. 이처럼 건축공사비 부담이 낮았기에 아마도 루이 9세는 노트르담 대성당의 2차 공사와 생트샤펠이라는 초대형 건축 사업 두 개를 동시에 진행할 수 있었을 것이며, 그 와중에 건축비보다도 더 비싼 성물을 구매할 수 있었을 것이다.

빛과 스테인드글라스
앙천성으로 극화한 하늘나라

다음으로 생트샤펠의 건축적 의미인 '빛 · 스테인드글라스'라는 주제를 살펴보자. 이 주제에서 최고 걸작품인데, 이는 그만큼 빛을 잘 활용했다는 뜻이다. 파리는 6개월여에 이르는 겨울 우기 동안 계절성 우울증에 걸리기 쉬울 정도로 해가 귀한 도시다. 하지만 의외로 파리에 붙는 별명 가운데 하나가 '빛의 도시'다. 도시 차원에서는 대체로 쭉 뻗은 대형 가로와 넓은 광장 덕에 나온 말이다. 건물 단위에서도 '빛'을 연상시키는 대표적인 건물이 있는데 바로 생트샤펠이다. 가히 스테인드글라스의 보고라고 할 수 있다.

좀 더 원론적으로 말하면 프랑스의 중세 고딕 건축 자체가 '빛'을 향한 노정이었다. 고딕 교회의 실내 장식은 나라마다 차이가 있었다. 이탈리아는 벽화, 영국과 독일은 창과 천장의 리브rib 장식, 프랑스는 스테인드글라스였다. 이 가운데 스테인드글라스는 '빛으로 그린 그림'이라는 별명에서 알 수 있듯이 충분한 햇빛을 받아야 기독교 성화 작품으로서의 가치가 살아난다. 이는 어려운 고딕 구조 기술이 뒷받침해야 가능했는데, 프랑스는 이 부문에서 유럽의 다른 여러 나라를 제치고 단연 선두였다. 생트샤펠은 '빛으로 그린 스테인드글라스'라는 이 주제에서 프랑스 최고 건물 가운데 하나였다. '빛의 도시'라는 파리의 별명이 나온 데에는 생트샤펠의 스테인드글라스도 한몫했을 것으로 볼 수 있다.

보통 스테인드글라스의 최고봉은 파리 근교 일드프랑스 지방에 있는 샤르트르Chartres의 노트르담 대성당을 치는데, 이는 구조 기술의 발전에 창문 개수와 작품 내용이라는 교과서적인 내용을 합해서 본 것이다. 파격성, 전격성, 예술성 등을 기준으로 하면 생트샤펠이 단연 최고다. 처음 들어섰을 때 그저 '아!' 하는 외마디 감탄사만이 터져 나올 뿐, 다른 말은 필요 없다. 유럽건축을 수놓은 수많은 고전 걸작 가운데 이렇게 경외에 찬 반응을 자아내는 예는 만나기 쉽지 않다.

우선 양적인 측면부터 남다르다. 스테인드글라스는 건축으로 보면 창에 속하므로 이는 건물 전체의 창 면적이 남다르다는 뜻이다. 생트샤펠에서는 위 예배당이 이에 해당한다. 실내는 단일 공간인데 직사각형 몸통에 해당하는 네이브nave는 4베이bay이고 서쪽 외진의 반원형 애프스apse는 7베이다. 일단 베이 하나를 창으로 볼 수 있으므로 모두 15개의 큰 창이 있다. 베이는 한 번 더 분할되는데, 네이브 쪽은 한 베이에 4개씩, 애프스 쪽은 2개씩이어서 총 46개의 기다란 수직 창이 실내의 삼면을 돌아가며 에워싸고 있다.도 15-3 이 정도면 현대건축의 꿈이라고 할 수 있는 '봉제선 없는 유리 상자'에 상당히 근접한 수준이라 할 수도 있을 것 같다. 스테인드글라스의 꽃이라 할 수 있는 장미창도 빠지지 않아서 동쪽의 정면 출입구 위쪽 벽을 대형 장미창 하나로 처리했다.

이런 창을 1,134개의 장면scene으로 나누어 성경의 내용을 담고 있다. 특히 사복음서의 예수 일생이 중심이며, 프랑스의 역대 왕들을 기록한 내용도 일부 더했다. 동쪽 정면의 장미창은 요한계시록의 종말론Eschatologia, 그중에서도 사말론四末論·Novissima(죽음, 심판, 천당, 지옥)의 내용을 담고 있다. 건물 전체는 길이 36 미터, 폭 17 미터, 외관 높이 42.5 미터이고 실내만 보면 길이 33 미터, 폭 10.7 미터, 천장 높이 20.5 미터를

15-3. 생트샤펠. 실내 전경과 스테인드글라스

자랑한다. 규모만 보면 이 정도는 가톨릭의 교회 건축 등급에서 성당 등급에 해당하지만, 생트샤펠은 처음 준공 당시 교구 교회 등급으로 책정되어서 실내공간은 일랑식 단일 몸통으로 지었다.

창 면적 전체를 합하면 618 제곱미터(약 187평)다. 이 숫자 자체는 생각보다 넓지 않을 수 있다. 주변의 다른 면적과 비교하면 서울 지하철 전동차 다섯 칸, 31평 아파트 여섯 채, 농구 코트의 1.5배, 핸드볼 코트의 0.78배 정도가 된다. 보통 숫자 기록에서 두드러지려면 최소한 '축구장 몇 배' 정도는 되어줘야 하는데 이와는 확실히 거리가 있다. 하지만 실제 실내에 들어가보면 이런 비교된 숫자보다 훨씬 넓어 보인다. 그 비결은 실내공간 구조에서 찾을 수 있다. 크게 세 가지 점에서 그렇다.

첫째, 무엇보다 우물 속 같은 실내공간의 수직 비례가 돋보인다. 실내공간은 폭과 높이 비율이 1:2 정도 되는데, 이 정도면 전성기 고딕의 문을 연 샤르트르의 노트르담 대성당(1:2.6)과 겨룰 정도가 된다. 폭과 길이 비율은 1:3 정도까지 커져서 실내는 전체적으로 우물 속에 들어와 있는 것 같은 느낌을 준다. 이렇게 만든 건 아무래도 스테인드글라스의 효과를 높이기 위해서인 것으로 보인다.

둘째, 창 하나의 수직 비례는 더 극단적이다. 일단 큰 창이 높이 12 미터, 폭 4.3 미터로 1:2.8의 비율이다. 이를 다시 오징어 다리 찢듯 세로로 네 등분해서 창 하나의 실제 비율은 무려 1:11.2나 된다. 이쯤 되면 숫자적 비례는 무의미해지며 심리적 느낌의 문제로 넘어가게 된다. 즉 단지 '매우 수직적'이라는 느낌으로만 받아들이게 된다.

셋째, 창이 바닥부터 시작하는 것이 아니고 3 미터 정도 높이의 다도 dado(방의 벽에서 윗부분과 다르게 처리한 아랫부분) 위에 올려져 있다. 이렇다 보니 창은 눈높이보다 훨씬 높은 곳에서 부채처럼 펼쳐진다. 실내의 폭이 좁아서 시선 각도는 급하게 형성된다. 이는 수직 비례 효과를 강화하면서 스테인드글라스 창이 마치 병풍을 친 것처럼 실내 삼면을 둘러싼다.

이상을 종합하면 극단적인 앙천성仰天性이 된다. 창이 실제보다 넓어 보이는 걸 넘어서 '극적'으로 극화된 것이다. 기독교 문명을 살던 중세 유럽인들이라면 이런 수직적 극화가 무엇을 상징하는지 체험적으로 즉각 알 수 있었을 것이다. 하늘나라를 향하는 것이거나 하늘을 경배하는 것이다. 더하여 스테인드글라스가 성경 내용을 묘사한다는 점에서 중세 성당의 중요한 종교적 역할인 '그림 성경'의 임무도 충실히 수행하고 있다.

중세에는 거의 모든 국민이 문맹이어서 성경을 통한 전도와 신앙생활에 지장이 많았다. 이에 성서 이외에 성경 내용을 전하는 다른 매체들이 발전했는데 연극, 그림책과 함께 성당에 새겨지는 미술작품 등이 대표적이었다. 이 가운데 미술작품은 보통 건물 외부에 장착되는 조각과 돋을새김을 말하지만, 프랑스에서는 '빛으로 그린 그림'인 스테인드글라스도 이 역할을 충실히 해냈다. 노트르담 대성당과 생트샤펠은 모두 외부에서는 조각과 돋을새김으로, 내부에는 스테인드글라스로 각각 '성경 말씀'을 전하고 있다.

노트르담 대성당과의 비교
중세 전성기를 함께 이룬 단짝

마지막으로 노트르담 대성당과의 비교다. 현재 파리에는 10여 채 이상의 중세 교회 건물이 남아 있긴 하지만 아무래도 건축, 종교, 정치사회, 역사 등 여러 면에서 생트샤펠은 노트르담 대성당과 짝을 이루며 파리의 중세 기독교 건축을 대표한다 할 수 있다. 우선 위치부터 시테섬의 동쪽(노트르담)과 서쪽(생트샤펠)을 나란히 차지하며 양분하고 있다. 물론 종합 점수는 노트르담 대성당의 무게감이 생트샤펠을 압도한다.

하지만 두 건물은 기본 성격이 크게 달라서 우열을 가리는 위치라기보다는 건축사적 의미, 예술적 효과, 역사적 역할 등 여러 면에서 좋은 단짝을 이룬다. 차이점만큼 공통점도 많아서 파리와 프랑스의 위상을 함께 높였다. 차이점을 합하면 상호보완이 되고, 공통점을 합하면 역사성이 두터워지고 파생 논제가 풍성해진다. 두 건물의 차이점과 공통점을 합해서 보면 12~13세기 중세 전성기의 시대 상황을 살필 수 있다. 여섯 가지로 정리할 수 있는데, 차례대로 살펴보자.

첫째, 가장 기본이 되는 건축 구조에서는 차이점이 두드러진다. 노트르담 대성당은 데가주망 공법에 기초한 플라잉 버트레스를, 생트샤펠은 철봉iron bar을 이용한 띠 구조를 각각 주요 구조 방식으로 삼았다. 플라잉 버트레스는 아일 외벽에 부착한 버트레스(버팀벽)의 정상부에서 공중에 아치를 뻗어 네이브의 외벽 상단부를 받치는 구조 방식이다. 반면 생트샤펠은 석재 속에 철봉을 보강재로 넣어 몸통 전체를 돌아가며 에워싸는 띠 구조였다. 생트샤펠의 거대 창문이 혼자 서 있을 수 있는 것도 이런 구조 덕분이었다.

둘째, 건립 연도와 건축사에서의 위치다. 노트르담의 플라잉 버트레스는 1단계 공사(1163~1208년) 때 처음 등장했고 2단계 공사(1220년대~1330년) 때 보강했는데, 건축사에서는 보통 1단계 시기인 초기 고딕에서 구조미학을 대표하는 것으로 평가된다. 이때에는 프랑스 고딕 건축이 아직 구조 기술 중심으로 진행하던 때였다. 반면 생트샤펠(1239~1248년)은 후기 고딕의 전반부인 레요낭 양식rayonnant이었다. 전성기 고딕을 지난 후기 시대여서 건축 미학이 스테인드글라스를 중심으로 한 장식으로 바뀌었다. 이를 위해 창 면적을 극대화할 필요성이 커졌다. 플라잉 버트레스만으로 부족해지자 철봉으로 보강한 띠 구조라는 새로운 공법을 발명해서 사용했다.

띠 구조는 12세기를 대표하는 노트르담 대성당의 플라잉 버트레스와 경쟁하던 새로운 구조 방식이었다. 플라잉 버트레스는 12세기까지는 획기적인 새로운 구조였지만 전통적인 석조 기술에 기반하고 있었다. 이름을 봐도 '버트레스(버팀벽, 부벽扶壁)'라는 고대 구조 방식에서 파생했다. 버트레스의 안쪽을 파낸 뒤 정상부에 하늘을 가로지르는 아치를 설치해서 '플라잉'이라는 이름을 붙였다. 반면 띠 구조는 단순하면서 효율적이었다. 플라잉 버트레스는 물론이고 버트레스마저 없어도 넓은 창이 혼자 서 있을 수 있게 해주었다. 이제 시대가 바뀌어서 장식의 시대가 열렸다. 스테인드글라스를 돋보이게 하기 위해서는 번잡한 플라잉 버트레스나 버트레스가 없는 편이 나았다.

셋째, 장식에서는 공통점과 차이점이 함께 있었다. 우선 그림 성경을 구성하는 장식 매체 전체를 기준으로 보면 노트르담 대성당은 조각과 스테인드글라스 모두를 갖추었다. 조각은 초기 고딕인 1단계 공사 때, 스테인드글라스는 후기 고딕인 2단계 공사 때 주로 집중적으로 설치되었다. 생트샤펠은 스테인드글라스 하나에 집중해서 이 부분에서만은 노트르담을 능가했다. 이런 두 단계의 시대 상황에 대해서는 각각의 역사적 해석이 가능하다.

우선 노트르담의 초기 고딕에 집중된 조각 장식의 시대적 의미다. 이는 초기 고딕 전체가 정밀한 구조 기술 중심으로 발전한 것에 해당하는 장식 버전으로 볼 수 있다. 모두 석재를 핵심 재료로 삼아 구축하고 제작했다. 이로써 고딕 건축의 표준 방식을 완성하는 시대적 의미가 달성되었다. 다음은 후기 고딕의 스테인드글라스 부분이다. 시대 분위기는 이전의 석재 구조 방식이라는 물질적 기술 매체에서 빛과 스테인드글라스라는 비물질적인 매체로 넘어갔다. 건축사를 기준으로 보면 초기-전성기 고딕을 거치며 완성된 구조 기술을 최대한 활용하는 후기 양식의 시대적 의미가 있다. 노트르담의 2단계 공사가 서막을 열었고 생트샤펠이 가세해서 절정을 이루었다.

스콜라 신학과 갈리아주의의 전성기
13세기 시대 상황을 대표하다

넷째, 이런 두 단계의 시대 상황은 중세 기독교 정신을 대표하는 스콜라 신학에서도 똑같이 나타났다. 노트르담 대성당의 1단계 공사에 해당하는 12세기는 스콜라 신학의 태동기로 인간의 매체를 통해 신의 존재를 표현하는 방법을 모색하던 시기였다. 그 해답으로 찾은 게 '빛'이었고 초기 고딕에서 추구했던 데가주망dégagement이라는 구조 기술이 바로 이런 빛을 극대화하려던 건축 장치였다. 천장을 최대한 높이 올린 뒤 상층부에 장착한 넓은 천측창에서 빛이 실내를 가득 채우며 떨어지게 하는 구조 방식이었다. 마치 하늘에서 빛이 내려오는 것 같은 장치를 만들어서 신의 존재를 증명하려 했다. 앞에서 말한 노트르담의 플라잉 버트레스는 이것을 완성하는 마지막 퍼즐 조합 같은 것이었다.

이어 13세기는 스콜라 신학의 절정이었다. 이와 동시에 성당 건축과 장식에서도 빛을 활용하는 스테인드글라스의 전성기가 함께 도래했다. 전성기 고딕에서는 파리 근교의 '샤르트르Chartres – 랭스Reims – 아미앵Amiens'의 3인방으로 그 중심지가 옮겨간 뒤 1240년부터 시작한 후기 고딕에서 생트샤펠이 노트르담의 2단계 공사와 생드니 수도원 본당교회 등과 함께 중심지를 다시 파리로 가져왔다. 13세기는 스콜라 신학이 완성에 이르러 구체적인 결과를 내놓기 시작한 때였고, 그 절정이 스테인드글라스를 극대화하는 레요낭 양식으로 모였다. 생트샤펠의 시대가 열린 것이었다.

다섯째, 13세기는 갈리아주의Gallicanism의 전성기이기도 했으며 생트샤펠은 이를 이끈 루이 9세의 업적이었다. 생트샤펠의 스테인드글라스에는 이런 사실을 보여주는 특이한 내용이 있다. 성경의 열왕기서 내용을 프랑스 왕들의 족보로 연결하면서 루이 9세까지 기록하고 있는 점이다. 여기에 생트샤펠에 보관한 진성 십자가와 성창 등 예수와 관련된 성물을 더하면 프랑스의 역대 왕들이 예수의 가시 월계관Couronne d'epine du Christ의 상속자라는 뜻이 된다. 루이 9세 자신은 그 마지막과 함께 절정을 이루고 있다. 다른 성당들에서는 건축 공사를 진행한 당사자 왕 한 명만 기록하거나 확대해도 그 왕이 속한 왕가의 역사 정도만 기록하는데, 생트샤펠은 프랑스 왕실 전체의 전용 예배당이어서 이를 한 번 더 확장한 것으로 볼 수 있다. 더하여 왕실 전용 예배당이어서 다도의 세 번째 베이를 왕과 왕후와 왕실 가족에게 봉헌하는 별도의 예배당으로 배당했다.

이런 내용은 아마도 '갈리아주의'의 권위에 따라 가능했을 것이다. 동시에 그 권위를 표현하기 위한 목적도 있었을 것이다. 루이 9세는 교황청과 최대한 긴밀한 관계를 유지하면서 7차 십자군전쟁을 지휘했다. 이는 프랑스 국왕의 정치력이 기독교 권력과 손잡되 기독교 권력을 압도하며 이끌었다는 뜻으로 갈리아주의의 핵심 내용이기도 했다. 앞서 말한 바와 같이 루이 9세는 1248년 7차 십자군원정을 떠나기 전에 생트샤펠을 준공했다. 그리고 그 속에 자신이 예수의 가시 월계관의 마지막 상속자라는 사실을 새겨놓고 떠났다. 장도壯途에 오르는 비장한 신앙심을 읽을 수 있는 대목이다.

여섯째, 이상을 종합해 파리와 프랑스 역사 전체에서, 지금까지 계속 언급했듯이 시테섬에서의 위치, 기독교 권력과 왕실 권력의 양분, 루이 9세의 역할, 시공 연도의 중첩, 베르니니의 파리 방문, 프랑스대혁명 때의 파괴와 수난, 19세기의 복원 등 여러 면에서 노트르담과 생트샤펠은 단짝이 되어 같은 길을 걸으며 파리와 프랑스 역사의 산증인이 되었다.

16장 중세 파리의 기독교 건축

수호성인, 공적 기능, 교구 교회, 외부 성인

2차 교회 여덟 채

중세 파리의 역사를 풍성하게 하는 세부 주제의 보고

현재 파리의 중세 유적 가운데에는 지금까지 살펴본 노트르담 대성당, 시테궁, 생트샤펠 등의 대표적인 건물 이외에도 교회 건물이 많이 남아 있다. 현재 파리는 기독교 도시라고 하기에는 너무 많은 다른 요소가 공존하고 있지만, 적어도 중세까지는 다른 유럽 도시들과 마찬가지로 기독교 도시였다. 특히 중세 파리는 그 어느 도시보다 찬란한 기독교 도시였다. 그래서인지 오랜 시간 수많은 역사의 곡절을 겪고 이제는 현대화된 대도시가 된 것에 비해 중세 기독교 건물이 많이 보존된 편이다.

현재 남아 있는 파리의 중세 건물은 시테궁 정도를 제외하면 거의 교회라 볼 수 있다. 시테궁은 부분적으로 중세 모습이 남아 있지만, 전체 골격은 19세기에 파리고등법원으로 다시 지은 것이다. 이외에 파리 시청사가 중세 때 처음 지어진 자리에 그대로 남았지만, 지금 건물은 1874~1882년에 지은 것이다. 건축 양식도 후기 고딕과 르네상스가 섞여 있어서 여러 면에서 중세 건물이라고 보기는 어렵다.

반면 교회 건물은 중세 건축 양식과 시대적 의미 등을 논할 수 있을 정도로 보존되어 있다. 이 가운데 현재 남아 있는 건물의 숫자와 상태에 대해서는 각기 판단이 다를 수 있는데, 일정 분량 이상의 유구가 남아 있는 건물이 20여 채 정도 될 것으로 보인다. 고고학 단계까지 가지 않고 처음 상태를 유지하며 중세 당시의 건축 양식을 논할 수 있는 정도의 상태가 보존된 건물도 최소한 10채는 된다. 이 가운데 필리프 2세의 파리 성곽 내에 있었던 생제르맹데프레, 생제르베, 생자크, 생으스타슈, 생테티엔뒤몽, 생제르맹록세루아, 생메리, 생세브랭 등 여덟 채가 대표적이다.도 16-1, 19-1 성 밖으로도 중세 교회들이 많이 지어졌고 현재 남아 있는 건물도 있지만, 이 장에서는 대표성과 중요성 등을 고려해 성내의 여덟 채로 한정해서 살펴보겠다.

여덟 채는 노트르담 대성당 및 생트샤펠과 비교해서 '2차 교회'라 부를 수 있다. '2차'라는 말은 대성당이나 왕실 전용 예배당처럼 핵심적인 기능을 수행하지는 않았다는 뜻이다. 하지만 이들 여덟 채도 각자의 역사적 배경 위에 중요한 역할이 있었다. 건립 배경과 목적, 중세 당시의 역할

16-1. 파리의 중세 2차 교회 여덟 채의 위치

과 기능, 건축 양식, 미학적 조형성, 현재 상태 등 여러 면에서 각기 다양한 내용을 간직하며 긴 세월을 지나왔다. 이런 내용 자체가 일단 파리의 중세다움을 풍부하게 해주는 역사의 보고다. 여덟 채를 한자리에 모으면 파리의 풍성한 중세 역사가 된다. 노트르담 대성당과 생트샤펠의 두 대형 건물에 치중된 거대 담론이 놓친 다양한 세부 주제의 보고다. 이런 내용까지 함께 보아야 비로소 중세 파리의 진짜 내면을 알게 된다.

이런 배경 아래 크게 두 가지 기준을 적용해서 여덟 채를 나열하는 순서를 정할 수 있다. 하나는 연대기, 건축 양식, 현재의 인지도와 보존 상태, 사회문화사와의 연관성, 종교적 무게, 건축사적 중요성, 남아 있는 관련 자료 등의 종합적 기준이다. 가장 기본적이고 1차적인 기준으로 앞에서 나열한 순서가 이를 따른 것이다.

다른 하나는 이 여덟 채를 유사성에 근거해 두 채씩 묶어서 보는 기준이다. 앞의 나열 순서를 그대로 유지하면서 네 가지 주제로 분류할 수 있다. '수호성인의 교회'라는 주제에는 생제르맹데프레와 생제르베, '공적 기능의 교회'라는 주제에는 생자크와 생으스타슈, '주요 시설에 부속된 교구 교회'라는 주제에는 생테티엔뒤몽과 생제르맹록세루아, '외부에서 들어온 성인의 교회'라는 주제에는 생세브랭과 생메리 등을 각각 대응했다. 이 두 번째 기준을 차례대로 살펴보자.

생제르맹데프레와 생제르베

수호성인의 교회

생제르맹데프레Saint-Germain-des-Prés 교회는 초기 기독교 시대에 나왔던 같은 이름의 성인에게 봉헌된 교회다. 아마도 여덟 채 가운데 종합평가에서 가장 앞서는 건물일 것이다. 이런 중요성에 걸맞게 6구의 네 번째 카르티에의 이름이기도 하다. 처음에는 메로빙거 왕조의 킬데베르투스 1세Childebertus I(재위 511~558년)가 자신의 가족묘를 겸해서 두 성인에게 봉헌해 세운 생뱅상-생트크루아 교회Église Saint-Vincent et Sainte-

Croix로 시작했다. 이를 허가하고 주도한 당시 파리 주교가 생제르맹Saint-Germain(496/500년경~576년)이어서 건물에 자신의 이름을 넣어 생제르맹데프레가 된 것이다. 물론 생제르맹데프레의 종교적 활약상만으로도 충분히 자신에게 봉헌하는 교회를 지을 자격이 되었다. 이때 양식은 초기 기독교 건축의 바실리카였을 것으로 추정된다.

이후 11~12세기에 이 교회가 수도원으로 확장되면서 본당 교회를 로마네스크 양식으로 새로 지었으며, 이후 플라잉 버트레스 등 고딕 양식을 추가해서 현재에 이른다.도 16-2, 16-3 17세기와 19세기의 개축을 거치면서 실내에는 다소 변형이 있었지만, 외관은 처음의 로마네스크 양식을 비교적 잘 보존하고 있다. 프랑스대혁명 때에도 상대적으로 파괴가 적어서 더 그렇다. 이렇게 보면 파리에서 11~12세기 건축 양식을 보존하고 있는 드문 예로서 연대기적 의미로서의 '역사적 가치'가 큰 건물이다.

하지만 순수하게 조형적으로만 보면 본체라 할 수 있는 로마네스크 부

16-2. 생제르맹데프레 수도원 전경. 1687년 판화

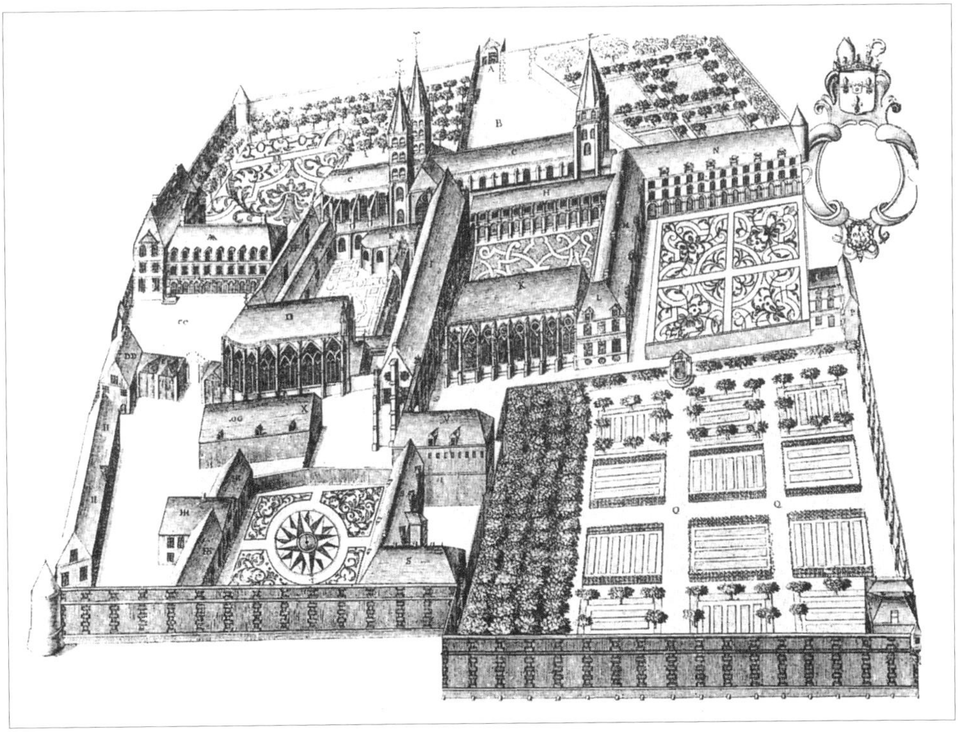

16-3. 생제르맹 데프레 교회 현재 전경

분이 다소 밋밋해서 눈길을 끌지는 못한다. 그 대신 연대기적 가치에 걸맞게 파리에서 가장 많은 수의 11세기 조각작품이 남아 있는 교회다. 이 점에서는 노트르담 대성당을 압도한다. 노트르담 역시 조각물의 보고이긴 한데 대부분 12~13세기의 것들이다. 더하여 생제르맹데프레에는 유명인도 묻혔는데 프랑스 철학의 아버지 르네 데카르트René Descartes(1596~1650년)와 폴란드의 왕 장 카시미르 2세Jean-Casimir II(재위 1648~1668년)가 대표적이다.

생제르베Saint-Gervais는 4구의 마레Marais 지구에 속하며, 처음에는 6세기에 생제르맹에 봉헌한 교회로 시작했다. 그러나 이미 생제르맹데프레 교회가 있어서 봉헌 대상을 성 게르바시우스Saint Gervasius와 성 프로타시우스Saint Protasius로 바꾸며 교회 이름도 이를 따랐다. 두 성인은 쌍둥이로 함께 전도해서 이름도 함께 다닌다. 밀라노 출신의 순교자이자 밀라노의 수호성인이었는데, 정확한 생몰 연도는 알려지지 않았으나 1세기 말에서 2세기 초에 활동했을 것으로 보인다. 두 성인과 함께 이들의 아버지도 순교를 당했다.

일부 기록에는 두 성인이 네로에게 순교를 당했다고 되어 있는데 이는 아버지였던 것으로 보인다. 이들의 아버지는 네로 때 집정관consul을 지낸 고위 관료이자 기독교도였는데 네로의 기독교 탄압 때에 라벤나Ravenna에서 순교를 당한 뒤 라벤나의 수호성인인 밀라노의 성 비탈리스Saint

Vitalis of Milan로 추대되었다. 게르바시우스와 프로타시우스는 그의 쌍둥이 아들로, 아버지의 고향 밀라노에서 포교 활동을 하다가 2세기 초쯤 역시 순교를 당해서 아버지에 이어 밀라노의 수호성인으로 추앙되었다.

두 성인은 보통 2세기에 밀라노에서 전도했다는 것까지는 확실해 보인다. 그러나 파리까지 왔는지, 왔다면 어떤 활동을 했는지 등에 대해서는 정확히 알려진 바가 없다. 다만 이들의 시신을 386년에 밀라노의 암브로시우스 주교Ambrosius Milano가 밀라노에서 발견한 것으로 보아 파리에 완전히 정착하지는 않았던 것 같다. 파리에서는 생제르맹이 이들을 끌어들여 파리의 중요한 성인으로 등록했으며, 이에 힘입어 7세기에 이들에게 봉헌된 교회가 있었다는 기록이 남아 있다.

이렇게 탄생한 생제르베 교회는 886년 노르만 침략 때 파괴되었다가 9세기 말~10세기 초에 곧 재건되었으며 13세기에 필리프 2세가 확장 공사를 시작해서 오랜 시간이 걸려 1420년에 준공했다. 센강에 가까워서 일찍부터 선원이나 어부들이 주요 신자였으며, 이후에도 주로 길드나 상인들의 교회로 성장했다. 1494년에 다시 증축해서 현재 이때의 실내가 남아 있고 외관 정면은 1657년에 바로크 양식으로 다시 지었다. 정면을 제외하면 대체로 고딕 표준양식을 보여준다.도 16-4, 24-4

16-4. 생제르베 교회 현재 전경

생자크와 생으스타슈

공적 기능의 교회

생자크Saint-Jacques는 4구의 샤틀레Châtelet 지구에 속하며 현재는 탑만 남아 있어서 '생자크 탑La Tour Saint-Jacques'이라는 약칭으로 불린다. 원래는 12세기에 생자크드라부셰리Saint-Jacques-de-la-Boucherie라는 긴 이름의 순례 교회로 지어졌다. 당시 프랑스에는 산티아고 데 콤포스텔라Santiago de Compostela로 가는 네 개의 순례 여행 출발 도시가 있었다. 파리, 베즐레Vézelay, 르퓌Le Puy, 생질뒤가르Saint-Gilles-du-Gard 등이었는데, 이 중 파리의 출발 교회가 바로 생자크였다. 이때 순례길의 종착지가 12사도 중 한 명인 야고보의 무덤이어서 야고보의 프랑스식 이름인 '자크'를 교회 이름으로 삼았다.

1508~1522년에는 후기 고딕의 마지막 양식인 플랑부아양 양식Flamboyant으로 크게 증축했다. 건물은 프랑스대혁명 이후 1797년에 철거되었고 탑만 살아남은 채 현재에 이른다.도 16-5 당시로서는 꽤 높은 50 미

16-5. 생자크 탑의 19세기 모습. 리볼리가와 불르바르 세바스토폴의 교차 지점이다.

터까지 올라갔다. 그래서인지 블레즈 파스칼Blaise Pascal(1623~1662년)이 기압 실험을 한 장소로 유명하며, 1891년 이후 한동안 기상 관상대로도 사용했다. 이런 역사적 배경 덕에 탑만 남은 것치고는 파리의 역사와 관광 모두에서 주목받는 건물 가운데 하나로 남아 있다.

생으스타슈Saint-Eustache는 1구의 레알Les Halles 지구에 속하며 1210년에 인근의 생제르맹록세루아에 부속된 소교구 교회 등급의 작은 예배당으로 짓기 시작해서 1213년에 준공했다. 처음에는 로마의 성인이었던 성 아그네스Saint Agnes of Rome에게 봉헌되었다. 이후 일대 인구가 늘면서 1216년에 정식 교구 교회로 증축해 1223년에 한 번 더 준공했다. 1303년에는 생드니 수도원에서 로마 시대의 순교성인들과 연관된 성물을 기증받으면서 봉헌 대상을 그중 한 명인 성 으스타슈로 변경하고 교회 이름도 생으스타슈로 개칭했다.

으스타슈라는 인물은 2세기 로마의 장군으로 사냥광이었는데, 하루는 사냥한 사슴의 뿔을 보다가 십자가의 계시를 받아 기독교로 개종했으며 이로 인해 순교를 당한 성인이다. 이런 배경에서 '사냥의 수호성인'이 되었다. 처음에는 교회를 한동안 잘 사용했으나 인구가 늘어나자 1420년부터 증·개축을 시작했다. 15세기에는 자잘한 증축만 하다가 최종적으로 1532~1637년의 100여 년에 걸쳐 지금의 건물을 다시 지었다.

이 시기 파리는 초기 근대의 주택개발 사업이 한창 진행 중이었다. 가장 대표적인 것이 프랑수아 1세(재위 1515~1547년)가 시작한 뒤 앙리 2세(1547~1559년)가 이어받아 진행하던 '로티스망lotissement'(구획지 혹은 할당이라는 뜻의 프랑스어) 개발 사업이었다. 마침 이 사업이 레알 지구에 집중되면서 이 일대는 인구가 늘고 고급 대형주택들이 들어서는 등 번창하게 되었다. 생으스타슈도 이에 맞춰 과시적이면서 화려한 모습으로 다시 지어졌다. 프랑수아 1세 때 착공해서 루이 13세(재위 1610~1643년) 때 준공했다. 교구 교회였지만 동네 사람들은 '레알의 성당'이라고 자랑스러워하며 높여 불렀다는 기록이 남아 있다. 준공 연도는 르네상스에 속하는데 아직 플랑부아양 양식이 섞여 있던 혼성 양식 건물이다.도 16-6

레알 지구는 파리의 중앙시장이 있던 상업의 중심지여서 이곳의 중심

16-6. 생으스타슈 정면 전경

교회였던 생으스타슈에는 여러 가지 역사적 기록이 함께 쌓였다. 특히 정치계나 문화예술계 주요 인사들과의 인연이 많다. 루이 14세는 1649년에 자신의 첫 번째 성찬식Communion을 이곳에서 거행했다. 루이 13세 때 재상이었던 아르망 리슐리외Armand Richelieu(1585~1642년)와 17세기 프랑스를 대표하는 극작가 몰리에르Molière(1622~1673년) 역시 이곳에서 세례를 받았다. 몰리에르는 1622년에 이 교회에서 결혼식까지 치렀다.

성가대석 예배당에서는 루이 14세 때 재상이던 장 콜베르Jean-Baptiste Colbert(1619~1683년)의 무덤이 중요하다. 건물 모형의 제단인데, 콜베르와 동갑이자 콜베르의 절대적 후원을 받았던 프랑스 바로크 미술의 거장 샤를 르브룅Charles Le Brun(1619~1690년)이 디자인했고 조각가 앙투안 쿠아즈보Antoine Coysevox(1640~1720년)가 제작했다. 루이 13세의 왕비였던 안 도트리슈Anne d'Autriche(영어로 'Anne of Austria', 1601~1666년, 왕비 1615~1643년, 섭정 모후 1643~1651년)와 작곡가 볼프강 아마데우스 모차르트Wolfgang Amadeus Mozart(1756~1791년)의 장례식도 이 예배당에서 거행되었다. 교회 밖 주변에서는 두상과 손을 함께 새긴 <청취L'Écoute>라는 거대한 두상 조각작품이 유명한데, 1986년 제작된 앙리 드 밀러Henri de Miller의 작품이다.

이런 배경으로 인해 노트르담 대성당과 생트샤펠을 제외한 여덟 채의 교회 가운데에서는 아마도 프랑스대혁명과 파리코뮌 때 피해가 가장 컸던 것으로 볼 수 있다. 혁명 정부 때인 1793년에 교회 기능을 정지시키고 '농업 신전Temple of Agriculture'이라는 이름을 붙여서 식량 저장창고로 사용했다. 다른 기능으로 사용하려다 보니 건물을 크게 훼손하지는 않아서 나폴레옹 1세(황제 재위 1804~1814년) 때인 1803년에 복원 없이 그대로 교회 기능을 회복했다. 하지만 1844년에 화재가 발생해서 실질적인 건물 피해는 이때 크게 입었다. 파리시 건축가였던 빅토르 발타르Victor Baltard(1805~1874년)가 1846~1854년에 복원했지만 1871년 5월 파리코뮌 사태 당시 '피의 주간Semaine sanglante'(영어로 'Bloody Week')이라 불리던 마지막 전투 때 다시 파괴되었다. 최종 복원은 1928~1929년에 있었으며 이때 정면에 개축이 있었다. 1969년에 중앙시장이 남부 근교의 룅지스Rungis 지역으로 이전하면서 이 일대는 현대식 쇼핑센터로 재개발되었는데, 이때에도 생으스타슈는 잘 살아남아 이곳의 중심 건물로 여전히 위용을 자랑하며 서 있다.

생테티엔뒤몽과 생제르맹록세루아
주요 시설에 부속된 교구 교회

생테티엔뒤몽Saint-Étienne-du-Mont은 5구의 라탱 지구에 속한다. 원래 이곳에는 생트주느비에브 교회가 있었는데, 이 일대 인구가 계속 늘자 이를 수용하기 위한 새로운 교구 교회로 시작했다. 생트주느비에브 교회가 수도원으로 커지면서 그 주변에서 농사를 짓고 과수를 재배하는 농촌 인구가 늘어났고, 다시 소르본대학이 생기면서 학생, 교수, 문화예술인, 지식인 등도 증가했다. 생트주느비에브만으로는 증가하는 인구를 수용할 수 없게 되자 일종의 별관 개념의 새 교회가 필요해졌다.

이에 1222년에 교황 호노리오 3세Honorius III(재임 1216~1227년)가 생트주느비에브 교회 소속의 교구 교회를 승인했다. 이때 성경 최초의 순교자 성 스테판Saint Stephen에게 봉헌하는 교회라는 조건을 붙였는데, 성 스테판의 프랑스 이름이 다름 아닌 '성 에티엔'이어서 이로부터 교회 이름이 탄생했다. 생트주느비에브 언덕에 있어서 뒤에 '뒤 몽'을 추가했다. 처음에는 생트주느비에브 교회와 수도원이 있어서 바로 건물을 짓지는 않았다. 교회 명칭만 먼저 받고 공간은 아마도 생트주느비에브 수도원 시설이나 주변에 있던 다른 일반 건물 등을 사용했을 것으로 보인다.

건물 공사는 1492년이 되어서야 시작했는데, 순조롭게 진행하지는 못했다. 1521년에 중단되었다가 1530년 재개했다. 이어 1551년, 1582년, 1586년 등에 연달아 실내의 주요 부분을 완성했고 1622년에 외관을 마지막으로 완성하면서 준공했다. 봉헌은 1626년에 있었다. 이 과정에서 중세 말기부터 르네상스에 이르는 프랑스의 여러 건축가와 장인들의 이름이 등장했다. 건축 양식적으로 '고딕-르네상스-바로크'가 혼재된 점에서 파리의 중세 교회는 물론 유럽 건축사 전체에서도 혼성 양식을 대표하는 독특한 건물이다.도 16-7

16-7. 생테티엔 뒤몽 정면 전경

처음에는 건물도 없이 생트주느비에브의 별관 개념으로 시작했지만, 봉헌 후에는 파리 기독교의 중심 건물로서 중요한 역할을 담당했다. 무엇보다 프랑스대혁명이 일어나기까지 파리 가톨릭의 연례 행렬annual procession에서 출발 교회로서의 지위를 누렸다.

파리의 수호성인인 주느비에브의 제단을 들고 이 교회에서 출발해 노트르담 대성당까지 가서 미사를 거행한 뒤 돌아오는 행렬이었다. 동선을 볼 때 노트르담 대성당을 상대하는 지위를 인정받은 게 된다.

루이 15세 때인 1744년에 생트주느비에브 교회를 철거하고 파리 팡테옹Paris Panthéon을 짓게 되자 주느비에브 성인의 유물마저 생테티엔뒤몽으로 옮겨와 보관하게 되면서 실질적으로 생트주느비에브 교회의 후신 역할까지 이어받게 되었다. 이런 중요성 덕에 17~18세기에는 유명인사의 무덤이 여럿 설치되었다. 주로 방사형 채플 쪽에 집중했는데, 대표적인 인물로 수학자이자 철학자 블레즈 파스칼Blaise Pascal(1623~1662년), 극작가 장 라신Jean Racine(1639~1699년), 혁명가 장폴 마라Jean-Paul Marat(1743~1793년) 등을 들 수 있다. 라신의 유골은 원래 얀센주의Jansenism의 본거지였던 포르루아얄 수도원Abbaye de Port-Royal에 있던 것을 1711년에 이 교회로 이장했다.

이처럼 파리 가톨릭의 중심 건물 가운데 하나여서 프랑스대혁명 때 피해도 있었다. 건물은 보존되었는데 화려한 실내 칸막이가 철거되었다. 이때 '헌신의 사람personne de piété'이라는 익명의 기부자가 3,000리브르livres의 철거 비용을 기부했고, 이에 건물 이름을 '헌신 신전Temple of Filial Piety'이라고 바꾸었다. 건물 피해는 이 정도로 끝난 데에 반해, 이곳에 보관하던 각종 미술품과 성물들이 도난당하고 파괴되었다. 혁명이 종료되고 나폴레옹 1세가 교황 비오 7세Pius VII(재임 1800~1823년)와 맺은 정교화약政敎和約인 '콩코르다트 1801Concordat of 1801'에 따라 1803년에는 가톨릭 교회의 기능을 회복했다. 최종적으로 나폴레옹 3세(황제 재위 1852~1870년) 때인 1865~1868년 파리의 빅토르 발타르의 설계로 복원되었는데, 이때 외관이 원래 건물보다 조금 높아졌다.

생제르맹록세루아Saint-Germain-L'Auxerrois는 1구의 샤틀레 지구에 속하며 루브르궁 동익랑 앞에 위치한다. 옥세루아(지금의 옥세르Auxerre)의 주교였던 생제르맹(?~448년)에게 봉헌된 교회로 지어졌다. '생제르맹록세루아'는 이 두 이름을 붙여서 만들어진 것이다. 앞의 '데프레의 생제르맹(생제르맹데프레)'과 동명이인인데, '옥세르의 생제르맹'이 130여 년 앞선 인물이다. 옥세르의 생제르맹 교회는 4세기 말에서 5세기 초에 처음 지어져 파리에서 가장 오래된 교회 건물이라는 기록을 가지고 있다. 이 타이틀이 노트르담 대성당이나 생제르맹데프레가 아니고 이 건물인 점이 의외다.

당시 파리의 도시 상황이나 기독교 상황을 볼 때 이 첫 교회는 아직 건축 양식을 논할 정도에는 이르지 못한 간단한 기능적 건물이었을 것으로 추정된다. 다만 기독교가 남쪽에서 올라오고 생트주느비에브도 좌안에 자리 잡은 걸 볼 때 우안에 파리 최초의 교회가 세워졌다는 것이 의외일 수 있다. 그 이유는 아마도 당시 좌안에는 로마 시대 시가지가 있었는데, 로마제국이 멸망해가던 때라 이 일대가 혼란스러웠기 때문일 것으로 추정할 수 있다. 상대적으로 한적했던 샤틀레 지구에 자리를 잡았을 것으로 보인다.

16-8. 생제르맹록세루아. 루브르 광장에서 본 장면. 1861년 출간된 『화려한 파리*Paris dans sa splendeur*』에 수록된 그림

이어 7세기에 다시 짓는 수준의 증·개축이 있었지만 9세기 노르만 침략 때 40여 년에 걸쳐 최소한 네 번이나 반복해서 파괴를 당했다. 이 채로 방치되다가 로베르 2세(재위 996~1031년)가 11세기 초에 다시 세웠다. 14세기 중반에는 발루아 왕조가 왕궁을 시테궁에서 루브르궁으로 옮기면서 공식적으로 왕실 교구 교회royal parish church가 되었다. 생트샤펠이 왕실만 사용하는 전용 예배당인 점과 달리 왕실 교구 교회는 일반 신자들도 사용하되 소속과 관리만 왕실에서 하는 것이다. 루이 15세(재위 1715~1774년) 때인 1745년에는 다시 교구 소속이 노트르담 대성당으로 바

뀌었다.

건축 양식을 기준으로 보면 중세 때에만 이미 다섯 세기를 거치며 여러 종류가 섞였다. 대개 고딕 양식으로 볼 수 있는 가운데 단순한 느낌의 로마네스크 특징이 섞여 있다.도 16-8 현재 남아 있는 가장 오래된 부분은 동쪽 성가대석과 남 트랜셉트 사이 모서리에 세운 첨탑의 기초 부분인데, 1100~1150년 사이에 지었다. 이후에도 증·개축, 수리, 복원 등이 꾸준히 이어졌다. 중세 때인 1375~1400년과 15세기에 지은 몸통이 핵심 부분이며, 이어 16세기 르네상스 때에는 부분적인 증·개축이 있었다. 18, 19, 20세기 등에도 수리와 복원이 계속되어 현재에 이른다.

생세브랭과 생메리

외부에서 들어온 성인의 교회

생세브랭Saint-Séverin은 5구의 라탱 지구에 속한다. 로마제국의 황제 디오클레티아누스Diocletianus(재위 284~305년) 때 순교한 로마 군인으로 알려진 성 세베리누스Saint Severinus에게 봉헌한 교회다. 그의 성물과 유골은 로마 근교 비아 라비아카나Via Labicana에 있는 카타콤에 보관하다가 6~7세기 때 일부가 다른 지역으로 이동한 것으로 기록되어 있다. 이후 로마네스크 때 성인의 성물을 판매하던 관례에 따라 그 일부가 파리까지 들어온 것으로 추정된다. 교회 건물은 1200~1250년 사이에 착공해서 16세기까지 공사를 이어갔다. 정면 출입구와 첨탑은 첫 단계인 13세기에 지어졌으며, 몸통의 주요 부분은 15세기 후기 고딕의 플랑부아양 양식으로 지어졌다.도 16-9

생메리Saint-Merri는 4구의 마레 지구에 속하며 퐁피두 센터Centre Pompidou 근처에 있다. 오툉Autun에서 태어나 오툉 수도원에 들어간 뒤 수도원장까지 오른 성 메데리쿠스Saint Medericus에게 봉헌된 교회다. 프랑스어 이름으로는 성 메데릭Saint Médéric 혹은 생메리Saint-Merri다. 그는 순례여행을 따라 파리에 들어온 뒤 700년에 파리에서 사망했으며, 이 교회는

8세기에 그가 매장된 곳에 처음 세워졌다. 884년에는 우안, 특히 상업지역과 은행의 수호성인으로 추앙되었다. 이후 11세기 말과 13세기 초 교회 건물에 증·개축이 있었다. 지금의 건물은 16세기에 플랑부아양 양식으로 시작해서 1690년에 최종 준공한 것이다.도 16-10

이처럼 이 두 채는 성인에 봉헌된 점에서 앞 생제르맹데프레 및 생제르베와 비슷한 동기로 지어진 교회인데, 중요한 차이도 있다. 앞 두 채의 봉헌 대상은 초기 기독교 시절 파리의 기독교 뿌리를 세운 수호성인이다. 이들 역시 파리에서 태어난 건 아니었고 외부에서 들어왔지만, 이후의 활동과 뿌리다움 등에서 파리에 완전히 동화한 것으로 볼 수 있다. 반면에 생메리와 생세브랭은 일단 시기부터 중세에 파리로 들어와서 희소성이 퇴색했으며, 활동과 뿌리다움에서도 앞 두 성인에는 미치지 않는 것으로 보인다.

외부 성인의 유골과 성물 등이 중세에 유행하던 기독교 비즈니스 형식으로 파리에 유입된 건 당시에는 그럴 수 있었다고 해도 지금 시점에는 곰곰이 생각해 볼 필요가 있다. 특히 중세 유럽 전역에 순례 여행이 유행하면서 교회가 보유하고 있는 성물의 중요도와

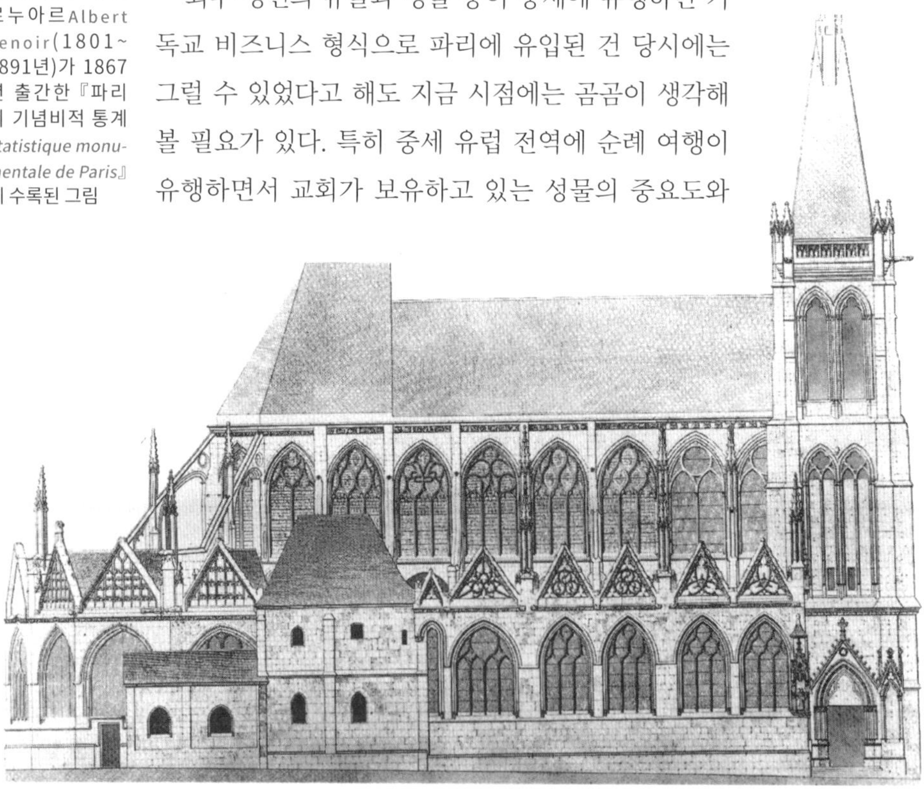

16-9. 생세브랭 측면도. 알베르 르누아르Albert Lenoir(1801~1891년)가 1867년 출간한 『파리의 기념비적 통계 *Statistique monumentale de Paris*』에 수록된 그림

16-10. 생메리 종단면도. 1942년 출간된『역사적 기념비*Monuments historiques*』의 <건축 도면집Relevés Architecturaux>에 수록된 그림

개수는 순례객을 유치하는 데 필수 조건이 되었다. 이는 곧 교회 당사자는 물론이고 교회가 속한 도시의 경제적 번영과도 직결되는 문제여서 중세 때에는 주요 성물을 사들이기 위한 경쟁이 치열했다. 파리에서는 13세기에 루이 9세가 사들인 성물이 대표적이며, 생세브랭도 이 유행을 따른 것으로 보인다.

이상이 '여덟 채의 개별 기록-나열 순서-두 채씩 묶는 주제' 등을 통합한 내용이었다. 이를 통해 중세 파리의 기독교가 진행된 과정을 거시적으로 파악할 수 있다. 처음에 수호성인의 영성으로 교회가 서서히 파리 기독교 건축의 기초를 닦았다. 이어 파리 기독교가 자리를 잡으면서 교회 건물이 일정 부분 공적 기능을 담당하게 되었다. 이는 중세 시대에 흔히 있는 일이었다. 이어 파리의 인구가 늘면서 파리 가톨릭 자체가 여러 교구로 나뉘었고, 이에 따라 교구 교회들이 세워졌다. 이 교회들은 교구의 중심 교회답게 주요 공공시설 옆에 부속되었다. 이어 외부에서 꾸준히 주요 성인들이 들어오면서 이들에게 봉헌된 교회들이 추가되었다.

4부 초기 근대
(1515~1750년)

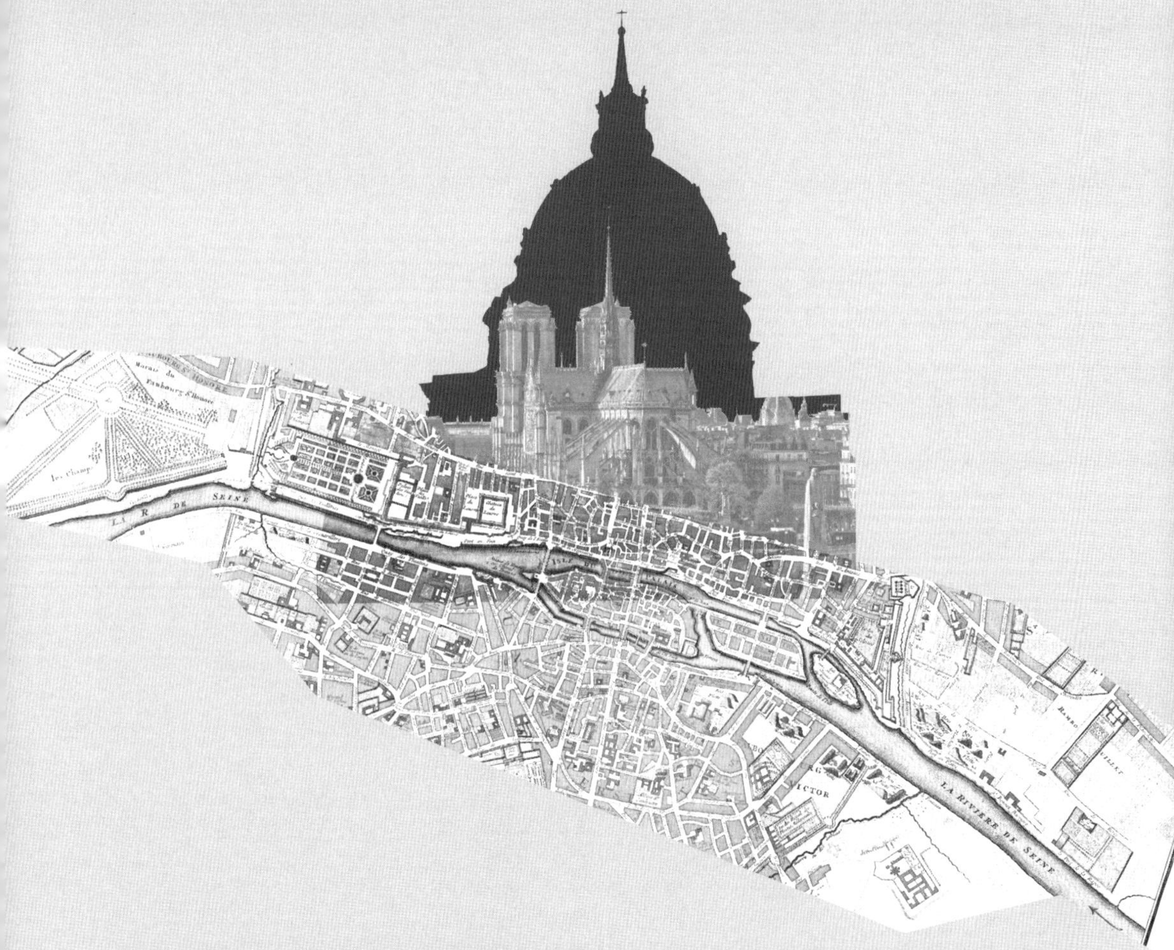

A History of the Urban
Architecture of Paris

르네상스 파리(1515~1610년)

16세기 파리 도시 상황 개괄

17장

파리 르네상스의 시작

제1차 이탈리아전쟁과 종교개혁 사이의 1515년

중세 다음은 초기 근대의 시기였다. 클래식 파리의 마지막 시기이기도 하다. 문화예술 사조에서는 크게 전반부의 르네상스와 후반부의 바로크로 양분한다. 르네상스와 바로크 역시 중세와 마찬가지로 복잡한 용어다. 우선 이 두 단어를 쓰지 않고 숫자 연도로 표시하는 최신 경향이 있다. 연도는 나라, 도시, 분야 등에 따라 편차가 있는데, 파리 도시건축은 1515~1750년으로 잡을 수 있다. 그렇지만 역시 '중세'라는 말과 마찬가지로 이 두 단어에 이미 오랜 기간 여러 의미가 축적되어서 숫자 연도보다 유리한 점도 있다. 이 책에서는 '중세'에 이어 '르네상스'와 '바로크'라는 단어를 사용하겠으며 필요에 따라 숫자 연도와 혼용하겠다.

르네상스는 중세 다음 시대인데, 중세가 끝나는 시점이 여러 갈래이듯이 르네상스의 시작 시점도 하나로 확정되지 않는다. '르네상스'의 기준부터 여럿이었다. 우선 지리적으로 유럽 전체부터 각 나라에 이르기까지 모두 달랐으며, 심지어 한 나라 내에서도 지역에 따라 달랐다. 분야별로도 마찬가지여서 정치, 경제, 사회, 종교, 군사, 문화예술, 학문 등에 따라 제

각각이었다. 지리와 분야를 조합해서 보면 편차는 더욱 커지고 다양해진다. 숫자 연도로 표시하면 14세기부터 16세기까지 무려 2세기의 편차가 있다.

'르네상스적 현상'도 특정 사건처럼 하루아침에 갑자기 발생한 게 아니었다. 획기적이지도 가시적이지도 않으면서 조금씩 축적된 끝에 세상이 바뀌게 되었다. '새로운 문명 방식'이라는 거시 차원의 모호한 현상을 통칭하는 말에 가까웠다. 이 시기 유럽사 책을 봐도 '르네상스'라는 단어 자체는 대부분 '문화' 편에서 간단히 언급할 뿐이다. 나라와 분야에 따라서는 독일, 스페인, 네덜란드 등의 르네상스 건축처럼 '르네상스적 현상'은 있었지만, 완성된 양식으로서의 '르네상스 건축'은 형성되지 않은 경우도 여럿이었다. 이런 배경 아래 이 책에서는 '파리라는 도시의 도시건축이라는 분야'를 기준으로 삼아 르네상스와 관련된 내용을 살펴보겠다.

가장 먼저 파리 르네상스의 시작 시점을 정해보자. 이를 위해서는 우선 프랑스 전체의 르네상스부터 보는 게 좋다. 프랑스 르네상스는 분야마다 시기와 완성도에서 차이가 크다. 건축에서는 보통 16세기를 르네상스의 시기로 본다. 완성도에서는 르네상스 건축이 없었다는 주장, 최소한의 일정한 흐름을 잡아낼 수 있다는 주장, 프랑스만의 르네상스 건축을 완성했다는 주장까지 다양한 해석이 가능하다. 종합해서 결론부터 말하면 '르네상스다운 현상'을 기준으로 삼아서 가장 많이 올려 잡았을 경우 16세기가 시작되는 1500년경을 시작 시점으로 볼 수 있다.

왕의 재위 기간을 소단위로 삼아 시기를 나누는 전통을 따른다면 14세기 말에서 15세기 초에 걸쳐 있는 루이 12세(재위 1498~1515년)를 마지막으로 중세가 끝나고, 프랑수아 1세François I(재위 1515~1547년)부터 르네상스가 시작한 것으로 볼 수 있다. 지역으로는 루아르 계곡Loire Valley 일대, 일드프랑스, 파리 등 세 곳이 앞장섰으며, 그중에서도 수도 파리가 주도적인 역할을 했다. 파리의 도시 부분에서는 아직 르네상스만의 특징이 크게 두드러지지는 않았지만 대체로 건축과 보조를 함께했기 때문에 도시건축을 묶어서 르네상스로 잡는 데에 무리가 없어 보인다.

프랑수아 1세를 시작으로 잡는 데 대한 배경은 다음과 같다. 우선 유럽 전체로 보면 정치사와 교회사를 통합해서 연차적으로 세 단계로 나눌 수 있다. 첫째 단계는 1453년에 일어났던 비잔틴제국의 멸망이다. 둘째 단계는 '신성로마제국의 막시밀리안 1세 즉위(1493년) – 스페인 제국의 통일(1492년) – 콜럼버스의 항해(1492, 1493, 1498, 1502년) – 제1차 이탈리아전쟁(1494~1498년)' 등이 몰려 있는 1490년대다. 셋째 단계는 종교개혁이 일어난 1517년이다.

세 단계는 정도의 차이는 있지만 파리의 르네상스에 직간접적으로 연관되었다. 먼저 비잔틴제국이 멸망하는 과정에서 이 지역에 살던 학자, 예술가, 건축장인 등이 서유럽으로 유입되며 르네상스 전반에 상승효과를 냈다. 이 사건은 이탈리아에 가장 큰 영향을 주었으며 파리 르네상스가 형성되는 데에도 일정 부분 영향을 끼쳤다. 이탈리아 전쟁과 종교개혁은 직접적인 영향이 좀 더 컸다. 제1차 이탈리아전쟁은 샤를 8세(재위 1483~1498년)가 1494년에 일으켰는데, 당시 이탈리아에서 절정에 이르기 시작하던 르네상스를 직접 접하는 결정적인 계기가 되었다.

이 시기 프랑스는 아직 중세였는데, 인류 역사에서 전쟁이 문명 교류에 중요한 역할을 했듯이 이번에도 그랬다. 샤를 8세는 이탈리아 르네상스를 이끌던 건축가, 예술가, 학자, 장인 등을 초청해서 이들을 대동하고 귀국했다. 이런 초청은 프랑수아 1세 때에 절정에 달하는데, 어떤 면에서 프랑스 르네상스는 자생적이기보다는 이렇게 프랑스로 초청된 이탈리아 전문가들에 의해 시작된 측면이 컸다. 마지막으로 종교개혁은 가톨릭의 중세시대가 끝나고 근대교회가 시작하는 분기점을 이루었다는 점에서 상징적인 의미가 컸다.

이 가운데 좀 더 직접적인 연관이 있는 이탈리아전쟁과 종교개혁을 이으면 1494~1517년이 된다. 프랑스 르네상스는 이 기간에 시작한 것으로 보는 게 타당해 보인다. 이 사이에는 루이 12세(1498~1515년)와 프랑수아 1세(재위 1515~1547년)의 두 왕이 있었다. 루이 12세는 7년이라는 길지 않은 재위 기간을 밀라노와 나폴리 정복에 집중했지만 불리한 국제정세를 극복하지 못하고 실패로 돌아가면서 르네상스의 시작과 관련해서는 이렇다 할 업적을 남기지 못했다. 반면 프랑수아 1세는 즉위한 지 2년 만에 발생한 종교개혁의 혼란을 극복하며 장기 재위했다. 이 동안 적극적으로 이탈리아 르네상스 건축을 수입했고, 프랑스 건축은 비록 중세를 완전히 벗어나지는 못했지만 사실상 이때 르네상스 건축이 시작한 것으로 볼 수 있다.

16세기 프랑스 르네상스

여러 왕이 일군 위대한 세기

이렇게 시작한 르네상스의 16세기를 프랑스 역사에서는 자랑스러운 시기로 여긴다. 종교전쟁, 마녀사냥, 기근, 전염병 등 분열과 황폐화로 힘든 상황 속에서도 여러 주요 왕이 차례로 등장해 위기를 극복하며 이런 부정적 상황을 긍정적 상황으로 전환했다. 문예부흥으로 통칭하는 여러 방향의 새로운 역사가 시작한 이때의 노력과 업적은 17~18세기의 절대왕정과 계몽주의로 갈 수 있는 토대를 마련한 것이기도 했다. 이에 대해 프랑스의 역사가들은 '여러 왕이 일군 위대한 세기Grand Moments of Kings'라고 부른다. '여러 왕'은 프랑수아 1세(재위 1515~1547년) – 앙리 2세(재위 1547~1559년) – 프랑수아 2세(재위 1559~1560년) – 샤를 9세(재위 1560~1574년) – 앙리 3세(재위 1574~1589년) – 앙리 4세(재위 1589~1610년) 등의 순서였다. 이어 루이 13세가 즉위하는 1610년부터 바로크로 넘어간다.

왕조에서는 발루아 왕조와 부르봉 왕조가 중첩되었다. 발루아 왕조Valois Dynasty(1328~1589년)에서는 총 261년 가운데 프랑수아 1세부터 앙리 3세까지인 1515~1589년의 마지막 74년이 르네상스에 속했다. 이어 16세기의 마지막 왕인 앙리 4세의 1589년부터 부르봉 왕조Bourbon Dynasty로 교체되었다. 이 왕조는 프랑스 마지막 왕조로 프랑스대혁명(1789~1792년)까지 이어지다가 제1공화국(1792~1804년)이 설립되면서 일단 막을 내렸다. 뒤를 이은 제1제국이 1814년에 붕괴하면서 시작한 왕정복고 때 다시 복원되었으나 1830년 7월혁명 정부 때 최종적으로 종식했다. 이처럼 왕조를 기준으로 보면 프랑스의 르네상스는 중세 왕조를 끝내고 초기 근대와 근대 이전의 두 시기를 담당한 마지막 왕조로 넘어가는 전환기로 볼 수 있다.

프랑스의 16세기 르네상스를 '위대한 세기'라고 부르는 구체적인 이유는 아마도 프랑스가 비로소 통일국가를 이룬 데에 있을 것이다. 단명하거나 다소 부실했던 왕들도 있긴 하지만 중세의 발루아 왕조를 이어온 프랑수아 1세가 16세기 르네상스를 시작했고, 중간에 네 명의 왕을 거치면서 혼란기에 빠지는 것 같았으나 새 왕조인 부르봉 왕조의 문을 연 앙리 4세가 이를 극복하며 통일국가를 이루었다. 중세 때 남아 있던 불완전한 영토 상황을 종결하고 최종적으로 진정한 통일국가를 이룬 것이다.

11~15세기까지 5세기 동안 영국은 정도의 차이만 있었을 뿐, 늘 프랑스 영토의 일정 부분을 점령하거나 복속했다. 15세기까지는 또한 중세 봉건영주들의 봉신 속국들이 역시 정도의 차이만 있을 뿐 프랑스 영토를 분할 통치하고 있었다. 앙리 4세를 거치면서 비로소 영국이 완전히 물러가고 봉신 속국도 완전히 사라졌으며, 이로써 프랑스 왕실이 명실상부하게 전 국토를 통일해서 통치하게 되었다. 이를 바탕으로 17~18세기의 '절대왕정-계몽주의-혁명기'를 거치면서 근대 프랑스로 성장할 수 있었다.

이상과 같은 여러 배경 아래 프랑수아 1세의 1515년을 파리 르네상스 건축의 시작 시점으로 잡을 수 있다. 용어 문제를 한 가지 더 짚고 넘어가면, '르네상스'는 주로 문화사나 예술사에서 사용하는 말이고 정치사에서는 좀 더 객관적인 '초기 근대'라는 말을 사용한다. 바로크까지를 포함해서 15~18세기 중반의 3세기 반 정도를 가리킨다. 앞에 말한 숫자를 사용한 시기 구분에 상응하는 용어라 할 수 있다. 문화사나 예술사에서도 도시와 건축 등 거시 역사와의 연관성이 큰 분야에서는 최근 들어 이 용어를 자주 사용한다. 4부의 제목을 '초기 근대'로 잡은 배경도 여기에 있다.

파리의 도시 변화 상황

왕실의 파리 정착과 인구 증가

이렇게 시작한 파리의 르네상스는 도시와 건축의 두 분야가 대체로 비슷하게 진행한 가운데 세부적으로 다소 차이가 있기도 했다. 이 내용은 크게 세 단계로 살펴보겠다. 우선 도시의 변화 상황을 개괄적으로 살펴보고, 다음으로 왕을 따라가면서 도시 개발을 살펴본 뒤, 마지막으로 건축 상황을 묶어서 함께 보자.

먼저 도시의 변화 상황이다. 건축과 달리 구체적인 양식 사조를 중심으로 전개하지는 않았지만, 파리의 도시 상황에서도 르네상스-바로크에 해당하는 특징적 현상들이 나타났다. 이 가운데 르네상스는 폐쇄적이고 구심적이었던 중세 문명을 끝내고 새로 시작한 개방적이고 확장적인 문명을 지칭한다. 유럽 도시에서도 이에 상응하는 변화가 나타났는데, 보통 구불구불했던 중세 골목길과 비정형 필지를 쭉 뻗은 일직선 가로와 정형적 필지로 정비하는 개발 사업을 대표적 예로 든다. 르네상스의 발상지 이탈리아 피렌체Firenze가 선두도시였으며 파리도 이런 흐름을 가장 먼저 받아들인 도시 가운데 하나였다.

파리의 경우 수도라는 도시 입지가 발전하는 데 가장 도움이 되었던 사건은 통일국가의 달성이었다. 프랑스의 통일국가는 한 번의 대형 통일 전쟁으로 이루어진 것이 아니었고 오랜 기간에 걸쳐 최소한 세 단계를 거쳤다. 첫째 단계는 중세 한복판이었던 필리프 3세(재위 1270~1285년)에서 샤를 4세(재위 1322~1328년)에 이르는 기간으로 '오베르뉴Auvergne-아키텐Aquitaine-노르망디Normandie-푸아투Poitou' 등이 합병되었다. 둘째 단계는 중세가 저물기 시작하는 1440년경으로 대포를 도입해서 지방 영주를 제압한 샤를 7세(재위 1422~1461년)와 루이 11세(재위 1461~1483년)의 두 왕이 주도했다. 앞 시기에 형성된 통일국가를 더욱 공고히 다지면서 약간의 영토 확장이 있었는데, 특히 1477년에 루이 11세가 부르고뉴를 합병한 일이 대표적이었다. 셋째 단계는 르네상스에 해당하는 16세기로, 1589년경 현재의 프랑스와 더욱 비슷해진 근대적 통일국가가 나타났다.

이에 따라 수도 파리에도 중요한 변화가 있었다. '왕실 귀환'이 대표적인 사건으로, 중세 동안 주로 루아르 계곡이나 퐁텐블로Fontainebleau 등에 나가 있던 왕실이 1500~1550년을 기점으로 파리로 귀환했다. 중세에서 16세기 중반까지 파리의 중요성과 역할은 양면적이었다. 프랑스 전체로 보면 1559년이나 되어서야 파리에 왕실이 영구적으로 정착했다. 1550년 이전까지는 시의회가 도시를 관리했다. 이때까지 왕은 파리 밖에 작은 왕궁을 짓고 살았다. 루아르 계곡의 샹보르Chambord와 블루아Blois 그리고 일드프랑스Ile-de-France의 퐁텐블로 등은 모두 파리 밖 왕궁들의 이름이었다.

이렇게 보면 파리는 중요성이 떨어지는 것으로 볼 수 있다. 그렇다고 이런 왕궁이 있는 곳은 도시로 성장한 것도 아니었다. 왕궁들도 여러 곳으로 분산되면서 규모가 크지 않았다. 따라서 실질적인 통치는 파리를 중심으로 이루어졌다. 파리에도 왕이 머물 때 사용하는 시테궁과 루브르궁 같은 왕궁이 있었다. 정부 조직도 이원화해 있었다. 파리 밖의 왕궁 시설에는 요즘으로 치면 비서실을 중심으로 한 왕의 측근 핵심 부서가, 파리 시내의 시테궁과 루브르궁을 비롯한 주변 일대에는 실질적인 중앙정부가 각각 입주했다.

왕들이 교외에 나가 사는 전통이 생긴 건 아마도 당시 파리 시내의 열악한 위생 상태 탓이 가장 컸을 것이다. 과밀 상태인 데다 악취가 나고 쥐와 벌레가 들끓었으며 센강의 물도 오염되어 있었기 때문이다. 그렇지만 파리는 프랑스, 나아가 유럽의 수도로서 중요성을 충분히 확보하고 있었다. 우선 행정 전반을 담당하는 중앙정부와 고등법원 등이 시테궁과 루브르궁을 중심으로 포진했다. 더하여 크고 작은 수많은 교회와 수도원, 대학, 중앙시장, 구호시설 등의 시민시설, 귀족들의 저택인 오텔 등 다양한 도시건축 시설이 모두 몰려 있는 곳도 파리였다.도 17-1

이러던 중 통일국가가 안정화되면서 1550년경부터 프랑스의 왕들은 파리에 관심을 보이기 시작했다. 앙리 2세부터 파리 방문 횟수를 늘리다가 생제르맹데프레 구역을 도심으로 편입시키며 초기 근대기 도시 확장의 문을 열었다. 드디어 1559년에 프랑수아 2세는 왕궁을 파리로 이전하면서 루브르궁을 수리했다. 왕실이 정착하면서 파리는 명실상부한 프랑스의 수도가 되었고, 그에 상응하는 초기 근대기의 발전이 시작했다.

1차적으로 나타난 현상이 인구 증가와 그에 따른 도시의 변화였다. 인구는 샤를 5세 때 7만여 명에서 꾸준히 늘어 1550년에는 약 35만 명에

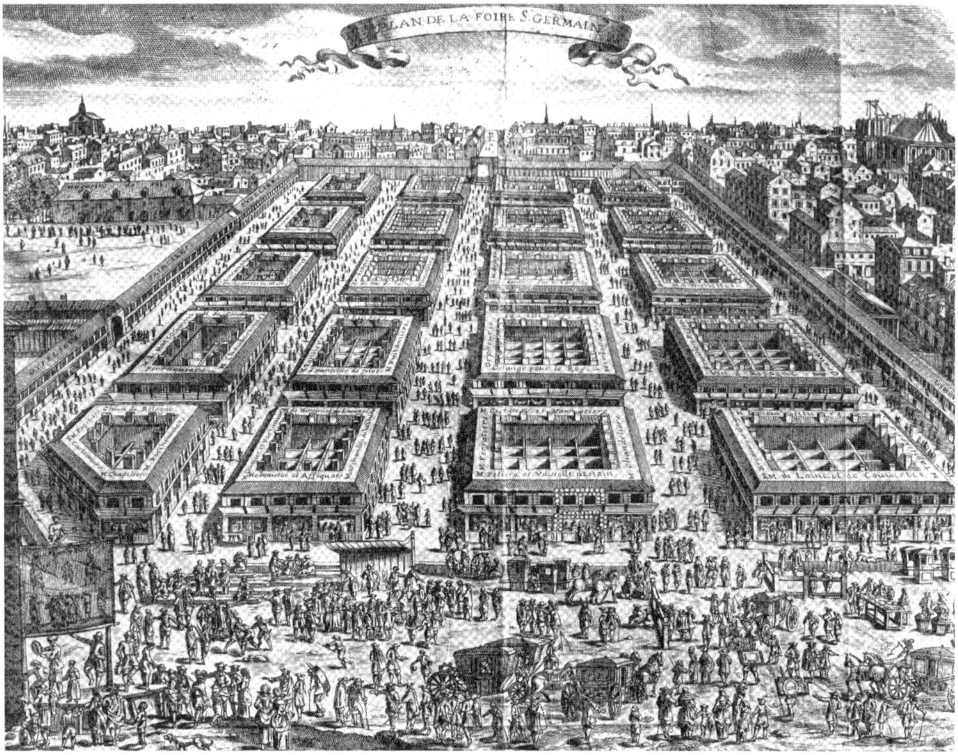

17-1. 16세기의 생제르맹데프레 축제 장면

도달했다. 이는 당시 유럽에서 가장 큰 숫자였다. 샤를 5세 때에는 10만 명을 넘던 베네치아와 밀라노보다 작은 도시였는데 이를 훌쩍 추월한 것이다. 종교전쟁(1562~1598년) 때 잠시 줄었지만 17세기부터 다시 증가해서 1700년에는 약 50만 명이 파리에서 거주하게 되었다.

반면 도시 면적은 샤를 5세(재위 1364~1380년)가 세운 중세의 마지막 성곽에 막혀 있었다. 한 변이 2 킬로미터인 정사각형에 해당하는 4 제곱킬로미터 면적에 불과했는데, 여의도 면적이 보통 2.9 제곱킬로미터로 통용되는 걸 볼 때 이보다 1.38배 큰 정도였다. 이 성곽은 바로크 한복판인 1670년에 확장되는데 그 전의 르네상스 시기에는 성내 도심이 이 인구를 수용하기에는 턱없이 부족했다. 중세부터 심했던 과밀이 더욱 악화했다.

파리는 이 문제를 해결하기 위해 세 방향으로 움직였다. 첫째, 인구가 성 밖 교외로 분산되면서 이 지역, 즉 포부르Faubourg가 확장했다. 이로써 파리는 사실상 성내와 성 밖으로 이원화되었다. 둘째, 성내는 그것대로 과밀을 해소하기 위해 1650년경까지 모든 농지를 '도시화urbanization'했다. 성내의 토지 사용률을 최대한 끌어올려서 성내부터 꽉 채운 뒤 성곽을 확장해서 도시 면적을 늘리는 정책을 편 것이다. 어떤 면에서는 근대 대도시의 개발 방향이 이때 처음 나타난 것으로 볼 수 있다. 셋째, 이렇게 확보한 도심의 면적에 대해서는 주택 공급을 위한 도시 개발 사업을 진행했다. 주택 공급도 처음에는 인구 증가를 따라가지 못했지만 꾸준한 개발 사업을 통해 1553년에 1만 2,000채이던 주택 숫자가 1684년에는 2만 3,000채로 두 배 가까이 증가했다. 왕실이 주도한 '로티스망lotissement' 개발 사업이 주택 개발 사업의 대표적인 사례인데, 이 내용은 뒤에서 추가로 살펴볼 것이다.

18장 르네상스 파리

프랑수아 1세~앙리 4세

프랑수아 1세 1

내치의 업적과 파리 도시건축 사업

다음으로 왕을 따라가면서 도시 개발을 살펴보자. 프랑수아 1세(재위 1515~1547년)는 르네상스의 시작을 알린 것으로 평가받는 왕답게 파리의 도시 개발 사업도 가장 먼저 시작했다. 우선 국왕으로서의 그는 앞 왕들이 남긴 이탈리아 원정이라는 틀을 벗어나지 못해서 정치적으로는 그다지 성공적이지 못했던 것으로 볼 수도 있다. 즉위하던 해인 1515년에 마리냐노Marignano(지금의 멜레냐노Melegnano) 전투에서 승리하면서 밀라노를 점령하는 등 처음에는 기세를 올렸다.

그러나 장기적으로는 반대의 결과를 낳았다. 그의 재위 기간에 이웃 나라들에는 영국의 헨리 8세(재위 1509~1547년)와 신성로마제국의 카를 5세Karl V(재위 1519~1556년) 등 당시 유럽을 주름잡던 강력한 지도자들이 있었는데, 첫 번째 원정에 승리하면서 이들의 경쟁심에 불을 붙이고 말았다. 이후 지나친 의욕과 집착에 사로잡혀 '제4차(1521~1526년)~제7차(1542~1546년)'에 걸친 무모한 원정을 이어갔다. 그 중간에 여러 번 패배하고 체포되어 구금되는 등의 굴욕도 겪었다.

국력을 외부에 소모한 데에 비해서 내치에서는 상대적으로 업적을 남긴 편이었다. 크게 보면 프랑스 애국주의를 고취한 것으로 요약된다. 무엇보다 프랑스 문화예술의 발전을 원해서 이탈리아 원정 기간에 끊임없이 이탈리아 르네상스를 도입하는 데 공을 들였다. 반면 1530년대에는 공용어를 이전의 라틴어에서 프랑스어로 교체함으로써 국가적 정체성을 확실히 했다. 이렇게 보면 이탈리아 르네상스의 도입도 문화적 사대주의라기보다는 프랑스의 문화예술 수준을 높이기 위한 애국심의 발로로 볼 수 있었다. 어쨌든 그의 이런 행보는 초기 근대를 거치며 프랑스 문화예술계 전반에서 진행한 이른바 '이탈리아주의 vs. 프랑스주의'의 서막을 연 것이었다.

이 연장선에서 그의 가장 큰 업적은 파리 개발이었다. 16세기 파리 전체를 보면 1500년에서 1589년 사이에 우안이 먼저 도시화했는데, 이것의 문을 열어 주도한 왕이 프랑수아 1세였다. 좌안은 종교적 중심지여서 개발하기가 쉽지 않았던 반면 우안에는 루브르궁, 중앙시장, 왕족과 귀족들의 저택인 오텔hôtel 등이 있어서 왕실 주도의 개발 사업을 벌이기에 적절했다.도 18-1 이를 위해 1528년 3월 15일에 칙령을 반포해서 왕실이 파리

18-1. 1550년 제작된 <세 사람이 바라본 파리 전경Parigi, Veduta da Tre Persone>. 왼쪽이 우안, 오른쪽이 좌안이다.

에도 정기적으로 머물기로 했다. 왕실의 완전 귀환은 후임 왕인 앙리 2세 때인 1559년에 단행되는데, 여기로 가는 중간 단계의 이른바 '두 집 살림'을 한 것이다. '왕실 귀환'의 신호탄이었다.

비록 완전 정착은 아니었지만 왕이 파리에 정기적으로 머물게 되면서 파리에 진을 치고 있던 귀족과 상공인 등의 세금 납부자들에게 힘을 실어 주는 결과를 낳았다. 이들은 지방의 귀족이나 상공인과의 경쟁에서 우위에 서게 되었다. 파리 밖 왕궁도 그전에는 주로 먼 루아르 계곡에 있었는데 파리와 가까운 일드프랑스의 퐁텐블로 왕궁을 증·개축해 이곳을 주요 거점으로 삼았다.

이런 배경 아래 구체적인 개발 사업에서는 거석 구조 개념의 도시계획보다는 개별 건물에 집중한 편이었다. 무엇보다 프랑수아 1세 자신이 예술애호가인데다 시기적으로도 아직 본격적인 근대적 개념의 도시 개발 사업을 진행할 때는 아니었기 때문이다. 같은 맥락에서 파리 밖 왕궁에 대해서도 개별 건물 차원의 증·개축을 진행했다. 대규모 도시 개발 사업인 로티스망 개발 사업도 입안하기는 했지만 실제 실행하지는 못했고, 이 일은 시간이 지난 뒤 앙리 4세의 몫이 되었다.

개별 건물이 중요했는데, 우선 건축가를 이원화했다. 이는 '이탈리아주의 vs. 프랑스주의'의 구체적인 사례에 해당했다. 프랑수아 1세는 이탈리아 고전주의 애호가답게 레오나르도 다빈치Leonardo Da Vinci(1452~1519년)와 세바스티아노 세를리오Sebastiano Serlio(1475~1554년경) 등을 초빙해서 프랑스 르네상스 건축의 전반적인 발전을 맡겼다. 그러나 프랑수아 1세는 프랑스 국왕인 동시에 애국자여서 이들이 아무리 위대한 예술가라 해도 수도 파리의 건축 일을 맡기지는 않았다. 이들에게서는 순도 높은 이탈리아 르네상스 원본을 배웠지만, 실제 짓는 건물에서는 주로 파리 밖 왕궁 일을 맡겼다. 파리의 건축 일은 가능하면 당시 모습을 드러내고 있던 프랑스 르네상스 건축가들에게 맡겼다. 이상의 여러 배경 아래 프랑수아 1세는 파리 시내에서 몇 가지 중요한 도시건축 사업을 시작했다. 이후의 왕들이 이를 이어받아 16세기를 관통하며 발전시켜서 현대 파리의 중요한 골격을 잡았다. 크게 세 건물이 중요했다.

프랑수아 1세 2
루브르궁 수리, 파리 시청사 신축, 생으스타슈의 혼성 양식

첫째, 루브르궁을 증·개축했다. 파리 왕실은 샤를 5세 때인 1364년에 최초로 루브르궁을 왕궁으로 사용하기 시작했다. 이후에는 왕실 자체가 파리를 떠나 있는 때가 잦아서 왕궁으로 기능하지 못한 측면이 컸다. 프랑수아 1세는 이런 루브르궁을 수리하면서 명실상부한 파리의 대표 왕궁으로 정착시켰다. 이후로도 여러 왕을 거치면서 꾸준히 증축했는데, 전체적인 건축 역사는 뒤에서 자세히 살펴볼 것이고 여기에서는 프랑수아 1세 때 진행한 부분을 중심으로 파리의 도시구조 속에서의 변화를 보자.

우선 프랑수아 1세는 루브르궁 증·개축 계획안을 세웠다. 규모나 장식 등에서 안 자체는 과시적이거나 화려하지 않고 전체적으로 적정한 편이었다. 건물로 한정해서 보면 프랑수아 1세는 실제로 큰 공사를 하지 못하고 사망했다. 그러나 그의 계획안은 파리 발전 방향과 관련해서 중요한 내용을 담고 있었다. 왕실의 주요 건축 사업으로 파리 밖의 왕궁이 아닌 루브르궁을 선택한 건 이후 왕실이 파리에 공을 들일 것임을 보여주는 신호탄이었고, 그 중심을 우안에 두겠다는 뜻이었다.도 18-2

파리 전체의 구도에서 볼 때는 향후 파리의 도시 발전 방향을 서쪽 내지는 서북쪽으로 잡겠다는 의미가 담겼다. 당시까지 파리 동쪽 교외에는 중세부터 왕실에서 소유하던 성채나 오텔 등이 여러 채 산재해 있었는데, 이쪽을 포기하고 서북쪽으로 새로운 축을 잡은 것이다. 이를 위해 1528년에 1차로 파리 서쪽 교외의 불로뉴 숲Bois de Boulogne에 마드리드 성채Chateau de Madrid(지금은 철거됨)를 지어 루브르궁과 연결하는 축을 구축했다. 이어 1539~1549년에는 그 밖으로 생제르맹앙레 성채Chateau de Saint-Germain-en-Laye(지금은 개축되어 보존)를 연달아 지어서 이 축을 강화했다.

더하여 루브르궁이 우안을 접하고 있어서 센 강변도 함께 정비했다. 루브르 부두Quai du Louvre에서 메지세리 부두Quai de la Mégisserie에 이르는 구간을 포장도로로 바꾼 게 대표적으로, 이 공사는 단순한 도로 포장을 넘

18-2. 마테우스 메리안Matthäus Merian(1593~1650년)이 1615년 제작한 <파리 지도Plan de Paris>

어 오늘날 센강의 모습이 탄생하는 출발이었다.

둘째, 파리 시청사의 건립이다.도 18-3 가장 중요한 왕궁이 정리되면서 다음으로 중요한 공공건물인 파리 시청사도 새로 지었다. 이 건물은 원래 장 2세(재위 1350~1364년) 때인 1357년에 중세 양식으로 처음 지어져 있었다. 그러나 왕들이 파리 외부에 머물고 아직 파리시의 기능이 확보되지 않아서 건물의 중요성도 크게 부각하지 못하고 있었다. 프랑수아 1세는 왕실이 파리에 공을 들일 것이라는 믿음을 주기 위해 시청사를 활용하기로 했다. 구체적으로 신청사의 의미와 개념을 왕실과 파리 시민 간 융합을 상징하는 쪽으로 잡았다.

새 건물은 이전 건물을 철거한 뒤 루브르궁과 연계해서 지었다. 부지는 루브르궁 동쪽의 원래 장소에 그대로 남았는데, 새 건물을 크게 짓고 주변에 그레브 광장Place de Grève을 확보함으로써 결과적으로 우안의 동쪽 일대가 개발되는 효과를 낳았다. 기록에는 이탈리아 출신 도메니코 다 코르토나Domenico da Cortona(1465년경~1549년경)가 설계를 맡은 것으로 되어 있다. 그는 샤를 8세(재위 1483~1498년) 때 파리 왕실 건축가로 초청받아 와서 샹보르와 블루아 등 루아르 계곡의 왕궁 건축에 프랑스 최초의 르네상스 건축을 도입한 건축가다. 파리 신청사는 1532년에 공사를 시작해서 1533년에 1차로 준공되었으며, 이후 '앙리 2세 – 앙리 4세 – 루이 13세'의 세 왕에 걸쳐 오랜 기간 증축해 1628년에 최종 준공되었다. 현재는 1892년에 이때의 르네상스 양식을 토대로 복원·증축한 건물이 남아 있다.

셋째, 생으스타슈 교회 증축이다. 앞에서 보았듯이 이 건물은 플랑부아양 양식과 르네상스의 혼성 양식이 적용되었는데, 이 가운데 르네상스 부분을 진행한 것이 프랑수아 1세였다. 외관과 실내 모두 중세 플랑부아양 양식이 주도적이긴 한데 프랑수아 1세는 그 위에 르네상스 양식을 덧붙이는 과감한 시도를 했다.도 18-4 이 과정에서 단순한 건축 양식의 혼성을 넘어 1530년대 파리의 역사적 상황과 얽힌 다양한 논제가 파생되었다.

우선 순수하게 건축 양식으로 좁혀 보면 이탈리아 르네상스를 좋아하

18-3. 파리 시청사 17세기 중반 상태. 메리안의 그림

는 프랑수아 1세의 취향과 입김이 반영된 결과였다. 그는 루아르 계곡 일대에 이탈리아 르네상스 양식을 처음 도입하며 르네상스와 고전주의의 불모지였던 프랑스 건축사에서 중요한 역할을 한 왕이었다. 그러나 아직 중세 양식이 섞이면서 르네상스의 완성도는 낮았고 왕 자신도 만족하지 못했다. 파리는 달랐다. 왕실을 파리에 정착시키는 일과 함께 좀 더 거시적 차원에서 르네상스 건축의 완성을 주도했다. 우선 루브르궁 계획안과 파리 신청사의 대형 공공건물에 르네상스 양식을 적극적으로 사용했다. 이어 로티스망 개발 사업을 입안하면서 그 부지 안에 있던 생으스타슈 증·개축에도 간여했다.

교회 건물이어서 왕이 건축 양식에까지 간섭하는 건 지나친 일이었지만 왕실이 주도한 주택 개발 사업에서 부지를 할당받은 건물이었기에 가능했다. 12~15세기에 작은 규모의 로마네스크와 고딕 건물로 자잘한 증축을 진행해오던 중 마침 프랑수아 1세 때 이 일대에 로티스망 개발 사업이 입안되면서 1532년 들어 넓은 부지를 확보할 수 있었다. 내친김에 현재의 새 건물로 다시 짓기 시작했는데, 당시 파리의 건축 양식은 플랑부아양 양식과 르네상스가 공존하고 있었고 이를 적용해서 혼성 양식으로 탄생하게 되었다. 준공은 1637년에 이루어졌다.

18-4. 생으스타슈 실내 전경. 1861년 출간된 『화려한 파리』에 수록된 그림

1532년이라는 시기와 프랑수아 1세의 욕심으로 보면 르네상스 양식으로만 짓고 싶었을 것이다. 하지만 비기독교 건물이 아니고 파리를 대표하는 중요한 교회 건물 가운데 하나여서 무작정 르네상스로만 하기에는 무리가 있었다. 아무리 르네상스가 시작

되었다고는 하나 당시까지는 파리조차도 교회 건물은 여전히 중세 고딕이어야 한다는 인식이 대세였다. 일종의 저변 민심이란 것인데, 이것이 건축 양식을 결정하는 데에 영향을 끼친 것이다.

여기에 더해 당시 파리의 상황 전체와 관련해서도 생으스타슈는 진행 과정에 애로사항이 많았다. 교회 건축을 주도할 파리시 당국, 왕실의 건축 담당 관료, 로티스망 개발 사업에서 필지를 매입하며 자금을 댔던 부르주아나 귀족 등 여러 계층의 이익이 얽혀 있었다. 생으스타슈는 새로 탄생하는 신도시의 중심 교회여서 이들 계층은 자신들이 원하는 건축 양식을 각자 주장했다. 결국 프랑수아 1세가 직접 나서서 혼성 양식으로 절충·마무리했다. 프랑수아 1세 자신도 단순한 예술적 선호를 넘어 노트르담 대성당과의 경쟁 관계를 의식하는 등 정치적 계산까지 하고 있었다. 자신을 중세 전체와 대비되는 새로운 시대의 상징으로 자리매김하고 싶었고 여기에 생으스타슈를 활용하려 했다. 생으스타슈는 종교적 중요성, 프랑수아 1세 자신이 개발한 부지라는 상징성, 건물 자체의 규모 등 여러 면에서 이를 구현할 좋은 기회였다. 생으스타슈의 혼성 양식은 이상과 같은 여러 배경 아래 탄생한 타협의 결과물이었다.

앙리 2세, 샤를 9세, 앙리 3세
카트린 드 메디치와 왕궁 건축

프랑수아 1세 다음은 '앙리 2세(재위 1547~1559년) – 샤를 9세(재위 1560~1574년) – 앙리 3세(1574~1589년)의 세 왕이 이어받았다. 이들을 하나로 묶은 건 공통점이 여럿이었기 때문이다. 우선 한 명의 여인 카트린 드 메디치Catherine de Médicis(1519~1589년, 왕비 1547~1559년, 섭정 모후 1559~1574년)를 중심으로 엮인 부자지간이었다. 카트린은 앙리 2세의 왕비였는데 부군이 마상 시합에서 사고로 사망하자 세 아들을 연달아 '프랑수아 2세 – 샤를 9세 – 앙리 3세'로 왕에 앉힌 철의 여인이었다. 이 가운데 프랑수아 2세는 재위 기간이 1559년 9월~1560년 12월로 15개월에 불과해 파리의 도시건축에서는 이렇다 할 업적을 남기지 못해서 제외했다. 그마저도 '앙리 2세－샤를 9세－앙리 3세'의 세 왕 역시 모두 재위 기간이 길지 않아, 같은 도시 개발 사업을 대를 물려 진행했다. 크게 세 가지였다.

첫째, 루브르궁의 지속적인 확장이다. 프랑수아 1세가 입안만 해놓고 시작하지 못했는데 세 왕이 이를 이어받아 차례대로 조금씩 진행했다. 이 내용은 뒤에서 살펴볼 것이고, 여기에서는 앙리 2세가 파리 전체의 구도 속에서 루브르와 연관해 확장한 개발에 대해서만 간단히 언급하겠다. 앙리 2세는 파리 서쪽의 생제르맹앙레 성채 구역에 네프 성채Château Neuf를 추가로 지었는데, 이것 역시 프랑수아 1세를 이어받아 파리 서쪽 지역으로의 확장을 꾀한 것이다. 여기에 아네 성채Château Anet를 더하면 세 성채가 삼각형을 형성했다. 이로써 서쪽 발전 축을 강화하는 큰 방향이 완성되었다.

둘째, 카트린이 벌인 왕궁 건축이다. 우선 튈르리궁Palais des Tuileries 신축이 가장 중요했다. 루브르궁과 마찬가지로 자세한 내용은 뒤에서 별도로 다루고, 여기에서는 간단한 시대 상황만 살펴보겠다. 이 건물은 준비 과정과 착공 시기가 모두 다소 복잡했는데, 한 가지 확실한 건 샤를 9세(재위 1561~1574년)가 처음 짓기 시작했다는 점이다. 그는 발루아 왕조의 왕 가운데 처음으로 파리에 주로 살았던 왕이다. 이를 위해 파리 시내에 왕궁 건설이 필요했다. 루브르궁을 확장하고 있었지만, 그 주변을 비롯한 파리 전역에 포진하고 왕실을 압박하던 귀족을 누르기 위해 추가 왕궁의 필요성이 대두하던 때였다. 마침 어머니 카트린이 자신만의 왕궁 공사를 추진하던 중이라 겸사겸사 1564년에 착공했다. 하지만 공사 진척이 더뎌져서 둘째 아들인 앙리 3세가 즉위할 때까지도 입주하지 못하게 되자 1582년에 부르스Bourse 지구에 오텔 드 라렌느Hôtel de la Reine(여왕의 오텔, 지금은 철거됨)을 새로 지어 입주했다.

로티스망 개발 사업
파리 최초의 부동산 수익 사업

셋째, 로티스망 개발 사업의 본격적인 진행이다. 초기 근대 파리의 대표적인 택지 개발 사업으로 프랑수아 1세가 입안해서 1543년에 시작했다가 1547년에 그가 사망하면서 앙리 2세가 이어받아 본격적으로 진행했으며, 샤를 9세가 즉위한 3년 뒤인 1563년에 마무리했다. 중세를 포함해서 16세기 전반부까지 왕실에서는 크고 작은 파리 개발 사업을 시행했지만, 규모와 내용 등에서 매우 제한적이었다. 그나마 규모가 큰 사업은 성곽 근처의 빈 땅에 한정했다.

이런 가운데 16세기 파리의 도시 모습을 가장 크게 바꾼 대규모 개발이 바로 로티스망 개발 사업이었다. 부지는 두 가지 점에서 이전과 달랐다. 하나는 우안의 도심 구역이라는 점이었고, 다른 하나는 중세 구역을 철거해 부지를 확보했다는 점이었다. 철거가 수반된 재개발 사업이었는데, 주거나 상가 등 일반 민간 건물이 아닌 왕실 소유의 대형 오텔 몇 채를 철거한 것이었다. 프랑수아 1세는 1543년에 오텔 생폴Hôtel Saint-Paul, 오텔 드 부르고뉴Hôtel de Bourgogne, 오텔 다르투아Hôtel d'Artois, 오텔 드 플랑드르Hôtel de Flandre 등 여러 채의 왕실 건물을 철거하도록 명령했다. 주로 오랜 기간 비워둬서 다 허물어져가는 건물들이었으나, 멀쩡한 건물도 있었다.

여기서 상당히 넓은 땅이 나왔고 수백 개의 필지로 쪼개 분양하는 방식으로 1556년까지 개발 사업을 진행했다. 이때 '필지'를 뜻하는 프랑스어인 'lotissement'을 따서 '로티스망 개발 사업'이라는 이름을 붙였다. 필지는 이후 20년에 걸쳐 경매로 분양했다.도 18-5 그 결과 무기 공장Arsenal 옆에 새 동네가 형성되었다. 현재의 4구 마레 지구 일대다.

이 사업의 진행이 잘 되고 성공의 기미가 보이자 이보다 2년 늦은 1545년에는 생트카트린 뒤 발 데 에콜리에르 수도원Prieuré de Sainte-Catherine du Val des Écoliers이라는 긴 이름의 수도원도 이를 모방해서 택지 장사에 나섰다. 자신들이 소유하고 있던 '쿠튀르 생트카트린Couture Sainte-

18-5. 1543~1556년 제작된 로티스망 개발 사업의 필지 구획 도면. 오텔 생폴 주변

Catherine'이라는 지역의 땅을 쪼개어 분양해서 1549년까지 사업을 진행했다.도 18-6 즉 쿠튀르 생트카트린은 원래 마레 지구에 있던 이 수도원의 농지이자 동네 이름이었다. 앞 왕실에서 조성한 동네에서 멀지 않은 곳으로 현재는 4구에 있는 마르셰 생트카트린 광장Place du Marché-Sainte-Caatherine 일대다. 이번에도 백 수십 개의 필지가 나왔다.

로티스망 개발 사업은 좁게 보면 카트린이 남편과 세 아들(실질적으로는 두 아들)과 합심해서 왕실의 수익 사업으로 벌인 부동산 개발이었다. 그러나 결과적으로 파리의 주거 건축, 나아가 도시구조 전반에 일대 혁신을 가져온 중요한 근대화 사업이 되었다. 당시에는 카트린의 다소 과한 개인적 욕심으로 보일 수도 있었으나, 시공간을 확장해서 오늘날의 파리라는 도시 전체를 기준으로 보면 중요한 기틀을 닦은 사업으로 볼 수 있었다. 어떤 면에서는 파리 최초의 '근대적 도시화' 혹은 줄여서 '도시화' 사업이라고도 할 수 있었다. 무엇보다 낡고 과밀했던 파리 주거 환경을 개선한 새로운 주택이 대량 공급되었다. 중세 도심에서는 얻기 힘든 넓은 대지 면적도 큰 매력이었다.

왕실을 따라 파리로 이주해 온 귀족들은 두 개 사업으로 탄생한 이런 새 동네를 좋아했다. 일부는 대형 필지를 왕실의 권유로 강제로 떠맡다시피 했지만 적당한 크기의 핵심부 필지는 인기가 많아서 좋은 땅을 차지하려고 왕실에 청탁 경쟁을 할 정도였다. 이들이 도심 저택을 짓기 시작하면서 새로운 유형의 귀족 오텔 유형이 탄생하게 되었다. 오텔 자체는 중세부터 있었는데, 이때의 오텔은 성채 형태에 가까웠다. 도시 내 경쟁 가문들 사이의 소형 시가전이 횡행하던 당시의 시대 상황에서 자체적인 방어 기능이 있어야 했기 때문이다.

18-6. 1545~1549년 진행된 생트카트린 수도원 소유의 쿠튀르 생트카트린 지역 필지

이제 통일국가가 형성되고 왕실 중심으로 권력이 재편되면서 개인 차원의 군사적 방어 기능은 필요가 없어졌다. 오히려 도시 외부 공간과의 소통이 귀족의 미덕이 되는 초기 근대라는 새로운 시대가 열렸다. 이에 따라 개방성을 강조한 '冂' 형태의 새로운 유형이 창출되었다.도 18-7 로티스망 개발 사업으로 탄생한 마레 지구 일대가 이런 새로운 오텔 유형의 보고가 되었다. 이러한 유형의 건축은 르네상스의 마지막 왕인 앙리 4세를 거쳐 바로크의 루이 13세와 루이 14세 시대까지 이어지면서 파리 시내에만 수백 채가 지어졌다.

지역으로 봐도 마레를 넘어 생루이섬Île Saint-Louis과 그 우안 일대의 생폴Saint-Paul 지역으로까지 확장했다. 지금도 '마레－생루이섬－생폴'을 잇는 삼각형의 거대한 지역이 파리의 대표적인 오텔 동네로 남아 있다. 오텔은 영어로는 '맨션mansion'이라고도 하는데, 생루이섬은 개발이 완료되는 18세기 이후 133채의 고급 오텔 혹은 맨션으로 꽉 채워졌다. 이 상태는 일부 변형이 되긴 했지만 지금까지도 어느 정도 보존되고 있다.도 18-8

생루이섬은 노트르담 대성당의 소유여서 원래 이름이 '노트르담섬Île Notre-Dame'이었는데, 루이 14세 때까지의 개발을 모두 마친 이후 루이 15세 때인 1725년에 생루이섬으로 이름이 바뀌었다. '생루이'라는 이름은 일차적으로는 중세 때 루이 9세인 생루이 왕이 이 섬에서 재판정을 차리고 사법행정을 보았다는 기록에 따른 것이었다. 하지만 속내를 좀 더 들여다보면 루이 15세가 루이 13세부터 시작되어 자신에게까지 이어져온 이른바 '루이 왕' 시리즈의 왕실 권위를 높이기 위한 숨은 목적도 있었을 것으로 추정된다. 앙리 4세 때의 개발 이전에는 주로 초지여서 동물을 키우는 한적한 땅이었다. 개발을 거치면서 도심 한복판이면서도 도심의 소

18-7. 마레 지구의 보주 광장과 오텔 수비즈 전경. 오른쪽 위가 보주 광장이고 왼쪽 아래가 오텔 수비즈다.

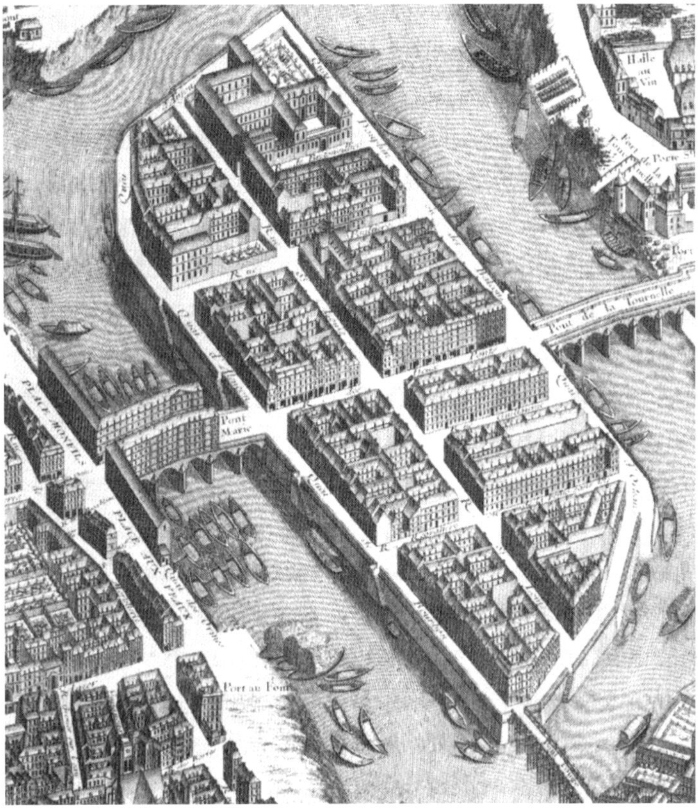

18-8. 생루이섬 전경 판화. 지도 제작자 미셸-에티엔 튀르고Michel-Étienne Turgot(1690~1751년)가 1739년 제작한 <튀르고의 지도Plan de Turgot> 부분. 133채의 오텔이 들어서 있다.

음과 번잡함에서 벗어난 섬이라는 이점으로 인해 최적의 주택가라는 소문이 나면서 주요 인사들이 이곳에 저택을 짓고 정착했다. 오텔 드 브르통빌리에르Hôtel de Bretonvilliers(1637~1642년)와 오텔 랑베르Hôtel Lambert(1640~1644년)가 가장 크고 중요한 대표 건물이었다.

파리 전체로 보면 로티스망 개발 사업과 함께 최초의 근대적 도로가 탄생한 점이 중요했다. 구불구불한 중세 도로가 사라지고 일직선 도로가 등장하면서 도로 상황이 획기적으로 개선되었다. 왕실이 개발한 동네에서는 무엇보다 '리옹가Rue des Lions – 보트레이가Rue Beautreillis – 스리제가Rue de la Cerisaie – 샤를 5세가Rue Charles V' 등이 교차하면서 만들어내는 격자 도로가 중세를 벗어난 새로운 체계였다. 도로 폭도 8~10 미터로 크게 넓어졌다.

수도원이 개발한 동네에서도 다섯 개의 직각 도로가 나왔다. 세비뉴가Rue de Sevigne, 페이옌가Rue de Payenne, 엘제비르가Rue Elzévir, 파르크루아얄가Rue du Parc-Royal의 네 도로를 새로 닦았으며, 여기에 프랑크 부르주아가Rue des Francs Bourgeois를 연장해서 붙였다. 퐁 네프Pont Neuf도 이 사업의 연장으로 함께 건설했다. 앙리 3세가 1577년에 '우안의 루브르–시테섬–좌안의 포부르 생제르맹데프레Faubourg Saint-Germain-des-Prés'를 잇기 위해 이 다리를 짓기 시작했다. 당시로서는 센강에서 가장 서쪽에 위치한 다리였다. 그러나 종교전쟁 때문에 이 공사는 중단되었고 왕실마저 전쟁을 피해 파리를 떠났다. 이후 혼란 상황을 마무리하고 파리가 안정을 되찾은 앙리 4세 때인 1607년에 준공했다.

앙리 4세 1

공공개발, 파노라마 시선, 도시경관

앙리 4세(재위 1589~1610년)는 부르봉 왕조의 문을 연 왕이었다. 많은 업적을 남겨 루이 13세와 루이 14세에게 넘겨줌으로써 좁게는 부르봉 왕조의 전성기, 확장하면 프랑스 전체에서 17세기 전성기의 기틀을 닦은, 프랑스 역사에서 몇 손가락 안에 꼽히는 왕이었다. 앞으로는 프랑수아 1세와 함께 르네상스의 시작과 끝을 각각 담당하면서 어깨를 나란히 했다. 뒤로는 보기에 따라서 루이 14세에까지 비견될 정도였다. 앙리 4세는 종교전쟁으로 혼란에 빠진 프랑스를 가톨릭 국가로 남기면서 안정을 이루었고, 이를 기반으로 재건을 주도했다. 국가 통일을 더욱 진행한 일도 그중 하나였다. 파리에 대해서도 마찬가지여서 통일국가의 수도로서 재건사업을 이끌었다.

무엇보다 공공개발에 힘을 쏟은 점이 중요했다. 물론 중세 때 시테궁, 노트르담 대성당, 생트샤펠 등을 건설하면서 이 일대를 함께 정비한 일도 당시로서는 공공개발로 볼 수 있었다. 그러나 온전히 시민들을 위한 사업은 아니었고 왕실과 가톨릭 교회 등의 권력층을 위한 사업이었다. 다만 중세의 전제 시대는 이 두 권력이 곧 국가와 동의어이던 때여서 이들을 위한 도시건축 사업은 자연스럽게 공공성을 갖게 되었다. 중세 전제 시대가 붕괴하고 초기 근대로 넘어오면서 상황이 바뀌었다. 완전하지는 않더라도 최대한 시민들을 위한 공공사업의 필요성이 높아지게 되었다. 앞에서 살펴본 프랑수아 1세에서 앙리 3세에 이르는 도시건축 사업이 이것의 전초전 같은 것이었다. 앙리 4세는 이 흐름을 이어받아 공공성을 강화한 개발 사업을 발전시켜갔다.

앙리 4세는 왕 이전에 한 개인으로서도 현명하고 똑똑한 인물이었다. 종교전쟁의 회오리 속에서 위기를 맞기도 했지만 이를 슬기롭게 잘 극복하면서 나라를 안정시켰다. 주변에 능력 있는 젊은 신교 인재들을 많이 두었는데, 가톨릭의 반격으로 모두 잃자 최종적으로 가톨릭을 국교로 인정함과 동시에 신교에는 종교의 자유를 허용하는 타협적 정치력을 발휘해서 국가를 종교전쟁의 회오리로부터 구해냈다. 프랑스 국왕으로서 이런 자신의 업적과 조국에 대한 자부심이 컸다. 좁혀 보면 자신이 문을 연 부르봉 왕조에 대한 자부심도 컸다. 파리는 이런 여러 겹의 자부심이 집약된 수도여서 이곳의 도시건축은 그에게 가장 중요한 정치 활동이기도 했다. 이런 중요성에 걸맞게 수도로서 파리의 위상을 높이는 도시 미화 작업에 특히 공을 들였다.

대표 사업을 보면 소르본대학, 도핀 광장Place Dauphine, 퐁 네프Pont Neuf, 루아얄 광장Place Royale(지금의 보주 광장Place des Vosges) 등을 건설했다. 이 자체가 파리의 품격을 높이고 도시를 미화하는 역할을 했으며 기능적으로도 파리의 좌안과 우안을 유기적으로 연결함으로써 파리가 하나의 도시로 작동하게 하는 데 성공했다.

이 가운데 루아얄 광장(1605~1608년)과 도핀 광장(1607~1615년)의 두 왕립 광장에는 '광장형 주거square residence'라는 파리 특유의 도시 주거 형태가 지어졌다. 루아얄 광장은 마레 지구 가운데 바스티유 광장 옆의 3구와 4구 경계선에 있다.도 3-1, 18-9, 19-1 도핀 광장은 시테섬의 서쪽 끄트머리의 뾰족하게 튀어나온 삼각형 부지에 퐁 네프를 끼고 있다.도 18-2, 18-10, 18-11 광장형 주거란 4~6층의 주거용 건물이 광장을 에워싸는 도시 집합

18-9. 개발 당시의 루아얄 광장 일대. 지도제작자 자크 공부스트Jacques Gomboust(1616~1668년)가 1652년 제작한 <공부스트의 지도Plan de Gomboust> 부분

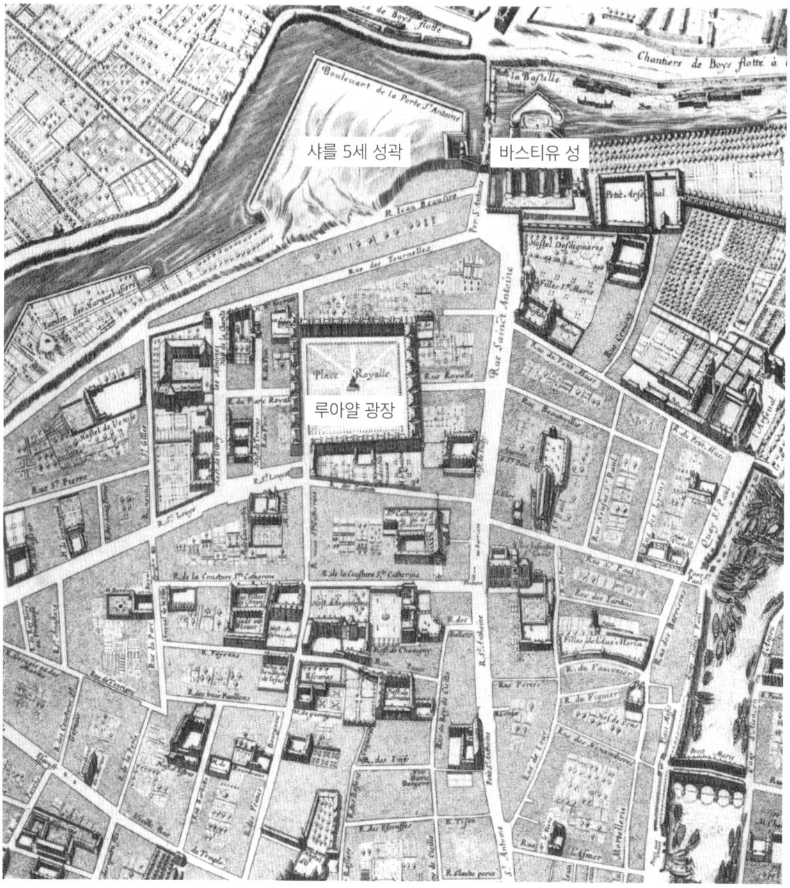

18-10. 도핀 광장 현재 전경

주택 유형이다. 초기 근대의 파리에서는 오텔과 함께 도심의 면모를 일신하는 데에 중요한 역할을 했다. 18~19세기에는 아파트로 발전하는 바탕이 되었다. 기본적으로 상류층을 위한 고급 주거이긴 했으나 중앙의 광장을 시민들에게 개방함으로써 공공성을 확보했다.

도핀 광장의 꼭짓점 자리에는 퐁 네프도 함께 세웠다.도 18-11 파리 최초로 센강의 양안을 연결하는 다리이자, 역시 파리 최초의 '노출 다리naked bridge'로 앙리 4세의 재위 중반경인 1599년에 착공해 말년인 1607년에 준공했다. 중세에는 다리 위 양쪽에 집이나 상가를 세우는 이른바 '하우스 브리지house bridge'가 많았다. 파리도 시테섬의 퐁 노트르담Pont Notre-Dame(노트르담교)이나 퐁 오 샹쥬Pont au Change 등이 대표적인 하우스 브리지였다.도 14-1, 18-2, 18-11 퐁 네프는 이런 관습을 따르지 않고 다리

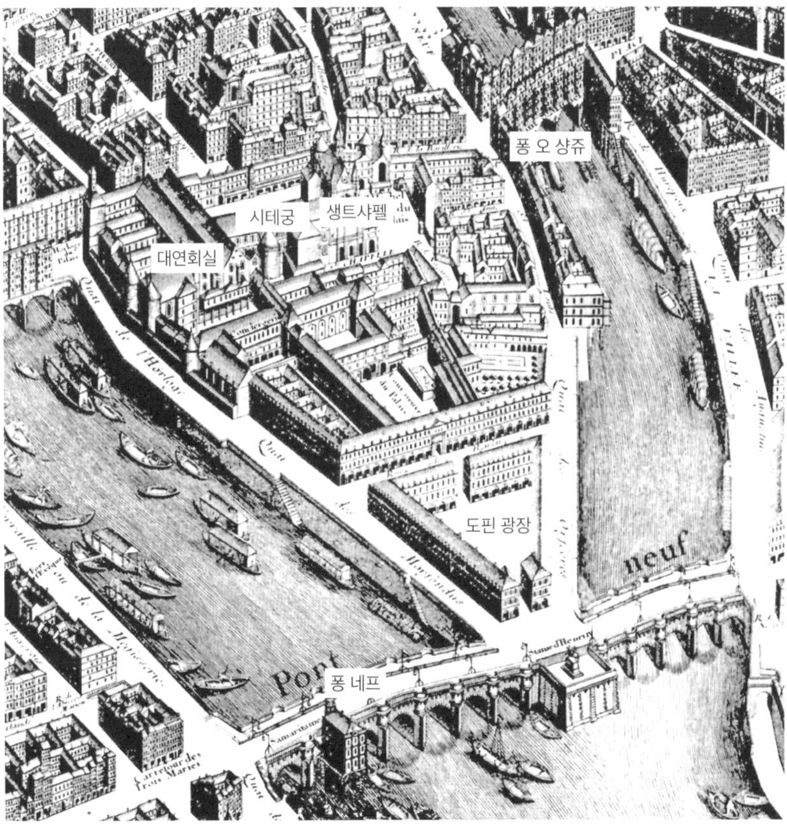

18-11. 도핀 광장과 퐁 네프 전경 판화. 튀르고가 1739년 제작한 <튀르고의 지도> 부분

만 세움으로써 다리 위에서 센 강변을 감상할 수 있게 되었다. 지금은 가장 보편적인 다리 형태가 된 이런 구조를 하우스 브리지와 대비하는 의미에서 '노출 다리'라고 부른다. 중세의 은밀함에 대비되는 르네상스의 개방성을 다리 위에서의 탁 트인 시선으로 구현한 것이었다.도 18-12, 20-8

여기에서 '파노라마 시선'과 '도시경관'이라는 두 가지 중요한 도시 미학이 탄생했다. 두 미학은 사실상 같은 내용을 보는 관점에 따라 구별한 것이었다. '파노라마 시선vue panoramique'(영어로 'panoramic view')은 감상자 쪽에서 붙인 말로 '한 장소에 서서 눈을 들어 보면 여러 개의 다른 도시 장면을 파노라마처럼 이어 붙여서 볼 수 있는 시선'이라는 뜻이다. 퐁 네프 위에서 센강과 양안을 하나로 묶어서 보게 되는 풍경이 좋은 예였다.

이때 이런 감상 행위를 풍경을 제공하는 도시 제공자 쪽에서 보면 '도시경관urban landscape'이 된다. '미학적으로나 역사적으로 특별한 감동을 일으키고 의미를 창출하는 도시 내 풍경'이라는 뜻이다. 퐁 네프가 개방형 다리로 건설되면서 도시경관은 루브르궁 쪽에서도 확보되었다. 강 건너

18-12. 작가 미상의 17세기 그림. 노출 다리 퐁 네프 위에서 감상하는 센 강변의 도시경관과 파노라마 시선. 오른쪽이 우안의 루브르궁이고 왼쪽이 좌안의 파리4개국대학이다.

의 포부르 생제르맹데프레 일대를 하나의 풍경으로 감상할 수 있게 된 것이다. 나중에 루브르궁의 층수가 올라가면서 이런 풍경이 더욱 잘 보이게 되자 이를 즐기기 위해 강 건너 좌안 일대 건물에까지 신경을 쓰는 일도 벌어졌다.

앙리 4세 2

최초로 근대적 도시화의 종합적 완성을 이루다

이상을 종합하면 앙리 4세가 파리의 도시건축에 남긴 업적은 최초로 '근대적 도시화'의 종합적 완성을 이룬 것으로 요약할 수 있다. 근대적 도시화의 기준은 시대마다 다른데, 초기 근대에서는 크게 네 가지가 중요한 기준이었다. 첫째, 도로와 필지의 형태에서 중세의 비정형 도시구조로부터 벗어나, 일직선 대로나 격자 도로와 사각형 필지로 이루어지는 정형적 도시구조로 탈바꿈한다. 둘째, 중세에서 벗어나 근대로 가는 초기 단계 혹은 중간 과정의 새로운 도시 미학을 형성한다. 셋째, 도시 개발의 방향과 목적에서 시민 공공성 개념이 중요한 부분을 차지한다. 넷째, 도시 내 토지 사용에서 농지나 빈 땅의 비율을 최소화하고 개발된 구역의 비중을 높인다.

앙리 4세는 이 네 조건을 완벽하게는 아니더라도 일정 부분 만족시켰다. 정확하게 말하면 앙리 4세가 혼자서 이 일을 다 한 건 아니었고 일부는 선왕들이 시작한 일도 있었다. 앙리 4세는 이것을 이어받아 자신만의 업적을 더해서 종합적 완성을 이룬 최초의 왕이라 할 수 있다. 네 가지 조건을 차례대로 살펴보자. 첫째, 정형적 도시구조의 조건은 '앙리 2세-샤를 9세-앙리 3세' 때에 시행한 로티스망 개발 사업, 그리고 그와 함께 구축한 직각 도로가 대표했다. 앙리 4세는 이것을 이어받아 발전시켰다. 광장 정비 사업과 도로 정비 사업이 대표적이었다. 광장을 반듯한 육면체로 정리했고 도로는 일직선으로 폈다. 도심 전체가 대칭 구도로 재편되었고 도로를 따라 일직선 원근법 시선이 만들어지기 시작했다. 여기에 광장형 주거를 추가해서 양과 질 모두에서 완성도를 높였다.

둘째, 새로운 도시 미학에 대해서는 앙리 4세 때 형성된 '파노라마 시선'과 '도시경관'이 대표적이었다. 일직선 원근법은 아직 파리의 대표적인 가로 미학인 '1점 원근법'으로 발전하지는 않았지만 그에 근접해가는 첫발을 뗀 것으로 평가할 수 있다. 셋째, 시민 공공성에서는 광장 개발, 다리 건설, 병원 건립 등이 대표적이었다. 특히 말년에 공사를 시작한 생루이 병원Hôpital Saint-Louis(1607~1612년)은 파리의 공중보건 사업을 한 단계 발전시킨 중요한 업적이었다. 앙리 4세는 파리를 전염병에서 해방하려는 노력의 하나로 생마르탱 성문Porte Saint-Martin 밖에 이 병원을 건립했다. 루이 13세와 루이 14세는 이런 노력을 이어받아 부랑자, 노숙인, 걸인 등을 수용하는 사업으로 확장하면서 근대적 공중보건이 지속적인 발전을 이어갈 수 있게 했다.

마지막으로 넷째, 토지 사용과 관련해서는 중세 때 파리 시내에 많이 있던 봉지封地를 본격적으로 개발하기 시작했다. 중세에는 성내 곳곳에 크고 작은 농지가 있어서 농사를 지었다. 여기에서 나오는 소출은 왕실과 귀족의 중요한 경제적 기반이었고 시민들에게는 생업의 터전이었다. 이것이 16세기 르네상스에 들어와서 점차 주거, 공공건물, 광장, 상업지역 등 근대 도시를 구성하는 공간 요소로 개발되기 시작했다. 개발이 완결된 때는 1650년경인데, 앙리 4세는 여기로 가는 과정에서 중요하면서도 활발한 중간 단계를 이끌었다. 앞에 나온 두 곳의 광장형 주거가 중세 봉지를 개발한 대표적 예였다. 이외에도 프랑스 광장Place de France이라는 곳을 하나 더 계획했는데 앙리 4세가 불의의 암살을 당하면서 시행되지는 못했다. 이처럼 광장형 주거를 개발하면서 파리 시내 농지의 면적은 크게 줄었고 이로써 근대적 도시화로 가는 중요한 디딤돌을 놓게 되었다.

이런 도시화 과정을 뒷받침하는 구체적인 도시정책도 시행했다. '파리를 아름답게Beautify Paris'라고 부를 수 있는 일련의 정책들을 입안했는데 '1607년 법령'이 대표적이었다. 광장형 주거의 정면을 '아콩파뉴망 건축architecture d'accompagnement'이라는 양식으로 강제적으로 통일시키는 도시건축 법령이었다. 재료를 석재에서 벽돌로 바꾸고, 각 층의 바닥 선을 밖으로 드러내 수평선을 강조하는 단순하면서도 특색 있는 양식이었다. 이전까지 파리를 대표하는 고급 주거의 대명사였던 오텔의 고전주의를 대체하려는 목적이 컸다. 어떤 면에서는 프랑스만의 국가 양식으로 볼 수 있었으며, 이런 점에서 이후 파리를 대표하는 건축 양식 가운데 하나로 자리 잡았다. 파리에 벽돌 건물이 많은 이유도 여기에서 연유했다.

앙리 4세가 벌인 개별 건물의 건축 활동을 대표하는 왕궁도 같은 맥락에 속한다. 앞 왕들이 시작한 루브르궁과 튈르리궁에 대해 '그랜드 디자인Grand Design'을 입안해서 1차 완성을 이루었다. 두 왕궁을 하나로 연결해서 우안에 대형 왕궁 단지를 건설함으로써 파리 시내 전체의 도시건축 품격을 높였다. 이런 왕궁 건축은 앙리 4세가 부르봉 왕조의 문을 열면서 왕권을 강화하고 절대왕정의 기초를 닦은 업적과 연관된다. 규모, 장식, 체계성, 공공성 등에서 왕실의 권위에 합당한 격식을 갖추는 데에 초점을 맞추었다.

이상을 거치며 파리는 중세 도시를 벗어나 초기 근대 도시로 거듭나게 되었다. 물론 중세라고 다 나쁜 건 아닐 테고, 특히 중세 특유의 아기자기하고 다양한 공간 골격이 사라진 건 아쉬운 일일 것이다. 그러나 인류 문명은 발전할 수밖에 없는 법이고 도시건축도 이와 흐름을 같이할 수밖에 없다는 점에서 볼 때 앙리 4세를 거치며 완성된 탈중세와 근대적 도시화의 1단계 완성은 역사적 의미가 컸다. 앙리 4세의 재위 기간인 16세기 말~17세기 초가 과학혁명 및 계몽주의를 준비하던 때라는 점에서 더욱 그랬다.

19장 바로크 파리

도시건축 개괄과 루이 13세 시대(1610~1643년)

바로크(1610~1715년)의 파리 도시 개괄

웅장하면서도 환상적으로

이른바 '루이' 왕들의 시대가 열렸다. 1610년의 루이 13세부터 1789년의 프랑스대혁명 사이에 등장한 네 명의 '루이' 왕들의 시기였다. 절대왕정의 정치체제와 중상주의의 경제 정책을 양대 축으로 삼은 179년의 기간이었다. 건축사는 여러 사조가 중첩했는데, 크게 양분하면 전반부인 루이 13세와 루이 14세의 1610~1715년은 바로크였고, 후반부인 루이 15세와 루이 16세의 1715~1789년은 계몽주의였다. 이 가운데 바로크는 다시 앞 시대의 르네상스와 함께 초기 근대를 이룬다.

파리의 도시건축에서도 바로크는 보통 루이 13세와 루이 14세 두 왕의 시기로 잡는다. 앙리 4세의 전환기를 시작으로 루이 13세 때 1차적 완성을 이룬 뒤 루이 14세 때 전성기를 누렸다. 이 시기 파리의 도시건축은 두 루이 왕이 추구했던 국가정책과 큰 방향을 공유했다. 한마디로 프랑스 수도답게 국가와 왕실의 영광에 걸맞은 기념비적 권위를 갖추자는 것이었다. 두 왕의 정책은 사실상 같은 것이었으며, 다만 강도와 추진력에서 루이 14세가 더 힘 있고 적극적이었다. 루이 14세는 루이 13세가 잡은 방향을 발전시키고 완성한 것으로 볼 수 있다. 이런 기조를 바탕으로 바로크를 거치면서 파리는 프랑스의 수도로서 당시 유럽을 선도하는 대표 도시로서의 면모를 갖추어갔다.도 19-1 크게 도시 부분과 건축 부분으로 나누어 볼 수 있다. 차례대로 살펴보자.

먼저 도시 부분은 두 가지가 핵심 방향이었다. 하나는 '정치적 과시'였다. 17세기에 들어와서 절대왕정 아래 중앙집권이 강화됨에 따라 프랑스 왕과 왕실은 가톨릭 신학자였던 자크 베니뉴 보쉬에Jacques Bénigne Bossuet (1627~1704년)의 표현대로 자신들을 조금이라도 더 '웅장하면서도 환상적으로' 보이게 하려고 수단과 방법을 총동원했다. 보쉬에는 프랑스 왕실의 가정교사 역할을 하고 전제정치와 왕권신수설을 주창하는 등 절대왕정을 지탱하는 종교적 지도자였는데, 이런 그의 눈에도 당시 왕실의 모습은 이쪽으로 과도하게 집착하는 것으로 보였다.

그러나 도시건축에는 굳이 나쁠 건 없었다. 전제적 권력 구도나 사치스러운 궁중 생활 등은 문제가 있겠지만, 도시건축 사업은 이미 선왕 앙

19-1. 1615년의 파리 전경. 루이 13세 초기로, 아직 샤를 5세 성곽 내에 머물지만 중요한 건물들은 갖추었다.

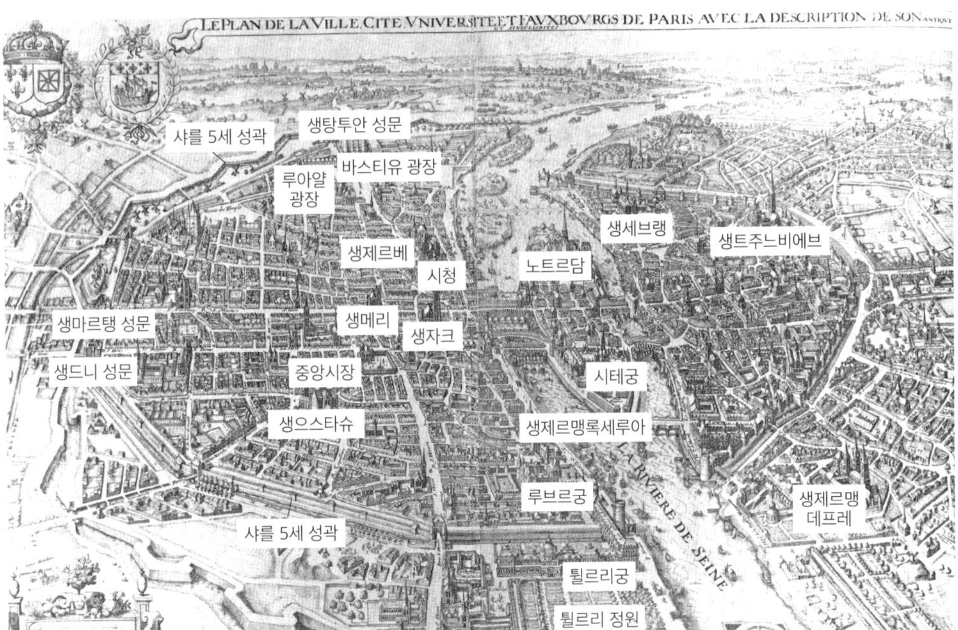

리 4세를 지나면서 시민 공공성 개념이 자리 잡아 시민 전체에게도 도움이 되었기 때문이다. 이제 무의미한 거석 구조나 지나치게 화려한 왕궁 등으로 왕실의 권위를 과시하는 시대는 지나 있었다. 더욱이 프랑스의 왕들은 전통적으로 예술에 대한 조예가 깊은 편이어서 자신이 주도하는 도시건축의 권위도 예술적으로 과시하고 싶어 했다.

두 루이 왕이 딱 이런 경우였다. 루이 13세는 '오텔hôtel－왕궁－도시 정원－교회' 등 도시를 이루는 핵심 건물들의 건설 사업을 골고루 진행했다. 오텔과 왕궁은 귀족과 왕실의 권위를 드높였으며, 도시 정원은 시민들의 도시 생활을 풍요롭게 해주었다. 그리고 교회는 이 모든 것을 포괄하는 정신적 공간으로서의 권위를 유지하게 해주었다. 루이 13세는 또한 부왕 앙리 4세가 건설한 공공시설도 활발하게 활용했다. 루아얄 광장Place Royale(지금의 보주 광장Place des Vosges)이 대표적이어서, 이곳에서 '카루젤Carrousel'이라고 불리는 마상 시합chivalric entertainment을 여러 번 개최했다.

1612년이 절정이었다. 이 해 4월에는 광장 준공식을, 10월에는 자신의 약혼식을 모두 마상 시합 형식으로 성대하게 개최했다.도 19-2 이때는 비록 11살의 어린 소년이었지만 자신도 중세 기사로 분장하고 마상 시합에 참여해서 국왕의 권위를 과시했다. 광장에 군집한 수만 명의 군중은 이런 루이 13세를 보고 환호했다. 일종의 도시 축제를 겸함으로써 시민의 놀이 문화를 활용해 왕실의 권위를 높였다. 파리의 도시공간을 활용하는 일부터 정치적 과시를 위한 기회로 본 것이었다. 광장이 도시를 지배하는 공간적 위용을 드러냈으며, 왕은 다시 그런 광장을 다스리는 군사 지도자로 설정되었다.

파리의 도시건축에 대한 이런 작업은 루이 14세가 대표적이었다. 루이 14세는 앙리 4세와 루이 13세가 벌인 사업을 합하고, 그 위에 자신만의 개발을 추가해서 파리 도시건축에 대단한 업적을 남겼다. '광장－왕궁－오텔－교회' 건설은 두 선왕이 하던 사업을 이어받은 것이었다. 성곽 확장, 대로와 개선문 건설, 보훈병원 건립 등은 루이 14세만이 벌인 도시건축 사업이었다. 루이 14세가 이처럼 도시건축의 중요성을 인식할 수 있었던

19-2. 1612년 4월에 있었던 루아얄 광장 준공식 장면. 마상 시합 형태로 개최했다. 작가 미상이나 메리안의 그림으로 추정하기도 한다.

데에는 그의 친정 기간 전반부 때의 수상이었던 장바티스트 콜베르Jean-Baptiste Colbert(재임 1661~1683년)의 역할이 중요했다. 콜베르는 청년 루이 14세에게 "대형 전쟁이 없는 기간에는 건물만큼 전하의 위대함과 통치력을 드러낼 수 있는 건 없습니다"라며 세뇌하다시피 했다.

바로크의 파리 건축 개괄

그랜드 매너와 국가 양식의 창출

다음으로 파리의 바로크 건축 개괄이다. 크게 네 가지 현상이 있었다. 첫째, 건축 양식사에서의 세부 분류인 '초기-중기-후기'의 구분은 없는 편이었다. 그 대신 루이 13세와 루이 14세의 두 왕을 상위 기준으로 놓고 건축가, 건물 유형, 개별 건물 등의 다양한 하위 기준에 따라 분류한다. 이런 분류는 파리 바로크 건축만이 아닌 프랑스 바로크 건축 전체에 해당한다. 이탈리아 바로크가 '초기-중기-후기'의 표준 분류를 따르는 것과는 다른 대목이다. 프랑스 사람들은 두 왕의 대표성을 강조하는 뜻에서 '루이 13세 양식'이나 '루이 14세 양식'이라는 표현을 선호한다. 특히 건축 이외에 실내 장식, 가구, 공예, 패션 등에서 더 활발히 사용한다. 이런 명칭은 로코코 양식이 진행되었던 루이 15세까지도 적용되었다. 왕을 기준으로 한 이런 분류는 파리에도 해당된다. 한편으로는 프랑스의 애국심이 반영된 명칭이라고 볼 수 있어서 영어권에서는 기피까지는 아니더라도 사용을 꺼리는 편이다.

둘째, 정치적 과시 경향이 건축에도 똑같이 나타났다. 17세기 파리는 프랑스 건축의 특징 가운데 하나인 '고전 형식화'가 특히 융성한 시기였다. 왕실은 이런 고전주의 예술 교육을 전담할 교육기관인 '아카데미Académie'를 설립해서 운영했다. 1648년의 왕립미술아카데미Académie Royale de Peinture et de Sculpture에 이어 1671년에는 드디어 왕립건축아카데미Académie Royale d'Architecture를 세웠다.

여기에서 '그랜드 매너Grand Manner'라는 프랑스 바로크 미학이 탄생했다. 중심축과 좌우 대칭의 강조, '디스트리뷔시옹distribution'이라 불리는 일직선의 긴 복도, 화려한 장식, 쌍기둥, 프랑스 전통 지붕 등이 대표적인 건축 기법들이었다. 대칭은 이 가운데 프랑스 바로크 건축에서 특히 애용하던 조형 기법이었다. 물론 동서고금의 거의 모든 건물은 기본적으로 대칭을 이룬다. 그랜드 매너에서는 이런 일반적인 당연함에서 한발 더 나아가 대칭을 유난히 선호하고 강조했다. 예를 들어 중심축을 강조해서 대칭을 두드러지게 하거나 방사형·격자 구성을 사용해서 초점을 강조하는 방식 등을 사용했다.도 19-3 바로크 고전주의의 원조인 이탈리아 고전주의보다 대칭을 훨씬 더 강조했다. 이탈리아 바로크가 조형적 표현력을 위해 비대칭도 함께 사용한 것과 대비를 이루는 프랑스 바로크만의 대표적인 특징이었다. 미학사에서는 이를 가리켜 '대칭 강박증obsession to symmetry'이라는 말까지 사용한다. 수도 파리의 바로크 건축은 이상과 같은 과시적 미학이 구현되는 장이었다.

셋째, 순수하게 예술성으로 좁혀 보면 프랑스만의 국가 양식을 창출하는 일이 최우선이었다. '국가'라는 말이 들어간 데에서 알 수 있듯이 이 책임은 수도 파리의 몫이었다. 프랑스만의 양면적 상황을 반영한 양식이었던 것이다. 한쪽으로는 르네상스 때 수입한 이탈리아 고전주의를 원본과 같은 수준으로 발전시켜서 대외적으로 나라의 체면을 세우고자 했다. 동시에 이와 반대로 프랑스만의 특징도 추가함으로써 건축 양식을 통해 국가적 정체성 역시 확립하고자 했다. 자신들이 이끌었던 고딕 건축이 대표하는 중세적 특징인 구조 합리주의와 수직선이 대표적이었다. 파리의 바로크 건축에서는 대체로 루이 14세 때 국가 양식을 1차적으로 완성한 것으로 평가할 수 있다.

넷째, 건축 전반으로 확장하면 건물 종류가 다양해지는 현상이 두드러졌다. '초기 근대'라는 말에 걸맞게 중세의 기독교 단일 사회에서 벗어나 사회 기능이 분화함에 따라 건물에 요구되는 기능도 다양해졌다. 르네상스 때에는 왕궁이 이 흐름을 주도했으며 바로크가 이어받아 왕궁 건축에

19-3. 루이 14세의 역작 오텔 데 앵발리드 전경. 격자형으로 중심축을 강조한다.

서 발전이 있었다. 루이 13세까지는 파리 시내의 루브르궁, 튈르리궁, 뤽상부르궁, 추기경 궁전(팔레 루아얄) 등에 집중했다. 루이 14세는 부왕이 벌인 이런 여러 왕궁 건축을 발전시킴과 동시에 베르사유까지 새로 지어나가서 왕궁 건축의 최절정을 이끌었다. 공공분야의 발전도 본격화하면서 루이 14세는 대학과 보훈병원 등의 새로운 근대 기능을 추가했고, 이로써 당시로서는 생소한 이런 건물들에서도 주요 작품이 나오게 되었다. 연극이 활성화하면서 극장이라는 새로운 건물도 등장했다.

이상이 바로크 시기 파리의 도시건축에 대한 개괄적 설명이었다. 이어 루이 13세와 루이 14세의 두 왕을 따라 도시 개발 사업과 건축 활동을 묶어서 먼저 살펴보자. 그리고 마지막으로 왕궁, 교회, 극장 등을 별도의 장으로 분류해서 자세히 살펴보겠다.

루이 13세의 부동산 개발 사업

생루이섬, 뤽상부르궁 일대, 추기경 궁전 일대

루이 13세(재위 1610~1643년) 때 파리 도시건축은 인구가 급증하면서 부동산 개발이라는 한 가지에 집중했다. 루이 13세 때인 1620~1640년대의 프랑스는 대체로 힘든 시기에 해당했지만, 파리는 상대적으로 발전의 흐름을 타고 있었다. 나라 전체로는 사부아Savoy 가문과의 분쟁(1627년), 독일의 종교전쟁인 30년전쟁(1618~1648년) 참전, 스웨덴과의 전쟁(1635~1648년), 노르망디 농민폭동(1639~1641년) 등 힘든 일이 연달아 일어났다. 그러나 왕실이 파리에 정착한 뒤 시간이 흘러 안정화되면서 파리 경제는 활성화했고 인구도 증가했다. 이에 따라 파리의 도시자산 가치value of urban property 전체가 대폭 증가했는데, 무엇보다 부동산 가격의 급등이 두드러졌다. 1600~1650년의 17세기 전반부 50년 동안에만 임대료가 세 배로 뛰었다. 장기적으로는 파리 전체를 외곽으로 확장해야 했는데, 루이 13세는 여기까지 가지는 않았고 일단 급한 대로 성내의 주택 부족 문제부터 해결했다.

이 사업은 사실 루이 13세보다는 그의 어머니였던 마리 드 메디치Marie de Médicis(1575~1642년)가 주도했다. 그녀는 앙리 4세의 왕비였는데, 앙리 4세가 1610년에 가톨릭 광신도에게 불의의 암살을 당하자 당시 9살이던 루이 13세의 섭정 모후가 되었다. 그녀 자신도 권력의 화신이었기에 겸사겸사 자신이 할 일을 찾았다. 이렇게 찾은 게 부동산 개발 사업이었다. 파리 전체가 인구 증가로 주거 부족에 시달리고 있어서 주택개발 사업을 하면 공공성과 수익성을 모두 잡을 수 있다는 것을 파악했다. 그녀는 민간업자들에게 세 곳에 새로운 주택단지 개발 사업을 할 수 있도록 허가하고 또 주도했다.

첫째, 생루이섬île Saint-Louis이다. 이 섬이 로티스망lotissement 개발 사업과 함께 앙리 4세 때 처음 개발된 내용은 앞에서 살펴보았다. 여기에서는 이어서 루이 13세 때 개발된 내용을 살펴보자. 생루이섬은 시테섬 동쪽 옆에 있는 비슷한 크기의 섬이다. 시테섬이 워낙 유명해서 사람들이 보통 '파리'하면 시테섬만 아는데 생루이섬도 이에 못지않게 중요한 또 하나의 섬이다. 시테섬과 달리 대체로 개발이 되지 않은 채 시간이 흘렀는데 택지로 개발하기에는 의외로 최적의 장소였다. 엄연히 센강 한복판에 있는 시내의 중심이면서도 사위를 센강이 막아주어서 도심의 소음과 번잡함을 피해 독립적 공간 단위를 이루기 때문이다.도 19-4

앙리 4세의 미망인이자 어린 루이 13세의 섭정 모후였던 마리 드 메디치가 생루이섬의 가능성을 놓칠 리 없었다. 앙리 4세 때 시작한 생루이섬의 개발을 완료한 것도 그녀였다. 그녀가 개발을 허가해준 세 곳의 입지 가운데 가장 규모가 큰 곳이 이곳 생루이섬이었다. 그녀는 1614년 건설 사업에 기반을 둔 파리 부르주아였던 크리스토프 마리Christophe Marie(1580~1653년)가 이끌던 개발업자 그룹에 생루이섬 개발권과 부지 판매권을 허가했다. 생루이섬에 퐁 마리Pont Marie를 건설해서 기부채납을 하는 조건이었다.

중세 파리를 이끌던 기독교 건물과 왕궁 단지가 모두 시테섬에 몰려 있어서 생루이섬의 주택 개발 사업은 이와 대비되는 '민간 영역'을 대표하게 되었다. 공사 기간을 거친 뒤 1630년대에 본격적으로 분양을 시작했다. 주 고객은 금융업자를 중심으로 한 자본가, 왕족, 귀족, 고위공직자 등 주로 상류층이었다. 이들 중 자본가를 제외한 전통적인 상류층은 원래부터 생루이섬에 살다가 새집을 사서 이사를 한 사람들이 많았다. 고객이 모두 부유층이어서 대형 고급 오텔 단지로 개발되었다.

둘째, 뤽상부르궁Palais du Luxembourg 일대다. 중세에는 포부르 생제르맹데프레에 속한 성 밖 지역이었다. 그러나 도심에서 멀지 않은 데다 주변에 생제르맹데프레 수도원, 파리대학, 생트주느비에브 교회 등이 있어서 이곳도 생루이섬과 마찬가지로 주택단지로 개발하기에 최적의 입지 조건을 갖추고 있었다. 그래서인지 이 일대는 이미 중세부터 시작해 17세기 초까지도 여러 권력자가 땅을 사고팔아 오고 있었다. 마리 드 메디치도 이곳의 입지적 장점을 잘 알고 17세기 초부터 일대 땅을 사들이기 시작했다. 이어 1615년에 두 가지 중요한 건축 사업을 벌이게 된다. 자신이 들어가서 살 뤽상부르궁을 짓기 시작하는 한편, 그 주변에서 부동산 개발

19-4. 생루이섬(앞)과 시테섬(뒤)의 현재 전경

사업을 함께 벌였다. 뤽상부르궁의 부지만 남기고 나머지 땅은 루이 르바르비에Louis Le Barbier(?~1641년)에게 매각했다.

르바르비에는 루이 13세 왕실의 재정 담당 비서였다. 특히 왕실 소유의 부동산, 숲, 토지 등을 관리하는 일을 담당했으며 이런 경력을 바탕으로 개인적으로 부동산 개발업자도 겸하고 있었다. 르바르비에는 매입한 부지에 남아 있던 오텔 등 크고 작은 건물들을 철거한 뒤 1622년까지 오텔을 지어서 분양했다. 마침 바로 옆에서 1631년 뤽상부르궁이 준공함으로써 이 지역은 하루아침에 귀족적 분위기가 나는 고급 동네가 되었다. 앞서 본 생루이섬에 이어 파리에서 두 번째 가는 오텔 지역이 되었다. 이를 기회 삼아 좌안의 서쪽 지역 개발을 더 촉진하는 추가 효과도 낳았다. 이로써 좌안의 서쪽 구역은 종교적 중심지와 뤽상부르궁에 더해 고급 주택가까지 갖추게 되었다.도 19-5

셋째, 재상 아르망 리슐리외Armand Richelieu(1585~1642년)의 저택인 추

19-5. 뤽상부르궁 일대 장면. 튀르고가 1739년 제작한 <튀르고의 지도> 부분

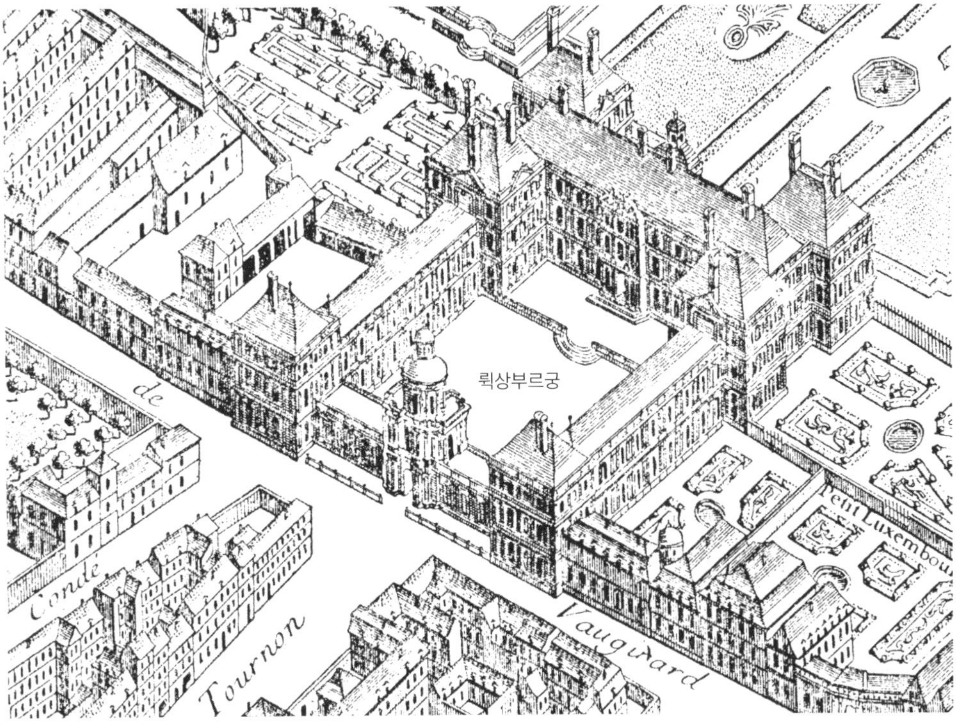

기경 궁전이 있던 우안 서북쪽 일대다. 리슐리외는 왕족은 아니었지만 루이 13세 시대를 사실상 주도하던 권력자여서 앞 두 경우와 비슷한 개발 사업을 주도했다. 자신의 저택을 끼고 합작 효과를 노렸다. 리슐리외는 추기경을 겸했기 때문에 그의 저택은 보통 추기경 궁전Palais Cardinal이라 불렸다. 1624~1642년의 오랜 기간에 걸쳐 지었는데, 나중에 팔레 루아얄Palais-Royal이 되는 건물이다. 파리 우안 서북쪽의 생토노레가Rue Saint-Honoré에 위치했는데, 리슐리외는 그 주변으로 넓은 면적은 아니었지만 택지 개발 사업을 함께 진행했고, 여기에 '카르티에 리슐리외Quartier Richelieu' 혹은 '카르티에 팔레 루아얄Quartier Palais-Royal'이라 부르는 고급 주택가가 형성되었다.도 23-5 이 개발권 역시 르바르비에가 1631년에 따냈다. 이 사업을 거치면서 파리가 서북쪽으로 확장하는 등 일대에 개발 효과가 나타났다.

루이 13세의 건축 사업
바로크를 시작해서 발전시키다

다음으로 루이 13세 때 파리의 건축을 보자. 루이 13세는 한마디로 바로크를 시작해서 발전시킨 왕이었다. 크게 다섯 가지 내용으로 정리할 수 있다. 첫째, 프랑스 바로크 건축은 보통 루이 13세 때 시작한 것으로 본다. 1615년에 착공한 뤽상부르궁과 1616년에 착공한 생제르베Saint-Gervais 교회의 두 건물이 출발점으로, 모두 건축가 살로몽 드 브로스Salomon de Brosse(1571~1626년)의 작품이었다. 처음에는 '바로크'라는 인식보다는 당시 이탈리아에서 르네상스 다음 단계로 유행하던 새로운 고전주의를 수입한다는 분위기로 시작했다.

건축사에서 고전주의는 중세 고딕의 정반대 양식으로 정의되는데, 프랑스에서는 프랑수아 1세가 16세기 중반부터 수입해 사용하기 시작한 이래로 점차 사용 빈도가 늘어나며 르네상스를 형성했고, 루이 13세는 다음 단계의 고전주의를 수입하며 바로크의 문을 연 것이었다. 새로 등장한 고전주의에 대해서 이 시기 파리의 반응은 그다지 나쁘지 않았을 것으로 추정해볼 수 있다. 당시 유럽의 첨단 고급 양식이어서 권력층에서는 이런 건축을 구사하는 것만으로 자신들이 시대를 앞장서서 이끄는 것처럼 보이게 할 수 있었다. 확장해서 일반 시민들의 저변을 봐도 로마 시대의 전통이 있었기에 프랑스에서는 고전주의가 의외로 익숙한 양식이었다.

둘째, 루브르궁과 팔레 루아얄의 두 왕궁 건축을 진행했다. 초기 근대기의 이른바 '모던 루브르'는 프랑수아 1세 때인 1528년부터 루이 14세 때인 1678년까지 150년 동안 여러 왕을 거치며 진행했는데, 루이 13세도 1624~1642/1645년에 건축가 자크 르메르시에Jacques Lemercier(1582년경~1654년)의 작품으로 '시계관Pavillon de l'Horloge'이라는 주요 건물을 비롯하여 일정 부분을 진척시켰다. 재상 리슐리외까지 가세해서 프랑스 왕국의 융성과 국왕의 존엄을 과시하고 절대왕정의 확립을 드러내기 위해 왕궁 건축에 공을 들였다. 리슐리외가 자신의 저택으로 지었다가 왕궁으로 헌납한 팔레 루아얄도 이를 따른 것이었다. 이로써 르메르시에의 루브르궁은 절대왕정의 왕궁 유형을 대표하는 표준 양식으로 자리 잡았다.

셋째, 중요한 교회 건물도 다수 지어졌다. 생제르베를 필두로 1635년에는 프랑수아 망사르François Mansart(1598~1666년)의 성모마리아 방문교회Église Sainte-Marie de la Visitation가, 말년인 1642년에는 르메르시에의 소르본 교회Chapelle de la Sorbonne가 각각 준공되었다. 발 드 그라스Val-de-Grâce는 여러 건축가를 거쳐가며 중간 정도까지 진행되어서 훗날 루이 14세 때 준공할 수 있는 기반을 제공했다.

넷째, 앞과 같은 부동산 개발 사업의 결과 오텔이 정착하게 되었다. 이로써 파리 도시건축에 '오텔'이라는 중요한 항목이 완성되었다. 이어 루이 14세 때와 18세기를 거치면서 오텔 건설은 꾸준히 이어져, 앞의 '생루이섬-뤽상부르궁 일대-추기경 궁전'의 순서로 오텔을 대표하는 지구가 형성되었다. 생루이섬을 예로 보면, 섬 전체에 오텔이 빼곡히 들어찼으며 부지가 부족해지자 센강 건너인 우안의 동쪽 일대로 확장했다. 지하철 1호선 생폴역Saint-Paul이 있는 지역인데, 이 일대는 생루이섬과 함께 지금도 이때 지은 오텔이 많이 남아 있다. 오텔은 일반인들에게는 잘 알려지지 않았지만 파리 도시건축 전체에서 기독교 건축 및 왕궁 건축과 함께 3대 영역을 이루는 대표적인 건축 형식에 해당한다. 실제 지어진 건물의 숫자와 건축 형식의 완성도 등 모든 면에서 최초로 하나의 유형으로 분류될 수 있을 정도로 자리를 잡은 게 루이 13세 때였다.

파리 도시건축의 확장

개별 건물과 성곽이 함께 확장하다

다섯째, 파리의 도시건축 전반이 확장하는 결과로 나타났다. 개별 건물에서 내용상의 확장이 먼저 있었고, 이에 맞춰 성곽이 함께 확장한 점이 특징적이다. 보통은 성곽을 먼저 밖으로 확장해서 새로 지은 뒤 그 안을 건물로 채우는데, 루이 13세는 두 확장을 함께 진행했다. 우선 생루이섬은 비록 시테섬 바로 옆에 있었지만 개발되지 않고 초지로 남아 있었는데, 이를 개발함으로써 비로소 시테섬과 균형을 이루며 우안의 4구 일대를 고급 주택가로 변모시켰다.

더 중요한 건 성곽과 도시 경계선 모두를 확장한 일이다. 당시까지 우안의 튈르리궁과 추기경 궁전, 그리고 좌안의 뤽상부르궁은 모두 성 밖의 포부르에 있었는데, 이때의 확장으로 성내로 편입했다. 우선 성곽은 우안에서 '포세 존느Fossée Jaunes'('노란 성곽'이라는 뜻)라 불리는 부분을 확장했다.도 19-6 1615년에 계획되어 1620~1640년대에 걸쳐 건설한 부분인데 1370~1380년대에 세운 이른바 '샤를 5세 성곽'에서 우안 서쪽으로 조금 확장한 성곽으로, 루이 13세 성곽에 해당한다. 지금의 파리 오페라Paris Opéra와 콩코드 광장을 경계선으로 바로 안쪽까지 확장했다.

포세 존느는 튈르리궁과 추기경 궁전의 두 왕궁 공사를 지원하려는 목적이 컸다. 튈르리궁은 앙리 4세 때인 1603~1610년에 거의 완성되어 있었는데, 성곽이 확장하면서 성내로 들어왔다. 추기경 궁전도 마찬가지였다. 건물은 성내에 있었지만 리슐리외는 정원을 넓게 잡아서 정원만 성곽을 가로질러 바깥까지 걸쳐 있었다. 리슐리외는 또한 자신의 이 저택 일

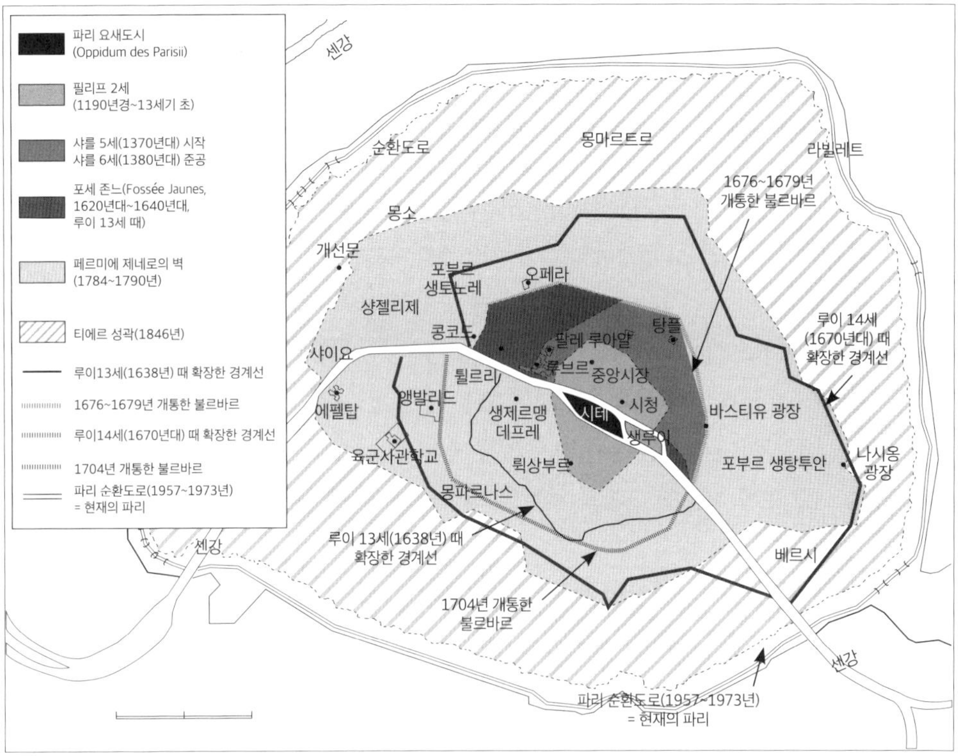

19-6. 루이 14세 후반부인 1704년까지 파리의 연차적 확장·발전을 보여주는 지도

대에 부동산 개발 사업도 함께 진행했기 때문에 이래저래 중세 성곽을 헐고 확장하는 공사까지 함께 벌이게 되었다. 이 과정을 거쳐 포부르 생토노레Faubourg Saint-Honoré와 추기경 궁전 북쪽 지역이 성내로 편입되게 되었다.

이 새로운 성곽은 의외로 스위스 태생의 지도제작자 마테우스 메리안Matthäus Merian(1593~1650년)이 그린 <파리 지도Plan de Paris>라는 판화와 연관이 있다.도 18-2 메리안은 여러 도시의 지도와 전경 판화를 제작하는 과정에서 도시계획에도 일정한 식견을 갖추게 되었는데, 아마도 <1615년의 파리 지도>를 그려 납품하는 과정에서 리슐리외에게 성곽 확장과 관련한 자신의 견해를 밝혔을 것으로 추정된다. 어쨌든 이렇게 해서 리슐리외가 추기경 궁전과 함께 새로 개발한 지역은 우안 중앙의 튈르리 정원에서 시작해 북쪽의 생드니 성문Porte Saint-Denis까지 이어졌다. 중간에서 이를 가로막는 중세 성곽은 철거했고 새로 개발한 지역에 맞춘 루이 13세의 성곽 부분이 건설되었다. 이 공사는 1633~1636년에 집중적으로 진행했다.

이렇게 탄생한 새 지역에서는 리슐리외의 이름을 딴 '리슐리외가Rue de Richelieu'와 '프티샹가Rue des Petits Champs'가 중심 도로가 되었다. 추기경 궁전(지금의 팔레 루아얄)을 기준으로 리슐리외가는 남쪽을, 프티샹가는 북쪽을 각각 동서로 가로지르는 도로다. 팔레 루아얄이 루브르궁 바로 북쪽 위에 위치하기 때문에 리슐리외가는 결과적으로 루브르궁 북쪽을 지나는 도로이기도 하다. 이 두 도로는 추기경 궁전 일대를 개발하고 성곽을 확장하면서 대로의 골격을 갖추게 되었으며, 이후 꾸준히 확장과 개선을 거듭해 지금도 우안의 루브르 박물관과 팔레 루아얄 지역의 중심 도로로 사용되고 있다.

도시 경계선의 확장은 좌안에서 시행했으며 1638년에 확정했다. 좌안의 성벽 자체는 샤를 5세 성곽을 유지하는 대신 도시 경계선만 확장했다. 이때쯤이면 중세 성벽은 군사적 효능이 크게 떨어져서 좌안까지 새로운 성곽을 확장해 건설하는 일은 경제성이 없는 일이 되었다. 그렇다고 아직 현대도시처럼 성곽이 전혀 필요 없는 것도 아니어서 절충점으로 도시 경계선만 확장했다. 이때 동쪽의 생트주느비에브 언덕부터 시작해 중앙의 뤽상부르궁과 서쪽의 생제르맹데프레 모두가 드디어 파리의 도시 경계선 안으로 들어오게 되었다.

20장

바로크 파리

루이 14세(1643~1715년)

루이 14세와 파리의 위상

절대왕정의 영광과 유럽의 수도

루이 14세(섭정 1643~1661년, 친정 1661~1715년)와 파리의 관계는 묘한 구석이 많았다. 한마디로 요약하면 애증의 양면적 관계였다. 부정적 관계를 먼저 보자. 루이 14세는 파리를 그다지 좋아하지 않았고 결국 파리를 떠나 신도시 베르사유를 지어 나갔다. 앞 세기에 선왕들이 파리 도심 한복판에 '루브르궁–튈르리궁' 왕궁 단지를 세우며 모처럼 왕실을 파리로 옮겼는데 이를 따르지 않고 다시 파리를 떠난 것이다. 심지어 후반부 22년 동안은 파리를 단 네 번만 방문했을 뿐이다. 파리를 싫어한 이유는 크게 세 가지였다.

첫째, 섭정을 받던 어린 시절에 루브르궁에서 프롱드의 난La Fronde(1648~1653년)을 맞아 살육 현장을 직접 목격한 후 큰 충격을 받았고, 이 기억이 트라우마로 남아서 새로운 왕궁을 원했다. 둘째, 좁게는 루브르궁, 넓게는 파리 시내의 위생과 보건 상태가 열악했다. 특히 화장실 시설이 제대로 갖추어져 있지 않던 때라 도시 전체에 악취가 많이 났다. 즉 '똥 냄새가 진동해서 싫다'라는 작지만 큰 이유도 한몫했다.

셋째, 정치적으로도 파리에 포진해 있던 오래된 귀족들을 부담스러워했다. 프롱드의 난 때 반란군을 이끌었던 것은 귀족이었는데, 물론 그 당사자들은 난을 진압하면서 제거되었지만 루이 14세는 기본적으로 귀족이라는 계층 자체에 대해서 반감이 있었다. 이들이 파리 시내 곳곳에 오텔hôtel이라는 자신들의 본거지를 두고 강력한 정치적 카르텔을 형성해서 왕실을 압박한다고 느꼈던 것이다.

루이 14세는 공간이 인간 심리에 미치는 영향을 잘 알고 있었던 것 같다. 루브르궁을 포위하듯 파리 전역에 포진하고 있는 귀족들의 수많은 오텔을 부담스러워했다. 모든 귀족과 고위 관료들을 자신의 왕궁 안에 거느림으로써 권력관계에서 우위에 설 수 있다고 믿었는데, 파리에서는 이것이 불가능했다. 우선 루브르궁 자체가 면적과 건물 구조 모두에서 여기에 부족했다. 설사 개축을 통해 이를 해결한다고 해도 그 수많은 오텔이 파리 시내에 버젓이 남아 있는 한 왕궁 안에서 생활하는 귀족과 고위 관료의 순종은 믿을 만한 게 못 되었다.

이상과 같은 세 가지 배경 아래 1661년 섭정이 끝나고 친정이 시작되자, 잠시 루브르궁을 확장하는가 싶더니 곧바로 베르사유에 신도시 건설과 왕궁 공사도 시작해서 1667년에는 왕실을 이곳으로 옮겼다. 행정수도라는 명분이었지만 실상은 일종의 '천도'라고 할 수 있었다. 이후 베르사유에서 47년을 재위했는데, 파리는 드문드문 몇 번 방문하는 정도였다.

다음으로 긍정적 관계다. 이런 개인적 불호에도 불구하고 수도로서의 파리 자체에 대해서 루이 14세는 자긍심을 갖고 있었다. 자신의 강력한 왕권을 국가주의 및 애국주의와 동일시하던 그였기에 당연히 수도 파리를 발전시키는 일도 게을리하지 않았다. 다만 지리적 거리로 인해 이 일은 재상 장바티스트 콜베르Jean-Baptiste Colbert(재임 1661~1683년)에게 일임하다시피 했다. 콜베르는 루이 14세의 친정 기간을 이끈 재상으로, 루이 14세의 주요 정책들은 콜베르의 머리에서 나온 것이 많았으며 이를 실제로 추진한 것도 권한을 위임받은 콜베르였다. 그가 없었으면 루이 14세도 없었다고 할 만했다.

건축 사업도 마찬가지였다. 우선 루이 14세는 파리 역사에서 루이 9

세, 앙리 4세, 나폴레옹 3세 등과 함께 도시건축 발전에 많은 업적을 남긴 왕으로 기록되어 있다. 도시 골격은 루이 9세, 프랑수아 1세, 앙리 4세 등이 기틀을 잡았고 나폴레옹 3세가 가장 많이 확장했지만, 개별 건물은 루이 14세의 업적이 가장 뛰어나다고 할 만했다. 이는 수도 파리에 대한 루이 14세의 책임감과 자긍심이 작동한 결과로 볼 수 있다. 이 일도 대부분 콜베르가 담당했는데, 다만 루이 14세 본인이 건축에 관심이 많고 식견도 높아서 파리의 도시건축 사업은 그의 아이디어를 따른 내용이 많았다.

그러나 파리에 상주하다시피 하며 이 사업의 실제 진행을 관리 감독한 건 콜베르였다. 특히 파리의 도시건축 개발 사업을 국가 차원의 정치·정책과 같은 것으로 보면 더 그랬다. 우선 콜베르 자신이 왕권을 강화하고 국가의 영광을 드높이기 위해서 수도 파리의 개발이 꼭 필요한 일이라는 강한 확신이 있었다. 콜베르는 베르사유에서의 생활에 만족하고 있던 루이 14세가 자칫 파리를 등한시하지 않도록 이런 생각을 기회가 있을 때마다 얘기했고, 결국 루이 14세를 설득하는 데 성공했다. 콜베르는 '건물, 정원, 예술, 제조업의 총감독관 겸 집행자Surintendant et Ordonnateur Général des Bâtiments, Jardins Arts et Manufactures'라는 긴 이름의 직책을 겸직하면서 파리의 도시건축 건설을 진두지휘했다.

무엇보다 콜베르 자신이 절대왕정의 미화 작업에 관심이 많았기에 이를 구현할 장소로 수도 파리를 잡은 건 당연했다. 이런 콜베르의 생각은 '태양왕'을 자처했던 루이 14세에게 큰 영향을 끼쳐 파리 개발에 왕실과 국가의 역량을 동원할 수 있게 되었다. 이 시기 파리의 도시건축 사업은 루이 14세를 향한 콜베르의 충성심과 정직성을 전제로 사실상 콜베르가 전권을 쥐고 진행한 것으로 볼 수 있다. 이를 통해 파리의 '바로크 구역' 형성에 상당한 역할을 했다. 이 내용이 역사에는 보통 루이 14세의 업적으로 기록되어 있다.

17세기 후반부터 유럽 전역에서는 대규모 도시 개발이 새로운 흐름으로 유행하기 시작했다. 유럽의 대표자임을 자처하던 루이 14세 역시 이런 흐름을 주도하고자 했다. 순수하게는 파리를 국제 수도로 발전시키기 위한 애국심, 그리고 시민들이 도시문화를 더 잘 즐길 수 있게 하려는 공공정신이 바탕에 있었다. 정치적으로는 자신의 권력을 과시하고 찬양하려는 목적으로 파리 개발 계획을 세웠다. 파리는 루이 14세를 거치며 명실상부한 유럽 최고의 도시라는 자리를 굳혔다.

파리 도시 개발 1
성곽 확장과 우안 개발

이상이 거시적으로 본 루이 14세와 파리의 관계였다. 루이 14세는 파리 도시건축과 관련하여 구체적인 개발 사업도 활발히 진행해서 중요한 발전을 이루었다. 이번에도 도시 개발과 개별 건물로 나눌 수 있다. 차례대로 살펴보자.

먼저 도시 개발은 다섯 방향으로 발전을 이끌었다. 첫째, 가장 거시적으로 볼 때 구체적인 도시건축 건설 사업을 벌이기 이전에 이미 1667~1668년의 '상속전쟁Guerre de Dévolution'(영어로 'War of Devolution')에서 승리함으로써 파리의 국제정치적 위상을 크게 높였다. 프랑스가 스페인령 남네덜란드에 대한 영토권을 주장하며 스페인 제국과 벌인 대형 전쟁이었다. 루이 14세는 친정을 시작한 지 4년 만이자 불과 24세의 나이에 벌인 이 전쟁에서 승리하며 국가 영토를 넓혔고, 유럽의 국제정치에서 파리의 영향력은 급상승했다.

당시 역사학자였던 니콜라 들라마르Nicolas Delamare(1639~1723년)는 이 전쟁 덕에 그전까지 거의 변방 취급을 받던 파리가 비로소 왕국의 중심에 서게 되었다고 평가했다. 파리가 12~13세기의 중세 르네상스를 거치며 이미 유럽의 수도로서의 지위를 누렸던 걸 볼 때 상속전쟁 전까지 변방 취급을 받았다는 것은 단지 이후 일어난 파리의 급부상을 강조하기 위한 수사학적인 표현일 것이다. 어쨌든 루이 14세가 파리에 본격적인 도시 개발 사업을 벌이기도 전에 이 승전 하나로 파리를 다시 한 번 유럽의 수도로 각인시키게 된 것은 확실했다.

둘째, 전통적인 중세 성곽의 제한을 철폐하고 도시 경계선을 확장한 일이다.도 19-6 루이 14세는 상속전쟁을 시작한 1667년에 이미 베르사유로 나갔지만, 수도 파리에 대한 인식은 확고했다. 승전과 더불어 파리의 위상이 높아진 여세를 몰아 곧바로 그에 걸맞은 구체적인 도시건축 사업을 벌이기 시작했는데, 가장 먼저 시작한 일이 중세의 좁은 파리를 확장하는 일이었다.

이때쯤 되면 중세 성곽의 군사적 기능은 크게 줄어들어 있었다. 당시 수도 파리의 방어는 후작이자 원수였던 세바스티앙 르 프레스트르 드 보방Sébastien le Prestre de Vauban(1633~1707년)의 국경 수비대가 담당하고 있었다. 이전까지 수비대는 아직 파리 성곽을 방어의 기본 개념으로 삼고 있었는데, 17세기에 접어들면서 이 군사 방어 개념에 큰 변화가 나타났다. 크게 두 방향이었다. 하나는 이미 중세 때 대포가 발명되면서 성곽의 군사적 중요성이 대폭 축소되었다. 다른 하나는 통일국가가 큰 변수로 작용했다. 프랑스는 이미 통일국가를 이룬 단계였고 주변 국가들도 점차 그런 추세로 가고 있었다. 이에 따라 방어의 최전선은 이전의 개별 도시에서 국경으로 확장되었다. 이제 개별 도시의 성곽은 군사적 기능이 소멸해 가고 있었다.

파리는 유럽의 수도 급 대도시 가운데에서 이런 변화를 앞장서 이끈 도시였다. 17세기 초 앙리 4세 때까지도 샤를 5세 성곽(1370~1380년대) 내에 머물며 작은 규모를 유지했다. 그러나 17세기 바로크가 시작하면서 앞에서 본 바와 같이 루이 13세가 먼저 1620~1640년대에 성곽 및 도시 경계선 모두를 확장했다. 이때 우안의 튈르리궁과 추기경 궁전이 포세 존느 성곽(루이 13세 성곽) 안으로, 좌안의 '생트주느비에브–뤽상부르궁–생제르맹데프레' 일대가 도시 경계선 안으로 각각 편입되었다.

루이 14세는 새로운 성곽을 쌓지는 않았지만 이런 식의 전통적인 성곽 기능이 무력해짐에 따라 루이 13세의 포세 존느와 함께 도시 경계선 밖으로의 확장을 한 번 더 단행했다. 1660년대에 시작해서 1670년대 후반에 확정된 큰 사업이었다.도 19-6, 20-1 이른바 <1676년의 파리 지도>라는 지도를 보면 아직 루이 13세 성곽이 남아 있지만, 이는 상징적인 의미의 성벽이었고 실제는 파리의 도시 경계선을 우안과 좌안 외곽으로 크게 확장

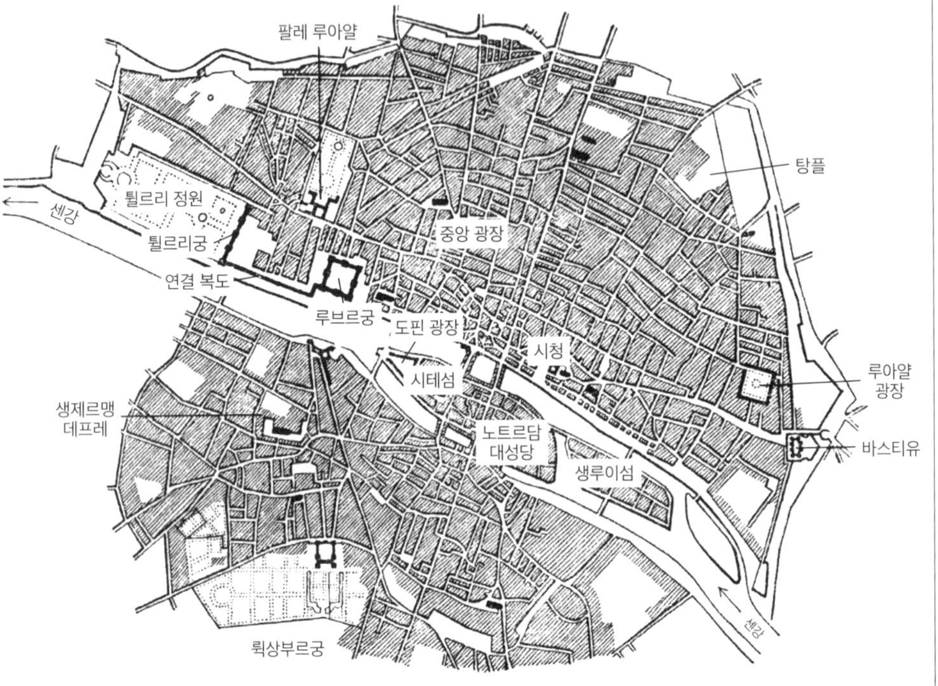

20-1. 1676년의 파리

했다. 이를 루이 14세 성곽이라 부를 수 있다.

우안에서는 동쪽 멀리 나시옹 광장Place de la Nation에서 시작해 몽마르트르 언덕의 밑부분을 지나 콩코드 광장에 이르는 원호 형태의 경계선이었다. 좌안에서는 지금의 몽파르나스Montparnasse 일대까지 확장하면서 루이 16세가 1784~1790년에 세운 '페르미에 제네로의 벽Mur des Fermiers Généraux'에 거의 근접하게 되었다. 이때 오텔 데 앵발리드Hôtel des Invalides도 이 안에 들어왔다. 이로써 파리 성곽 전체는 총 길이 24.1 킬로미터로 늘어났으며 성내 도시 면적은 34.5 제곱킬로미터로 8.5배 이상 성장했다. 강남구 면적인 39.55 제곱킬로미터보다 조금 작은 정도로까지 성장한 것이다.

파리 도시 개발 2

가로수 산책로(나무 심은 불르바르) 건설

셋째, 철거한 성곽이 있던 자리를 그대로 살려서 넓은 새 길을 냈다. 이런 새 길은 부르는 이름이 여럿이었다. 공식 명칭은 '가로수 산책로'라는 뜻의 'promenade(프로므나드)'다. 도로 형식을 기준으로 하면 '나무 심은 불르바르planted boulevard'라고도 한다. 루이 14세 때에는 '통로, 과정'이라는 뜻의 '쿠르Cours'라고 불렀다. 불르바르는 지금으로 치면 '간선대로'인데, 아직 근대식 대로가 등장하기 전에 마차만 조금씩 다니던 당시 상황에서는 '나무 심은 불르바르'가 '가로수 산책로'와 동의어였다. 당시의 용도를 기준으로도 보행자와 서행하는 마차가 함께 산책과 유람을 즐길 수 있는 도시 놀이recreation 시설로 분류되었다.

루이 14세 때의 파리를 기록한 <델그리브의 지도Plan de Delgrive>(1728년)를 보면 샹젤리제Chapms-Élysées 지역에 나무를 심은 대로가 여럿 등장하면서, 지금의 '샹젤리제 회전교차로Rond Point des Chapms-Élysées'를 중심으로 이미 오거리를 이루고 있다.도 20-2 더하여 그 아래로 센 강변을 따라 튈르리 정원(콩코드 광장)에서 지금의 그랑 팔레Grand Palais에 이르는 구간에도 '쿠르 도핀Cours Dauphine'이라는 나무 심은 대로가 하나 더 나온다. 이 대로가 루이 14세 때의 쿠르를 대표하는 '쿠르 드 라렌느Cours de la Reine'인데, 당시에는 '쿠르 도핀'이라고도 불렀다. 쿠르 드 라렌느에 대해서는 뒤에서 추가로 자세히 살펴볼 것이다.

도시사에서는 루이 14세 때 등장한 새로운 도로 종류인 '프로므나드-불르바르-쿠르'의 세 단어를 혼용한다. 지금은 세 도로가 완전히 다른 종류지만 아직 자동차가 없던 당시 처음 등장했을 때는 같은 뜻으로 사용되었고 기능도 거의 같았다. 이 새로운 도로체계가 중요한 이유는 '불르바르'라는 명칭이 처음 등장한 데에 있다. 19세기의 파리 근대화 개발 때 이 도로들이 그대로 대로로 발전하게 되며, 다시 자동차가 등장한 20세기 이후에는 지금의 간선도로가 되기 때문이다. 이렇게 보면 루이 14세는 파리의 도로체계를 대표하는 일직선 대로인 '불르바르'를 처음 닦은

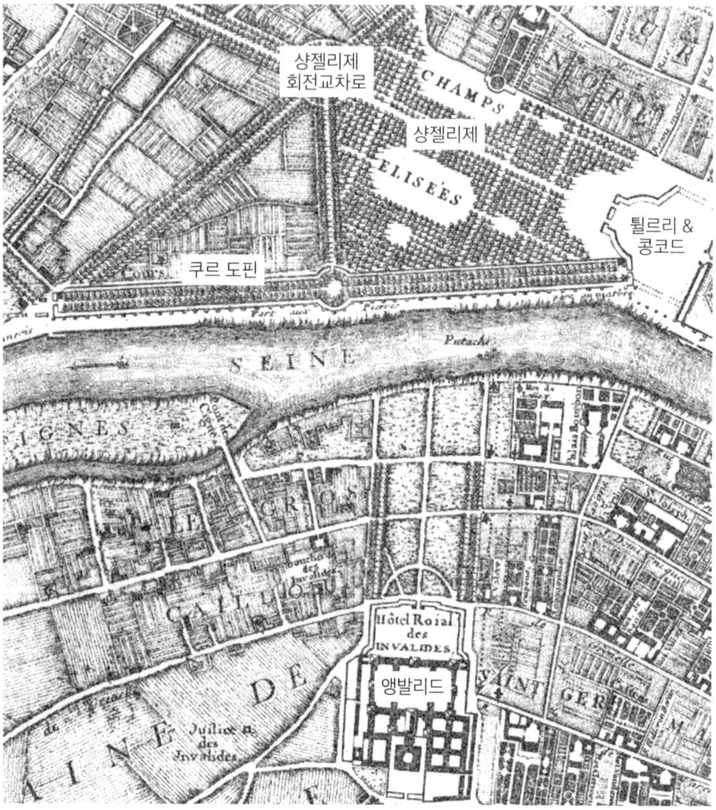

20-2. 1728년 제작된 <델그리브의 지도Plan de Delgrive> 샹젤리제 부분

것이 된다.

특히 '그랑 불르바르 순환체계chaîne de Grands Boulevards'를 최초로 건설한 왕으로 평가된다.도 19-6 '그랑 불르바르'라는 명칭은 현재를 기준으로 하면 2구와 10구의 경계선을 따라 3구로 이어지는 다섯 개의 불르바르를 묶어서 부르는 명칭이다. 지하철 8호선과 9호선이 나란히 달리는 구간인 '리슐리외드루오역Richelieu Drouot'과 '레퓌블리크역République' 사이에 들어 있는 '몽마르트르Montmartre – 푸아소니에르Poissonnière – 본누벨Bonne-Nouvelle – 생드니Saint-Denis – 생마르탱Saint-Martin' 등의 다섯 불르바르를 통칭한다.

여기에 '순환체계'라는 말이 들어가면 루이 14세가 처음 닦은 새로운 도로체계를 말한다. 예를 들어 <델그리브의 지도>를 보면 지금의 보마르

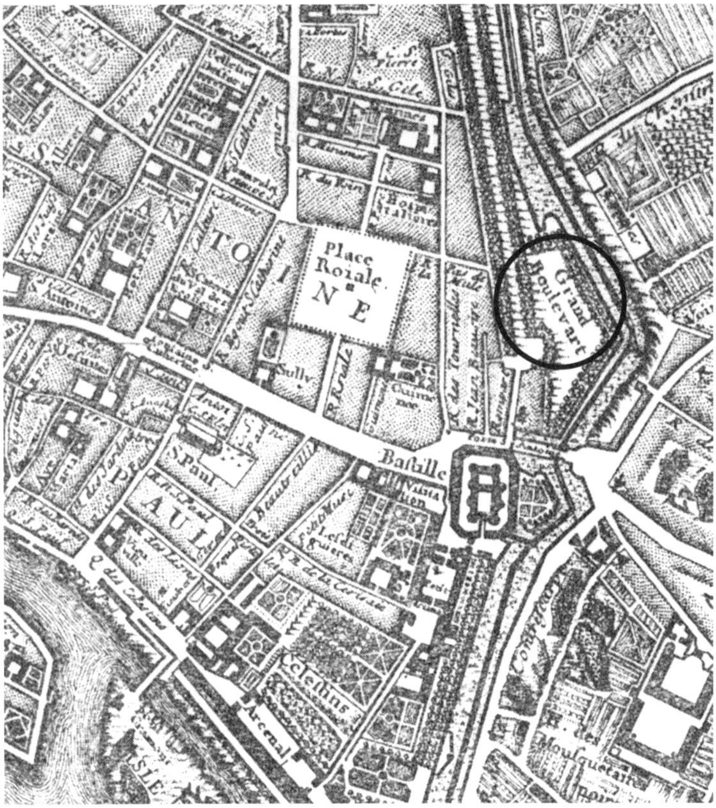

20-3. 1728년 제작된 <델그리브의 지도> 보마르셰 대로Boulevard Braumarchais 부분. 'Grand Boulevart'라 적혀 있다.

셰 대로Boulevard Braumarchais에 해당하는 도로를 'Grand Boulevard(그랑 불르바르)'라고 표기하고 있다.도 20-3 현재를 기준으로 보면 레퓌블리크역에서 8호선이 갈라져 나와 '바스티유Bastille역'에 이르는 구간이다. 구를 기준으로는 4구와 11구의 경계선을 이룬다. 루이 14세는 지금의 파리 시내의 등뼈를 이루는 이런 불르바르를 여럿 건설했고 이를 묶어서 '그랑 불르바르'라고 불렀다. 파리 전체로 보면 이 도로들이 시내의 주요 지역을 연결하면서 순환해 '순환체계'라는 말을 붙인 것이다.

'그랑'이라는 말에 걸맞게 도로 폭도 확장했다. 파리의 중세 도로망을 개선하려는 움직임은 이전의 16세기 말부터 있었다. 이때 도로 폭을 5 미터까지 넓히자는 내용이 논의되었으나 당시에는 상상으로나 가능한 수치였다. 그러나 100여 년이 흘러 루이 14세의 후반기인 1700년 왕립건축아카데미에서는 도로 폭의 최소치를 6.3 미터로 결정했다. 이는 최소치여서 실제 도로는 이 수치를 훌쩍 뛰어넘곤 했는데, 루이 14세 때 가장 넓은 도로의 폭은 36 미터라는 기록까지 있다. 18세기 초에 건축가 피에르 알렉시 들라메르Pierre Alexis Delamair(1676~1745년)는 당시 파리 도로의 평균 폭이 9~9.6 미터라고 기록하고 있다. 이로써 쭉 뻗은 대로의 교통 효율과 가로 미학 모두를 잡는 물리적 기반이 잡혔다.

개별 건물 1
'비기독교 vs. 기독교' 건축 모두 활발히 진행되다

다음으로 개별 건물이다. 루이 14세는 파리에 여러 중요한 건물을 지었다. 도시 개발과 어깨를 나란히 하면서 균형을 이룬 점에서 도시건축의 모범적 개발 사례를 대표한다고 볼 수 있다. 루이 14세는 무려 72년이라는 기록적인 기간을 재위하면서 수도 파리에 수많은 건물을 남겼기 때문에 그의 건축 활동을 분류하는 기준 또한 여러 가지일 것이다. 여기에서는 전통적인 기독교 문명에서 근대적인 세속 문명으로 넘어가는 전환기라는 시대 상황을 1차 기준으로 삼아 크게 비기독교 건축과 기독교 건축으로 나눈 뒤 섭정기와 친정기를 각각 이끈 두 명의 재상을 더해서 살펴보겠다.

먼저 섭정기(1643~1661년)의 재상 쥘 마자랭Jules Mazarin(1602~1661년)은 '비기독교 vs. 기독교'의 두 유형 모두의 기초를 세웠다. 비기독교 건축을 보면 마자랭은 외교력을 바탕으로 프랑스 절대왕정을 유럽 전체에서 인정받도록 하는 데에 성공했는데, 이는 수도 파리의 세속 건축을 활성화하는 결과를 낳았다. 행정부와 내각이 커지면서 외교관과 고급 관리의 숫자도 대폭 늘었으며, 다시 그 주변에서 이를 보좌하거나 이와 연관해서 비즈니스를 꾸려가는 법조인 및 부르주아 등 전문가의 숫자도 함께 늘었다. 이에 따라 이들의 도시 저택인 오텔의 전성기가 도래했다. 이 일은 주로 루이 르보Louis Le Vau(1612~1670년)와 프랑수아 망사르François Mansart(1598~1666년)의 두 건축가가 담당했다. 르보는 왕실 건축가로서,

망사르는 왕실과 거리를 둔 재야 건축가로서 파리 시내에 각자 여러 채의 오텔을 남겼다.

마자랭은 또한 독실한 가톨릭 신자였다. 프랑스 재상이었지만 원래 국적은 이탈리아였으며, 추기경을 겸한 교황청 관리 출신이었다. 가톨릭의 안정은 그 개인이나 루이 14세의 프랑스 모두에 필수적인 일이었다. 이를 위해 재상에 부임하자마자 교회 건축에 힘썼는데, 망사르가 초안을 잡은 발 드 그라스 수도원Abbaye du Val-de-Grâce(1645년)이 대표적인 예였다. 17세기까지도 수도원을 짓는 일이 철 지난 것으로 보일 수 있겠지만, 종교개혁 이후 가톨릭 국가로 남은 프랑스에서는 당시까지 상식적인 일이었다.

이런 기조는 루이 13세 때부터 이어져오던 것이었으며 건축적으로 볼 때 긍정적 효과가 컸다. 두 왕을 거치며 기독교 건축의 방향을 놓고 건축가와 파리 왕실이 함께 고민했는데, 이 내용은 프랑스 바로크 고전주의가 형성되는 데 중요한 기틀이 되었다. 이는 곧 초기 근대의 프랑스 '국가 양식'이 탄생했다는 뜻이었다. 국가 양식은 프랑스의 오랜 소원이었는데, 이것이 루이 14세 때 바로크 교회 건축에서 최초로 완성된 것이었다.

마자랭이 주도한 비기독교 건축과 기독교 건축의 두 방향은 친정기에도 그대로 이어지면서 강화되었다. 우선 친정기 때 재상 콜베르는 루이 14세 시기 중상주의의 전형인 '콜베르티즘Colbertisme'을 주도하며 프랑스를 무역 대국으로 키웠다. 이 덕에 루이 14세의 무모한 전쟁으로 인한 왕실 예산과 국력의 고갈에도 불구하고 파리에 중요한 건물을 지을 수 있었다. 이 역시 세속 건축과 기독교 건축으로 나눌 수 있다.

세속 건축은 섭정기 때 활성을 누리던 오텔이 비슷한 추세로 계속 지어졌고 왕궁도 추가되었다. 왕궁은 루브르궁의 증·개축, 튈르리궁의 완성, 두 왕궁의 연결 등으로 집약되었다. 이는 선왕들이 벌인 일을 마무리한 것으로 볼 수 있다. 왕궁 공사 자체는 섭정기 때 시작해서 친정기 전반에 이르는 1650년대 후반~1660년대에 집중되었다. 이는 루이 14세가 아직 베르사유로 나갈 마음을 완전히 굳히기 전에 잠시나마 루브르궁에 살 생각을 했음을 보여주는 것일 수 있다. 혹은 수도 파리의 왕궁이 절대왕정 및 국가의 위상과 직결된다는 원론적인 차원에서 진행한 사업이었을 수도 있다. 어쨌든 두 왕궁은 대체로 루이 14세 때 완성되었다.

왕궁 공사가 일단락된 뒤에는 파리4개국대학Collègee des Quatre-Nations(지금의 프랑스학사원Institut de France, 1661~1674년)을 지었다. 선왕들에 이어 광장형 주거도 계속 개발해서 승리 광장Place des Victoires(1685년)과 루이르그랑 광장Place Louis-le-Grand(지금의 방돔 광장Place Vendôme, 1699년) 두 곳을 새로 지었다.

기독교 건축은 앵발리드 돔Dôme des Invalides(1676~1691년)과 생루이 교회Église de Saint-Louis(1676~1679년)가 대표적이었다. 두 교회는 오텔 데 앵발리드Hôtel des Invalides라는 보훈병원 단지 안에 나란히 지어졌다. '보훈병원'의 기능에서 알 수 있듯이 마자랭의 교회와 같은 순수한 종교적 목적은 아니었고, 국가주의와 공공성을 합한 목적이 더 컸다. 건축 양식도 섭정기 때 마자랭의 바로크 건축은 좀 더 순수한 조형성을 추구한 데에 비해 친정기 때에는 국가 양식에 대한 의식이 명확히 드러났다. 이런 경향을 '왕실 고전주의Classicisme Royale'라 부르며 마자랭 때의 순수 바로크 경향과 구별하기도 한다.

개별 건물 2
개선문에 집착한 루이 14세

개별 건물에서는 이상의 '비기독교 vs. 기독교'의 거시 분류에 미세 주제 세 가지를 추가할 수 있다. 첫째, 17세기 후반부에 시행한 두 가지 건축법령이다. 모두 파리 도시건축에 큰 변화를 가져왔다. 하나는 새로 닦은 불르바르에 세우는 아파트에 관한 법령으로 '5층 높이 + 두 개의 발코니'가 표준형으로 강제되었다. 이때 도로 폭이 평균 9~9.6 미터였고 건물 높이는 15 미터 안팎이 되어, '높이Height/폭Depth'의 비율이 평균 1.7 안팎이 됨으로써 답답하게 느낄 수 있었다.

다른 하나는 목조와 벽돌 금지령이다. 이미 16세기 초기 근대 내내 건축법령으로 명시는 되어 있었지만, 처음에는 목조부터 금지했다. 목조는 화재와 구조 모두에 취약해서 초기 근대의 도시화 작업과 함께 가장 먼저 사라진 건축 재료다. 벽돌은 17세기 초반까지 석재와 함께 사용해왔는데, 두 재료의 혼용은 16세기 르네상스 때부터 자리 잡은 파리 건축의 전통이었다. 이어 앙리 4세(재위 1589~1610년)가 주도한 도핀 광장Place Dauphine과 루아얄 광장Place Royale(지금의 보주 광장Place des Vosges)의 광장형 주거에 사용한 '아콩파뉴망 건축architecture d'accompagnement'에서는 오히려 파리 도시경관을 아름답게 하는 역할을 했다.도 20-4 그 연장선에서 루이 13세까지도 벽돌과 석재의 혼용은 느슨하게 허용되는 편이었다.

그러다가 루이 14세 때 벽돌 금지령을 반포하면서 파리의 건축 재료는 석재 하나로 통일되었다. 벽돌은 목재보다는 강한 재료지만 석재보다는 화재에 취약했다. 특히 벽돌은 목재와 함께 쓰는 경우가 일반적이어서 목재를 금지하기 위해서는 벽돌도 함께 금지해야 효과가 컸다. 더하여 루이 14세가 추구한 '파리의 도시 위상 높이기' 정책과도 연관이 있었다. 벽돌이 섬세한 장식 효과는 있지만 석재보다는 기념비적 위엄이 약하기 때문이었다. 벽돌은 파리 근교에서 많이 나오는 석회암limestone으로 대체되었

20-4. 보주 광장의 '아콩파뉴망 건축architecture d'accompagnement'. 벽돌과 석재의 재료 혼용으로 장식 효과를 높였다.

다. 이로써 벽돌과 석재가 혼용된 아콩파뉴망 건축은 파리 도시건축의 역사에서 16세기 양식으로만 남아 시대적 대표성을 갖게 되었다.

둘째, 루이 14세는 '개선문'이라는 의외의 건물 종류에 집착했다. 파리에서 '개선문' 하면 보통 나폴레옹 1세를 떠올리지만, 루이 14세가 이보다 훨씬 먼저 개선문을 지었다. 그것도 세 개나 계획해서 그중 두 개를 지었다. 새로 건설한 프로므나드(가로수 산책로) 가운데 한 곳을 택해 도로를 따라 자신을 찬양하는 개선문을 시리즈로 계획한 것이다. 장소는 파리 성곽의 동쪽 관문인 생탕투안 성문Porte Saint-Antoine을 따라 시내로 들어오는 도로로, 당시에는 별도의 도로명 없이 앞에 나온 '쿠르Cours'라고만 불렀다. 쿠르는 그랑 불르바르 순환체계를 이루며 여러 개가 건설되었는데, 루이 14세가 자신의 개선문을 세울 장소로 선택한 건 1701년에 완성된 쿠르였다.

생탕투안 성문은 중세 때인 1200~1356년에 지금의 바스티유 광장 자리에 지어져 있다가 프랑스대혁명 때 파괴된 성문이다. 파리의 동쪽 방어를 담당하던 주요 성문이었는데, 루이 14세는 이를 본보기로 삼아 자신만의 개선문을 시리즈로 계획했다. 장소는 생탕투안 성문에서 출발해 '바스티유 광장Place de la Bastille → 레퓌블리크 광장Place de la République → 마들렌 광장Place de la Madeleine'으로 이어지는 북쪽 지역으로 크게 돌아 튈르리 정원 앞의 콩코드 광장Place de la Concorde까지 이르는 쿠르였다. 그 결과 생탕투안의 성문 기능이 약화하자 이를 보완하기 위해 동쪽 외곽인 트론 광장Place du Trône(지금의 나시옹 광장Place de la Nation) 자리에 트론 성문Porte du Trône을 하나 더 계획했는데, 이 문은 공사는 시작했으나 미완성 상태로 남았다가 1716년 이후 철거되었다.

트론 성문을 제외하고 쿠르를 따라 실제로 세워진 개선문은 프랑수아 블롱델François Blondel(1618~1686년)이 설계한 생드니 성문Porte Saint-Denis(1672년)과 피에르 뷜레Pierre Bullet(1639~1716년)가 설계한 생마르탱 성문Porte Saint-Martin(1674년)의 두 기였다.도 9-1, 19-1, 20-5, 20-6 이 둘은 앞에서 설명한 바와 같이 현재의 그랑 불르바르를 구성하는 다섯 불르바르 가운데 불르바르 생드니와 불르바르 생마르탱에 각각 세워졌다. 이렇게 보면 두 성문의 간격은 몇백 미터밖에 되지 않았다. 정식 명칭은 '개선문

20-5. 프랑수아 블롱델François Blondel(1618~1686년)이 1672년 설계한 생드니 성문Porte Saint-Denis

20-6. 피에르 뷜레Pierre Bullet(1639~1716년)가 1674년 설계한 생마르탱 성문Porte Saint-Martin

성문Arc de Triomphe Porte'인데, 보통 줄여서 '성문Porte'이라고 부른다. 하지만 이미 이름에서도 알 수 있듯이 건축 형식과 설립 목적 모두에서 엄연히 개선문이었다. 두 건축가가 함께 입안한 1676년 파리 개발 계획에 포함되었으며 모두 로마 시대의 개선문을 모방했다.

이 대목에서 시간과 공간을 초월한 루이 14세의 정치적 야심을 읽을 수 있다. 그는 개인적으로는 비록 스스로를 황제라 칭하지 않고 아직 왕에 머물렀지만, 수도 파리만은 로마와 어깨를 나란히 하는 제국 수도의 면모를 갖추게 하고 싶어 했음을 알 수 있다. 나폴레옹 1세가 파리 개선문을 지은 이유가 로마 황제처럼 되고 싶어서였다는 사실은 잘 알려져 있는데, 이보다 150여 년 먼저 루이 14세가 같은 욕망을 가진 것이다. 다만 정치적으로는 아직 한계가 있었기에 파리의 도시건축을 통해 로마제국의 영광을 구현하려 한 것이다.

여기에 신도시 베르사유의 방사형 도로까지 더하면 이런 욕망은 더욱 확실해진다. 나폴레옹 1세의 파리 개선문도 결국 12개 거리로 갈라져 나가는 방사형 도로의 초점 자리에 위치해서 더욱 빛나는 것이었다. 루이 14세 때의 파리는 아직 이런 도로체계를 구축할 여건이 아니어서 이를 신도시에 구현한 것이다. 루이 14세는 재위 중반을 넘기면서 무리한 전쟁으로 국력과 왕실의 재산을 소모해 파리에 세웠던 건축 계획은 실행되지 못한 게 많았다.

셋째, 이상의 건축 활동을 구역 중심으로 보면, 우안의 동쪽과 서쪽 양방향 모두로 확장하는 결과를 낳았다. 동쪽보다는 서쪽으로의 확장이 두드러졌다. 동쪽은 앞에 말한 대로 쿠르를 따라 개선문 두 기를 세우는 것으로 끝난 데 반해, 서쪽은 루브르궁과 튈르리궁이 각기 준공됨과 동시에 하나로 합해진 거대한 왕궁 단지가 형성되었다. 더하여 승리의 광장과 루이르그랑 광장(지금의 방돔 광장)의 광장형 주거 두 곳마저도 루브르궁의 북쪽에 자리했다. 이런 발전에 발맞추어 1666년에는 조경건축가 앙드레 르노트르André Le Notre(1613~1700년)가 튈르리 정원의 서쪽을 열어 외부와 연결하는 길을 냈다. 시민들도 쉽게 사용할 수 있도록 왕실 정원을 개방한 것이다.

이렇게 탄생한 파리의 왕궁 단지 구역은 베르사유의 방향과 일치하는 것이어서 결국 세 왕궁이 같은 방향을 공유하게 되었다. 그 결과 왕궁 단지가 자리한 샤틀레Châtelet 지구와 마레Marais 지구를 중심으로 한 서북쪽 구역은 귀족적 분위기를 공고히 하면서 파리의 최고급 동네로 자리 잡았다. 19세기에 나폴레옹 1세의 도시 개발과 나폴레옹 3세의 오스만 재개발이 모두 파리의 서북쪽 일대에 주로 집중된 것 역시 이 연장선에서 이해할 수 있다. 최종적으로 튈르리 정원이 개방되면서 시민들도 이 일대의 귀족적 분위기를 공유할 수 있게 되었다.

마지막으로 루이 14세의 말년에는 좌안에 오텔 데 앵발리드를 세워서 우안의 발전과 균형을 맞추었다.도 20-7 좌안에는 이미 1674년, 시테섬이 끝나는 지점에 센강과 바로 접해서 파리4개국대학이 먼저 지어져 있었다.도 26-8 그러나 전체적으로 우안과 비교해서 대형 공공건물이 부족했다. 이에 1691년 우안의 서쪽 밖으로 오텔 데 앵발리드를 준공하고, 이후 이 주변이 대사관 거리가 되면서 좌안과 어느 정도 균형을 이루었다. 오텔 데 앵발리드의 부지는 원래 농지였는데, 이 대형 보훈병원 단지가 들어오

20-7. 1889년 만국박람회 홍보 판화. 앵발리드가 좌우 양안의 균형을 잡아주고 있다.

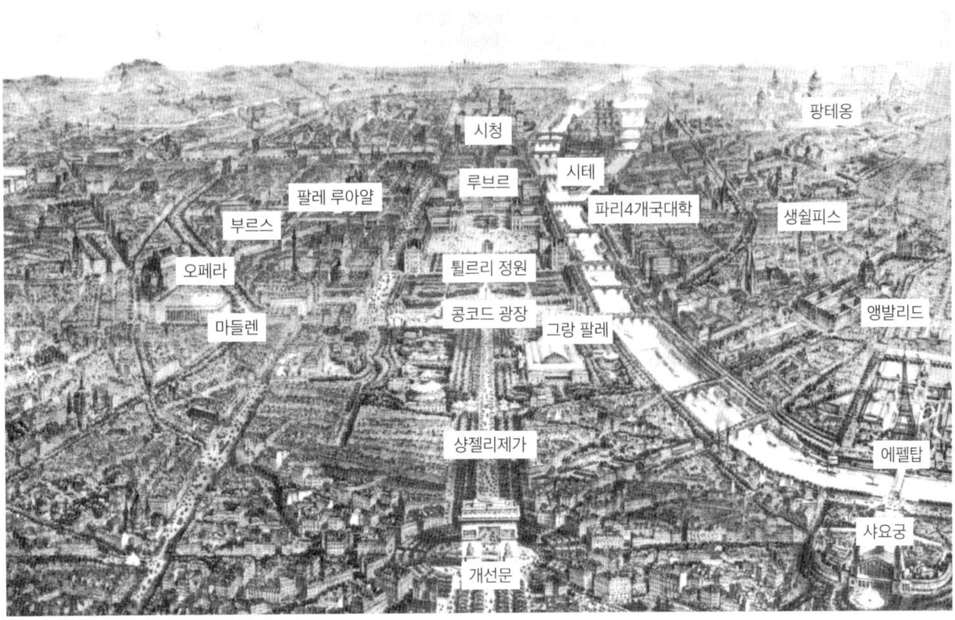

면서 이 일대가 하루아침에 고급 동네로 탈바꿈했다. 다만 오텔 데 앵발리드도 파리 전체에서 보면 서쪽 지역이어서 앞의 왕궁 단지와 함께 보면 루이 14세 때의 파리 개발은 대체로 서쪽에 집중되었음을 알 수 있다.

'쿠르'의 등장

파리의 '거리 문화' 전통을 구축하다

루이 13세와 루이 14세의 바로크 시기를 거치면서 파리에 결정적인 변화가 나타났다. 바로 파리 도시건축의 가장 대표적인 특징인 가로 미학의 기틀이 처음 닦인 것이다. 앞에 여러 번 나온 '쿠르'가 그 주인공이었다. 파리에는 거리 문화를 즐기는 오래된 도시 전통이 있었는데, 이것이 루이 13세와 루이 14세 때 '쿠르'로 집약되어 하나의 큰 실체를 이루게 된 것이다. 도시로서의 파리를 얘기할 때 유난히 도로명이 자주 나오는 것 역시 쿠르를 기반으로 이때 형성된 도시적 특징이다.

파리의 '거리 문화' 혹은 '가로 미학'은 한국인에게는 낯선 도시문화다. 우리말로 '길거리를 배회한다'라는 표현이 전달하는 어감에서 알 수 있듯이 한국 사람에게 거리는 머묾과 즐김의 대상이기보다는 빨리 통과해야 하는 이동 통로에 가깝다. 또한 우리는 도시의 공간을 동 이름과 주요 건물 중심으로 파악한다. 행정 주소도 최근에 거리명으로 바뀌기 전에는 오랜 기간 번지수 중심으로 매겨졌다. 주소가 도로명 중심인 것은 유럽과 미국 등 서양 전체의 공통점일 텐데, 그 가운데에서도 거리 문화를 즐기는 것은 파리만의 도시문화일 수 있다. 유럽 내에서도 이탈리아와 독일의 도시문화가 광장 중심으로 형성되는 것과 차이가 있다.

이런 거리 문화의 중심은 대로다. 파리는 대로체계가 무척 발달해서 파리만의 도시구조적 특징을 대표한다. 이런 대로는 대체로 19세기 중반의 오스만 재개발 때 구축된 것이다. 그러나 루이 13세와 루이 14세 때 그 출발점인 '쿠르'라는 대로가 먼저 등장했다. 파리에서 대로 자체는 16세기 중반에 진행한 로티스망lotissement 개발 사업 때 직각으로 교차하는 도로에서 처음 등장했다. 이때의 대로는 아직 '거리 문화'를 즐길 대상으로 꾸며지지는 않았고, 필지 구획과 교통 효율 등의 물리적 기능을 위한 것이었다.

쿠르에 오면 개별 도로의 폭, 그리고 도시 전체 내에서 도로의 비율 등 물리적 측면에서 대로의 면모를 갖춤과 동시에 거리 문화를 즐길 수 있도록 꾸며진 도로로 개발되었다. 파리의 근대문명이 '복합적 의미를 갖춘 대로'를 닦으면서 시작되었다고 볼 때 그 전초전에 해당하는 쿠르의 등장은 파리 도시건축의 역사에서 중세와 근대를 구별하게 하는 중요한 현상이었다. 파리에서 대로와 거리는 시간과 공간 모두에서 문화를 축적하는 핵심 매개였다. 대로와 거리를 통해 역사와 전통의 시간이 축적되고, 또 장소와 공간이 보존되고 살아났다. 이런 시간과 공간이 쌓여 지금의 파리 특유의 풍성한 도시문화를 형성한 것이다.

최초의 쿠르는 루이 13세 때인 1616년에 건설한 '쿠르 드 라렌느', 즉 '왕비의 산책로'다.도 20-2 선왕 앙리 4세의 왕비이자 루이 13세의 어머니였던 마리 드 메디치Marie de Médicis(1575~1642년)가 튈르리궁 서쪽의 성 밖 지역에 설치한 쿠르(산책로)였다. 친정 고향 피렌체의 대로인 '코르소Corso'를 본떠서 만들었다. '코르소'라는 도로 이름은 피렌체에만 있는 게 아니고 이탈리아 여러 도시에서 사용한다. 보통 시내의 상업 도로를 말하여 로마의 코르소가 가장 유명하다. 이렇게 파리로 이식된 쿠르는 이탈리아의 코르소보다 훨씬 더 성공을 거두며 정착했다. 이는 아마도 거리 문화를 즐기는 파리 시민들의 생활방식과 잘 맞았기 때문일 것이다.

왕비의 산책로는 네 줄의 느릅나무가 만드는 세 개의 도로로 구성된 가로수 길이었다. 중앙 길은 폭이 매우 넓어서 여섯 대의 마차가 지나다닐 수 있었다. 실제로 당시 파리의 귀족과 자본가들은 저녁마다 이 길에서 마차를 타고 드라이브를 즐겼다. 그 숫자가 일반인의 상식을 뛰어넘는 것이어서 무려 700~800대에 이르렀으며, 왕이라도 합류할 때는 2,000대에 달하기까지 했다. 이런 마차 드라이브는 당시 파리 상류층의 도시 생활에서 빠질 수 없는 중요한 놀이 문화였다. 여기에 몰고 나갈 마차를 화려하게 장식하고 입고 나갈 옷을 고르는 일부터 그랬다. 이를 통해 자신의 부와 권력과 함께 예술적 수준을 과시했으며, 중요한 인물을 만나 비즈니스나 정치적 거래를 성사시키기도 했다. 마차를 세워놓고 잡담을 나누는 중에 중요한 정보도 오갔다.

이상을 다 모으면 결국 대로에서 이루어지는 '거리 문화'가 된다. 대로로 치면 맨해튼, 시카고, 로스엔젤레스 등 미국의 대도시나 로마, 밀라노, 마드리드 등 남유럽 라틴권의 대도시가 대표적이지만, 거리에서 하나의 도시문화를 형성한 건 파리가 유일하다 할 수 있었다. 어쨌든 쿠르 드 라렌느라는 매우 독특한 이 길이 센강을 따라 약 1.6 킬로미터 이어졌다. 지금 기준으로는 크게 두드러지지 않는 규모지만 당시에는 넓은 폭과 함께 장관을 이룬 간선대로였다. 이후에도 이 이름이 그대로 남아 앞에 설명한 바와 같이 현재의 콩코드 광장Place de la Concorde에서 그랑 팔레에 이르는 센 강변 도로가 되었다.

왕비의 산책로가 성공을 거두자 루이 14세 때에는 여러 개가 추가로 건설되면서 앞에서 살펴본 '가로수 산책로'(프로므나드 · 나무 심은 불르바르)라는 하나의 유형으로 자리 잡았다. 루이 14세가 개선문을 세울 도로로 선택한 동북 외곽의 쿠르 생탕투안Cour Saint-Antoine이 대표적이었다. 바스티유 광장에서 동쪽으로 뻗어 뱅센 숲Bois de Vincennes까지 이어지는 포부르 생탕투안가Rue du Faubourg Saint-Antoine였는데, 외곽이라 부지에 여유가 있어서 도시 축제가 열리는 거리였다. 귀부인들의 가면 축제가 열리는 참회의 화요일에는 마차가 3,000대나 몰렸다. 요즘 유명 장소에서 주말이면 벌어지는 주차난이 이미 이때부터 나타났다. 어쨌든 루이 14세를 거치며 파리의 거리 문화는 본궤도에 올랐다.

파리 시내에도 쿠르를 닦았는데, 루브르궁과 튈르리궁 사이의 대형 광장에 해당하는 '쿠르 뒤 카루젤Cour du Carrousel'이 대표적이었다. 일부는 의외의 장소가 되기도 했으며, '쿠르 드 미라클Cour des Miracles'가 대표적이었다. 당시 시토회 소속의 '피유 디외 수도원Couvent des Filles-Dieu'(자매들의 하나님 수도원)이 있던 곳인데, 걸인과 도시 부랑자들이 군대조직 같은 패를 구성해서 몰려 살며 거의 치외법권을 누리던 지역이었다. 지금은 '레오뮈르가Rue Réaumur – 포르주가Rue des Forges – 다미에트가Rue Damiette' 등의 세 도로로 둘러싸인 지역이다. 퐁피두 센터Centre Pompidou 북쪽 일대로 2구와 3구에 걸쳐 있다.

루이 14세 때의 이런 가로수 길들은 베르사유 개발과 같은 시기에 조성되었다. 로마 문화에 대해 우호적이었던 파리는 로마의 방사형 도로체계를 구현하고 싶었지만 구불구불한 중세 도로 때문에 한계가 있었다. 이에 우선 급한 대로 베르사유 신도시에서 비록 작은 규모이긴 하지만 이상형에 가깝게 1차적으로 구현했다. 그리고 여기에서 자극을 받아 파리 시내에도 부분적으로 시행한 게 쿠르였다. 아직 방사형 체계와는 거리가 있었지만 중요한 건 '거리 문화'를 즐기는 하나의 전통을 구축했다는 점이었다.

실제로 이미 17세기가 되면 파리를 방문한 외국인들이 산책을 유난히 즐기는 파리의 거리 문화에 대해서 많은 기록을 남기고 있다. 이들은 파리 시민들이 공연을 보거나 레포츠를 즐겼으며, 그저 만보漫步만으로도 행복해했다고 기록하고 있다. 당시 파리에는 테니스장만도 적게는 250개, 많게는 무려 1,800여 개나 있었을 것으로 추정된다. 테니스장은 다시 극

20-8. 작가 미상의 1665년경 제작된 <루이 14세의 퐁 네프 행렬 Cortège de Louis XIV traversant le Pont Neuf>

장으로 개조되어 사용되었다. 그 대신 공원이나 정원은 런던과 비교해서 적은 편이었는데, 그래서인지 새로 닦은 가로수 길은 큰 인기였다. 이는 길이 공원이나 정원의 기능을 일정 부분 대신했다는 뜻이다.

'사람 구경하는 재미'도 빠질 수 없어서 서로서로 다른 사람들을 볼거리로 삼았으며, 자신이 다른 사람에게 관찰당하는 시선도 불쾌해하지 않고 즐겼다.도 18-12, 20-8 앞 앙리 4세 때 파리에서 본격적으로 도입하기 시작한 '파노라마 시선-도시경관'의 도시 미학이 그 기반이 되었다. 서로 보고 보이는 '사람 구경'이 하나의 도시 문화로 자리 잡은 것이다. 이를 위해 멋지게 꾸미는 패션문화도 함께 발달했다. 거리 문화가 의외로 패션의 발달과도 연관이 있는 것이다.

21장

루브르궁(1190~1678년)

성채형 왕궁에서 올드 루브르까지

초기 근대기 파리의 왕궁 네 곳

지금도 파리 시민의 품속에서 함께하다

이상과 같이 왕조사의 진행과 함께 르네상스와 바로크 시대의 파리 도시 상황을 살펴보았다. 다음으로 개별 건물 유형에 대해서 살펴보자. 이 시기 파리에 지어진 건물을 기능별로 보면 왕궁, 교회, 광장형 주거, 오텔, 극장, 병원, 교육시설, 보훈시설 등이 대표적이다. 아직 전통 시대여서 이 가운데 왕궁과 교회가 여전히 두드러졌다. 나머지 건물들은 모두 근대 대도시에 필요한 중산층 주거와 공공시설인데, 초기 근대 때 파리는 이 부분에서 숫자는 많지 않지만 유럽을 선도하는 도시였다. 이 장에서는 왕궁, 교회, 극장 등 세 가지를 살펴보겠다.

먼저 왕궁이다. 파리 시내에는 왕실 소속의 궁전이 여럿 있는데 왕이나 왕비가 거주한 정식 왕궁은 시테궁을 필두로 루브르궁, 튈르리궁, 뤽상부르궁, 팔레 루아얄 등 다섯 곳이었다.도 26-8 이 가운데 중세 때 왕궁이었던 시테궁을 제외한 나머지 넷이 초기 근대의 왕궁들이다. 루브르궁과 튈르리궁은 르네상스 때 시작해서 각자 1차적인 완성을 본 뒤 바로크 때 증축하면서 하나로 연결되어 왕궁 단지를 이루었고, 뤽상부르궁과 팔레 루아얄은 바로크 때 단독으로 지은 건물들이다.

프랑스는 입헌군주제가 아니어서 런던의 버킹엄궁처럼 아직도 왕이 사는 왕궁은 당연히 없다. 그러나 파리의 이 왕궁들은 여전히 파리와 프랑스를 대표하는 공공시설로 활용되면서 현재 이 시점에도 시민들의 품속에서 함께한다. 시테궁은 파리고등법원(최고재판소)과 박물관이 되었고, 루브르는 박물관, 튈르리는 정원이 되었으며, 뤽상부르의 경우 건물 부분은 상원의사당이 사용하고 정원 부분은 그대로 도시공원이 되었다. 팔레 루아얄은 건물 부분은 문화성을 비롯한 정부 행정기관 세 곳과 코메디 프랑세즈Comédie Française를 비롯한 세 채의 극장으로 쓰이고 중앙 안마당은 도시 정원이 되었다. 시테궁은 중세 편에서 살펴보았고, 여기에서는 나머지 네 왕궁에 대해서 살펴보자.

중세 루브르

영국을 방어하기 위한 성채형 왕궁으로 시작하다

가장 먼저 루브르궁이다. 오랜 역사의 주인공이니만큼 건축 역사와 건축적 의미로 나누어볼 수 있다. 건축 역사는 1190년부터 1989년까지에 이르는데, 무려 799년의 오랜 기간에 걸쳐 매우 복잡한 변천 과정을 거치며 거대한 복합단지를 이루었다. 가장 크게 나누면 '중세 성채형 왕궁(1190~1364년)–올드 루브르(1528~1678년)–누보 루브르(19세기)–20세기 박물관 시대와 현대 부분' 등 네 단계가 대표적이다. 이 가운데 누보 루브르까지 세 단계는 그 각각이 다시 세부 단계로 나뉘면서 풍부한 역사적·고고학적 기록을 남겼다. 여기에서는 올드 루브르까지만 살펴보겠고 누보 루브르는 <파리 도시건축의 역사: 혁명과 제국의 시대>(2024년 출간 예정)에서 다루겠다. 현대 부분은 '현대 파리' 편에서 다루겠다.

먼저 중세 루브르다. 루브르는 1190년에 필리프 2세(재위 1180~1223년)가 건설한 성채로 시작했다. 당시는 파리가 작았기 때문에 이 위치가 파리를 서북쪽에서 방어하는 최전선이었다. 우안의 상업지역을 영국의 공격

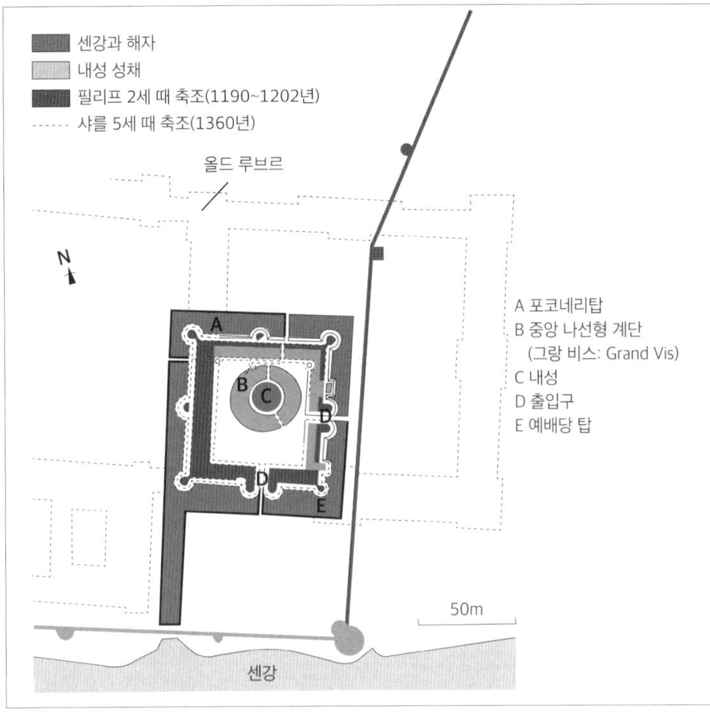

21-1. 중세 루브르 성채

으로부터 막기 위한 성채를 지었는데, 이것이 루브르궁의 첫 건물이었다. 이때의 구성은 고고학 발굴 결과로 어느 정도 알려져 있다.

크게 보면 전형적인 중세 성채 구성이었다. 전체 평면은 거의 정사각형의 중정형이었다.도 21-1 크기는 외벽의 바깥 면을 기준으로 동서 방향이 68~72 미터, 남북 방향이 70~78 미터였고 내벽의 안쪽 면을 기준으로 동서 방향이 약 53 미터, 남북 방향이 약 60 미터였다. 성채 전체는 해자 foseé en eau가 에워쌌다. 성벽 두께는 남쪽과 서쪽 변이 약 10 미터로 두꺼웠고 북쪽과 동쪽 변은 3 미터 정도로 얇았다. 성문은 남쪽과 동쪽에 냈다. 시공 수준과 기술이 상당했는데, 이로 미루어 파리 시내와 인근의 여러 지역에서 작은 성채들을 짓던 왕실 소속 기술자가 공사를 맡았을 것으로 추정된다.

내부에는 높이 30 미터와 지름 15 미터 크기의 내성donjon이 해자로 한 번 더 분리되어서 방어 기능을 최대화했다. 내성 주위로 '그랑 비스

Grand Vis'라고 불리는 대형 나선형 계단을 반지처럼 에워싸며 쌓았다. 계단실은 또 하나의 성채 역할을 하면서 이중 성채를 형성했다. 실제로 계단을 다른 말로 '내성 성채fossé sec du donjon'라고도 불렀다. 탑은 네 모서리와 네 변 중앙의 여덟 곳에 세웠는데, 북쪽과 동쪽 변의 중앙 탑은 쌍둥이 탑이어서 총 개수는 열 개가 되었다. 이 가운데 두 개는 특수 기능이 있어서 그에 해당하는 별도의 이름을 가졌다. 남동쪽 모서리 탑에는 예배당이 들어 있어서 '예배당 탑Tour de la Chapelle'이라 불렀고, 그 대각선에 있는 북서쪽 탑에서는 매를 사육하고 매사냥을 해서 '포코네리(매사냥) 탑Tour de la Fauconnerie'이라 불렀다.

이때까지는 아직 성채 시설이었고 왕궁은 시테궁에 있었다. 이어 샤를 5세(재위 1364~1380년)가 '성채형 왕궁', 즉 성곽과 한 몸이 된 왕궁 형식으로 개축했다. 이 공사는 1360~1364년의 성채 공사 때 함께 진행했다. 건물의 기능을 기준으로 보면 왕궁으로서의 루브르는 이때 처음 세워진 것으로 볼 수 있다. 샤를 5세는 왕실 건축가였던 레이몽 뒤 탕플Raymond du Temple(?~1403/1404년)에게 설계를 맡겼다. 북쪽과 동쪽의 성벽 안쪽 면을 따라 건물을 길게 덧붙이는 형식이었다. 앞에 말한 성벽 두께의 차이를 맞추려는 목적이어서 새로 지은 왕궁의 건물 폭은 실내를 기준으로 약 4.9 미터 정도밖에 되지 않았다. 따라서 아직 정식 왕궁이라고 보기는 어려웠다. 내성을 그대로 두고 왕과 왕족의 침실만 새로 지은 것이어서 그랬다. 보안을 위해 제대로 된 출입구도 갖추지 못했으며, 좁은 나선형 계단으로 드나들어야 했다.

그 대신 왕궁으로서의 권위는 화려한 조각이 담당했다. 레이몽과 함께 왕실에 소속되어 있던 실력 있는 석공 장인과 조각가들이 주로 왕족을 새긴 조각으로 치장했다. 그 위에 경사 지붕을 얹었는데, 멀리서 조각상과 함께 보면 짧은 수염이 뻣뻣하게 난 남성이 모자를 쓰고 있는 모습이었다. 당시에는 왕이 대부분 성채의 내성에 거주했는데, 성벽에 세운 루브르궁의 이 형식은 새로운 왕궁의 본보기가 되어 피에르퐁Pierrefonds을 비롯하여 소뮈르Saumur와 메윈쉬르예브르Mehun-sur-Yèvre 등의 여러 성채에서 차용했다.

올드 루브르 1단계

레스코 윙과 프랑스 국가 양식의 시작

다음으로 올드 루브르다. 올드 루브르Old Louvre · Vieux Louvre는 프랑수아 1세 때인 1528년부터 루이 14세 때인 1678년까지 150년 사이에 지어진 부분이다. 이 시기는 초기 근대에 속해서 중세 때 지은 부분과 구별하기 위해 '모던 루브르'라 부르기도 한다. 이 경우 '올드 루브르'와 반대로 들릴 수도 있어서 여기에서는 혼동을 피하고자 '올드 루브르'로 통일하겠다. 현재의 전체 복합단지에서 가장 안쪽 혹은 동쪽의 정사각형 중정형 건물인 '쿠르 카레Cour Carrée(모서리 안마당)', 그리고 센 강변을 따라 길게 뻗은 갤러리를 합한 부분이다.도 2-2 오른쪽 윙이 센강 쪽 갤러리다. 여러 왕을 거치며 오랜 기간 계속되어서 올드 루브르만 해도 다시 네 단계로 나눌 수 있다.도 21-2 1단계는 프랑수아 1세부터 앙리 3세에 이르는 1528~1578년이다. 2단계는 앙리 4세 때인 1595~1610년이다. 3단계는 루이 13세 때인 1624~1643년이다. 4단계는 루이 14세 때인 1652~1678년이다. 차례대로 살펴보자.

올드 루브르 1단계는 프랑수아 1세(재위 1515~1547년)가 1528년 3월 15일에 시작해 여러 왕을 거쳐서 앙리 3세 재위 중간인 1578년까지 지어진 부분이다. 양식 사조로는 르네상스 전반부에 해당한다. 처음에는 중세 성채를 수리하는 정도로 시작했다가 프랑수아 1세의 사망 1년 전인 1546년에 아예 새로 크게 확장해서 짓기로 재결정했다. 정식 건축가가 필요하게 되자 프랑수아 1세는 이 해에 피에르 레스코Pierre Lescot(1500/1510~1578년)를 책임 건축가로 지명해 본격적인 증·개축에 들어갔다. 이어 1547년에 프랑수아 1세가 사망하지만 레스코는 책임 건축가의 자리를 확고히 하면서 자신이 사망하는 1578년까지 이 일을 계속 진행했다. 이 때문에 올드 루브르의 1단계는 보통 레스코의 작품으로 얘기되며 작품 연도도 그가 담당한 1546~1578년으로 좁혀서 잡는다.

레스코가 담당한 부분은 중세의 성채형 왕궁을 순수한 왕궁으로 바꾸는 작업이었다. 우선 성벽, 탑, 해자, 탑 등 중세 성채 요소를 철거했다. 이

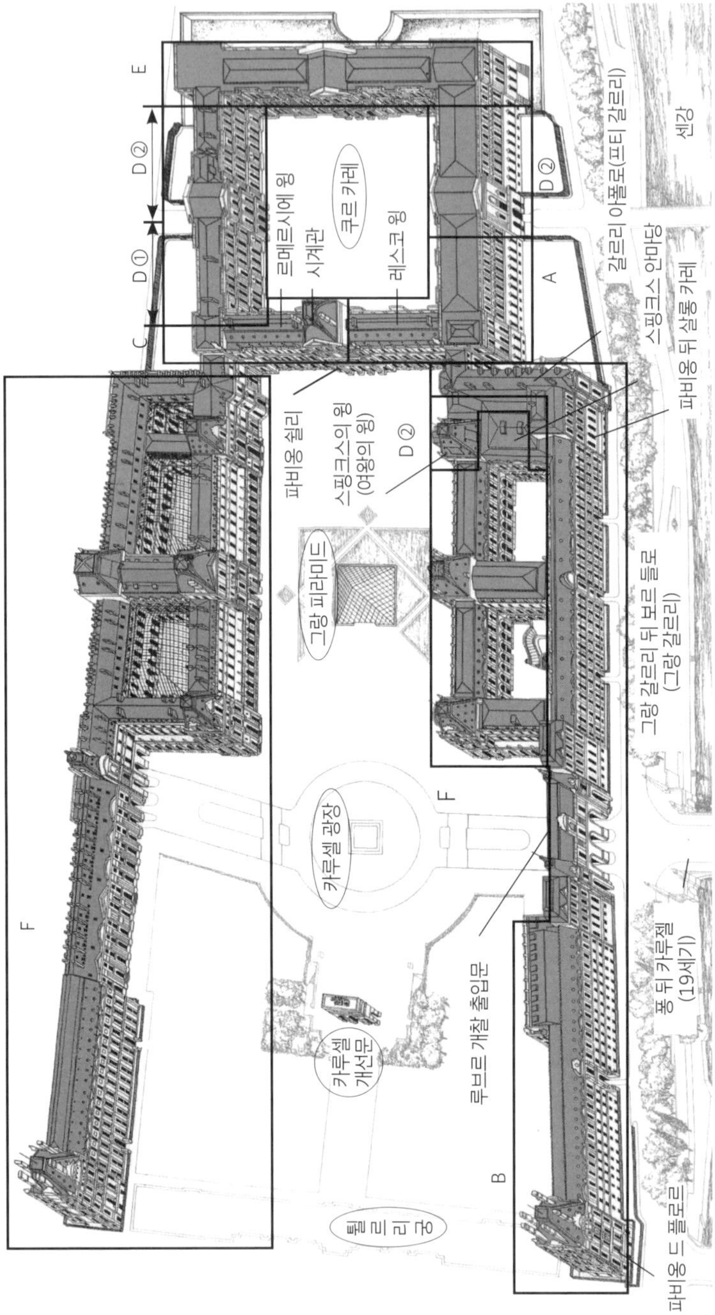

21-2. 올드 루브르 공사 단계

A: 올드 루브르 1단계(1528~1578년)-프랑수아 1세~앙리 3세
B: 올드 루브르 2단계(1595~1610년)-앙리 4세
C: 올드 루브르 3단계(1624~1643년)-루이 13세
D: 올드 루브르 3단계(① 1652~1654년 / ② 1660~1664년)-루이 14세
E: 올드 루브르 4단계(1667~1678년)=동익랑(콜로나드 윙)
F: 누보 루브르(19세기)

어 중세의 중정형 가운데 두꺼운 성벽을 갖추었던 남쪽과 서쪽의 두 변 자리를 왕궁으로 새로 지어 'ㄴ'자로 어색하게 일단락 지었다. 공사 기간이 길었던 것을 고려하면 작은 규모였는데, 아마도 아직 왕들이 파리 밖의 왕궁에 머물던 때였고 프랑수아 1세 이후의 왕들은 재위 기간도 짧았기 때문이었을 것으로 추정된다. 어쨌든 이렇게 탄생한 올드 루브르 혹은 모던 루브르의 첫 부분은 '레스코 윙Aile Lescot'(영어로 'Lescot Wing')이라 부른다. 현재 쿠르 카레의 남쪽과 서쪽 두 변의 각 1/2씩을 차지하는 'ㄴ'자 건물 부분이다.도 21-3, 21-4

레스코 윙은 작은 규모였지만 외관이 건축사에서 중요한 역할을 했다. 프랑스 르네상스에 이탈리아 고전주의가 본격적으로 등장한 최초의 건물 가운데 하나였다. 이전까지 고전주의는 파리 근교의 작은 왕궁이나 성채 등에 장식처럼 개별 요소로 부착했는데, 이제 건물 전체를 고전주의로 꾸미게 된 것이다. 이런 전면적인 변화가 수도의 왕궁에 시행됨으로써 이탈리아 고전주의가 프랑스 르네상스에 정착하는 전환점을 이루었다. 이런 관점에서 볼 때 크게 두 가지 점이 중요했다.

하나는 당시 첨단 양식이던 이탈리아 원본 고전주의의 표준 구성을 정확하게 구사한 점이다. 이는 파리가 국제적 흐름에서 이탈리아의 뒤를 이어 선두에 선다는 것을 의미했다. 구체적인 고전 요소는 주로 기둥과 창

21-3. 레스코 윙(1546~1578년). 올드 루브르 1단계(1528~1578년)의 중심 건물이다.

21-4. 올드 루브르 1단계(1528~1578년)의 레스코 윙(1546~1578년), 그리고 3단계(1624~1642~1645년)의 시계관과 르메르시에 윙

의 상인방에 집중했다. 기둥은 코린트식 벽기둥을 사용했으며 출입구를 비롯한 건물 중앙부에는 쌍기둥을 사용했다. 상인방은 작은 삼각형의 신전 박공과 아치를 교대로 사용했다. 이런 고전 요소가 건물 전면을 구성함으로써 비로소 고전주의라 부를 만한 건물이 탄생했다.

다른 하나는 프랑스의 전통을 섞은 점이다. 이탈리아 원본을 무조건 복사한 것이 아니라는 뜻이다. 프랑스의 국가적 자존심을 볼 때 일면 당연했다. 동시에 외래 문명을 받아들여 자국의 것으로 토착화하는 프랑스만의 혼성 능력을 보여주는 현상이기도 했다. 구체적으로는 건물 전면의 5분법 구성, 경사 지붕, 장식 요소의 활용, 다락에 추가한 원호 형태의 2차 지붕, 인체 기둥 등이 대표적이다. 모두 프랑스의 전통적인 기법인데, 이것을 이탈리아 고전주의와 혼용했다.

이로써 르네상스는 르네상스이되, 이탈리아 원본과는 다른 프랑스만의 르네상스가 창출되었다. 고전주의의 정확성과 자국의 전통 두 가지를 모두 잡은 것이다. 이런 프랑스만의 르네상스는 초기 근대기 프랑스 건축 전반에 큰 영향을 끼쳤다. 우선 프랑스 왕궁의 표준 형식으로 정착해서, 파리에 지은 나머지 세 왕궁은 물론이고 심지어 베르사유 궁전에까지 본보기가 되었다. 이어 왕궁에 국한되지 않고 교회 건물에도 똑같은 영향을 끼쳤다. 이런 영향을 묶어서 함께 보면 향후 루이 14세까지 길게 이어지는 '프랑스 국가 양식 찾기 운동'의 시작이었다. 국가 양식은 파리 건축사에서 매우 중요한 주제인데, 이것을 시작했다는 점에서 레스코의 올드 루브르는 파리는 물론이고 프랑스의 초기 근대 전체에서 선도적 역할을 했다.

올드 루브르 2단계 1
'그랜드 디자인'의 전체 계획

올드 루브르 2단계는 앙리 4세(재위 1589~1616년) 때인 1594/1595~1609/1610년 사이에 진행한 부분이다. 양식 사조로는 르네상스 후반부에 해당한다. 앙리 3세의 재위 중간에 레스코가 사망하면서 'ㄴ'자 형태의 레스코 윙까지만 지어진 상태에서 루브르 공사는 잠시 중단되었으며, 시간을 좀 보낸 뒤 앙리 4세 때에 다시 이어가게 되었다. 앙리 4세는 어떤 면에서는 루브르를 왕궁으로 정한 뒤 이곳에 완전히 정착한 최초의 왕이기도 했다. 그만큼 루브르궁 공사에 관심을 기울였는데, 이를 위해 '그랜드 디자인Grand Design'이라는 계획을 수립해서 실행했다.

더하여 루브르궁을 중심으로 한 파리 전체의 개발도 함께 시행했다. 우선 루브르궁을 직접 면한 우안 주변의 센 강변 부두를 그랜드 디자인과 하나로 묶어서 개발했다. 이때 루브르 부두Quai du Louvre와 튈르리 부두Quai des Tuileries가 정비되어 탄생했다. 또한 그랜드 디자인과는 별개로 앞서 본 로티스망lotissement 개발 사업도 함께 진행했다. 이어 부왕 앙리 3세가 시작한 퐁 네프Pont Neuf를 이어받아 준공하면서 센강 건너 좌안까지가 루브르궁의 영향권 안에 들어오게 되었다.

이로써 파리의 중심 공간에 큰 변화가 나타났다. 중세까지는 중심 공간이 시테섬 하나였는데 루브르궁 일대가 개발됨으로써 둘을 묶어 오늘날 1구에 해당하는 넓은 지역으로 확장되었다. 보기에 따라서는 중심 공간이 시테섬과 루브르궁 일대로 이원화된 것이기도 했다. 특히 루브르궁 주변

21-5. 시테섬과 우안 전경. 루브르궁이 개발되면서 파리의 중심지가 시테섬에서 우안으로 옮겨갔다.

의 샤틀레Châtelet 지구에는 오래전부터 파리 중앙시장이 있었고, 로티스망 개발 사업으로 고급 오텔마저 들어서면서 루브르궁이 시테섬을 밀어내고 유일한 중심 공간이 된 걸로 볼 수 있었다.도 21-5

이상과 같은 배경을 갖는 그랜드 디자인은 전체 계획과 실제 실행 부분을 나누어 봐야 한다. 먼저 전체 계획이다. 그랜드 디자인은 처음에 앙리 4세의 할머니였던 카트린 드 메디치Catherine de Médicis(1519~1589년, 왕비 1547~1559년, 섭정 모후 1559~1574년)가 세워서 왕에게 건의하는 형식으로 시작했다. 카트린은 오랜 기간에 걸쳐 루브르궁 옆에 자신이 살 튈르리궁이라는 또 다른 왕궁을 준비하고 있었는데, 이 과정에서 최종적으로 두 왕궁을 하나로 연결하는 그랜드 디자인을 생각하게 되었다. 그런데 카트린의 사망 연도와 앙리 4세의 즉위 연도가 같은 데에서 알 수 있듯이, 할머니가 사망하기 직전 마지막 과업으로 이 안을 손자인 왕에게 건의했던 것으로 전해진다. 명분을 확보한 앙리 4세는 곧바로 세부 실행안을 준비하도록 지시했다. 1594년 10월에 전체 계획을 완성했고 1595년에 발주·착공해서 1609/1610년까지 진행했다.

전체 계획을 구체적으로 보면 크게 루브르궁 부분, 그리고 튈르리궁과의 연결 복도의 둘로 나눌 수 있다. 루브르궁 부분은 'ㄴ'자 형태로 남아 있던 레스코 윙을 'ㅁ'자 형태의 중정형으로 확장했다. 레스코 윙의 남쪽과 서쪽 두 변을 각각 두 배로 확장한 뒤 북쪽과 동쪽으로 같은 길이만큼을 새로 지음으로써 정사각형의 중정을 이루는 안이었다. 중세 때 샤를 5세의 성채형 왕궁을 기준으로 하면 각 변의 길이를 기준으로 두 배, 면적을 기준으로는 네 배 커졌다. 성채를 구성하던 해자, 성벽, 탑, 내성 등 중세 때 건물도 모두 철거했다. 이로써 중세의 흔적은 완전히 지워졌는데, 이는 곧 초기 근대의 새로운 왕궁이 탄생했다는 뜻이었다.

이렇게 탄생한 중정을 '쿠르 카레Cour Carrée'라고 부른다. 우리말로는 '모서리 안마당'이라는 뜻인데, 아마도 중세 성채의 남서쪽 '모서리'를 초점으로 삼아 북동쪽으로 성벽을 늘어트려 형성된 안마당이어서 붙은 이름으로 추정된다. 크기를 보면 우선 안마당의 폭이 115 미터 안팎이었고 외벽을 기준으로 하면 정사각형의 한 변이 155 미터 안팎이었다.

튈르리궁과의 연결 복도는 쿠르 카레에서 서쪽의 튈르리궁을 향해 센강 쪽의 남쪽, 그리고 내륙 쪽의 북쪽에서 각각 긴 복도를 돌출시키는 형식으로 구성했다. 지붕 덮인 복도 형식의 이런 긴 연결 건물은 영어로는 보통 '갤러리'나 '윙'이라 부르고 우리말로는 '연결 복도' 혹은 '회랑'이라 한다. 남쪽 회랑의 길이는 무려 약 450 미터에 달했고 북쪽도 약 420 미터였다.

두 회랑 사이의 넓은 공간은 '카루젤 광장Place du Carrousel'이라 불렀다.도 21-6 '카루젤'은 마상 시합이라는 일반명사인데, 이 시합을 치를 목적으로 닦은 광장이라는 뜻이었다. 이 광장은 지금도 남아서 잘 사용되고 있다. 현재는 '카루젤 정원Jardin du Carrousel'이 공식 명칭인데, 관습적으로 예전의 카루젤 광장이라는 이름을 사용하기도 한다. 1806년에는 나폴레옹 1세가 광장 한복판에 '카루젤 개선문Arc de Triomphe du Carrousel'도 추가했다.

21-6. 튈르리 정원과 콩코드 광장 배치도

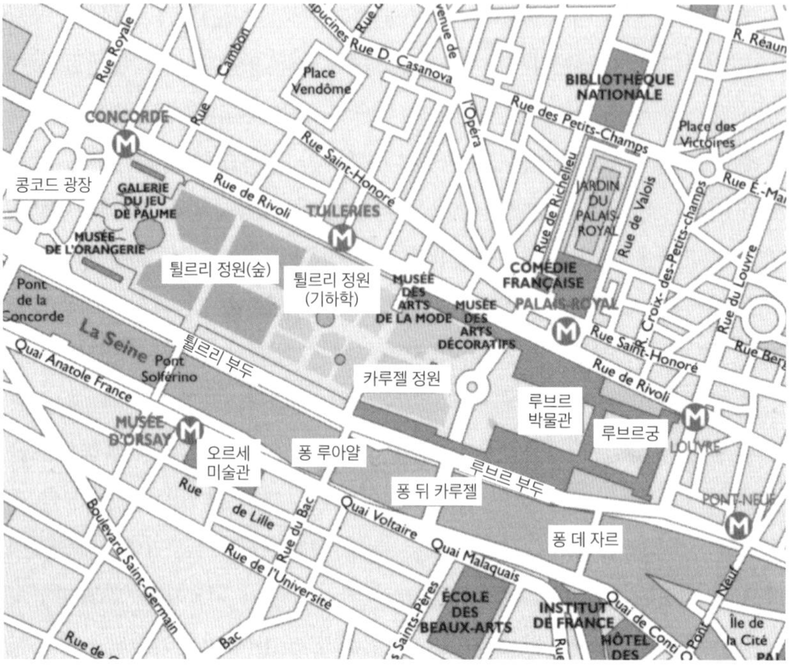

올드 루브르 2단계 2

'그랜드 디자인' 가운데 앙리 4세 때 지어진 부분

다음으로 앙리 4세 때 실제 지어진 부분이다. 그랜드 디자인이라는 이름답게 그야말로 거대 규모의 웅장한 안이었는데, 앙리 4세 때에는 극히 일부만 지어졌다. 무엇보다 앙리 4세가 아직 건강하던 1610년에 57세의 나이로 가톨릭 광신도에게 불의의 암살을 당한 탓이 컸다. 쿠르 카레는 앙리 4세가 특히 공을 들인 부분이었는데 그가 암살을 당하면서 사실상 아무런 추가 공사도 하지 못한 채 레스코 윙의 상태로 남겨두었다. 이는 쿠르 카레의 정사각형 안마당을 에워싸는 건물 전체 길이의 25%에 해당하는 부분이었다. 이후 쿠르 카레는 루이 14세 때 최종적으로 완성된다.

앙리 4세 때에는 오히려 남북의 두 회랑 통로 가운데 남쪽 부분이 지어진 것이 그나마 큰 진척이었다. 북쪽 회랑은 하나도 지어지지 못했지만, 남쪽 회랑은 1595~1610년에 모두 지어졌다. 주요 부분은 1603~1606년에 집중적으로 진행했다. 세 명의 건축가 바티스트 앙드루에 뒤 세르소Baptiste Androuet Du Cerceau(1544/1547~1590년)와 자크 앙드루에 뒤 세르소 2세Jacques II Androuet Du Cerceau(1550~1614년) 형제, 그리고 루이 메트조Louis Métezeau(1560~1615년)의 공동작품이었다. 북쪽 회랑을 손대지 못한 것은 우선 1610년의 앙리 4세 암살이 가장 큰 이유였다. 이외에 또 다른 중요한 이유가 있었는데, 당시에는 이 일대가 일반 건물들로 꽉 차 있었기 때문이다. 이들에게 모두 보상해주고 내보낸 뒤 일대를 철거하는 일은 어떤 면에서는 건물 신축보다 훨씬 비용이 많이 들고 힘든 일이었다.

이렇게 해서 센강 쪽 공터였던 남쪽 회랑만 우선 준공했다. 긴 복도인 만큼 전체 길이를 몇 개로 분절해서 네 개의 이름을 붙였다. 우선 회랑 전체는 대체로 '그랑 갈르리 뒤 보르 들로Grand Galerie du Bord de l'Eau'라는 긴 이름으로 불렀다. 줄여서 '그랑 갈르리'라고 한다. 이 가운데 남동쪽 모서리의 레스코 윙에 연결된 시작 부분만 다시 둘로 나누어서 차례대로 '갈르리 아폴로Galerie d'Apollon(= 프티 갈르리Petit Galerie)'와 '파비옹 뒤 살롱 카레Pavillon du salon Carré라고 불렀다. 반대로 튈르리궁과 만나는 서쪽 끝 접점에 세운 작은 건물에는 '파비옹 드 플로르Pavillon de Flore'라는 이름을 붙였다.

한편 남쪽 회랑이 센강과 카루젤 광장을 단절하자 원활한 교통을 위해 화랑에 통로도 뚫었다. 긴 회랑의 한중간, 즉 루브르 부두와 튈르리 부두의 경계 지점에 '루브르 개찰 출입문Le Guichet du Louvre'을 설치한 것이다. 센강 부두에서 카루젤 광장으로 들어오는 출입문인데, 회랑의 1층에 세 개의 아치 통로를 뚫어서 설치했다. 일종의 성문 같은 것으로, 과거에는 통행료를 받아서 '개찰'이라는 뜻의 'guichet'라고 불렀다. 이때 개찰 출입문에 바로 연결되는 다리가 있었으면 교통이 훨씬 좋았을 테지만 그러한 다리는 1831년이나 되어서야 '퐁 뒤 카루젤Pont du Carrousel'이라는 이름으로 세워졌다.

북쪽 회랑은 루이 14세까지도 손을 대지 못하다가 19세기에 비로소 완성된다. 나폴레옹 1세 때인 1804년부터 시작해서 나폴레옹 3세를 거쳐

제3공화국 때인 1880년에 모두 연결되어 오늘에 이른다.

올드 루브르 3단계

루이 13세와 시계관 건설

올드 루브르 3단계는 루이 13세(재위 1610~1643년) 때인 1624~1642/1645년에 진행한 부분이다. 양식 사조로는 바로크 전반부에 해당한다. 루이 13세는 그랜드 디자인 가운데 쿠르 카레의 공사를 다시 추진했다. 회랑의 북쪽 부분은 아직 사람들이 살고 있어서 공사를 진행하기에는 부담이 컸다. 쿠르 카레에서는 레스코 윙의 북쪽 끝에 '시계관Pavillon de l'Horloge(주요 부분 1641년 준공)'과 '르메르시에 윙Aile Lemercier'(영어로 'Lemercier Wing')을 이어 붙였다.도 21-4 둘을 합해서 '파비옹 드 르메르시에Pavillon de Lemercier'라고도 부른다. 담당 건축가는 자크 르메르시에Jacques Lemercier(1582/1585~1654년)였다.

이는 'ㄴ'자 형태의 레스코 윙 가운데 서쪽 변을 북쪽으로 늘어트린 것과 같았다. 쿠르 카레의 정사각형 안마당을 에워싸는 건물 전체의 12.5%에 해당하는 길이가 늘어난 것이다. 레스코 윙까지 합하면 아직 37.5%만 진척된 것이어서 안마당 느낌은 나지 않았고, 한쪽 팔이 긴 'ㄴ'자 형태에 머물렀다.

시계관은 19세기 초반 건물의 중앙 출입구 3층에 시계를 부착하면서 붙인 이름이다. 처음 지었을 때는 시계가 없어서 별도의 이름 없이 르메르시에 윙의 일부에 해당하는 부분이었다. 제2제국 때인 1853~1857년에 나폴레옹 3세가 증축하면서 '파비옹 쉴리Pavillon Sully'라는 이름을 더해 두 개의 이름을 갖게 되었다. 정확히 말하면 쿠르 카레를 면한 동쪽 면은 시계관, 나폴레옹 3세가 지은 누보 루브르를 면한 서쪽 면은 파비옹 쉴리다. 한 건물의 앞뒷면에 각기 다른 이름을 붙인 것이다.

르메르시에 윙이 큰 건물이 아닌데도 공사 기간이 길었던 데서 알 수 있듯이 1620~1640년대의 프랑스는 국내외적으로 힘든 시기를 보내고 있었다. 앞에서 본 대로 사부아 가문과의 분쟁(1627년), 독일의 종교전쟁인 30년전쟁(1618~1648년) 참전, 스웨덴과의 전쟁(1635~1648년), 노르망디 농민폭동(1639~1641년) 등이 이어졌다. 르메르시에 윙이 준공되는 해를 전후한 1643년에 루이 13세가 사망하면서 루브르궁 공사는 여기까지였다.

르메르시에 윙의 건축적 의미는 앞선 레스코 윙에서 추구한 프랑스 국가 양식을 이어받아 이탈리아 고전주의와 프랑스 전통 모두를 강화했다는 점이다. 이 과정에서 르네상스였던 레스코 윙이 바로크로 바뀌는 변화도 나타났다. 이탈리아 고전주의가 강화된 내용은 다음과 같다. 측동의 돌출이 얕아지고 외벽이 평평해진 점, 상대적으로 중앙 출입구가 강조된 점, 각 층에 사용한 기둥의 정확성이 더욱 치밀해진 점, 기둥 이외에도 아치와 신전 박공 등 고전 요소의 사용이 늘면서 전반적으로 고전적 분위기가 강해진 점 등이 대표적이다.

프랑스 전통이 강화된 내용은, 레스코 윙과 르메르시에 윙을 모두 합한 서쪽 변 전체가 5등분으로 구성된 점과 장식 사용이 증가한 점 등 두 가지가 대표적이다. 프랑스에는 이처럼 건물을 기다란 윙으로 지은 뒤 중간에 파비옹을 세워서 긴 길이를 3등분이나 5등분으로 분절하는 전통이 있다. 장식은 프랑스 중세 전통을 기본 기법으로 삼아 건축의 세부 요소와 조각물을 혼합하는 방향으로 나타났다. 장식의 크기와 돌출을 최소화하여 음영을 없애고 2차원 특징을 강화한 것은 북부 이탈리아의 전성기 르네상스나 매너리즘 기법을 차용한 것이었다.

올드 루브르 4단계

루이 14세와 쿠르 카레의 완성

올드 루브르 4단계는 루이 14세(재위 1643~1715년) 때인 1652~1678년에 진행한 부분이다. 양식 사조로는 바로크 후반부에 해당한다. 루이 14세는 1648년에 독일의 30년전쟁이 끝나고 국내에서 프롱드의 난Le Fronde(1648~1653년)도 점차 진압되어가자 1652년 루브르궁 공사를 재개했다. 당시에는 30년전쟁의 여파로 아직 프랑스-스페인전쟁Franco-Spanish War(1635~1659년)이 진행 중이었는데, 이것도 1659년의 피레네 조약Treaty of Pyrenees으로 종결되자 공사는 속도를 내면서 1678년까지 이어졌다. 루이 14세는 쿠르 카레를 모두 막아 드디어 정사각형 중정형을 완성했다.

21-7. 루이 14세 때 '루브르궁(앞) - 회랑 통로(왼쪽 끝) - 튈르리궁(중간) - 튈르리 정원(위)' 전경 모형. 아직 두 왕궁 사이에 건물들이 철거되지 않고 많이 남아 있다.

권력의 화신이었던 그 역시 부왕 루이 13세와 같은 이유로 북쪽 회랑의 공사는 시작하지 못했다. 물론 1662년에 이 일대에 있던 건물 일부를 철거하긴 했지만, 이때 확보한 공터를 카루젤 광장Place du Carrousel으로 조성하는 일까지만 하고 회랑 통로를 짓지는 못했다. 그러나 튈르리궁을 더함으로써 'ㄷ'자 형태까지는 완성했다.도 21-7 '카루젤'이 '기마 곡예'나 '마상 시합'이라는 뜻인 데에서 알 수 있듯이 이 광장에서는 이후 실제로 기마대 훈련을 시행했다. 회랑 통로와 달리 쿠르 카레는 잘 진행되었는데, 크게 세 단계를 거쳤다.

첫째, 1652~1654년에 르메르시에가 담당한 부분이다. 루이 14세 때 첫 공사는 부왕 루이 13세 때 건축가였던 르메르시에가 계속 맡아서 1654년에 사망할 때까지 진행했다. 이때에는 르메르시에 윙의 서북쪽 모서리에서 동쪽으로 건물을 연장했다. 3년의 짧은 기간이어서 많이 연장하지는 못했지만 그래도 쿠르 카레 북쪽 변의 절반까지는 지었다. 이 부분에 특별한 이름을 붙이지는 않는데, 건축가를 기준으로 르메르시에 윙의 일부로 보기도 한다. 어쨌든 이로써 쿠르 카레의 안마당을 '서-남-북'의 세 방향에서 'ㄷ'자로 에워싸는 건물이 탄생했다. 'ㄴ'자 형태인 레스코 윙의 위쪽으로 이를 대칭으로 복사한 건물을 더한 것이다. 단 이때 'ㄷ'자 형의 내민 두 팔은 중간 기둥의 절반 길이까지만 나아갔다.

둘째, 1654~1665년에 루이 르보Louis Le Vau(1612~1670년)가 담당한 부분이다. 루이 14세는 처음에 수도 파리의 영광과 왕실의 권위를 드러내기 위해 안마당을 네 배까지 확장하는 계획도 세웠다. 하지만 영국, 네덜란드, 스웨덴, 스페인 등과의 크고 작은 전쟁과 갈등 등으로 재정이 어려워지면서 그랜드 디자인의 원안을 지키는 쪽으로 계획을 선회했다. 주요 공사는 1660~1664년, 특히 1661~1663년의 짧은 기간에 집중되었다. 이때에는 많은 진척이 있었는데, 크게 두 부분으로 나눌 수 있다.

하나는 쿠르 카레의 남쪽과 북쪽 변을 제 길이로 연장했다. 이 부분은 주로 1660~1663년에 지어졌다. 이로써 내민 두 팔과 중간 기둥의 길이가 같은 온전한 'ㄷ'자 형태가 완성되었다. 안마당도 비록 동쪽의 한 변이 열려 있긴 했지만, 비로소 에워싸는 공간이 형성되었다. 다른 하나는 앙리 4세가 지어놓은 갈르리 아폴로에 '여왕의 윙Ailes de la Reine' 혹은 '스핑크스의 윙Ailes du Sphinx'이라고 불리는 건물을 덧붙인 것이다. 이 부분은 1661~1664년에 주로 지어졌다. 'ㄷ'자형의 중간 기둥을 갈르리 아폴로에 덧대서 서쪽을 향하여 한 변이 열린 작은 안마당이 만들어졌는데, 이를 '스핑크스 안마당'이라는 뜻의 '쿠르 뒤 스핑크스Cour du Sphinx'라고 불렀다. 르보가 진행한 이상과 같은 부분의 건축적 의미는 레스코 윙과 르메르시에 윙에서 추구한 프랑스 국가 양식의 기조를 이어받은 것으로 정리할 수 있다.

동익랑

베르니니의 파리 방문과 프랑스 국가 양식의 각성

마지막 셋째, 1667~1678년 루이 르보와 클로드 페로Claude Perrault(1613~1688년)가 지은 '콜로나드 윙Ailes de la Colonnade'으로, 보통 '동익랑

21-8. 루브르궁 동익랑East Wing(이스트 윙, 콜로나드 윙Ailes de la Colonnade). 1667~1678년

East Wing(이스트 윙)'이라고 부르는 부분이다. 말 그대로 쿠르 카레의 동쪽 변인데, 이로써 쿠르 카레가 최종적으로 완성되었으며 안마당도 비로소 완전히 폐쇄된 온전한 정사각형으로 지어졌다.도 21-8 동쪽 변은 파리 1구의 샤틀레Châtelet 지구와 마레Marais 지구 등 도심을 면하는 중요한 변이어서 루이 14세는 일찍부터 루브르궁 전체를 대표하는 제대로 된 정문 출입구를 염두에 두고 있었다.

동익랑은 건축가 선정 과정부터 많은 애깃거리를 남기며 화제의 건물이 되었다. 처음에는 르메르시에가 루이 14세에게 직접 의뢰를 받아 계획안을 제출했는데, 거의 시작도 하지 못하고 1664년에 중단되었다. 루이 14세는 건물의 중요성을 고려해서 국제 현상공모에 붙였다. 우선 프랑스 건축가들 가운데 르보는 재상 콜베르의 책략으로 배제되었고, 프랑수아 망사르는 왕실과 거리를 두고 싶어서 본인이 주저했다. 이에 이탈리아 바로크 고전주의 애호가였던 루이 14세는 당대, 아니 서양 예술사 전체를 통틀어 최고의 예술가였던 잔 로렌초 베르니니Gian Lorenzo Bernini(1598~1680년)에게 이 일을 부탁하기로 했다. 그리고 베르니니와 함께 다른 이탈리아 건축가들을 상대로 '초청 현상' 혹은 '지명 현상'을 진행했다. 베르니니는 여러 안을 제출했고 최종적으로 루이 14세는 베르니니를 책임 건축가로 선발했다.

베르니니는 설계를 진행하기 위해 1665년에 파리를 방문했고, 루이 14세는 콜베르에게 베르니니의 관광을 직접 안내할 것을 지시하는 등 예우를 다했다. 하지만 프랑스 건축계와 예술계는 심한 텃세를 부리며 베르니니의 일을 방해했다. 결국 콜베르는 1667년 6월에 베르니니에게 프로젝트의 무산을 통보했다. 이 일을 계기로 프랑스에서는 '국가 양식national style'과 '완벽한 양식perfect style'에 대한 자각과 토론이 본격화했다. 한 나라의 왕궁 건축을, 아무리 훌륭한 예술가라고 해도 외국 건축가에게 맡기는 것이 옳은가라는 자각에서 시작해 프랑스만의 국가 양식을 완성해야 한다는 다짐으로 이어졌다. 루이 14세는 결국 '르보-페로-샤를 르브룅Charles Le Brun' 팀에게 이 일을 맡겼다. 따라서 루브르궁은 르보와 페로의 합작으로 통용된다(르브룅은 화가여서 보통 제외한다). 한 번 더 세분하면 기본안의 저작권은 르보에게, 입면의 저작권은 페로에게 각각 주어진다.

공사는 순조롭게 진행되었으나, 1678년에 루이 14세가 베르사유로 옮기면서 최종 준공을 앞두고 중단되었다. 하지만 몸통은 대체로 완성되어 있었고 2층 장식과 지붕만 없는 상태여서 건축사에서는 보통 1678년을 준공 연도로 잡는다. 실제로 뒤를 이은 루이 15세(재위 1715~1774년)와 루이 16세(재위 1774~1792년) 때에도 약간의 부분 공사만 했을 뿐으로, 사실상 이때 지어진 건물을 그대로 사용해도 아무 불편이 없었다.

루이 15세는 베르사유에서 루브르궁으로 환궁한 후 추가 공사 없이 그대로 사용했다. 이미 왕궁으로 손색이 없을 만큼 완성되어 있었던 데다 루이 15세의 개인 취향도 부왕과는 많이 달랐기 때문이다. 루이 14세가 권위적인 왕궁 건축을 좋아했던 데 반해 루이 15세는 고급 인테리어를 갖춘 실내 살롱에서 방담 문화를 즐겼다. 다만 부왕을 존중하는 뜻에서 중단되어 있던 부분의 마지막 공사를 1756년에 앙주자크 가브리엘Ange-Jacques Gabriel(1698~1782년)에게 맡겨 시작했으며, 최종 준공은 그 자신이 사망하던 해인 1774년에 자크 제르맹 수플로Jacques Germain Soufflot(1713~1780년)가 담당했다. 이어 루이 16세 때에도 특별한 변화 없이 1779년 막시밀리앙 브레비옹Maximilien Brébion(1716~1796년)이 센강 쪽 남쪽 변에 출입구를 새로 낸 정도의 개축만 있었다.

22장 튈르리궁

여러 불행이 겹쳤던 비운의 왕궁

튈르리궁 개요

카트린 드 메디치의 왕비용 궁전

튈르리궁은 정식 왕궁은 아니었고 앙리 2세의 왕비이자 '프랑수아 2세 – 샤를 9세 – 앙리 3세'의 어머니였던 카트린 드 메디치Catherine de Médicis(1519~1589년, 왕비 1547~1559년, 섭정 모후 1559~1574년)가 자신이 살려고 지은 일종의 '왕비용 궁전'이었다. 그녀는 남편 앙리 2세가 일찍 사망하자 세 아들을 앞과 같은 순서로 연달아 즉위시킨 권력의 화신으로 널리 알려진 인물이다. 이름에서 알 수 있듯이 유럽 최대의 부호 가문 가운데 하나인 이탈리아 피렌체의 메디치Medici 가문 출신이었다. 이런 배경 때문인지 루브르궁에서의 생활에 불편을 느꼈고, 자신이 살 궁전을 따로 짓기로 했다. 그녀는 친정의 배경에 더해 남편과 세 아들 등 무려 네 명의 왕을 거치며 국가 권력의 중심에 있었기 때문에 이 정도의 전용 궁전은 가져야 한다고 생각했던 것 같다.

부지는 루브르궁의 서쪽 끝 지점이었다. 지금을 기준으로 하면 누보 루브르Nouveau Louvre의 내부 광장인 카루젤 광장Place du Carrousel과 그 서쪽 바깥인 콩코드 광장Place de la Concorde의 사이에 해당한다.도 19-1, 21-7 왕이

사는 왕궁에서 너무 멀리 떨어질 수 없어 루브르궁과 한 건물로 연결하도록 계획했다. '튈르리'라는 다소 특이한 궁전 이름은, 이 부지에서 '기와'를 뜻하는 '튈tuiles'(영어로 'tile')가 발굴되어서 붙인 것이다. 이 기와는 나중에 13세기 것으로 밝혀졌다.

부지의 역사는 카트린 이전인 1519년까지 올라간다. 이 해에 프랑수아 1세(재위 1515~1547년)가 이곳에 있던 저택을 구매해서 어머니 루이즈 드 사부아Louise de Savoie(1476~1531년)에게 선사하며 막이 올랐다. 카트린의 시할머니였던 루이즈는 이 저택에 만족하며 살다가 이곳에서 생을 마감했다. 이후 이 저택은 왕실 소유 저택으로 계속 남아 있었다. 그러던 중 1559년에 앙리 2세(재위 1547~1559년)가 마상 시합에서 큰 사고를 당하는 사건이 발생했다. 왕은 지금의 보주 광장Place des Vosges 북쪽에 있던 오텔 데 투르넬Hôtel des Tournelles로 옮겨져 치료를 받았지만 11일 만에 사망했다.

불행은 계속되었다. 첫째 아들 프랑수아 2세가 즉위했지만 15개월 만인 1560년에 병사했다. 다시 둘째 아들 샤를 9세(재위 1560~1574년)가 즉위했다. 이래저래 루브르궁에 적응하지 못하고 있던 왕비 카트린은 1564년 왕실 소유로 있던 시할머니의 저택에 자신의 전용 궁전을 신축하기로 했다. 마침 카루젤 광장을 끼고 사실상 루브르궁 경내에 속한 곳이어서 루브르궁을 보강함으로써 흔들리는 왕실을 바로 잡겠다는 정치적 명분도 있었다. 이를 위해 주변 일대를 추가로 매입해서 부지를 확장했다. 당시에는 샤를 5세 성곽의 밖까지 확장된 넓은 부지였다.도 22-1

그러나 건물의 역사는 이런 그녀도 어찌할 수 없는 부분이 있어서 순탄하지만은 않았다. 막강한 정치적 영향력을 휘둘렀다고는 하나 왕이 사는 왕궁은 다른 문제였다. 본인은 왕이 아니었으며, 특히 이탈리아 출신이라는 국적의 약점도 있었다. 샤를 9세와 앙리 3세(재위 1574~1589년) 때에 설계를 끝내고 착공도 했지만 정작 자신이 살아 있는 동안은 공사를 진척시키지 못했다. 실질적인 공사는 앙리 4세(재위 1589~1610년)가 이어받아 상당 부분 완성했으며, 루이 14세 때인 1666년에 최종적으로 준공했다. 무려 102년이라는 긴 기간 동안 우여곡절을 겪은 뒤에야 완성한 것이다. 하지만 준공 연도는 카트린이 사망하고도 77년이나 지난 뒤였다. 카트린

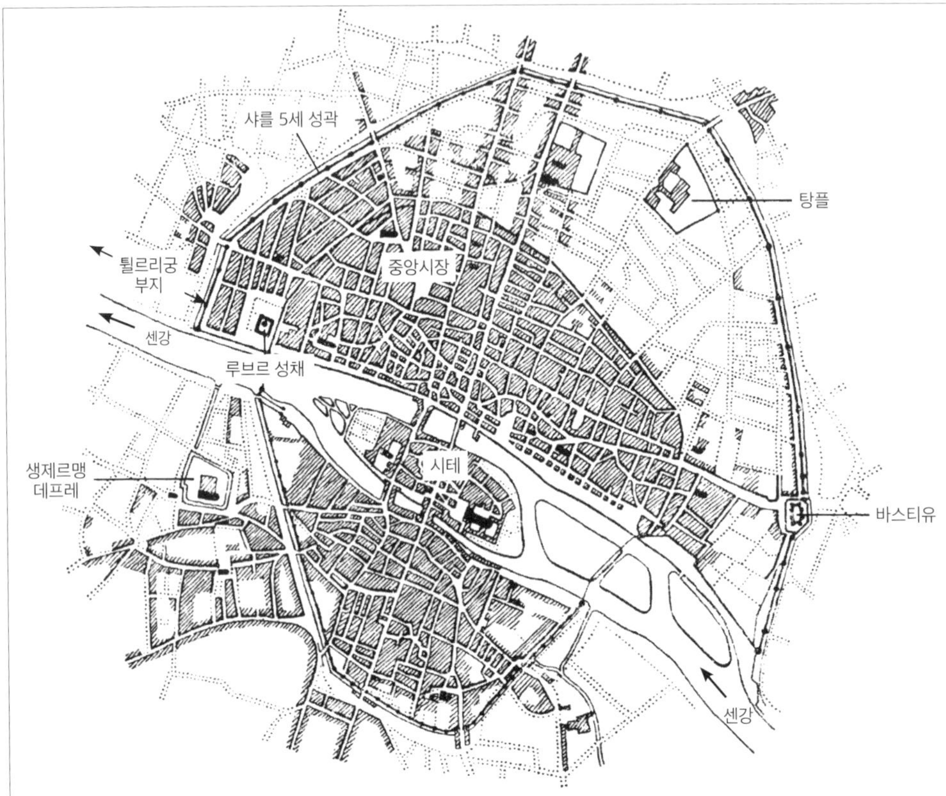

22-1. 1370년경의 샤를 5세 성곽. 튈르리궁 부지가 성 밖에 위치한다.

은 앙리 4세에게는 할머니였고 루이 14세에게는 증조할머니였다. 두 왕의 공사는 카트린을 위한 것이었다기보다는 루브르궁과 한 건물로 연결해서 왕궁 단지를 준공하려 한 목적이 더 컸다.

어쨌든 이렇게 해서 나중에라도 준공되기는 했지만, 불과 205년 뒤인 1871년 파리코뮌 사태 때 파괴되어 현재는 남아 있지 않다. 어떤 면에서 '비운의 왕궁'이라고도 할 수 있다. 하지만 파리의 왕궁 중에서 루브르궁 다음으로 중요한 건물이기도 하다. 또한 지금은 왕궁터가 파리 심장부에서 가장 큰 정원과 광장이 되어 '죽어서도' 파리 시민에게 큰 도움을 주고 있다. 이상이 튈르리궁의 개괄적 배경이었다. 건축 공사는 1564~1666년에 '샤를 9세-앙리 3세-앙리 4세-루이 14세' 등 네 명의 왕을 거치며 진행되었다. 차례대로 살펴보자.

카트린의 기본 구상
센강 감상용 복도로 루브르궁과 연결하다

첫째, 가장 먼저 샤를 9세(재위 1560~1574년) 때 진행한 필리베르 들로름Philibert de l'Orme(1510년경~1570년)의 원안이다. 보통 '들로름의 원안'이라 부르는 계획안이다. 카트린은 1564년에 들로름을 튈르리궁의 설계자로 지명했고, 들로름은 이 해에 설계를 완료해서 착공까지 했다. 그러나 공사는 크게 진척되지 못했고 계단 일부만 짓기 시작하다가 1570년에 들로름이 사망하면서 중단되었다. 들로름은 1567년에 출간한 자신의 저서인 『건축 제1서*Le premier Tome de l'Architecture*』에 이 내용을 수록해서 기록으로 남겼다.도 22-2 공사는 비록 진척되지 못했지만, 이 안은 나중에 수정되어 실제 지어지게 되었기 때문에 실질적인 원안이라 할 수 있다.

건물 자체는 안마당 세 개를 갖춘 '目'자형 구성이었다. 이 가운데 실제 채택된 부분은 안마당을 뺀 정면의 '一'자형 건물이었다. 중앙 출입구에 대형 파비옹을 세웠고, 양옆으로 복도 형태의 '익랑aile'(영어로 'wing[윙]') 혹은 '측랑'이 길게 뻗어나갔다. 익랑에는 좌우 양쪽에 각 두 개씩의 소형 파비옹을 추가해서 긴 복도를 적절하게 분절했다. 이때 중앙 파비옹을 '파비옹 들로름Pavillon de l'Orme'이라고 부르기도 하지만 공식 이름은 아니다. 샤를 9세 때는 이 가운데 파비옹 들로름만 지어졌다. 파비옹 하나만 덜렁 세워서 이제 공사가 막 시작되었다는 것을 알려줄 뿐 건물 자체는 아직 어색했다. 그러나 카트린은 비록 들로름의 원안에는 반영하지 않았지만,

22-2. 튈르리궁. 들로름이 1564~1570년 제작한 원안

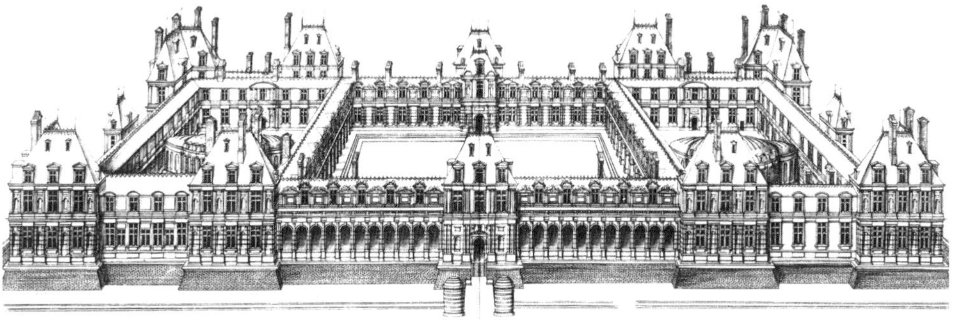

첫 단계부터 루브르궁과 튈르리궁 전체에 대한 자신만의 계획을 머릿속에 그리고 있었다. 크게 세 방향으로 정리할 수 있다.

우선 루브르궁과 연결하는 구성이다. 두 왕궁은 긴 정원을 중심으로 루브르궁이 동쪽에, 튈르리궁이 서쪽에 각각 포진했으며, 정원을 남북에서 에워싸는 긴 복도 건물인 회랑 통로로 연결하도록 계획했다. 이 안은 카트린이 살아 있을 때는 실현되지 못했고 나중에 앙리 4세가 루브르궁을 진척시키며 입안한 그랜드 디자인에 반영되었는데, 원래는 카트린의 구상이었다. 두 왕궁을 연결하려는 계획은 피렌체의 친정 고향을 그리워하며 본보기로 삼은 것이었다.도 22-3 튈르리궁은 피티궁Palazzo Pitti에, 루브르궁은 '우피치 미술관Galleria degli Uffizi－베키오궁Palazzo Vecchio' 복합건물에 각각 해당했다. 파리의 두 궁을 잇는 회랑 통로 역시 메디치 가문의 코시모 1세Cosimo I de Medici(1519~1574년)가 세운 피티궁과 우피치 미술관의 연결 복도를 모방한 것이다.

다음은 튈르리 정원이다. 튈르리궁의 서쪽 바깥으로 지금의 콩코드 광

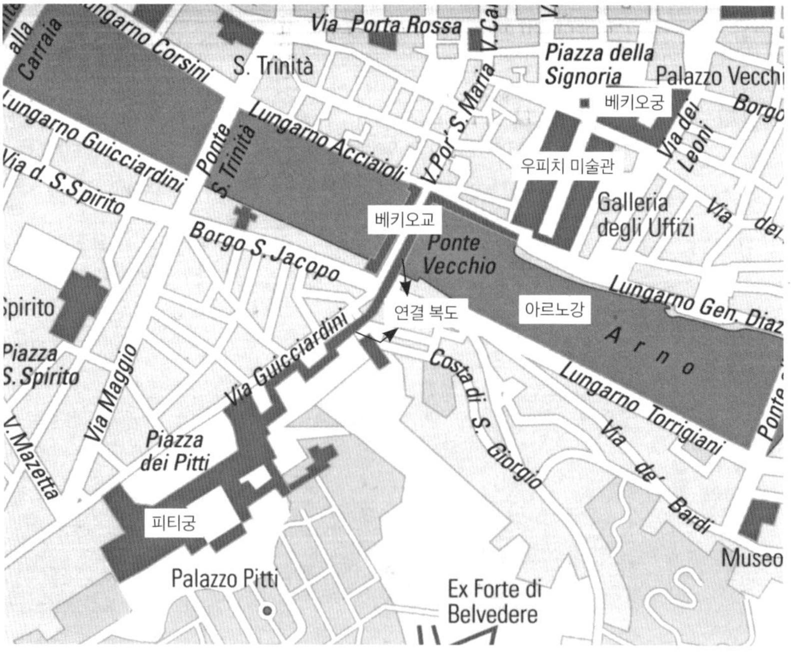

22-3. 피렌체의 주요 궁전. 피티궁, 연결 복도, 베키오교, 우피치 미술관, 베키오궁 등이 하나로 이어지면서 아르노강의 풍경을 감상할 수 있다.

장과의 사이에 해당하는 부분이다. 앞 장의 루브르궁 편에 나온 18-2, 19-1, 19-6, 20-7, 21-5, 21-6, 21-7 등의 도판에 이 부분에 관한 설명이 함께 나와 있으니 참고하기 바란다. 카트린은 튈르리궁 공사를 시작하기 1년 전인 1563년에 이미 이 정원을 염두에 두고 넓은 부지를 사들였으며, 1566년에 일단 튈르리궁과 접한 쪽부터 정원으로 꾸몄다. 이로써 '루브르궁-튈르리궁' 왕궁 단지의 옥외 공간은 튈르리궁을 경계선으로 루브르궁 쪽의 카루젤 광장과 바깥쪽의 튈르리 정원으로 이원화되었다.

카트린은 이탈리아 출신이어서 프랑스의 기하학적 정원은 싫어했던 것으로 알려져 있다. 정원 전체를 격자형으로 구성하는 데까지만 프랑스식을 따르고, 그 속은 영국식과 이탈리아식을 혼합한 자연주의 분위기를 지켰다. 이후 공사는 중단되었는데, 이때까지 꾸며진 정원은 루이 13세 때에 성곽을 확장하면서 콩페랑스 성문Porte de la Conférence을 경계로 성내에 편입되었다. 루이 14세도 이 정원을 좋아해서 1664년에 왕실 조경건축가였던 앙드레 르노트르André Le Notre(1613~1700년)에게 추가 공사를 맡겼다. 현재를 기준으로 보면 카루젤 광장은 프랑스식 기하학적 정원으로 꾸며져 있고 튈르리 정원은 숲 형태로 유지되고 있다.도 21-5, 22-4 원래는

22-4. '루르브 박물관(앞)-튈르리 정원(중간~위)-콩코드 광장(위)'의 현재 전경. 튈르리 정원을 보면 앞쪽이 기하학적 정원이고 뒤쪽이 숲이다.

콩코드 광장까지도 튈르리 정원이었는데 1871년 파리코뮌 사태 때 정원의 서쪽 끝부분을 콩코드 광장으로 꾸몄다.

마지막으로 튈르리궁과 루브르궁 사이의 회랑 통로 가운데 센강을 접하는 남쪽 부분은 두 궁을 연결하는 기능 이외에 센강을 감상할 수 있게 하는 기능이 있었다. 센강을 감상의 대상으로 삼으려는 이런 구상은 왕궁은 물론이고 파리 전체에서도 처음 시도된 것이었다. 유럽 도시에서 강은 전통적으로 식수원, 교통로, 화장실 등 도시 유지에 필수적인 기능을 담당했지 감상의 대상은 아니었다. 즉 실용적인 공간이었지 도시경관의 요소는 아니었다는 뜻이다. 강은 대체로 시끌벅적하고 악취가 나기 일쑤였고 강가에 세워지는 건물들은 대부분 강을 등지고 창을 냈다.

시테궁이 좋은 예다. 시테궁은 센강을 접하고 있지만, 강변 쪽에는 창이 없는 두꺼운 벽체의 성탑을 세워서 강과 궁을 차단했다. 성채형 왕궁을 겸하고 있어서 강변에 경치 감상용 테라스라도 세우면 보안과 방어에 불리한 점도 한몫했다. 왕궁의 이런 전통은 저택에도 적용되어 강에서 멀수록 고급 주택가로 평가받았다. 카트린의 구상은 이런 전통을 깨고, 파리 도시건축의 역사에서 처음으로 센강을 감상하는 갤러리를 도입한 것이었다. 이제 거꾸로 센강을 조망할 수 있는 지역이 고급 주택가가 되었는데, 카트린이 벌인 부동산 사업인 로티스망lotissement 개발 사업으로 탄생한 생루이섬Île Saint-Louis이 대표적이었다.

이 구상 역시 친정 피렌체에서 빌려온 것이었다. 피렌체에서는 일찍이 14세기부터 주택 교량으로 세워진 베키오교Ponte Vecchio 중앙부에는 건물을 짓지 않고 비워둔 후 아르노강Flume Arno을 감상하는 전망대로 사용하고 있었다. 이는 다시 1560년대에 갈레리아 델리 우피치로까지 이어졌고, 이로써 건물에서도 강을 감상할 수 있게 되었다. 친정집에서 진행된 공사 소식을 접한 카트린은 자신의 파리 궁전에도 이 방식을 가져와 적용하기로 계획한 것이다. 하지만 그녀가 살아 있을 때는 실현되지 못했고, 뒤에서 나올 앙리 4세 때에 마침내 실현될 수 있었다.

앙리 3세와 앙리 4세
뷜랑의 안과 1차 준공

둘째, 앙리 3세 때인 1574~1584년에 건축가 장 뷜랑Jean Bullant (1515~1578년)이 들로름의 원안을 이어받아 진행한 부분이다. 보통 '뷜랑의 안'이라 부른다. 이때에도 주로 계획만 하고 공사를 진척하지는 못했는데, 주요 원인은 카트린이 거처를 부르스 드 코메르스Bourse de Commerce 지역으로 옮기면서 관심을 기울일 여유가 없었기 때문이다. 크게 들로름이 건축가의 관점에서 자체적으로 수정한 부분과 카트린이 요구해서 새로 추가한 부분으로 구성된다.

뷜랑이 수정한 부분은 '一'자형 건물의 양 끄트머리에 세운 파비옹이었다. 이로써 중앙의 '파비옹 들로름'을 기준으로 파비옹이 대칭을 이루면서 프랑스의 전통적인 5등분 구성이 완성되었다. 양옆 파비옹에는 각각 이름도 붙였다. 센강 쪽인 남쪽은 처음에는 'Gros Pavillon de la rivière'라는 다소 일반명사에 가까운 이름을 붙였다. 우리말로 직역하면 '강 쪽의 대大 파비옹' 정도일 것이다. 이후 루이 14세 때인 1669년에 로마 신화에 등장하는 꽃의 여신 '플로라Flore'의 이름을 붙여 '파비옹 드 플로르Pavillon de Flore'라 개칭했으며, 이후 이 이름으로 통용된다. 북쪽은 '파비옹 드 마르산Pavillon de Marsan' 혹은 건축가의 이름을 붙여서 '파비옹 뷜랑Pavillon Bullant'이라 불렀다.

카트린이 추가한 부분은 루브르궁과의 연결 복도 부분인 회랑 통로였다. 앞에서 본 대로 카트린은 처음부터 회랑 통로를 계획하고 있었는데, 들로름의 원안에는 아직 반영하지 않다가 뷜랑의 계획안에 반영할 것을 요구해서 비로소 정식 안으로 드러나게 되었다. 이 회랑 통로는 이후 앙리 4세가 계획한 루브르궁의 '그랜드 디자인Grand Design'에 포함되어 지어졌다. 카트린은 자신이 사망하던 해에 즉위한 손자 앙리 4세에게 이 안을 건의해서 수용되는 형식으로 인계했다.

셋째, 앙리 4세(재위 1589~1610년) 때인 1603~1610년에 뷜랑의 안을 진행해서 실제로 지은 부분이다. 앙리 3세까지는 주로 계획안만 만들고 실제 지어진 부분은 거의 없었던 데 반해, 앙리 4세는 비록 최종 준공까지 가지는 못했지만 튈르리궁을 사실상 완성한 주역이었다. 루이 14세 때 약간의 개축을 거쳐 최종 준공되었기 때문에 앙리 4세 때는 1차 준공이라 부를 수 있다. 크게 회랑 통로와 본궁의 두 단계로 이루어졌다.

먼저 회랑 통로는 루브르궁의 그랜드 디자인에 속한 부분이기도 했다. 두 왕궁이 하나로 연결되다 보니 중간 부분이 양쪽 모두에 속하며 중첩된 것이다. 그랜드 디자인을 진행한 세 명의 건축가 바티스트 앙드루에 뒤세르소와 자크 앙드루에 뒤세르소 2세 형제, 그리고 루이 메트초는 튈르리궁의 본궁까지 함께 담당했다. 이렇게 보면 앙리 4세 때 완성된 튈르리궁 부분의 원저작권은 뷜랑에게 있으며, 세 건축가는 이를 실제 시공해서 준공시킨 것이다. 건축사에는 세 명 가운데에서도 뒤세르소 2세가 핵심 역할을 했던 것으로 기록되어 있다.

회랑 통로에서는 두 개 중 센강 쪽인 남쪽 부분을 준공해 '그랑 갈르리 뒤 보르 들로Grand Galerie du Bord de l'Eau'라는 긴 이름을 붙였다.도 21-2 줄여서 보통 '그랑 갈르리'라고 부른다. 이 공사는 주로 1603~1606년에 집중되었다. 북쪽 지역은 아직 일반 건물들이 많이 남아 있어서 진행하지 못했다.도 21-7 이곳에 사는 사람들에게 보상해주고 내보낸 뒤 건물을 철거해야 하는데, 이 일까지 하기에는 무리였다.

그랑 갈르리는 센강을 따라 450 미터나 길게 뻗은 경치 감상용 복도 건물이었다. 카트린이 원했던 것인데, 그녀는 준공을 보지 못했지만 그녀가 사망한 지 8년여 후에 결국은 실현되었다. 여기에 더하여 1607년에 퐁네프를 묶어 시테섬까지 가세하면서 바야흐로 센강을 낀 '도시경관', 더불어 이를 감상하고 즐기는 '강변 문화'가 본격화되었다. 그랑 갈르리로 좁혀 보면 센강 건너 좌안 일대의 '오텔 데 앵발리드–파리4개국대학–생제르맹데프레'를 연결한 넓은 지역이 중요한 감상 대상이 되었다. 튈르리궁 테라스에서는 우안의 샹젤리제 쪽 도시경관이 한눈에 들어왔는데, 이는 앙리 4세가 본격화한 '파노라마 시선vue panoramique'(영어로 'panoramic view')이 발전한 것이기도 했다.도 22-5

실제로 루이 14세가 오텔 데 앵발리드와 파리4개국대학을 지을 때 이

22-5. 피에르 앙투안 드마시 Pierre Antoine Demachy(1723~1807년)가 18세기 후반 제작한 <선개교에서 본 루이 15세 광장과 샹젤리제 지역 La Place Louis XV et les Champs-Elysées, vus du Pont Tournant>. 파노라마 시선에 의한 도시경관의 감상을 그렸다.

런 조건을 고려해서 부지를 고른 것으로 알려져 있다. 퐁 데 자르Pont des Arts 건너 좌안 강변에 세운 파리4개국대학Collègee des Quatre-Nations(지금의 프랑스학사원Institut de France, 1661~1674년)이 특히 좋은 예여서, 강을 정면으로 바라보고 강변에 세워진 유럽 최초의 대학이라는 기록이 이런 배경에서 나온 것이었다. 이렇게 시작한 도시경관 감상 문화는 센 강변 전역으로 확대되었다. 18세기 중반 이후에는 회랑 통로에서 감상하는 좌안의 경관에 파리 팡테옹까지 추가되며 더 멀리 확대되었다. 좌안 강변 일대에서는 거꾸로 '루브르궁-튈르리궁' 왕궁 단지가 멋진 도시경관을 이루었다. 앞에서 나온 생루이섬과 그 우안의 생폴Saint-Paul 일대도 센강을 조망할 수 있는 고급 오텔 단지로 개발되었다.

다음으로 본궁에서는, 외롭게 홀로 서 있던 파비옹 들로름의 양옆에 익랑을 세워서 '一'자형으로 확장했고, 양 끝의 파비옹 가운데 파비옹 드 플로르까지 지었다. 본궁 공사는 1608년에 시작했다가 앙리 4세가 1610년에 불의의 암살을 당하면서 중단되었다. 이 사건만 아니었더라면 파비옹 뷜랑까지도 지었을 것으로 보인다. 익랑은 지어져 있었고 북쪽 끝부분을 조금 큰 건물로 짓기만 하면 되는 상황이었기에 아쉬움이 남는 대목이다.

루이 14세와 최종 준공
본궁을 다듬어 왕궁의 품격을 갖추다

넷째, 루이 14세(재위 1643~1715년) 때인 1659~1666년으로, 이때 본궁이 최종적으로 준공되었다. 루이 13세는 루브르궁의 '쿠르 카레Cour Carrée'만 확장했고 연결 복도나 튈르리궁은 공사하지 않았다. 루이 14세도 주로 루브르궁에 집중해서 쿠르 카레를 완성했는데, 그 연장선에서 왕실 건축가였던 루이 르보Louis Le Vau(1612~1670년)의 작품으로 튈르리궁 본궁의 '一'자형 건물을 완성했다.도 22-6 크게 두 부분이었다.

하나는 파비옹 뷜랑을 더해서 중앙의 파비옹 들로름을 중심으로 대칭이 완성되었다. 이때 현재 이름인 '파비옹 마르산'으로 개칭했다. 다른 하나는 왕궁다운 품격과 면모를 갖추기 위한 크고 작은 추가 공사였다. 들로름의 계단을 헐고 4층까지 증축했으며, 양쪽 익랑의 중간에 작은 파비옹을 각 하나씩 추가해서 '一'자형 건물은 최종 7등분으로 정리되었다. 외곽을 향하는 서쪽 정면과 실내에는 장식을 추가했다. 1659~1661년에는 살 데 마쉰Salle des Machines이라는 실내 극장도 집어넣었다.

이상의 과정을 거쳐 루이 14세 때 최종적으로 준공한 튈르리궁은 루브르궁과 합해서 볼 수도 있고, 또 대비되는 것으로 볼 수도 있는 양면적 관계를 이루면서 파리의 도시구조를 크게 바꾸어놓았다. 스케일에 따라 세 단계로 확장해서 볼 수 있다. 우선 건물 자체로 보면 루브르궁과 합해지면서 거대한 왕궁 단지를 이루며 우안을 정치 권력의 거대한 중심 공간으로 탈바꿈시켰다. 다음으로 주변의 파리 1구까지 확장하면 파리 중앙시장

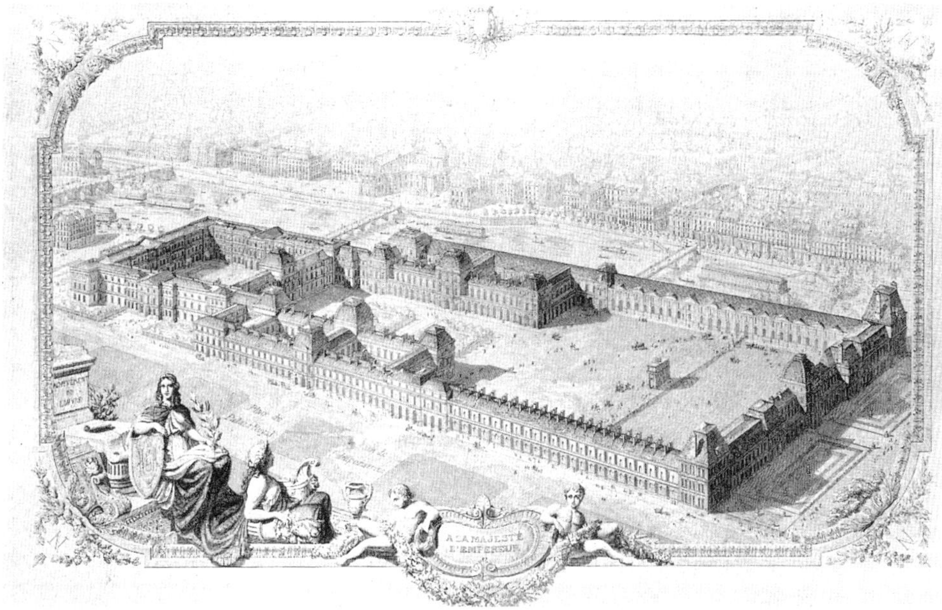

22-6. 1852~1857년 제작된 루브르궁과 튈르리궁을 연결한 왕궁 단지의 최종 준공 모습

인 레알Les Halles 등과 합해지면서 샤틀레Châtelet 지구가 확장·발전하게 되었다. 마지막으로 파리 전체로 보면 루브르궁의 서쪽으로 확장하면서 당시에는 외곽 지역이었던 포부르 생토노레Faubourg Saint-Honoré까지 시내에 편입시켰다.

이상이 102년에 걸친 튈르리궁의 건축일지였다. 네 명의 왕과 여섯 명의 건축가가 등장해서 복잡할 수 있는데, 중복되지 않는 범위에서 '저작권자'를 중심으로 간단히 정리하면 다음과 같다. 기본안의 저작권은 샤를 9세 때 들로름과 앙리 3세 때 뷜랑에게 공동으로 있다. 실제 지어진 부분은 대부분 앙리 4세 때의 '바티스트 앙드루에 뒤세르소-자크 앙드루에 뒤세르소 2세-루이 메트초' 세 명이 공동 저작권을 나누어 갖는다. 최종 준공에 대한 저작권은 루이 14세 때의 루이 르보에게 돌아간다.

루이 14세 이후는 '파괴-복원-파괴'의 격변 과정을 거쳤다. 프랑스 대혁명 때에는 부분 파손만 입고 잘 넘어가 나폴레옹 1세 때 복원되었다. 19세기에는 오히려 나폴레옹 1세를 시작으로 제2제국을 거쳐 1870년까지 북쪽 회랑 통로마저 준공하고, 여러 채의 파비옹을 추가해서 누보 루브르를 준공시켰다. 그 중간에는 튈르리 정원에 시설도 추가했다. 1853년에 오랑주리Orangerie(오렌지 나무용 온실)를, 1861년에 테니스장의 일종인 '죄 드 폼Jeu de Paume'을 각각 지었다. 그러나 1871년 파리코뮌 사태 때 본궁과 정원이 완전히 파괴되었고 누보 루브르만 살아남았다.

이상이 튈르리궁의 파란만장한 역사였다. 공사 기간이 102년이었는데 존속 기간은 205년에 불과해서 큰 변화는 없었다. 유럽 건축사에서 왕궁 급의 건물로는 존속 기간이 이례적으로 짧았다. 탄생 과정을 함께 보낸 다섯 왕이 사고, 병, 암살 등으로 모두 단명하는 불운이 이어졌다. 건물 규모에 비해서 긴 102년이라는 공사 기간도 이런 불운의 결과였다. 이 모든 걸 합하면 튈르리궁은 '비운의 왕궁'이라 부를 수 있다. 대형 건물은 시대를 막론하고 존속 기간이 공사 기간의 평균 수십 배는 된다. 그만큼 프랑스의 16~19세기는 초기 근대와 혁명기를 거치며 역사 전개가 급박하게 일어났고, 이 충격을 고스란히 받은 건물이 바로 튈르리궁이라 할 수 있다.

파괴 이후에 다시 본궁에 대한 부분 복원이 있었지만, 크게 보면 콩코드 광장과 루브르 박물관 사이에 '튈르리 정원'이라는 이름의 도시공원으로만 남아 현재에 이르고 있다. 본궁은 규모가 크지 않아서 복원에 큰 부담은 없었을 텐데 아무래도 이탈리아 출신의 왕비로부터 시작된 궁전이라 복원의 필요성이 크게 제기되지 않은 이유가 가장 컸을 것이다. 도시 구조로 봐도 튈르리궁이 없다고 해서 크게 아쉬울 게 없었다. 루브르궁에서 시작해 카루젤 광장을 거쳐 콩코드 광장에 이르는 1 킬로미터 길이의 대형 도시 정원이 나오기 때문이다. 이는 다시 샹젤리제가로 이어지면서 파리 개선문까지 일직선으로 뻗어나가는데, 이 축은 서북쪽 일대는 물론이고 파리 전체에서 가장 큰 중심축이 되었다.

23장

뤽상부르궁과 팔레 루아얄

좌안과 우안의 2차 왕궁

뤽상부르궁의 건축 역사

마리 드 메디치의 왕비용 궁전

뤽상부르궁Palais du Luxembourg은 앙리 4세의 왕비이자 루이 13세의 섭정 모후였던 마리 드 메디치Marie de Médicis(1575~1642년, 왕비 1600~1610년, 섭정 모후 1610~1617년)가 자신의 왕비용 궁전으로 지은 건물이다. 1615년에 착공해서 1625년에 부분 준공했으며 1631년에 최종 준공했다. 건축가는 살로몽 드 브로스Salomon de Brosse(1571~1626년)였다. 위치는 좌안의 파리 6구 한복판인 생제르맹데프레와 생트주느비에브의 두 카르티에quartier 사이에 있다.

뤽상부르궁은 여러 면에서 다소 특이한 궁전이다. 우선 파리 시내 한복판의 왕궁에 룩셈부르크라는 외국 이름이 들어간 것부터 흥미롭다. 그런데 정작 주인은 또 다른 외국인 이탈리아 출신으로, 그것도 왕실이 아닌 일개 가문인 메디치Medici 가문이라는 점 역시 특이하다. 현재까지 잘 남아서 파리에서 중요한 역할을 하는 곳이지만 대중적으로 많이 알려지지 않은 점 역시 또 다른 특이한 점이다. 하지만 다양한 특이점에도 불구하고 당당하게 파리의 5대 왕궁에 드는 중요한 건물이다. 탄생 역사와 건축적 특징을 차례대로 살펴보자.

먼저 탄생 역사다. 뤽상부르궁도 루브르궁이나 튈르리궁과 마찬가지로 긴 시간에 걸쳐 많은 역사를 담고 있다. 크게 세 단계를 거쳤다. 첫째 단계는 중세 때로, 원래는 10세기 말 카페 왕조의 두 번째 왕이던 로베르 2세(재위 996~1031년)가 파리 남쪽에 성채를 짓고 여러 수목으로 단장해 사용하던 별장이다. 이어 필리프 1세(재위 1060~1108년)는 이곳에서 기거하기도 했다. 그러나 곧 버려져 방치되다가 1258년에 샤르트르 수도회les Chartreux가 루이 9세(재위 1226~1270년)의 지원을 받아 수리해서 수도원으로 사용하게 되었다.

둘째 단계는 1570년에 '뤽상부르'라는 이름이 붙게 된 과정이다. 룩셈부르크는 한때 프랑스 땅이었는데, 이곳 출신의 공작들이 프랑스 왕실에 참여하며 수도원 일대의 이 땅을 사들인 후 자신들의 근거지로 삼았다. 이때 자신들의 출신 지역 이름을 그대로 가져와 붙이면서 '룩셈부르크'의 프랑스어인 '뤽상부르'라는 이름이 탄생했다. 그런데 여기까지 가는 데에도 소유권이 여러 번 바뀌는 과정이 있었다. 처음에는 파리 왕실의 경제 고문이던 알렉상드르 드 라투레트Alexandre de la Tourette가 이 땅을 매입해서 오텔을 지었다. 정식 왕궁 이전의 작은 궁전이라는 뜻에서 '프티 뤽상부르Petit Luxembourg'라고도 부른다.

그러나 공사 대금을 다 갚지 못하자 소유권이 개신교 가문이자 군인 가문이던 아를레 드 상시Harlay de Sancy가에 넘어갔다. 이 가문도 이를 유지하지 못하게 되었고, 파리에 진출해서 근거지를 찾던 뤽상부르가의 눈에 이 땅이 들어와 1570년 뤽상부르가에게 소유권이 넘어가면서 드디어 '뤽상부르'라는 이름을 갖게 되었다. 이들은 아마도 알렉상드르가 지어놓았던 오텔을 증·개축해서 사용했을 것으로 추정된다.

셋째 단계는 파리 왕실이 개입하면서 최종 주인의 손에 들어간 과정이다. 처음에는 앙리 4세(재위 1589~1610년)의 첫 왕비였던 마르그리트 드 발루아Marguerite de Valois(1553~1615년, 왕비 1572~1599년)가 이 땅의 북서쪽 인근 센가Rue de Seine와 바크가Rue du Bac 사이 부지에 자신의 오텔hôtel을 지으며 시작했다. 비로소 파리 왕실이 개입한 것이다. 그러나 1599년에 이혼과 함께 공사가 중단되면서 한동안 비어 있게 된다. 그러던 중 1610년에 앙리 4세가 불의의 암살을 당하자 남겨진 두 번째 왕비 마리 드 메디치가 부군 사망 다음해인 1611년에 자신이 살 궁전을 짓기 위해 1615년까지 이 일대의 넓은 땅을 구매하게 되면서 최종적으로 진짜 주인이 되었다.

마리 드 메디치는 앞에 나온 카트린 드 메디치Catherine de Médicis (1519~1589년, 왕비 1547~1559년, 섭정 모후 1559~1574년)에 이어 메디치 가문 출신으로 프랑스의 왕비가 된 인물이다. 두 사람은 인척 관계임에는 틀림이 없는데 카트린이 1519년생으로 나이 차이가 56세나 나는 데다 5~7대조의 먼 조상에서 가계도가 갈라져서 촌수를 정하기는 불가능하다. 그렇지만 프랑스 왕비로 시집온 마리의 인생은 카트린과 비슷한 면이 많았다. 우선 남편이 천수를 누리지 못하고 일찍 사망했으며 그 뒤를 이어 섭정을 맡았다는 점이 가장 큰 공통점이었다.

더하여 개인 생활과 관련해서 외국으로 시집을 온 데다 남편의 사후 홀로 남게 되자 프랑스 왕궁 생활에 불편을 느낀 점도 또 다른 중요한 공통점이었다. 이 과정에서 두 왕비는 자신들의 전용 궁전으로 카트린은 튈르리궁을, 마리는 뤽상부르궁을 각각 짓게 되었다. 두 왕비는 또한 고향 피렌체를 그리워하며 새 궁전에 가능하면 친정집의 특징을 살려내려 했다. 한편 이들은 차이점도 있어서, 카트린은 정작 자신이 살아 있을 때는 튈르리궁의 공사가 거의 진척되지 못했던 데 반해 마리는 살아 있을 때 준공시키고 일정 기간을 이곳에서 살았다. 물론 마리도 섭정 이후 끊임없는 정치적 격랑에 휩싸이면서 뤽상부르궁에서 제대로 산 기간은 얼마 되지 않지만, 적어도 자신이 애정을 가지고 공사를 주도해서 준공시킨 것은 확실했다.

정치적 역정과 관련된 일생에서도 중요한 차이가 있었다. 카트린은 개인적으로 정치적 감각이 뛰어났고 프랑스 정치에도 적응을 잘한 편이었다. 두 아들의 섭정을 포함해서 세 아들에게 정치적 영향력을 유지하며 프랑스 발루아 왕조Valois Dynasty를 지켜내려 노력했다. 반면 마리는 정치적 소질이 상대적으로 부족하고 고집이 센 성격인 데다 정치적으로 친정 이탈리아에 크게 의존했다. 특히 프랑스 왕실에 시집오면서 데리고 온 수행원 콘치노 콘치니Concino Concini(?~1617년)에게 정치를 맡겨놓다시피 했다. 이 때문에 섭정이 된 뒤에 존경을 받거나 정치적 영향력을 구사하기는커녕 거꾸로 귀양길에 올라 외국에서 사망하는 등 순탄하지 못한 일생을 보냈다.

마리 이후의 뤽상부르궁

왕실 궁전 - 국립교도소 - 상원의사당

뤽상부르궁은 이처럼 건축주와 건립 목적 모두에 재미있는 역사적 일화가 담겨 있는데, 공사 진행 과정에서 또 다른 역사적 사건과 재미있는 일화가 발생했다. 크게 두 가지였다. 하나는 정치적 격변이다. 마리는 루이 13세(재위 1610~1643년)의 섭정을 하던 중 1617~1620년에 아들과의 사이에서 이른바 '모자 전쟁Guerre de la Mère and du Fils'이라고 부르는 권력투쟁이 벌어져 망명했다. 1615년에 착공해 있던 뤽상부르궁은 이 기간에 공사가 중단되었다. 이후 아들에게 패한 뒤 아들의 용서를 받고 1621년부터 재상 리슐리외의 중재로 정치에 복귀하지만, 정치적 영향력은 예전에 못 미쳤다.

이렇게 해서 파리 왕실에 다시 안착한 마리는 뤽상부르궁 건립에 집중했다. 하지만 정서적으로 프랑스 문화와 맞지 않는 데다 고집이 센 성격이어서 이후에도 아들과 끊임없이 정치적 갈등을 겪다가 1630년에 두 번째 귀양을 갔다. 국외인 벨기에로 탈출하는 데에는 성공했지만 끝내 파리로 돌아오지 못하고, 그렇다고 친정 피렌체로도 가지 못한 채 다시 쾰른으로 거처를 옮겨 1642년에 이곳에서 사망했다. 그녀의 이런 정치적 역정을 뤽상부르궁과 연계해서 보면 1625년에 부분 입주해서 불과 5년밖에 살지 못한 것이 된다.

이는 마리 자신은 물론이고 뤽상부르궁에도 불행한 역사일 수 있다. 건물도 결국 주인이 입주해서 아끼고 꾸미며 행복하게 사는 게 좋을 텐데 그렇지 못한 것이다. 이런 불행을 튈르리궁과 묶어서 보면 이탈리아 메디치 가문 출신 두 여왕이 주도했던 두 왕궁의 불행한 역사가 된다. 물론 이런 불행이 이탈리아가 외국이라는 사실과는 그리 연관이 있어 보이지 않는다. 그보다는 두 여왕 때가 프랑스 왕조사에서 유난히 격변이 심한 때였던 것, 그리고 권력욕과 고집 등 두 여왕의 개인 성격 탓이 컸다. 하지만 베르니니 사례에서 보듯 프랑스 상류층의 텃세 문화도 만만치 않아서 그것이 한몫한 바도 있을 수 있다. 특히 파리 시내 한복판에서 진행된 왕궁 공사라 당시 국가 양식을 끼고 진행 중이던 '이탈리아주의 vs. 프랑스주의' 경쟁 구도의 영향을 받았을 수 있다. 다만 두 왕궁의 불행도에는 차이가 있어서 튈르리궁이 끝내 전소되어 사라진 데 반해 뤽상부르궁은 살아남아 파리 시민의 사랑을 받으며 잘 사용되고 있다.

다른 하나는 순수하게 건축과 관련된 일화다. 처음에는 현상공모를 진행해 살로몽 드 브로스의 안이 채택되었다. 하지만 여왕은 여기에 만족하지 못하고 자신의 이모인 토스카나의 공작부인Grand Duchess of Tuscany에게 건축가 루이 메트초를 보내서 친정집인 피렌체의 피티궁Palazzi Pitti 평면과 입면을 부탁했다. 드 브로스는 이렇게 입수된 도면을 참고로 설계를 진행해서 현재의 건물을 탄생시켰다. 1625년에 부분 입주를 시작했지만, 1626년 드 브로스가 사망하면서 자크 르메르시에Jacques Lemercier(1582년경~1654년)가 이어받아 1631년에 준공했다.

이렇게 탄생한 이 궁전은 왕이 사는 정식 왕궁이 아니어서 당시에는 프랑스 왕실에서 그 위치가 모호한 측면이 있었다. 그래서인지 1642년에 여왕이 사망하자 1646년 가스통 오를레앙 공작Gaston, Duc d'Orléans(1608~1660년)이 매입해 소유권이 한 번 더 바뀌었다. 하지만 1630년에 여왕이 브뤼셀로 망명할 때부터 뤽상부르궁은 이미 가스통 가문의 사람들이 실질적으로 사용하기 시작하고 있었다. 사실 가스통은 마리의 셋째 아들이자 루이 13세의 둘째 동생이어서 내막을 보면 왕자끼리 주고받은 것에 가까웠다.

이런 배경 아래 사실상 계속 왕궁으로 사용되던 중 프랑스대혁명을 맞게 되는데, 다행히 이때 파괴는 면했다. 그 이유는 여럿일 텐데 외국 출신의 여왕이 자신의 친정 돈으로 지은 궁전이라는 이유도 크게 작용했다. 메디치 가문이나 이탈리아와의 국제적 관계도 생각하지 않을 수 없었을 것이다. 같은 이유로 카트린 드 메디치가 지은 튈르리궁도 파괴를 면했다. 더욱이 마리는 외국으로 추방되어 이른바 객사한 셈이라 정치적 판결과 징벌을 이미 한 번 받았다고 판단했을 수도 있다. 뤽상부르궁은 파괴를 면한 대신 1795년 11월 4일부터 혁명 정부의 제1집정부執政府 · Le premier Directoire 및 국립교도소Prison d'État로 사용되었다. 이후 다시 혁명이 끝나고 나폴레옹 1세가 등장하면서 1799년에는 상원의사당으로 화려하게 부활해 현재에 이른다.

아울러 뤽상부르궁은 정원도 훌륭한데, 이때 함께 개방되어 도시 정원으로 지금까지 사랑받고 있다.도 23-1 특히 파리의 네 왕궁 가운데 셋이 우안에 몰려 있는 데에 반해 이 궁만 우안에 있어서 도시구조로 볼 때도 양안의 균형을 잡아준다는 점에서 중요성이 크다. 뤽상부르궁은 '카르티에 생제르맹데프레 – 라탱Latin 지구 – 소르본대학 – 카르티에 생트주느비에브 – 파리 팡테옹Paris Panthéon' 등으로 이어지는 파리 5구 – 6구의 한복판에 위치하면서 우안의 도시 품격을 높이는 중심 공간으로서의 역할을 하고 있다.도 23-2, 25-1, 26-8

23-1. 뤽상부르궁 공중 전경

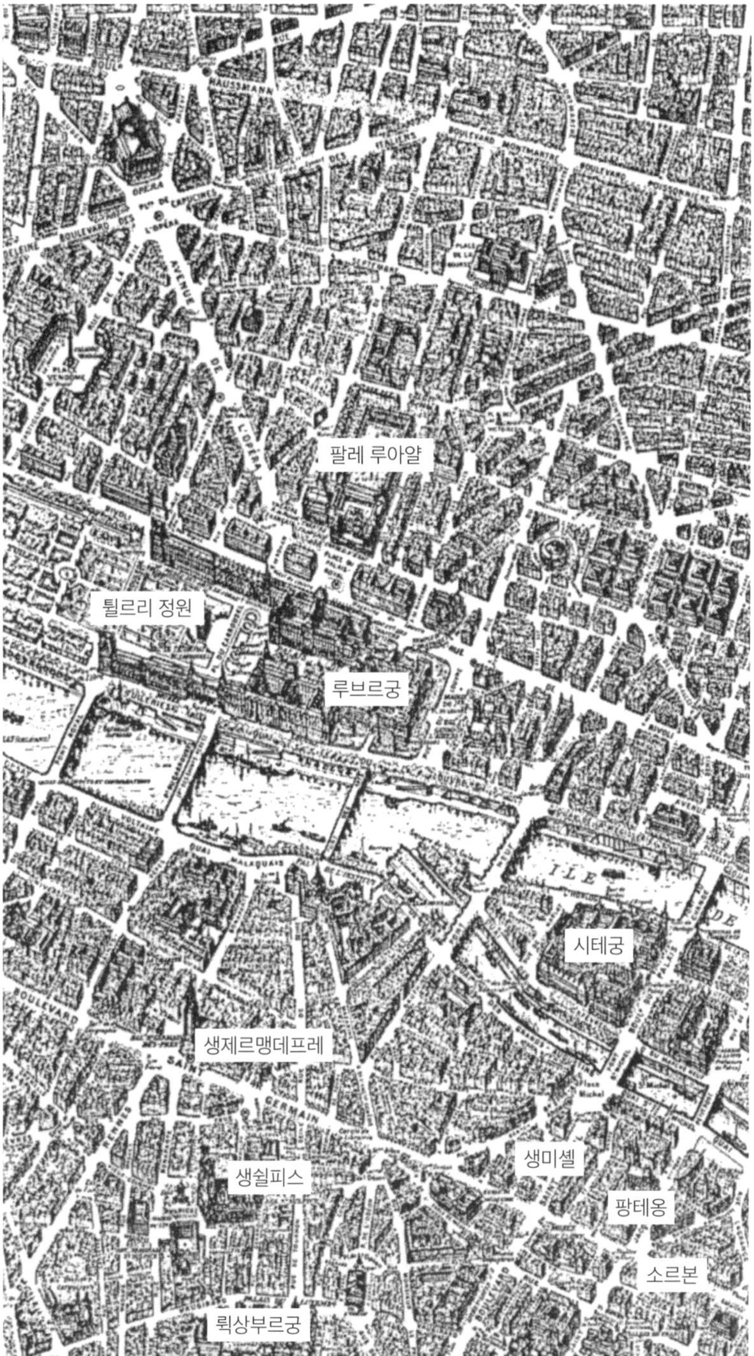

23-2. 19세기 후반 파리 전경 판화. 양안 가운데 우안에서 뤽상부르궁이 차지하는 도시적 위치를 보여준다.

뤽상부르궁의 건축사적 의미
국가 양식으로 가는 중간 과정

뤽상부르궁은 건축사에서는 생제르베 교회와 함께 프랑스 바로크의 문을 연 건물로 평가된다. 두 건물 모두 드 브로스의 작품이었다. 동시에 르네상스부터 바로크에 걸쳐 프랑스 건축이 추구한 '이탈리아 고전주의 vs. 프랑스 전통'의 혼용을 통한 국가 양식의 중간 과정을 보여주는 좋은 예다.

이탈리아 고전주의를 먼저 보면, 일단 마리 왕비는 뤽상부르궁을 피렌체의 친정 건물이었던 피티궁과 최대한 똑같이 짓고 싶어 했다.도 23-3, 23-4 왕비의 바람은 어느 정도 반영되어서 두 건물은 보기에 따라서 상당히 닮은 것으로 판단할 수 있을 정도가 되었다. 특히 유사점이 배치도, 평면도, 외관 등에 골고루 반영된 점이 중요했다. 이외에 도면이나 사진으로 드러나지는 않지만, 마리는 뤽상부르궁에서의 실제 생활을 피렌체 친정집과 최대한 똑같이 하려 했다. 실내 장식을 두드러지게 갈도록 했으며, 이탈리아에서 가져온 생활용품을 사용했다. 뤽상부르궁은 카트린이 지은

23-3. 뤽상부르궁 정면 외관

튈르리궁과 함께 파리 내 이탈리아 문화의 본거지 가운데 하나가 되었다. 두 왕궁은 두 왕비의 취향에 따라 세부 분야에서 차이가 있긴 하지만 합해서 보면 패션, 요리, 가구, 생활공예품, 미술, 음악 등 문화예술의 거의 모든 분야에서 이탈리아풍이 파리로 유입되는 중심 통로 역할을 했다. 예술 분야로 한정하면 특히 이탈리아 고전주의를 파리에 소개하는 데에 중요한 역할을 했다.

23-4. 피렌체 피티궁 정면 외관

외관에서도 일정 부분 이탈리아 고전주의가 건물의 전체적인 골격을 잡고 있다. 주로 기둥, 아치, 상인방 등을 중심으로 구사되었으며, 전체적인 모습도 피티궁과 유사해 보인다. 특히 기둥과 벽체에 요철을 주어 형성한 '토스카나식 러스티케이션Tuscan rustication'이 이런 유사성을 형성하는 데 중요한 역할을 했다. 당시 역사학자였던 앙리 소발Henri Sauval(1623~1676년) 등은 이런 모습이 '여왕의 피렌체식 암시Queen's Florentine allusion'를 표현한다고 해석하기도 했다.

반면 프랑스 전통은 세 방향으로 구사했다. 첫째, 지붕이 대표적이어서 프랑스의 전통 지붕인 힙 루프hip roof나 경사 지붕으로 처리했다. 이에 따라 중앙 돔도 이탈리아식 반구형이 아닌 프랑스식 힙 돔hip dome이었다. 둘째, 러스티케이션(우리의 '혹두기'와 유사한 서양식 거친 돌 처리 방식)이다. 이 처리는 1차적으로는 피렌체의 추억을 표현한 것이지만, 벽면 전체에 구사되어 거친 모습이 되면서 궁극적으로 중세 성채 분위기와 비슷해졌다. 셋째, 'H'자형 평면이다. 이는 프랑스의 전통 평면으로 이탈리아 고전주의에서는 거의 사용하지 않는다. 정면에서 보면 '중앙 파비옹-양옆 익랑-양 끝 파비옹' 등으로 구성되는 5등분이 되는데, 이것 또한 전형적인 프랑스의 입면 전통이다. 뤽상부르도 여기에 해당해, 양 끝의 파비옹을 크게 해서 중앙 출입구의 파비옹과 균형을 이룬 점이 특이했다. 이런 평면은 피티궁보다는 베르누이 성채Château de Verneuil나 쿨로미에 성채Château de Coulommiers 같은 파리 근교의 성채 구성과 더 비슷했다.

이상과 같은 '이탈리아 고전주의 vs. 프랑스 전통'의 대별에서 주도적 역할을 한 것은 아무래도 프랑스 전통이었다. 예를 들어 외관은 언뜻 피티궁과 비슷해 보였지만 평면과 함께 보면 프랑스 전통이 더 강했다. 고전 기둥의 존재도 미미해서 건물 전면을 지배한 것은 러스티케이션 처리였다. 러스티케이션도 출발은 피렌체의 전통이었지만 궁극적으로는 프랑스 중세 벽체에 가깝게 귀결되었다. 고전 기둥의 존재는 프랑스 르네상스에서 나타난 장식 요소 수준은 벗어났지만, 전체 구성을 주도할 만한 단계에는 못 미쳤다. 프랑스 전통이 강조된 이런 특징은 국가 양식으로 가는 중간 과정으로 이해할 수 있다.

팔레 루아얄의 건축 역사

추기경 궁전에서 문화부 청사까지

팔레 루아얄Palais-Royal 역시 다소 특이한 궁전이었다. 이름에 'royal'이라는 단어가 들어가 있는 점에서 언뜻 파리 왕궁을 대표하는 것으로 생각하기 쉬우나 '추기경 궁전'이라는 특이한 용도로 시작한 건물이었다. 여기서 추기경이란 루이 13세 때의 재상 아르망 리슐리외Armand Richelieu (1585~1642년)를 말한다. 그는 말년인 1629년에 왕실 수석건축가이자 루이 13세의 건축가였던 르메르시에에게 자신의 저택 설계를 맡겼는데, 이 집 이름이 바로 '추기경 궁전'이다. 리슐리외가 추기경을 겸하고 있었기 때문이다.

부지는 앞에 나온 바와 같이 1631년부터 리슐리외가 주도한 '카르티에 리슐리외Quartier Richelieu' 혹은 '카르티에 팔레 루아얄Quartier Palais-Royal'이라 부르는 택지 개발 단지에 있었다.도 23-5 추기경 궁전 역시 크게 보면 이 개발 사업의 한 부분으로 진행해서 1633~1639년의 공사 기간을 거쳐 준공했다. 하지만 추기경은 이 화려한 저택을 즐길 시간도 없이 1642년에 사망했다. 그는 왕실에 대한 충성과 감사의 표현으로 이 저택을 왕실에 헌납하면서 소유권은 오직 프랑스 국왕만이 가져야 한다는 유언을 남겼고, 그에 따라 1643년 소유권이 막 즉위한 루이 14세에게 넘어갔다.

이때부터 이름이 '팔레 루아얄'로 바뀌었다. 'royal'이라는 단어에 중점을 둬서 '프랑스 왕궁'이라고 번역하기도 하고 발음대로 '팔레 루아얄'로 부르기도 한다. 이 책에서는 '팔레 루아얄'을 쓰겠다. 이후 왕족들 사이에서 소유권이 여러 번 바뀌었다. 우선 루이 13세의 왕비이자 루이 14세의 섭정 모후였던 안 도트리슈Anne d'Autriche(영어로 'Anne of Austria', 1601~1666년, 왕비 1615~1643년, 섭정 모후 1643~1651년)가 가장 처음 이 건물에서 생활했다. 그녀는 추기경 궁전일 때부터 화려한 이 건물을 좋아해서 눈독을 들였는데, 그러던 차에 마침 당시 다섯 살이던 아들 루이 14세에게 왕실 재산으로 헌납되자 곧바로 입주해 이곳에서 살게 된 것이다.

이어 1643년 5월부터 루이 14세의 섭정이 시작되자 섭정 모후가 된 왕비는 이곳을 자신의 본거지로 삼았다. 어린 루이 14세도 어머니와 함께

23-5. 카르티에 리슐리외와 팔레 루아얄 정원

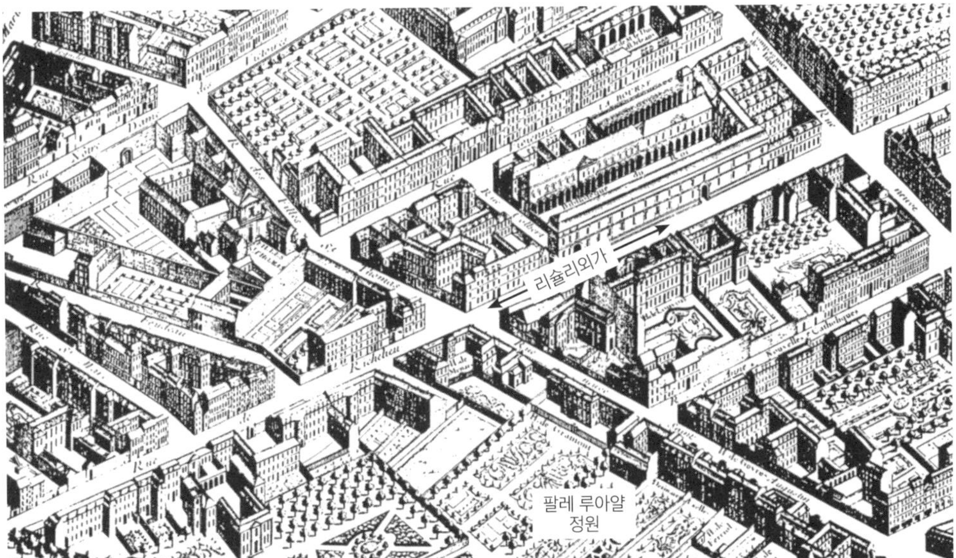

이곳에서 지냈는데, 이때 발생한 프롱드의 난(1648~1653년)이 루브르궁뿐 아니라 이곳에서도 벌어지는 등 17세기 프랑스의 역사적 현장이 되었다. 그러나 이때까지는 리슐리외의 유언이 지켜져서 소유권 자체가 모후에게 넘어간 건 아니었다.

이후 프랑스 왕실이 중요한 궁전으로 계속 사용하면서 왕족들 사이에서 소유권이 여러 번 넘어갔으며, 증·개축도 함께 꾸준히 이루어졌다. 소유권의 가장 중요한 변화는 49년 뒤인 1692년에 일어났다. 이 해에 루이 14세는 리슐리외의 유언을 어기고 소유권을 자신의 동생 필리프 도를레앙Philippe d'Orléans(1640~1701년)에게 넘겼고, 1780년까지 소유권 변동이 여러 번 있었다. 왕궁의 이름도 이 해까지 '팔레 도를레앙Palais d'Orléans'으로 바꿔 불렸다. 루이 16세(재위 1774~1792년) 때인 1780년에는 사치스러운 생활로 악명 높았던 귀족 루이 필리프-조제프 도를레앙Louis Philippe-Joseph d'Orléans(1747~1793년)이 소유권을 넘겨받았다. 이때 이름도 다시 팔레 루아얄로 바뀌어서 현재에 이른다. 필리프-조제프는 이 건물을 무척 좋아해서 루이 16세를 졸라 주변의 땅 1,350 제곱미터(407평)를 추가로 매입해서 증·개축했다. 1781~1784년에 지어진 이 새 건물이 현재의 팔레 루아얄이 되었다.

팔레 루아얄은 대중에게 많이 알려지지는 않았지만 파리의 왕궁은 물론 도시건축에서도 빠질 수 없는 중요한 건물이다. 파리 시내에서 도시적 위치도 뛰어나다. 루브르궁을 북쪽에서 마주 보면서 우안에서 상당히 중요한 지점에 있으며, 파리 지하철에는 두 왕궁의 이름이 함께 들어간 '팔레 루아얄 뮈제 뒤 루브르Palais-Royal Musée du Louvre'라는 1·7호선의 환승역도 있다.

비록 리볼리가Rue de Rivoli가 두 왕궁 사이를 가르고 지나가기는 하지만, 크게 보아 루브르궁과 함께 왕궁 단지를 형성한다고 할 수 있다. 원래는 루브르궁이 튈르리궁과 합해져 왕궁 단지를 이루었지만, 튈르리궁이 사라진 지금 팔레 루아얄이 그 자리를 대신하면서 새로운 왕궁 단지가 되었다. 이로써 우안에는 루브르궁을 초점으로 삼아 '콩코드 광장 → 샹젤리제가 → 파리 개선문'으로 이어지는 서북쪽 축과 '팔레 루아얄 – 부르스 드 코메르스Bourse de Commerce'로 이어지는 동북쪽 축의 두 중심축이 형성된다.도 19-6, 23-2, 23-6

프랑스대혁명 때에 파괴를 면해 18세기 건물로 보존되어 있으며 현재는 프랑스문화부, 최고행정재판소Conseil d'État(국사원), 헌법위원회Conseil de la Constitution 등이 입주한 주요 공공건물이 되었다. 문화부가 입주함에 따라 원래부터 10여 개에 이르던 갤러리 가운데 몇 군데는 미술관 기능도 겸한다. 주변에는 카페, 부티크, 골동품 등을 파는 고급 상점이 포진해서 고급 쇼핑가로도 유명하다. 또한 파리의 주요 극장 가운데 하나인 코메디 프랑세즈Comédie Française도 이 건물 안에 있다.

이상의 배경 아래 건축적으로도 팔레 루아얄은 크게 두 가지 주제가 두드러진다. 하나는 오텔hôtel이라는 건물 종류와 관련된 대칭 미학이고

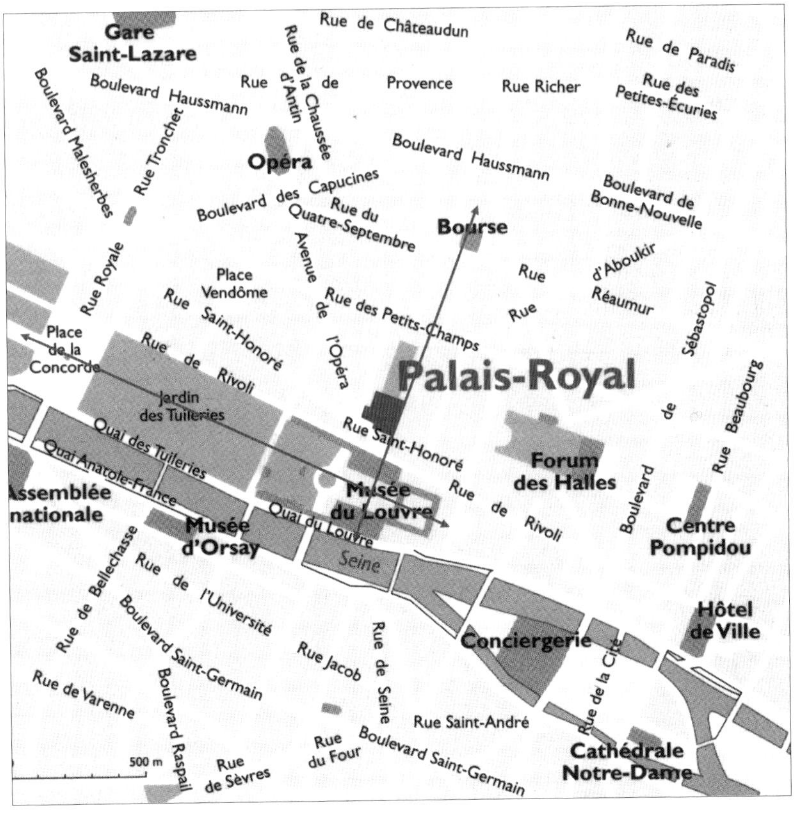

23-6. 루브르궁을 초점으로 삼은 서북 축(콩코드 광장 → 샹젤리제가 → 파리 개선문)과 동북 축('팔레 루아얄 - 부르스')의 두 중심축

다른 하나는 정원에 사용한 기둥 미학이다. 이 가운데 정원은 조경 분야에 속하고 기둥 미학은 18세기 루이 16세에 해당하므로 여기에서는 대칭이라는 주제만 살펴보자.

팔레 루아얄의 건축미학
오텔의 대칭 구성을 이끌다

먼저 건축적으로는 오텔과 관련된 '대칭'이라는 주제를 이끌었다. 이 건물은 처음에 추기경 궁전으로 지어서 이때의 기능 유형은 정식 왕궁은 아니었고 오텔에 가까웠다. 실제로 리슐리외는 추기경 궁전의 기본 개념을, 1543년 시작한 로티스망을 필두로 1630년대까지 계속된 왕실의 부동산 개발 사업 시기 집중적으로 지어진 '오텔'로 잡았다. 다만 그 규모가 일반 귀족들의 오텔보다는 왕궁에 가까운 차이가 있었다. 이렇게 보면 추기경 궁전을 '초대형 오텔' 혹은 '왕궁 급 오텔' 정도로 부를 수 있다. 당시 파리의 도시건축에는 오텔 붐을 타고 일종의 '대칭' 바람이 불고 있었는데, 추기경 궁전이 이를 대표하게 되었다.도 23-7, 23-8

일단 '대칭'은 건축 조형론에서 가장 기본이 되는 구성 기법이다. 실용적인 이유로 대부분의 건물이 대칭으로 지어지는데, 설계와 시공 모두에서도 역시 대칭 건물이 유리하기 때문이다. 그런데 건축미학에는 이런 일반론을 넘어서 대칭 구성을 적극적으로 사용하는 경우가 있다. 팔레 루아얄이 그 대표적인 건물이었다.

당시 파리에 대칭 바람이 분 데에는 몇 가지 이유가 있다. 우선 거시 차원에서 고전주의에 기반한 형식미를 좋아하는 프랑스 사람들의 취향을 들 수 있다. 대칭은 형식미의 기본이기 때문이다. 앞에 나온 '대칭 강박증'이 이 내용을 잘 설명해준다. 이어 미시 차원의 당시 시대 상황이 중요했다. 비대칭이 강세였던 중세가 끝나고 고전주의가 이끄는 르네상스가 시작되면서 프랑스 사람들의 이런 취향이 발현하기 좋은 여건이 형성되었다. 프랑스 르네상스 건축이 이탈리아 고전주의를 수입하면서 시작한 것

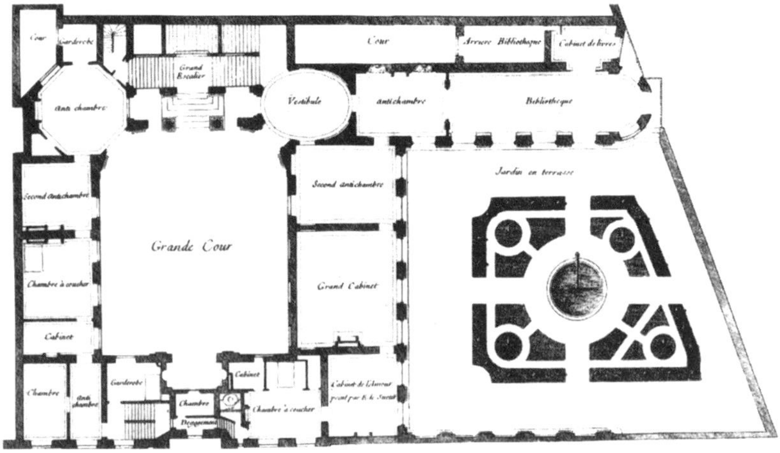

23-7. 오텔 랑베르 평면도. 왼쪽 절반의 건물 부분에서 오텔의 대칭 구성을 잘 보여준다.

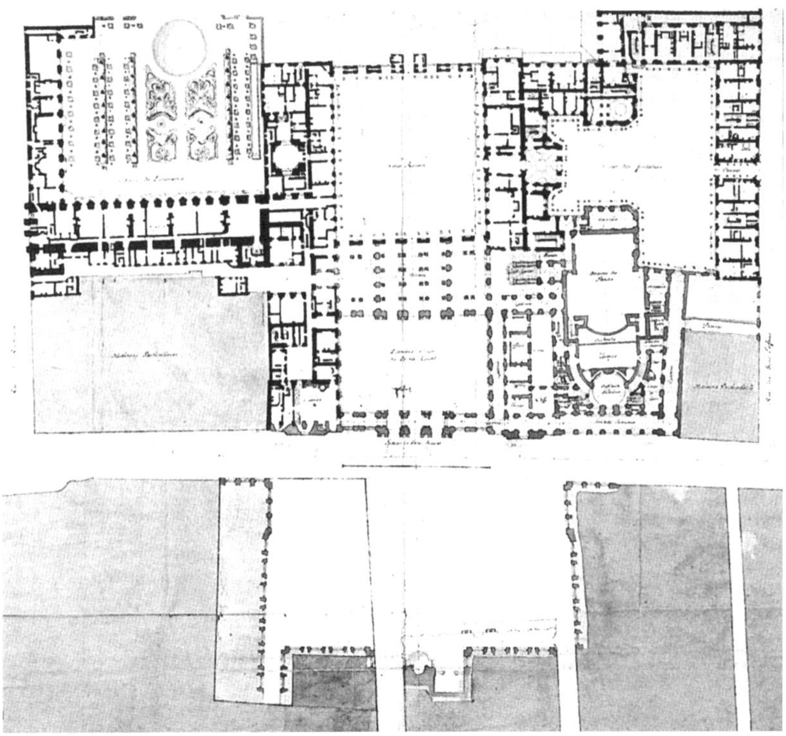

23-8. 팔레 루아얄 평면도. 오텔의 대칭 평면을 왕궁 급으로 확장한 것이다. 특히 중앙부에서 대칭이 두드러진다.

도 이런 배경 때문이었다.

이를 주도한 것은 왕실이었다. 우선 루브르궁과 튈르리궁 등 왕궁 자체가 대칭의 정수를 보여주었다. 이어 왕실에서 주도하는 공공건축이 대칭을 이루었고, 귀족들의 본거지인 오텔이 그 뒤를 이었다. 왕실에서는 파리의 도시경관을 관리하고 귀족을 통제하는 등 다목적으로 오텔에 건축 법규를 제정했는데, 대칭도 주요 항목으로 들어 있었다. 귀족들도 이런 여러 배경에 따라 대칭을 선호하게 되었다. 한발 더 나아가 귀족들은 대칭 구성의 오텔을 자신들의 권위를 과시할 기회로서 반기는 분위기였다.

이런 귀족들에게 로티스망 개발 사업은 더없이 좋은 기회였다. 요즘으로 치면 파리 최초의 신시가지였으며, 그것도 근대화된 최고급 신시가지였다. 곧 이곳은 중세를 끝내고 미래로 나아간다는 초기 근대의 시대 상황이 압축된 지역으로 많은 선망과 부러움을 사며 단연 '장안의 화제'였다. 이곳에 지어지던 오텔도 마찬가지였다. 중세 오텔은 마당도 좁고 건물도 비대칭이었는데, 근대 오텔은 넓적한 안마당을 갖추고 왕궁이나 공공건물을 닮은 모습으로 지어졌다. 숫자도 짧은 시간에 수십 채가 집중되었다. 따라서 이런 오텔 역시 똑같이 선망과 부러움을 사며 장안의 화제가 되었다. 여기에 르네상스라는 새로운 시대가 열리고, 이탈리아 고전주의가 이를 대표하는 시대 상황이 가세함에 따라 오텔에서 구현하려던 대칭 미학이 당시 파리 도시건축을 주도하는 바람으로 불게 되었다.

로티스망 개발 사업은 왕실 자산을 늘릴 목적으로 벌인 수익 사업인데다 파리 역사상 처음 시행하는 대규모 부동산 사업이어서 처음에는 성공을 확신하기가 어려웠다. 이에 성공적인 분양을 위해 처음에는 오텔 설계를 자유롭게 할 수 있게 했다. 그런데 의외로 분양이 잘 되자 1563년부터는 왕실에서 오텔의 외관을 규칙화하기 시작했다. 이 적용을 받은 첫 사례가 오텔 데 투르넬Hôtel des Tournelles(1568년 철거)이다. 그러나 아직 건축 법규로 강제하지는 않았다.

그러다가 1605년 오텔 데 투르넬이 있던 자리에 루아얄 광장Place Royale(지금의 보주 광장Place des Vosges)을 개발할 때 건축 법규로 제정했으며, 추기경 궁전이 이에 따라 대칭 구성으로 지어진 대표적인 사례로 탄생했다.

이를 위한 여러 배경이 하나로 맞아떨어졌다. 이탈리아 고전주의 애호가였던 리슐리외 자신이 우선 대칭 미학을 좋아했다. 정치적으로도 자신이 이 법규를 주도한 인물들 가운데 한 명이었기에 스스로 모범을 보일 필요가 있었다. 더하여 규범적 권위를 표현하기에 적합한 대칭 구성을 통해 자신의 정치력을 과시하려는 목적도 있었다. 추기경 궁전이라는 무게감과 왕궁 급에 육박하는 큰 규모도 대칭 효과를 내기에 좋은 조건이었다. 추기경 궁전은 이런 여러 조건을 앞세워 귀족들이 짓는 오텔의 대칭 구성을 선도하게 되었다.

한편 현재의 팔레 루아얄은 1781~1784년에 빅토르 루이Victor Louis

23-9. 팔레 루아얄 공중 전경

23-10. 팔레 루아얄 정문 앞 광장 전경. 1861년 출간된 『화려한 파리』에 수록된 그림

(1731~1800년)의 설계로 증·개축한 것이며, 르메르시에의 원안은 남아 있지 않다. 그러나 전체 배치에서 대칭 구성을 확연하게 드러내는 방식으로 르메르시에의 원안을 강화했기 때문에 18세기 건물을 기준으로 대칭 구성을 살펴도 문제는 없어 보인다. 대칭은 크게 두 부분에서 파악된다.

하나는 전체 평면으로, 정원의 세 면을 아케이드로 에워싸는 '⊓'자형 구성이다.도 23-9 정면 몸통에는 공공시설이 들어갔고 양옆의 기다란 측동에는 가게, 식당, 미용실 등의 상업시설이 입주했다. 1781년경이면 이미 근대 자본주의가 싹트기 시작하던 때여서 인근의 '샤틀레Châtelet – 레알Les Halles' 지구 일대에 상업 활동이 활성화하기 시작했는데, 여기에 보조를 맞춰서 상업시설을 입주시킨 것이었다.

다른 하나는 건물 부분으로, 중앙 아케이드의 5등분이 대표적이다.도 23-10 중앙부는 개선문 형식의 아치를 중심으로 하여 열주 스크린으로 처리했다. 그 양옆으로 익랑이 나온 뒤 양 끝에 파비옹을 세웠다. 파비옹은 2층인데, 원형 벽기둥으로 수직 층 쌓기를 하고 지붕은 신전 박공으로 마무리했다. 이로써 중앙의 개선문을 중심으로 두 겹의 좌우 대칭이 형성되었다.

24장

루이 13세와 바로크 교회

'이탈리아주의'와 '프랑스주의'의 충돌

초기 근대의 문화 시설과 바로크 교회 건축

다음은 초기 근대기 파리의 교회 건축이다. 이 시기 파리의 교회 건축은 상반되는 시대 상황 속에서 중요한 발전을 이루었다. 종교적으로는 프랑스 역시 종교개혁의 거센 바람을 맞았다. 프랑스는 종교전쟁에 해당하는 위그노전쟁Guerres des Huguenots(1562~1598년)을 치른 끝에 가톨릭 국가로 남게 되었다. 정치적으로는 통일국가가 등장하고 절대왕정으로 넘어가면서 종교 시대가 가고 세속 시대가 열렸다. 이런 상황을 교회 건축을 기준으로 보면 양면적 해석이 가능하다.

하나는 순수하게 종교에 한정해서 볼 경우 가톨릭의 위상이 안정기에 들어가면서 교회 건축에 유리하게 작용한 것으로 볼 수 있다. 르네상스에서 바로크로 넘어가는 전환기의 왕이었던 앙리 4세(재위 1589~1610년)는 왕자 시절에는 신교 지도자로 종교전쟁에 참여했다. 그러나 성 바르톨로메오 축일의 대학살Massacre de la Saint-Barthélemy(1572년) 등 가톨릭의 무력 공세를 이기지 못하고 즉위와 동시에 낭트칙령Édit de Nantes을 반포하면서 종교전쟁을 끝냈다. 이때 신교에도 부분적으로 종교의 자유를 허용하는 조건으로 가톨릭 국가로 남았다. 루이 13세 때에는 한발 더 나아가 반종교개혁Counter-Reformation까지 가세하면서 가톨릭의 입지는 더욱 굳혀졌다. 이런 배경 아래 16~17세기 파리의 교회 건축은 가톨릭이 주도했다.

다른 하나는 프랑스 초기 근대의 세속성에 비중을 두는 시각이다. 이 시기는 중세 기독교가 쇠퇴하고 세속 정치 권력이 전면에 부상해서 문명을 이끌어가는 전환기였다. 건물 유형에서도 앞에서 본 4대 왕궁이 양과 질 모두에서 이 시기 파리의 도시건축을 주도했다. 이는 왕궁이 교회보다 중요해졌다는 뜻이다. 더욱이 베르사유 궁전까지 합하면 압도적인 수준을 넘어 독점하다시피 했다. 또한 국가의 공공 책무에 대한 인식이 싹트면서 극장, 학교, 병원 등 문화-교육-보건 시설이 도시건축의 새로운 총아로 부상하게 되었다. 이런 상황에서 교회 건축의 위치는 중세 때의 종교건축에서 문화시설로 재배치되는 변화가 나타났다. 예를 들어 앵발리드 교회 Église des Invalides 같은 초기 근대의 최대 교회조차도 건립 주체가 기독교 세력이 아닌 루이 14세였으며, 기능에서도 교회 건물은 국가 보훈시설의 일부분으로 편입된 양상을 띠었다.

이상과 같은 상반된 두 시각의 배경 아래 초기 근대 파리에는 많은 수의 교회 건물이 지어졌다. 보기에 따라서는 중세에 비견할 만했다. 물론 노트르담 대성당이나 생트샤펠 같은 대작은 나오지 못했으며, 동시대의 왕궁과 비교해도 규모와 공사 기간 등에서 아무래도 루브르궁이나 베르사유 궁전에는 못 미쳤다. 그러나 시대 상황을 반영해서 비례적으로 보면 중세에 못지않다고도 할 수 있었다. 중세는 문명 전체가 기독교였고 그 기간이 1,000년 이상 진행된 데 반해, 초기 근대는 기독교 문명이 끝났거나 최소한 저물어가는 데다 기간도 두 세기로 짧았기 때문이다. 더하여 앵발리드 교회는 비록 기독교의 순도는 희석되었지만 노트르담 대성당에 이은 역사적 걸작으로 평가할 수 있다. 또한 건축 논제를 기준으로 보면 '국가 양식'이라는 프랑스 건축의 숙원이 왕궁이 아닌 교회에서 완성되는 쾌거도 이룬 건물이었다.

실제로 이 시기 파리 가톨릭계는 종교개혁이나 종교전쟁이 있었다는 사실이 무색할 정도로 양적으로도 번성하고 있었다. 낭트칙령이 표면적으로는 종교 간 화해를 내걸고 신교의 자유도 허락했지만, 내막을 보면 이 시기 파리 기독교는 중세 못지않은 가톨릭의 전성시대였다. 무엇보다 가톨릭 관련 단체와 기관이 폭발적으로 증가했으며, 이들을 수용할 종교 시설이 대거 지어졌다. 역사학자이자 사서이자 도시이론가였던 마르셀 포에트Marcel Poëte(1866~1950년)에 의하면 1600~1677년 파리에 77곳의 가톨릭 단체와 기관 사옥이 지어졌다.

뒤늦은 시기였음에도 수도원 건축 역시 활발하게 진행되었다. 이때는 아직 중세 수도원이 철거되기 전이어서 좋은 자리는 이미 이들이 차지하고 있었던 관계로 새로 짓는 수도원은 외곽으로 나갈 수밖에 없었다. 파리 5구의 외곽 지역에 주로 집중되었는데, 생트주느비에브 언덕Mont-Sainte-Geneviève과 파리 팡테옹Paris Panthéon의 남쪽에 해당하는 포부르 생자크Faubourg Saint-Jacques에 지어진 포르 루아얄 수도원Abbaye de Port-Royal(1626년)과 발 드 그라스 수도원Abbaye du Val-de-Grâce(1634~1669년)이 대표적이었다. 포르 루아얄 수도원은 중세 시토회Cistercians 소속이었다가 종교개혁 이후 현실에서 벗어나 고립된 수도 생활을 추구하는 가톨릭 개혁 수도회인 얀센주의Jansenism를 따르는 수도회의 본거지가 되었다. 발 드 그라스는 다음 장에서 자세히 살펴볼 것이다.

이런 가톨릭의 전반적인 융성은 교회 건축의 발전에도 긍정적으로 작용했다. 많은 수의 교회가 지어지면서 건축 양식의 발전에 핵심 역할을 했다. 초기 근대 파리 교회의 건축 양식은 르네상스와 바로크로 나눌 수 있는데, 16세기 르네상스에는 앞에서 본 바와 같이 주로 중세 건물 위에 혼성 양식으로 더해졌다. 르네상스 단독 양식으로 지은 교회는 사실상 없었다고 볼 수 있다.

이어 17세기에 들어오면서 고전주의만으로 설계된 교회가 등장하기 시작해 바로크 시대를 관통하며 여러 채를 남겼다. 따라서 초기 근대기 파리의 교회 건축은 '바로크 교회'로 부를 수 있다. 이 가운데 다섯 채가 대표적이었다. 루이 13세(재위 1610~1643년) 때에는 살로몽 드 브로스의 생제르베(1616년 1차 준공, 1657년 최종 준공), 망사르의 성모마리아 방문교회(1632년), 르메르시에의 소르본 교회(1635~1648년) 등 세 채가 지어졌다. 루

24-1. 파리의 초기 근대 교회 다섯 채의 위치

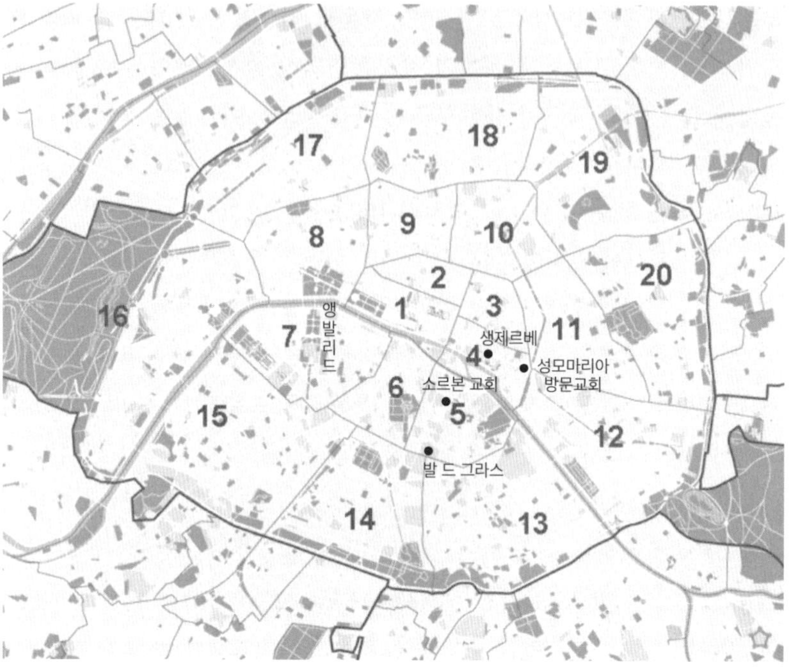

이 14세(재위 1643~1715년) 때에는 망사르와 르뮈에의 발 드 그라스 수도원(1634~1669년) 그리고 아르두앵-망사르의 앵발리드 교회(1676~1691년) 등 두 채가 지어졌다.도 24-1

바로크 교회 다섯 채
갈리아주의 아래 국가 양식을 창출하다

이상을 합한 17세기 파리의 기독교 건축은 그 숫자가 상당했고 차지한 면적도 넓었다. 이들은 성곽 안팎 여러 지역에 골고루 분포하면서 17세기 파리의 도시구조에 영향을 주었다. 앵발리드 교회가 대표적이어서, 생루이 교회라는 또 다른 교회와 함께 보훈병원에 부속되면서 대형 복합단지를 이루었다. '보훈병원'이라는 기능에서 알 수 있듯이 이 단지는 루이 14세가 절대왕정의 국가주의를 실현하기 위해 심혈을 기울여 지은 대형 국가시설이었다. 이 단지가 들어선 파리 7구는 당시까지 공터로 남아 있다가 대표적인 바로크 구역으로 탄생했다.

이처럼 파리의 초기 근대 기독교 건축에서는 다양한 주제들이 파생되었다. 여기에서는 이 가운데 '국가 양식의 창출'이라는 가장 중요한 주제를 낳은 바로크의 다섯 교회를 살펴보겠다. 건축 양식의 기준에서 다섯 채가 모두 이 한 가지 큰 주제로 묶일 수 있다. 바꿔 말하면 다섯 채가 모두 이 주제를 목표로 설계되고 지어졌다는 뜻이다. 실제로 다섯 교회에 사용한 건축 요소를 보면 이탈리아 고전주의를 기본으로 삼아 프랑스만의 정체성을 표현하려 한다는 공통점이 있다.

이를 건축 주제로 환산하면 '이탈리아주의 vs. 프랑스주의' 논쟁이 된다. 이 주제는 앞에서 본 왕궁들에서도 공통으로 나타났다. 이렇게 보면 국가 양식의 창출이 파리 초기 근대 도시건축의 핵심 과업이었음을 알 수 있다. 이탈리아 고전주의가 일종의 초기 조건 같은 것으로서 파리 르네상스 건축의 출발점이 되었지만, 국가의 자존심을 고려할 때 프랑스는 자국만의 건축 양식을 창출해야 했다. 이 두 가지 상반된 조건 사이에서 접점을 찾아 정답을 창출하는 일은 수도 파리의 몫이었다.

이 작업은 왕궁과 함께 주로 교회 건축에서 이루어졌다. 왕궁은 국가의 대표 건물로서 큰 방향을 제시했고, 세부 요소에서 실질적인 진행은 교회 건물을 중심으로 이루어졌다. 창의력의 허용 범위가 중요한 차이였다. 왕궁은 건물의 성격상 창의력을 발휘하는 데 한계가 있었지만, 교회는 상대적으로 허용 범위가 넓었다. 특히 종교개혁 이후 파리 가톨릭은 종교전쟁과 반종교개혁 등을 거치며 스스로 현대화하려는 노력을 기울이고 있었다. 교회 건축의 다양성과 창의적 작품성도 중요한 항목 가운데 하나였다. 파리의 교회 건축은 이런 변화를 '국가 양식의 창출'이라는 시대적 의무를 이루는 데에 활용해서 성공적인 결과를 얻었다.

여기에는 '갈리아주의' 혹은 '갈리아 교회주의'라고도 번역되는 'Gallicanism'이 중요한 역할을 했다. 앞에 여러 번 나온 말인데 좀 더 자세히 보면, 로마 교황청의 간섭을 배제하면서 프랑스만의 '국가교회'를 유지하는 제도 혹은 경향을 뜻한다. 이때 '국가교회'의 조건에는 여러 가지가 있다. 성직자의 임명, 교회의 운영, 재산권, 건축 형식 등이 대표적이다. 이 가운데 프랑스의 갈리아주의는 성직자의 임명을 뺀 나머지 셋에서 독립성을 확보한 것으로 볼 수 있다. 특히 재산권과 건축 형식에서는 완전히 자주권을 확보했다. 교회 건축에서 '국가 양식'이 창출될 수 있었던 것도 이런 배경이 있었기 때문이다. 단적으로 '국가교회'와 '국가 양식'이 '국가'라는 단어를 공유하는 것만 보아도 알 수 있다.

교회 건축의 경우 이 주제를 고민한 구체적인 내용에서는 루이 13세 때의 세 채와 루이 14세 때의 두 채가 차이를 보이기도 한다. 루이 13세 때는 우선 단일 건물을 중심으로 국가 양식을 찾는 탐색기로 볼 수 있다. 구체적인 내용에서도 이탈리아주의와 프랑스주의의 충돌이 대표적인 특징으로 나타났다. 아직 이탈리아 고전주의와 프랑스 전통이 하나로 합해지지 못하고 개별적으로 발현하면서 충돌한 것이다. 루이 14세 때는 이때 쌓인 역량을 바탕으로, 교회는 대형 단지로 확장했으며 두 교회 건물에서 국가 양식을 완성했다. 이탈리아주의와 프랑스주의는 개별적 대립을 끝내고 프랑스 국가 양식에서 하나로 통합되는 데 성공했다. 이상의 배경 아래 다섯 교회를 차례대로 살펴보자.

드 브로스의 생제르베

'이탈리아주의'와 '프랑스주의'를 함께 제시하다

루이 13세 때 파리 기독교의 상황은 종교전쟁을 끝낸 지 얼마 되지 않은 때여서 가톨릭 세력을 공고히 다지는 데에 초점이 모였다. 이 일을 주도한 건 추기경을 겸했던 재상 아르망 리슐리외Armand Richelieu(1585~1642년)였다. 리슐리외는 신교에 대해서 신앙의 자유는 허용하되 정치력이나 군사력 등을 갖지 못하도록 철저히 막는 양면 작전을 펼쳤다. 이런 분리 전략은 성공적이어서 가톨릭은 프랑스의 국교로 남았고 앞과 같은 갈리아주의 역시 공고히 지켜졌다. 파리 가톨릭은 이렇게 다져진 기반 위에 교회 건축을 활발히 전개했다.

출발은 살로몽 드 브로스Salomon de Brosse(1571~1626년)의 생제르베Saint-Gervais였다. 교회 건축 등급으로는 로마 가톨릭 교구 교회로, 정식 명칭은 '생제르베–생프로테Saint-Gervais-Saint-Protais'이며 이 두 성인에게 봉헌되었다. 실내는 중세 교회여서 앞의 중세 편에서 혼성 양식으로 소개했으며 정면 부분만 바로크 때에 증축했다. 건물 전체가 1494년에 고딕 양식으로 시작했는데 종교전쟁으로 공사가 중단된 뒤 1530~1578년에 실내만 고딕과 르네상스의 혼성 양식으로 먼저 준공했고, 정면은 1616년에 루이 13세가 초석을 놓으면서 공사를 시작해 1621년 준공했다.

이 건물은 이탈리아 바로크 고전주의를 대표하는 이른바 '일 제수 모티브'를 사용하는 동시에 프랑스 중세 전통을 강하게 표현함으로써 프랑스의 '국가 양식'이라는 화두를 던졌다. 일 제수Il Gesù(1571~1584년)는 로마 예수회Jesuit Church의 본부교회로, 기둥을 건물 전면에 내세워 조형 요소로 사용하는 이탈리아 바로크 고전주의를 처음 완성한 건물이다. 생제르베는 이 기법을 그대로 모방함으로써 일단 이탈리아 고전주의를 파리 바로크 건축에 처음 수입한 것으로 볼 수 있다.도 24-2, 24-3

24-2. 생제르베 교회 정면도. 피에르 장 마리에트Pierre Jean Mariette(1694~1774년)가 1727년 출간한 <프랑스 건축L'Architecture française>에 수록된 그림

차이도 있었다. 우선 일 제수는 건물 높이가 2층이었고 1층과 2층의 기둥 양식이 코린트식으로 같았다. 기둥의 구조 형식으로는 사각 벽기둥과 반원형 벽기둥의 두 가지 벽기둥을 사용했으며, 이 두 종류를 다양하게 변형시키는 방식으로 조형 효과를 냈다. 반면 생제르베는 세 가지가 달랐다. 첫째, 건물 높이가 3층으로 한 층 더 올라

24-3. 일 제수 교회 정면 전경. 로마. 1571~1584년

갔다. 둘째, 기둥의 구조 형식은 벽기둥이 아닌 독립 원형 기둥 한 가지로 통일했다. 셋째, 각 층의 기둥 양식을 1층부터 각각 '도리스식－이오니아식－코린트식'으로 다르게 했다.

세 가지 특징 가운데 앞의 둘은 프랑스 중세 전통이고 세 번째는 고전주의의 특징이다. 첫째, 3층 높이는 수직선이라는 중세 전통을 강조한 것이다. 입면의 비율이 로마의 일 제수는 정사각형이었는데 생제르베는 1:1.5 정도의 수직 비례였으며, 실제 보이기는 거의 1:2에 가까운 수직 건물로 느껴졌다. 둘째, 독립 원형 기둥은 원래 그리스 고전주의의 기본 요소지만 프랑스 고딕 건축으로 이어져서 구조 합리성이라는 중세정신의 상징이 되었다. 반면 세 번째는 이른바 '기둥 층 쌓기'라는 콜로세움 모티브인데, 이는 로마 고전주의의 기법이었다.

생제르베는 이처럼 이탈리아 고전주의와 프랑스의 중세 수직선 전통을 혼합하면서 파리 바로크 교회 건축을 시작부터 '이탈리아주의 vs. 프랑스주의'라는 주제의 장으로 선포했다. 이는 르네상스 때부터 교회의 혼성 양식 그리고 왕궁 건축 등에서 의식적으로 추구하던 국가 양식을 이어받은 것이었다. 생제르베에서는 두 요소를 명확히 드러내어 강화함으로써 이 흐름을 한 단계 발전시켰다. 이는 당시 파리의 문화예술계 전반에 불던 '이탈리아주의 vs. 프랑스주의' 논쟁에 건축 버전을 제시하며 가담한 것이었다.

이상이 생제르베의 건축 양식이었다. 이외에도 생제르베는 중요한 역사적 기록의 장이기도 했다. 우선 위치를 보면 파리 4구의 마레Marais 지구에 위치한다.도 24-4 이 지역은 중세까지 길드가 몰려 있다가 17~18세기에 귀족들의 거주지로 바뀌었다. 이에 따라 생제르베도 길드 교회에서 귀족 교회로 탈바꿈했다. 이 과정에서 입면을 구성하는 기둥 건축의 중요성과 시대적 의미가 귀족 및 문화계 인사들에게 제대로 인식되기 시작했다. 기둥 건축은 바로크의 벽체 건축을 밀어내고 18세기에 새롭게 등장한 신고전주의의 핵심 기법인데, 생제르베는 이 양식의 본보기를 매우 이른 시기에 바로크 기법으로 먼저 완성한 것이라고 볼 수 있다.

시대를 앞서가던 문화계 인사들은 이 건물에 담긴 창의성을 파악하고

24-4. 4구 내의 생제르베 교회 위치. 오른쪽 아래에 생제르베 광장을 끼고 자리한다. 왼쪽 위는 파리 시청사다.

귀족들과 그 의미를 나누었다. 예를 들어 볼테르는 생제르베에 대해, 광장에 위치하기 위해 꼭 필요한 것 이외에는 불필요한 게 없는 건물이라며 칭찬을 아끼지 않았다. 그러나 당시에는 생제르베 주변을 도시 주거가 에워싸 광장에서의 전경을 가로막고 있었다. 그러던 중 한참이 지난 1854년 볼테르가 간파한 바와 같은 건축적 중요성을 살리기 위해 결국 주거 일부를 헐어서 지금의 열린 시선을 확보할 수 있었다.

귀족 교회로 거듭난 뒤에는 귀족의 음악 취향을 만족시키기 위해 '파이프 오르간의 교회'로 거듭났다. 손꼽히는 파이프 오르간이 1628년에 설치되었으며, 1653년부터는 당시 프랑스를 대표한 음악 가문인 쿠프랭Couperin 가족을 고용해서 2세기가량 파이프 오르간 연주를 맡겼다. 프랑스대혁명 때에 건물은 파괴되지 않았지만, 대신 값비싼 소장품들이 털렸으며 '이성의 신전Temple de la Raison'이라는 건물로 용도가 변경되었다. 이는 혁명 세력이 기독교를 대신해서 세운 '이성 숭배Culte de la Raison'라는 신흥 종교의 신전이었다. 정식 종교라기보다는 프랑스대혁명의 기본 정신인 '자유Liberté · 평등égalité · 박애fraternité'를 전파하기 위한 문화운동에 가까웠다. 이후 나폴레옹 1세가 집권하면서 1802년에 교회 기능을 회복했다.

르메르시에의 소르본 교회 가로 입면

이탈리아주의의 표본

드 브로스가 생제르베에서 이탈리아주의와 프랑스주의를 동시에 제시한 일은 프랑스 바로크 건축사에서 상당히 중요한 사건이었다. 이후 루이 13세 기간에 후배 건축가들이 이를 받아 개별 분화 과정을 이끌게 된다. 르메르시에는 이탈리아 고전주의에, 망사르는 프랑스 중세 전통에 각각 치중하며 대립성을 보인 가운데 각 요소의 발전이 있었고, 최종적으로 루이 14세 때에는 두 요소가 다시 하나로 만나면서 국가 양식의 완성을 이루었다.

자크 르메르시에Jacques Lemercier(1582년경~1654년)는 소르본 교회에서 이탈리아 고전주의 원본에 충실한 방향을 택했다. 이 교회의 배경과 역사를 먼저 보자. 소르본대학의 대학 교회로 정식 명칭은 'Chapelle de Sainte Ursule de la Sorbonne'이라는 긴 이름이며, 우리말로는 '소르본의 성녀 우르술라에게 봉헌된 예배당' 정도로 번역할 수 있다. 발음대로 쓰면 '샤펠 드 생트위르쉴 드 라 소르본' 정도가 된다. 이름이 길어서 일반적으로는 '소르본 예배당Chapelle Sorbonne'으로, 건축사에서는 '소르본 교회'로 줄여 부른다.

우르술라Ursula는 특이한 삶을 산 여성 순교자였다. 프랑스와 직접적 연관은 없는 4세기 잉글랜드 공주였던 것으로 추정된다. 그녀는 여성 가톨릭 신자로서 성처녀 마리아를 믿으며 따르는 삶을 살고 있었다. 그런데 부왕이 이교도의 왕자와 강제 결혼을 시키려 했고, 그녀는 처녀성을 지키기 위해 독일 쾰른으로 탈출해서 이곳과 이탈리아 등을 오가며 포교 활동을 하다가 최종적으로 쾰른에서 다른 교인들과 함께 순교했다. 그녀의 삶은 이후 전설처럼 유럽 전역의 젊은 여성들 사이에서 전해져 내려오고 있었다. 특히 이탈리아에 영향을 많이 끼쳤는데, 평생 동정녀로 산 성녀 안젤라 메리치Angela Merici(1470/1474년경~1540년)가 대표적이었다. 메리치는 우르술라를 성녀의 본보기로 추앙하며 1535년 브레시아Brescia에 우르술라 수녀회Ordre de Sainte Ursuline를 창설했다. 가톨릭 여성 교육을 표방했고 가난한 소녀들을 위한 교육에 힘썼다.

이처럼 성녀 우르술라는 프랑스와는 직접적 연관성이 없었지만, 그녀의 영향 아래 보편교육 사상이 선한 영향력으로 퍼져나간 걸 기리기 위해 대학 교회를 그녀에게 봉헌하게 된 것이다. 대학 교회 자체는 '우르술라'라는 명칭을 붙이기 이전부터 있었던 것으로 보인다. 정확한 건립 연대는 모르지만 14세기 판화에는 등장하는데, 1215년 파리대학이 설립되고 얼마 지나지 않아 지은 것으로 추정된다. 현재 건물은 재상 리슐리외의 명령과 후원으로 르메르시에가 설계해서 1635~1642년에 지어졌다. 현재 소르본대학 전체에서 가장 오래된 건물이다. 리슐리외는 이 교회의 건축을 주도한 공로로 1694년 실내 트랜셉트로 이장되었다. 관이 유명한데, 재상

24-5. 소르본 교회 가로 쪽 정면 전경

으로서의 그의 공로를 높이 산 루이 14세의 명령으로 왕실 수석화가 샤를 르브룅Charles Le Brun(1619~1690년)이 디자인했으며 조각가 프랑수아 지라르동François Girardon(1628~1715년)이 완성했다.

소르본 교회의 백미는 앞뒷면의 두 입면이다. 북쪽은 도로 면이고 남쪽은 캠퍼스 쪽 안마당 면인데 어느 쪽을 정면으로 볼지 결정하기 어려울 정도로 두 면이 각자 강한 개성을 드러낸다. 국가 양식이라는 기준에서 보면 가로 쪽이 이탈리아주의를, 캠퍼스 쪽이 프랑스주의를 대표하는 대립성도 관찰된다. 이 가운데 가로 쪽 면이 뒤에서 나올 망사르의 성모마리아 방문교회와 대립하며 국가 양식 전개 과정의 논제를 이끌었다.

이탈리아주의를 대표하는 입면답게 로마 바로크 고전주의를 충실하게 따랐다. 고전 기둥을 정확하게 구사한 점, 벽기둥의 종류를 다양화한 뒤 이것들의 조합으로 입면 장식을 처리한 점, 2층 지붕의 양옆에 소용돌이 문양을 더한 점 등이 대표적인 내용이다.도 24-5 이런 점에서 앞의 생제르베와 마찬가지로 로마의 일 제수 교회를 본보기로 삼았던 것으로 볼 수 있다. 여기서 생제르베가 프랑스의 중세 전통 등을 더하며 원본과 차이를 보였던 데 반해, 소르본 교회는 원본에 충실하여 언뜻 보면 이탈리아 건물인지 프랑스 건물인지 구별하기 힘들 정도다.

르메르시에가 로마 유학을 한 사실이 이런 해석을 뒷받침한다. 건축사에서는 이를 근거로 르메르시에를 보통 이탈리아주의를 대변한 건축가로 분류한다. 르메르시에의 반대편에서 프랑스주의를 옹호했던 망사르가 르메르시에와 충돌하며 논쟁을 벌일 때 사례로 삼은 건물도 이 부분이었다. 한편 르메르시에가 왕실 건축가였다는 점도 그가 이탈리아주의를 추구한 또 다른 중요한 배경이다. 프랑스 왕실은 국제 흐름의 선두에 선 모습을 보이기 위해 첨단 양식인 이탈리아 고전주의를 선호했다. 르메르시에의 고전주의는 이런 왕실의 요구에 부응한 것으로 볼 수 있다.

망사르의 성모마리아 방문교회

프랑스주의의 표본

프랑수아 망사르François Mansart(1598~1666년)는 프랑스주의를 강하게 주창하며 이끈 건축가다. 그는 성모마리아 방문교회와 발 드 그라스 두 교회를 설계했는데, 전자는 프랑스주의의 표본이었고 발 드 그라스는 거꾸로 이탈리아주의의 표본이었다. 두 건물을 함께 보면 망사르 역시 이탈리아주의와 프랑스주의 사이에서 고민했던 걸 알 수 있다. 하지만 망사르의 평소 철학은 프랑스주의 쪽이었다. 발 드 그라스는 건축주의 요구에 따라 이탈리아 고전주의를 구사한 측면이 컸고, 더욱이 대부분은 루이 14세 때 망사르 사후 진행된 것이었다. 여기서는 프랑스주의를 대표하는 성모마리아 방문교회를 살펴보고 발 드 그라스는 다음 장에서 살펴보겠다.

성모마리아 방문교회Église Sainte-Marie de la Visitation는 '성모마리아 방문자매수도원Couvent des Filles de la Visitation Sainte-Marie'이라는 긴 이름의 수도원 본당 교회였다. 이 수도원은 1610년에 프랑스 안시Annecy에서 생프랑수아 드 살Saint François de Sales와 생트잔 드 샹탈Sainte Jeanne de Chantal 등 두 성인이 창설한 '성모마리아 방문회Ordre de la Visitation'라는 수도회

가 파리에 세운 지부 두 곳 가운데 하나였다. 1619년 파리의 포부르 생미셸Faubourg Saint-Michel에, 1621년에는 마레Marais 지구에 각각 파리 지부를 창설했는데 성모마리아 방문 자매수도원은 이 중 마레 지구의 수도원이었다. 파리 4구 가운데 바스티유 광장의 남서쪽 방향 바로 옆이다.

건축 역사를 보면, 1632년에 초석을 놓고 1634년에 봉헌식을 먼저 가졌으며 건축사에서는 1635년을 준공 연도로 본다. 프랑스대혁명 때에 건물은 보존되었으나 공화당 클럽Club Républicain으로 사용되면서 기독교 성화 등 실내 장식은 전부 소멸했다. 기독교 성화가 사라진 탓인지, 나폴레옹 1세 때인 1803년에 교회 기능으로 복권되긴 했으나 소유권이 개신교단으로 넘어갔으며 1805년에는 수도원의 상당 부분이 철거되었다. 1871년 파리코뮌 사태 때에는 이 본당 교회마저도 심하게 파손되었다가 1874년에 복원되어 현재에 이른다.

이런 배경으로 인해 이름이 여러 번 바뀌었다. 처음 이름은 '탕플 뒤 마레Temple du Marais'였으며, 복원을 끝낸 뒤인 1887년에는 수도원의 대표성을 살리기 위해 '마레'를 빼고 '성모마리아'를 넣어 '탕플 생트마리Temple Sainte-Marie'로 변경했다. 현재도 파리 가톨릭계나 마레 지구의 주민 등 일부에서는 이 이름을 계속 사용하기도 한다. '성모마리아 방문교회'라는 이름은 제2차세계대전 이후 현대 파리를 정비하는 과정에서 공식적으로 정한 것이며, 건축사나 관광 안내 등에서도 보통 이 이름을 사용한다.

망사르가 이 교회 건물에 구사한 프랑스주의는 상당히 파격적인 것이었다. 언뜻 고전주의 건물로 보이지만 자세히 보면 고전 요소는 하나도 사용하지 않고 오로지 프랑스 중세 요소만을 사용해 건물 전체를 구성했다. 이런 점에서 일단 순수한 창작성만으로도 매우 뛰어난 작품이라 할 수 있다. 더하여 국가 양식의 전개 과정에서 파리 시민과 도시건축에 프랑스주의를 각성시켰다는 점에서 역시 중요한 역할을 했다.

평면부터 파격적이었다. 정사각형의 전체 윤곽 속에 팔엽형八葉形 공간을 넣은 구성으로 이루어졌다.도 24-6 중앙의 원형 본당을 중심으로 여덟 개의 측면 공간을 더했다. 주축 방향의 두 공간은 각각 출입구 전실과 성소 애프스apse로 처리했다. 애프스 옆의 두 공간은 정사각형 윤곽까지 확

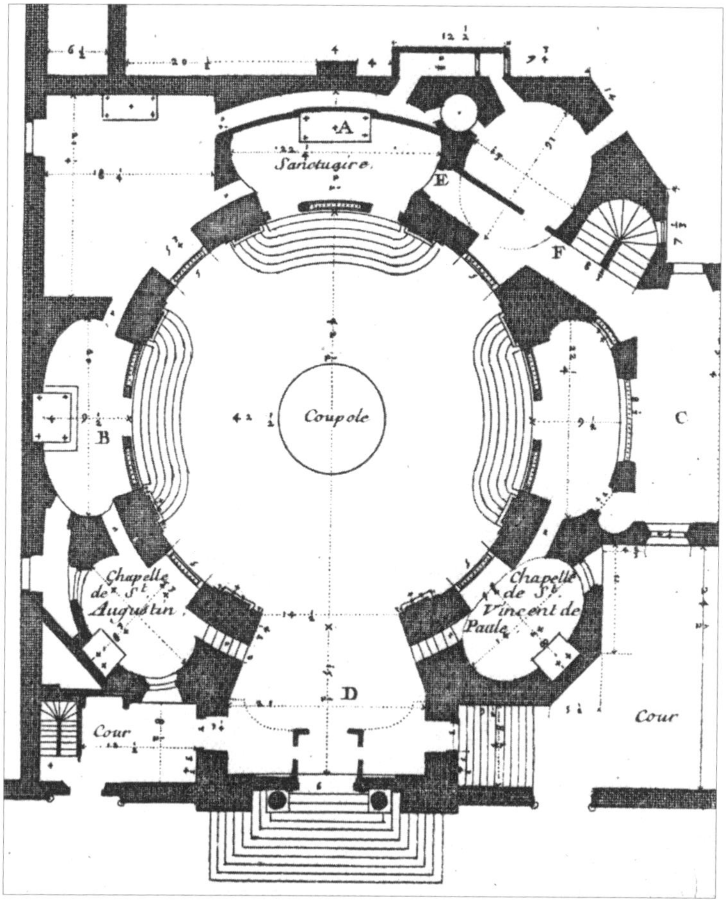

24-6. 성모마리아 방문교회 평면도

장하여 큰 공간으로 만들어 부속실로 처리했다. 나머지 네 측면 공간에는 채플을 할당했다. 이런 구성은 팔엽형 이외에 반지형 겹 공간이나 그리스식 크로스Greek cross의 변형 등으로 다양하게 읽힐 만한 융통성을 보인다.

외관은 더 창의적이었다.도 24-7 평면의 팔엽형 가운데 중앙의 단일 원형을 하나의 돔으로 처리했다. 돔은 높은 드럼 위에 둥근 지붕을 드러냈고 다시 기단이 드럼을 받쳤다. 팔엽형의 꽃잎에 해당하는 부분은 드럼을 받치는 측면 공간으로 처리했다. 돔 하나만으로 교회 전체를 구성한 처리는 원론적으로는 평면에 따른 당연한 결과이겠으나, 이런 '일대일 대응'은 바로크 건축사, 나아가 서양 기독교 건축사에서 거의 유일한 예에 해당할

24-7. 성모마리아 방문교회 현재 전경

정도로 독특한 처리였다. 돔은 평면 교차부 위에 얹는 부분 지붕이며, 돔을 에워싼 네 면에 본체에 해당하는 추가 공간을 몇 배 더 넓게 포진하는 것이 일반적인 처리이기 때문이다.

돔 자체도 독특했다. 보통 고전주의 돔은 '미켈란젤로의 돔'으로 통칭하는 펜던티브 돔pendentive dome(사각형 평면의 네 모서리에 원호 구조물을 세운 뒤 그 정상부에 돔을 얹는 구조 방식)이 표준형인데, 이 건물의 돔은 이 형식이 아닌 단순 투구 형태였다. 이 형태는 프랑스 르네상스 건축가 필리베르 들로름Philibert de l'Orme(1510년경~1570년)이 처음 사용한 것으로, 따라서 이 역시 중세까지 올라가지는 않더라도 고전주의 선례 대신 프랑스 전통을 따른 것으로 볼 수 있다. 이렇게 해서 '기단-드럼-돔-랜턴'으로 구성되는 외관이 강한 수직 비례를 만들었다. 이것은 생제르베 이후 프랑스 바로크 건축이 추구한 수직성 표현의 한 예로 볼 수 있다. 그러나 생제르베나 소르본 교회 등이 고전 기둥의 수직 층 쌓기를 통해 수직성을 표현했던 데 반해, 이 건물은 단일 돔만으로 표현한 점에서 독창성을 확보했다. 고전 요소를 배제한 점에서 중세다움의 순도도 높아졌다.

출입구에는 프랑스 전통의 집중이 두드러졌다. 출입구를 작은 건물 크기로 처리한 뒤 '힙 루프hip roof'라는 프랑스 전통 지붕으로 마감했다. 힙 루프 전면에는 커다란 반원형 박공을 세우고 그 속을 '황소 눈bull's eye'이라 불리는 프랑스 전통 창으로 채웠다. 말 그대로 황소 눈처럼 생긴 커다란 원형 창을 말한다. 출입구 양옆은 중세 도시 주거 형태의 건물로 채웠는데, 이것 역시 프랑스 전통 요소를 사용한 것이다.

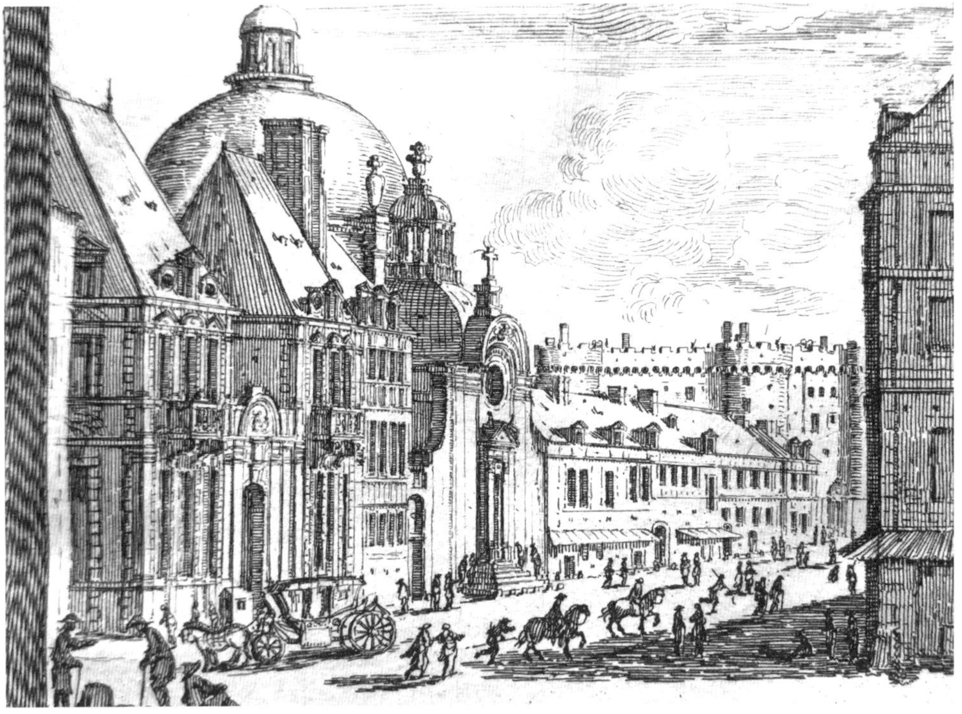

24-8. 이스라엘 실베스트르 Israël Silvestre (1621~1691년)가 17세기 제작한 생탕투안가 전경 속의 성모마리아 방문교회와 바스티유 성채 판화

이렇게 형성된 출입구 건물 앞에 최종적으로 기둥 두 개와 삼각형 박공으로 구성된 정문을 덧붙이듯 세웠다. 이는 그리스 신전 정면을 소품으로 처리한 것이다. 건물 전체에서 발견되는 고전 요소는 이 부분이 전부다. 이로써 고전주의는 프랑스 전통에 확실하게 종속되었다. 온통 프랑스 중세 요소로 구성된 건물 몸통 속에서 고전 요소는 작은 출입문 하나에만 소품화해 사용된 것이다. 망사르는 이 건물을 통해 프랑스주의가 이탈리아주의보다 우위에 있음을 강하게 천명하고 있다. 이런 특징은 준공 당시 이 일대를 그린 그림에서도 잘 드러난다. 주변 맥락과 잘 어울려서 새로 지은 고전주의 건물이라는 느낌은 전혀 들지 않는다. 오히려 옆에 함께 그려진 바스티유 중세 감옥과 더 잘 어울리는 것처럼 보인다.도 24-8

25장 발 드 그라스 수도원 본당 교회

이탈리아주의의 강화

발 드 그라스 수도원

안 도트리슈의 왕립 수도원

이상과 같이 루이 13세 때 진행한 세 채의 교회에서는 이탈리아주의와 프랑스주의가 개별적으로 약진하면서 국가 양식의 기틀을 완성했다. 이 가운데 두 흐름을 각각 이끈 자크 르메르시에와 프랑수아 망사르 두 건축가 사이의 논쟁은 파리의 도시건축은 물론 문화예술계 전체의 논의를 풍성하게 만드는 역할을 했다. 당시에는 문학과 연극을 필두로 문화예술 전반에 '이탈리아주의 vs. 프랑스주의' 논쟁이 활발히 전개되고 있었으며, 세 교회는 건축 버전으로 이 논쟁에 참여한 것으로 볼 수 있다.

이어 루이 14세에 이르러 파리의 문화예술은 이탈리아의 영향에서 벗어나 독립성을 구축하게 된다. 도시건축에서도 프랑스만의 바로크 고전주의를 완성하면서 이탈리아에 맞설 수 있게 되었다. 그리고 그 과정에서 이탈리아주의와 프랑스주의가 하나로 통합한 프랑스 건축의 국가 양식이 탄생하게 된다. 둘 중 하나로 쏠리지 않고 둘의 통합을 이룬 점이 핵심으로, 건축사에서 양식의 통합을 얘기할 때 대표적으로 거론되는 사례이기도 하다. 발 드 그라스와 앵발리드의 두 교회가 이를 주도한 건물이었다.

차례대로 살펴보자.

먼저 발 드 그라스 교회Église Val-de-Grâce다. 1634~1669년의 35년에 걸쳐 진행하면서 루이 13세부터 루이 14세까지에 이르는 프랑스 왕실 정치사가 이 안에 녹아 있다. 국가 양식을 창출하려는 노력도 이 내용과 관련해서 전개되었다. 루이 13세 때 시작했지만 루이 14세 때까지 이어지며 복잡하고 긴 공사 과정을 거쳤다. 준공을 기준으로 보통 루이 14세의 치적으로 분류한다.

원래는 파리 북서쪽 외곽 베르사유 근처의 비에브르Bièvres라는 작은 코뮌에 있던 '발 프로퐁 드 노트르담 드 라 크레슈Val Profond de Notre-Dame-de-la-Crèche'라는 긴 이름의 베네딕트회 소속 수도원에서 시작했다. 이때부터 줄여서 '발 드 그라스 드 노트르담Val-de-Grâce-de-Notre-Dame'이라고 부르기 시작했으며 파리로 이전하면서는 더 줄여 '발 드 그라스'로 정착했다. 공사를 주도한 건 루이 13세의 젊은 왕비였던 안 도트리슈Anne d'Autriche (1601~1666년, 왕비 1615~1643년, 섭정 모후 1643~1651년)였다. 왕비는 이 수도원을 자신의 전용 왕립 수도원Palatial Convent으로 지정한 뒤 파리 성 밖의 포부르 생자크Faubourg Saint-Jacques로 이전해서 공사를 추진했다. 지금은 파리 5구의 남서쪽 지역인 포르 루아얄 근처다.도 25-1

왕비는 열렬한 가톨릭 신자로서 종교를 정치와 연계한 대표적인 인물이었다. 반종교개혁에도 열심히 참여했으며 이 수도원 건립도 이 운동 중 하나였다. 1621년부터 건립을 준비했고 본격적인 공사는 1634년에 시작했다. 이 때문에 착공 연도는 보통 1634년으로 잡는다. 포부르 생자크 내 중세 베네딕트 수도원이 있던 땅에, 오텔 뒤 프티 부르봉Hôtel du Petit-Bourbon이 있던 왕실 소유 땅을 더해서 부지로 확정했다. 좌안의 뤽상부르궁 남동쪽 인근이었다. 현재는 파리 5구의 포르 루아얄 대로Boulevard de Port Royal에 해당한다.

초반 진행은 순탄하지 않았다. 왕과 왕비 사이에 정치적 마찰이 시작되면서 공사 속도는 느려졌다. 왕비는 일단 철거되지 않고 남아 있던 오텔 뒤 프티 부르봉에 입주했다. 그러자 수녀회가 나서서 수도원 공사를 진행해 주요 건물이 먼저 지어졌다. 왕비는 신앙심을 바탕으로 조금 지어

25-1. 1866년의 파리 우안 일대 지도. 발 드 그라스가 시 경계선인 포부르 생자크에 위치한다.

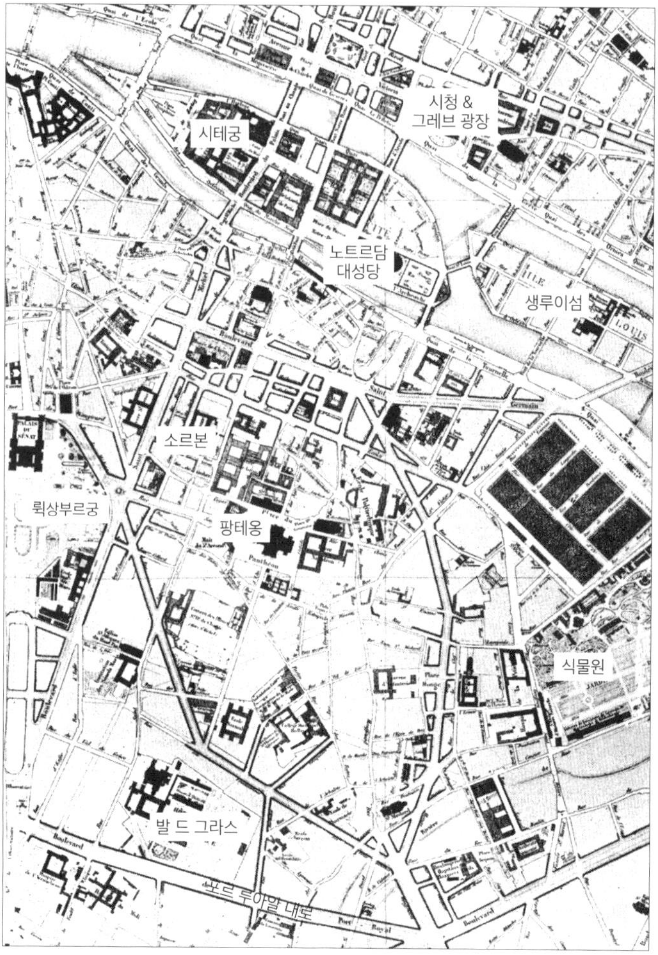

진 수도원으로 거처를 옮겼지만, 재상 리슐리외의 감시를 받으면서 사실상 유폐와도 같은 생활을 했다. 하지만 왕비는 굴하지 않고 수도원 공사를 꾸준히 추진해서 1624년에 본당 교회인 이 교회를 착공할 수 있었다.

이렇게 준공된 1차 공사는 만족스럽지 못한 것이었다. 본당 교회는 모습을 갖추었지만, 안마당은 절반만 지어졌다. 시대에 뒤진 건축 양식은 더 큰 문제였다. 1620년대인데도 아직 후기 고딕으로 지어진 것이다. 이는 아마도 왕과의 갈등으로 인해 왕실 건축가의 지원을 받지 못한 상태에서 수도회에 의존하다 보니 중세 양식의 관습을 벗어나지 못한 것으로 보인다. 왕비는 일단 1차 준공에 만족하면서 자신이 국모가 되면 더 웅장한 건물을 짓겠다고 맹세했다.

이후는 반전의 역사였다. 왕비의 맹세가 단순한 바람으로 끝나지 않고 실제 현실로 이루어진 것이다. 이렇게 왕과 사이가 나빠진 가운데에서도 1638년에 용케 훗날 루이 14세가 되는 황태자 루이Dauphin Louis를 낳았다. 곧이어 1643년에 루이 13세가 사망하고 다섯 살의 어린 루이 14세가 즉위하자 섭정 모후가 되었다. 자신의 바람대로 국모가 되자 과거의 맹세를 실현하기 위해 1645년부터 수도원 추가 공사에 박차를 가했다. 이때 일곱 살이던 루이 14세는 모후의 손을 잡고 초석을 직접 놓았던 것으로 전해진다.

안 도트리슈로서는 루이 13세와 결혼 후 23년이나 아이가 없다가 루이 14세를 낳은 데다, 사이가 안 좋았던 남편마저 사망하고 섭정으로 권력까지 손에 쥐었으니 세 가지 경사가 겹친 셈이었다. 이를 성모마리아의 은혜로 여겼는데, 마침 이 수도원의 처음 이름인 '발 드 그라스 드 노트르담Val-de-Grâce-de-Notre-Dame'도 그런 뜻을 담고 있어서 여왕은 더욱 흡족해 했다. 'val'은 '계곡', 'grâce'는 '은혜'라는 뜻이어서 둘을 합하면 '성모마리아의 은혜의 계곡'이라는 뜻이 된다. 착공 1년 전인 1644년부터 웅장한 새 교회를 염두에 두고 계획을 세우기 시작했으며 1645년 프랑수아 망사르(1598~1666년)에게 설계를 맡겼다.

본당 교회 1

첫 번째 건축가 망사르의 원안

반전은 계속되었다. 이렇게 거창하게 2차 공사를 시작했으나 다시 중간에 여러 우여곡절이 생기며 공사 기간이 길어졌다. 건축가도 망사르 이외에 두 명을 더 거쳐 총 세 명이 되었으며, 이들 사이에 저작권을 명확히 구분하기도 어렵게 되었다. 우선 망사르는 일단 첫 번째 건축가로서, 본당 교회를 비롯한 수도원 단지의 기본 골격은 그가 잡았다고 볼 수 있다. 수도원의 전체 구성은 중세 수도원의 흔적을 살리면서 엘에스코리알El Escorial '왕궁-수도원' 복합단지(1563~1584년) 혹은 성경 속 솔로몬의 신전Temple of Solomon을 본보기로 삼았다.

특히 엘에스코리알이 직접적 본보기로 거론된다.도 25-2 엘에스코리알은 당시 스페인에 먼저 지어져 있던 유명한 대형 '왕궁-수도원' 복합단지였다. 여왕의 계획을 전달받은 망사르는 건축가로서 대작을 남기겠다는 개인적 야심까지 더해 엘에스코리알을 본보기로 삼아 부지 상황과 왕실 전용 수도원이라는 기능에 맞게 변형한 안으로 설계했다. 격자형의 복합 건물로 한쪽 옆에 수도원을, 다른 쪽 옆에는 궁전을 각각 거느리는 대형 단지로 계획했다. 이 초안은 그대로 지어지지 못했지만, 뒤에서 나올 루이 14세의 앵발리드 보훈병원에 본보기가 되어 이곳에서 완성도 높게 실현되었다.

그러나 여왕은 대형 복합단지에 부담을 느끼고 교회 건물 하나에 집중하기로 했다. 우선 망사르의 안부터 규모가 너무 컸다. 엘에스코리알은 루브르궁과 함께 유럽에서 힘 있다고 여겨지는 여러 왕에게 선망의 대상이 되고 있었다. 망사르는 여왕의 정치적 욕망이나 정치와 종교를 연계하는

25-2. 산 로렌초 드 엘에스코리알 San Lorenzo de El Escorial '왕궁-수도원' 복합단지(1563~1584년). 마드리드

통치 스타일 등에 비추어 여왕도 그럴 것이라고 판단했다. 엘에스코리알을 본보기로 삼은 건 곧 우안의 루브르궁과 대칭 개념으로 좌안에 또 하나의 거대한 단지를 짓겠다는 뜻이었다. 왕궁을 또 지을 수는 없던 차에 대형 수도원 단지가 이를 대신할 수 있다고 판단한 것이다. 마침 부지마저 뤽상부르궁과 가까워서 둘을 합하면 명실공히 왕립 수도원 혹은 왕실 전용 수도원이 될 수 있었다. 자신의 설계대로 지어지기만 하면 자신은 루브르궁과 필적할 만한 대형 단지를 혼자서 남길 수 있다는 개인적인 욕심도 크게 작용했다.

하지만 이는 오판이었다. 여왕은 비록 독실한 가톨릭 신자였고 정치적 야망도 컸지만, 순수하게 종교적으로만 보면 대형 수도원 단지를 좋아하지 않았다. 본인 스스로 반종교개혁의 선봉에서 가톨릭의 내부 개혁운동을 주도하고 있어서 중세의 산물일 수 있는 대형 수도원 단지를 경계하는 편이었다. 국내외 정치 상황과 예산 문제도 또 다른 요인이었다. 우선 망사르의 안이 완성된 1645년을 기준으로 보면 프랑스도 참전했던 독일의 30년전쟁이 끝나지 않고 있었다. 이후 30년전쟁은 1648년에 끝났지만, 그해에 귀족과 시민의 반란인 프롱드의 난이 일어나 1653년까지 계속되었다. 이런 상황에서 정식 왕궁도 아닌 여왕 한 명만을 위한 대형 수도원 단지의 공사를 감행하기는 불가능했다.

고집 세기로 유명한 망사르는 규모를 줄이라는 여왕의 명령을 듣지 않고 대형 단지의 원안을 고집하며 여왕과 충돌했다. 여왕은 일단 급한 대로 어린 루이 14세의 손을 잡고 1645년 4월 1일에 착공식을 거행했다. 이어 망사르와의 의견 차이를 좁히려 했지만 그가 예술가의 자존심을 걸고 자신의 원안을 고집하자 1646년 10월에 결국 해임했다. 여왕은 수도원 단지는 취소에 가까울 정도로 축소하고 본당 교회 하나에 집중하기로 했다. 그러나 이 교회는 망사르의 원안을 존중해서 평면 전체, 볼트 천장 아래의 네이브 월, 정면 1층까지는 그의 안대로 지어졌다. 이 때문에 이 교회는 보통 망사르의 작품으로 분류한다.

루이 14세

수도원 규모는 줄이고 본당 교회는 라틴 크로스로 확장해서 준공하다

두 번째 건축가는 자크 르메르시에(1585~1654년)였다. 발 드 그라스는 보통 이때부터를 루이 14세 시기로 분류한다. 르메르시에는 큰 변화를 주지 않고 망사르의 원안 공사를 감독하는 수준을 유지했다. 그나마도 공사를 진행하던 중인 1648년 프롱드의 난이 발발하면서 중단되었다. 1653년에 난이 진압되고 공사를 재개하면서 르메르시에는 중심축 위 성소 끝부분에 생사크라맹 예배당Chapelle Saint Sacrament을 추가하는 설계를 했다. 이 예배당은 작은 건물에 해당할 정도의 규모여서 교회 전체가 중심축 방향으로 크게 확장했다. 이처럼 중심축 위에 놓이는 예배당을 '축 예배당axial chaple'이라고 부르기도 한다. 이 공사는 1655년에 다시 시작했는데 르메르시에는 1654년에 사망하고 없었다. 건축사에서는 이 예배당만 따로 떼어서 르메르시에에게 저작권을 준다.

세 번째 건축가는 피에르 르뮈에Pierre Le Muet(1591~1669년)로, 르메르시에를 이어받아 1665~1669년에 걸쳐 최종 준공을 담당했다. 본당 교회와 수도원 단지 모두에 일정한 기여도가 있었다. 본당 교회에 대해서는 우선 앞서 진행되던 공사를 이어받아 준공시킨 것이 그의 중요한 기여였다. 설계안에서는 트랜셉트transept(성당 평면에서 중심축에 직각 방향으로 두 팔을 뻗은 것처럼 더한 공간)를 더한 것이 그의 중요한 저작권 부분이다.

망사르의 원안은 일자형 평면이었고 르메르시에가 더한 축 예배당도 길이만 확장했을 뿐 건물 전체 윤곽은 여전히 일자형을 유지했다. 르뮈에는 여기에 양옆으로 트랜셉트를 더해서 비로소 라틴 크로스Latin cross 형태의 성당 표준형 평면을 완성했다. 이 가운데 왼쪽 트랜셉트는 안 도트리슈 여왕에게 봉헌하는 의미로 '생탄 예배당Chapelle Sainte-Anne이라고 이름 붙였다. 실내 장식에도 공을 들여서 천장의 배럴 볼트는 미셸 앙귀에Michel Anguier(1612~1686년)가 조각했고 돔 천장의 내면에는 피에르 미냐르Pierre Mignard(1612~1695년)가 <축성의 영광La gloire des Bienheureux>이라는 제목의 성화를 그렸다.

이렇게 해서 교회 부분은 준공했는데, 문제는 남은 수도원 단지 부분이었다. 여왕은 본당 교회의 공사를 재개한 다음해인 1666년에 사망하고 없었다. 루이 14세는 어머니의 뜻을 받들어 처음 계획했던 망사르의 대규모 복합단지 안을 줄여서 진행하기로 하고 르뮈에에게 이 일을 맡겼다. 르뮈에는 망사르의 원안 가운데 안마당과 네 면의 파비옹만 거의 그대로 가져오고 나머지 부분은 모두 생략해서 준공했다.도 25-3 이렇게 볼 때 수도원 부분의 저작권 역시 본당 교회와 마찬가지로 전체적으로는 망사르에게 부여되며, '수정과 준공은 르뮈에'라고 부언하여 르뮈에의 역할도 병기한다.

발 드 그라스가 마무리되던 1666~1669년은 루이 14세가 1661년에 친정을 시작한 뒤 얼마 되지 않은 20대의 혈기 왕성하던 시기였다. 파리에 왕성하게 개발 사업을 벌이던 때여서 발 드 그라스의 수도원 부분을 줄인 것이 선뜻 이해가 가지 않아 보인다. 여기에는 당시 파리의 상황을 읽을 수 있는 여러 가지 이유가 있었다. 우선 앞에 말한 대로 대형 수도원을 원하지 않던 어머니의 뜻을 존중했기 때문이다. 루이 14세 개인적으

25-3. 발 드 그라스 수도원의 준공 당시 전경 판화

로도 신앙심이 깊지는 않아서 수도원 단지에 대규모 예산을 투입할 이유가 없었다.

더하여 가장 중요한 이유는 아마도 루이 14세가 준비한 대형공사들이 줄줄이 시작되고 있었기 때문일 것이다. 안 도트리슈가 섭정 모후를 지냈다고는 하나 그녀는 이미 루이 13세 시대의 인물이었다. 루이 14세의 친정과 함께 시대는 다시 바뀌었다. 무엇보다 루이 14세는 오텔 데 앵발리드라는 더 큰 규모의 보훈병원 단지를 구상하기 시작하고 있었다. 발 드 그라스의 복합단지 구성을 본보기로 삼아 더 크게 확장한 계획이어서 굳이 발 드 그라스에서 이를 중복하며 힘을 뺄 필요가 없었을 것으로 보인다.

당시의 시대 상황 역시 기독교의 시대가 저물고 시민의식이 성숙하기 시작하는 초기 근대기여서 수도원 건축에 들어갈 큰 예산을 보훈병원이라는 국가 공공시설로 돌리는 게 합리적인 판단이었다. 이외에도 루이 14세는 이 시기에 루브르궁 증·개축 공사와 베르사유 신시가지 개발, 궁전 건축 등 대형 건설사업을 준비하거나 진행하고 있어 건설 예산의 한계 또한 있었다. 이상 여러 이유를 종합할 때 루이 14세는 아마도 발 드 그라스의 수도원 부분을 앵발리드 보훈병원에 대한 예비 실험적 성격의 작은 규모로 진행한 것으로 추정해볼 수 있다.

이처럼 우여곡절도 많았고 오랜 기간을 거쳤기에 공사 진행과 관련한 연도 기록이 여럿으로 나뉜다. 일단 시작 연도와 착공 연도가 갈린다. 시작 연도는 1634년, 착공 연도는 1645년이 통용된다. 준공 연도는, 본당 교회의 기본 공사는 1667년에 1차 준공했고 외관의 세부 장식 일부 및 실내 장식까지 포함한 최종 완성은 1669년에 있었다. 수도원 단지 전체의 준공도 1699년으로 잡는다.

이후 프랑스대혁명 때에는 다행히 건물에는 피해가 없었지만, 왕실 문양과 문장이 지워지고 실내 기물과 장식물 등은 도난되거나 분실되었다. 보존된 건물은 1796년에 국군 병원Hôpital militaire으로 용도가 변경되었다. 공식 명칭은 'Hôpital d'instruction des armées du Val-de-Grâce'로, 우리말로 직역하면 '군의 명령에 따른 발 드 그라스 병원'이 된다. 병원 기능이 1979년에 새 건물로 옮겨가면서 현재는 육군 보건행정Army

Health Service과 관련된 학교, 병원 사무실, 박물관, 도서관 등의 복합 건물로 사용되고 있다.

본당 교회 2

이탈리아 선례를 종합한 이탈리아주의의 대표작

이상의 여러 내용 가운데 가장 중요한 것은 본당 교회의 건축 양식이다. 여기에 마지막 반전이 숨어 있다. 바로 프랑스의 국가 양식과 관련해 프랑스주의를 대표한 망사르의 작품으로서는 예외적으로 전형적인 이탈리아주의 건물이라는 점이다. 이런 의외성에 대해서는 여러 설명이 가능한데, 무엇보다 17세기 중반 파리 도시건축에서 이탈리아주의의 불가피성을 들 수 있다. 당시 이탈리아 바로크는 잔 로렌초 베르니니Gian Lorenzo Bernini(1598~1680년)를 필두로 주요 건축가들이 대거 등장해 최전성기를 누리며 유럽 건축을 이끌어가고 있었다. 프랑스의 국력과 파리의 도시건축이 발달했다고는 하나 이를 완전히 무시할 수 있는 상황은 아니었다. 이런 분위기 아래 수도 파리에서 활동하는 주요 건축가들에게 이탈리아주의를 정확히 구사하는 디자인 능력은 필수적인 것이었다.

망사르 역시 비록 프랑스주의를 강하게 주창하기는 했지만 이와 같은 시대 분위기를 잘 따르는 건축가였다. 그는 이탈리아에 한 번도 가보지 않았음에도 동시대 프랑스 건축가들 가운데 고전주의에 가장 정통했다. 고전주의를 주로 서적 혹은 도면을 통해 접한 것으로 알려져 있는데, 당시에는 구하기 힘들었던 비트루비우스, 세를리오, 비뇰라 등의 저서를 소장하고 있었다. 파리의 선배 건축가들 가운데에서는 살로몽 드 브로스의 생제르베에 쓰인 정확한 고전주의도 중요한 참고 자료로 삼았다. 심지어 그의 경쟁자였던 르메르시에의 소르본 교회 가로 입면마저 정확한 고전주의라는 기준에서는 중요한 선례였다. 더하여 왕실의 문화적 품격을 중요하게 여겼던 여왕 안 도트리슈가 이탈리아 고전주의를 선호한 것도 또 다른 이유였을 수 있다.

이상의 배경 아래 이 교회는 프랑스의 국가 양식이 완성되어가는 과정에서 이탈리아주의를 대표하는 건물 가운데 하나가 되었다.도 25-4 여기에서도 망사르만의 특성이 드러났다. 이탈리아주의 교회를 대표하는 생제르베와 소르본 교회의 두 건물은 일 제수 유형을 본보기로 삼아 고전주의의 오더 체계를 정확하게 구사하는 쪽으로 이탈리아주의를 구현했다. 반면에 망사르는 이와 달리 여러 이탈리아 선례들을 종합하는 일종의 혼성 고전주의로 설계했다. 이는 여러 고전주의 건축가의 저서를 소장하고 공부한 자신만의 경쟁력을 살린 결과로 보인다.

우선 입면은 전체적으로 일 제수에서 산타 수산나Santa Susanna로 이어지는 로마 바로크 고전주의의 표준 유형을 택했다. 네이브를 벽체와 벽기둥의 혼용 구조로 분할하고 아일을 채플로 만든 처리 역시 일 제수 모티브였지만, 더 거슬러 가면 만토바Mantova에 있는 레온 바티스타 알베르티Leon Battista Alberti(1401~1472년)의 산안드레아Sant'Andrea 교회(1472년)가 원조였다. 평면에서 크로싱의 세 면에 반원형 애프스를 더하고 성가대석 뒤

25-4. 발 드 그라스 수도원 본당 교회 정면 전경

를 연장한 처리, 그리고 입면에서 정면 출입구를 신전 정면 형태로 꾸민 처리는 베네치아에 있는 안드레아 팔라디오Andrea Palladio(1508~1580년)의 일 레덴토레 교회Il Redentore(1580년)를 차용한 것이다.

파리 내에서도 이탈리아 고전주의를 따른 소르본 교회의 영향을 받았다. 크게 두 방향이었다. 하나는 입면의 유형 구성이다. 소르본 교회의 1층 입면은 가로 쪽은 박공 없이 벽기둥만 부착한 스크린screen 유형이고 학교 안마당 쪽은 기둥이 벽에서 분리되어 박공을 받치는 포르티코portico(건물 입구를 기둥이 받치는 지붕으로 처리한 포치 형식) 유형이었다. 망사르는 발 드 그라스 교회의 입면 한 곳에 두 유형을 합해서 넣었다. 스크린 유형은 기둥을 이용한 수직 층 쌓기로 구성했다. 1층은 코린트식으로, 2층은 컴퍼지트composite식으로 기둥 양식을 달리해서 층 쌓기를 했다. 포르티코 유형은 1층 출입구를 신전 정면으로 꾸며 벽체에서 돌출시킨 처리로 구성했다.

다른 하나는 도시 공간 속에 교회 건물을 앉힌 배치였다. 소르본 교회는 전면에 광장을 두고 가로에서 뒤로 물러앉아 배치되었다. 스크린 유형의 입면은 광장의 배경 건물로 작용하면서 함께 어울렸다. 발 드 그라스도 대체로 이 배치를 따라서 본당 교회 전면에 아늑한 크기의 광장을 배치했다. 유럽 광장의 전형적인 구성으로서 17세기 후반까지 이 전통을 지킨 것이다. 특히 발 드 그라스의 광장 크기는 정밀하게 계산되어서 돔이 파사드 뒤에 가려 보이지 않게 했다. 소르본 교회의 광장은 뒤로 길게 늘어져서 돔 전체를 볼 수 있는 시선 각도가 나온 데 반해 발 드 그라스의 광장은 깊이가 얕아서 이 각도가 나오지 않았다. 이는 중세 전통인 수직성이 줄어 보이게 하려는 의도로, 바꿔 말하면 정면의 고전주의를 돋보이게 하려는 것이었다. 이렇게 보면 이 역시 망사르 특유의 이탈리아주의 기법 가운데 하나라 할 수 있다.

26장 루이 14세와 앵발리드 보훈병원

애국주의로 완성한 국가 양식

앵발리드 교회

프랑스 국가 양식의 최종 완성

이탈리아주의와 프랑스주의는 이상의 네 바로크 교회를 거치면서 적절한 범위로 실험되었다. 갈리아주의의 전통 아래 왕실까지 나서서 함께 진행한 건물들이라 사회적 파급력도 컸다. 교회 자체는 네 채밖에 되지 않았지만, 직간접적으로 영향을 받은 파리의 전반적인 도시건축 상황을 함께 보면 국가 양식을 향한 건축적 논의는 나름대로 무르익은 것으로 볼 수 있었다. 특히 문학과 연극을 중심으로 '이탈리아주의 vs. 프랑스주의' 논쟁이 풍성하게 진행되던 터여서 이론적·예술적 배경도 충분히 공급되었다고 볼 수 있었다.

이상의 배경 아래 루이 14세 때 지은 앵발리드 교회Église des Invalides에서 프랑스의 국가 양식이 최종적으로 완성된다. 이 교회에는 여러 이름이 연관되어 있는데, 이름부터 정리하자. 우선 건물 전체가 하나의 돔만으로 이루어져서 사실상의 공식 명칭은 '앵발리드 돔Dôme des Invalides'이다. 단독 교회가 아니고 참전용사와 상이군인들을 위한 국가 보훈병원인 '오텔 데 앵발리드Hôtel des Invalides'에 부속된 왕실 전용 예배당이었다. 여기에 '왕립'이라는 뜻의 'royal'을 넣은 '오텔 로얄 데 앵발리드Hôtel royal des Invalides'가 공식 명칭인데, 보통 'royal'을 빼서 줄인 이름을 쓴다. 혹은 로마 신화에 나오는 전쟁의 신, 즉 군신軍神인 '마르스Mars'의 이름을 빌려와서 '오텔 드 마르스Hôtel de Mars'라고도 했는데, 요즘은 이 이름은 쓰지 않는다. 프랑스어 원어 자료에는 보통 교회 부분은 '앵발리드 돔'으로, 보훈병원 부분과 단지 전체는 '오텔 데 앵발리드'로 표기되어 있다. 이 책에서는 건물 기능을 명확히 하기 위해서 '앵발리드 교회'와 '앵발리드 보훈병원'을 각각 사용하겠다. 또한 '오텔 데 앵발리드'도 '앵발리드 오텔'로 줄여 쓰겠다.

대형 복합단지여서 발 드 그라스와 마찬가지로 오랜 기간에 걸쳐 여러 명의 건축가가 간여했다. 단지 전체를 보면 보훈병원이 먼저 지어졌고, 이어 생루이 교회Église de Saint-Louis와 앵발리드 교회가 차례로 지어졌다.도 19-3, 26-1 공사 기간을 하나로 확정하기는 어려운데, 건축사에서는 보통 보훈병원 단지 전체가 1671~1706년의 무려 35년에 걸쳐 진행한 것으로 정리한다. 병원만은 1671~1676년에 주요 부분이 지어지면서 1차 준공

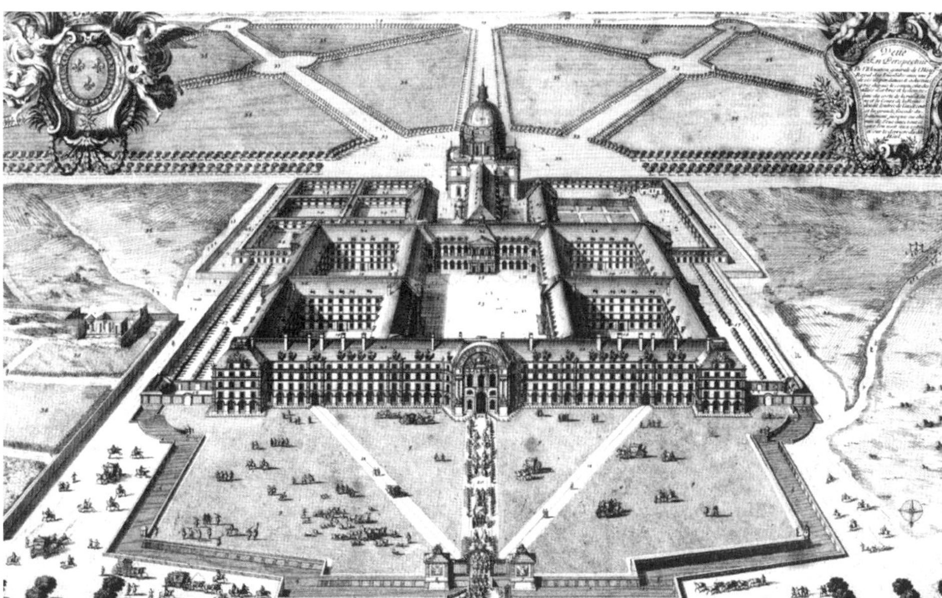

26-1. 피에르 르포트르Pierre Lepautre (1652~1716년)가 1680년경 제작한 앵발리드 오텔 전경 판화

을 보았고, 생루이 교회는 이어서 1676~1679년에 지어졌다. 앵발리드 교회는 건물 부분만은 보통 1676~1691년에 지어진 것으로 잡는다. 실내 장식과 세부 요소까지 모두 마무리한 건 1710년이어서 이 또한 34년에 이른다.

지금은 앵발리드 교회는 나폴레옹 1세와 주요 장군들의 묘지로, 보훈병원은 군사 박물관으로 각각 용도가 변경되어 사용되고 있다. 이 가운데 교회가 단지 전체를 대표한다. 보훈병원이 박물관으로 용도가 변경되어서 지금은 '앵발리드' 하면 보통 교회를 말한다. 규모, 정치적 중요성, 건축사적 의미, 가로를 직접 면하며 전면에 배치된 점 등 여러 면에서 시작 때부터 단지 전체의 중심 건물로 계획되었다. 루이 14세도 이 교회를 파리 시내에 자신의 업적을 상징하는 야심작으로 지었다.

보훈병원 자체가 그의 야심작이었는데, 앵발리드 교회는 여기에 화룡점정을 찍은 것이었다. 루이 14세가 파리에 지은 주요 대작 가운데 마지막 건물인 동시에 파리 바로크 건축을 대표하는 건물이다.도 1-1 프랑스 바로크 전체에서는 베르사유 궁전과 함께 양대 대표 건물이다. 로마의 성 베드로 대성당Saint Peter's Basilica(건물 부분 1616년 준공)과 경쟁하기 위해 규모가 커지고 화려해졌으며, 준공된 뒤에는 런던의 성 바오로 대성당 Saint Paul's Cathedral(1675~1711년)이 거꾸로 이 교회를 본보기로 삼아 경쟁했다. 건립 배경, 건물의 규모와 예술적 완성도, 이후에 축적된 역사적 상징성 등 모든 면에서 수준 높은 풍성한 내용으로 가득 차 있다. 이런 배경 위에 최종적으로 프랑스의 국가 양식이 완성된 점에서 중요성이 특히 크다.

앵발리드 복합단지 1
참전용사를 위한 보훈병원

보훈병원을 중심으로 단지 전체의 진행 과정부터 보자. 루이 14세는 그야말로 순수한 보훈 정신에 입각한 국가주의의 산물로 이 공공병원을 계획했다. 유럽의 모든 나라가 그렇겠지만 프랑스도 주변국들과 끊임없이 크고 작은 전쟁을 치러오고 있었다. 그런데 상이군인과 나이 든 퇴역군인의 상당수는 국가를 위해 희생했음에도 구걸로 연명했다. 이를 가슴 아프게 여기던 루이 14세는 '국가의 책임'이라는 매우 중요한 공공성 개념을 발동해서 1670년에 상이군인을 위한 보훈병원을 계획하게 되었다. 이런 발상은 근대적 국가로 넘어오는 길목에서 매우 중요한 것이었다.

혹은 정치적 계산도 깔려 있었다. 이 시기쯤부터 루이 14세는 유럽 여러 나라와 본격적인 전쟁을 시작하는데, 군인으로 참전하게 될 청장년들 사이에 이를 뒷받침할 애국주의를 심는 것이 절실했다. 나라가 퇴역 후를 책임져준다는 확신을 줘야 할 필요성이 있었던 것이다. 확장하면 이처럼 퇴역군인을 포함한 빈민 등 소외계층을 국가에서 돌보는 일은 절대왕정을 유지하기 위해서 꼭 필요한 항목이었다. 재상 쥘 마자랭은 이미 루이 14세의 섭정기였던 1656년에 빈민 구호시설로서 여성 노인용 종합병원 Hôpital Général de la Salpêtrière을 지은 바 있다. 앵발리드 보훈병원도 이 시설을 본보기로 삼아 참전용사들을 위한 공공병원으로 계획되었다.

첫 설계는 1670년 리베랄 브뤼앙Libéral Bruant(1635~1697년)에게 맡겼다. 그는 이미 앞서 마자랭의 병원을 설계한 건축가였는데, 이때의 경험을 바탕으로 앵발리드 보훈병원을 설계했다. 규모에서는 발 드 그라스와 마찬가지로 스페인의 엘에스코리알El Escorial을 본보기로 삼았다.도 25-2 또 다른 권력의 화신인 스페인의 펠리페 2세Felipe II de España(재위 1556~1598년)가 수도 마드리드 인근에 1563~1584년에 걸쳐 지은 복합 왕궁 단지였다. 정식 명칭은 '산 로렌초 드 엘에스코리알San Lorenzo de El Escorial 왕궁-수도원 복합단지'인데, 격자 구성, 대형 규모, 건축적 위엄 등으로 베르사유궁이 등장하기 전까지 유럽 왕궁을 대표해오고 있었다.

루이 14세는 설계안을 승인했고 실시 설계와 공사는 빠르게 진행되었다. 1671년 5월에 바로 착공에 들어가서 1674년 9월에 첫 번째 연금 수령자들pensioners이 입주를 시작했으며, 1676년에 주요 부분을 완성하면서 1차 준공했다. 이후 나머지 자잘한 마무리 공사가 이어졌고 두 채의 교회를 추가하면서 앞에 밝힌 공사 기간을 거쳤다. 한편 나중에 앵발리드 교회를 설계하며 국가 양식을 완성하게 되는 '루이 14세의 건축가' 쥘 아르두앵-망사르Jules Hardouin-Mansart(1646~1708년)는 이 일에 보조 건축가로 참여하며 파리 도시건축에 등장했다.

엘에스코리알은 경쟁국 스페인의 '왕궁-수도원' 복합단지여서 사실 루이 14세가 이 건물을 본보기로 삼은 설계안을 승인한 것은 언뜻 이해가 되지 않을 수 있다. 하지만 격자 구성이 병원 기능의 복합단지에 적합하다는 단순하면서도 현실적인 이유를 받아들여 루이 14세는 설계안을 승인했다. 이렇게 해서 탄생한 보훈병원은 한 변이 무려 196 미터에 이르는 거대한 정사각형 단지였고 그 내부를 16개의 크고 작은 정사각형으로 구획한 격자 구성이었다. 각 격자는 안마당을 형성했다. 정면에는 거대한 출입구를 세우고 '신중함Prudence'과 '정의Justice'를 상징하는 알레고리allegory 조각상으로 둘러싸인 루이 14세를 낮은 돋을새김으로 새겼다. 격자 구성은 균등하지 않아서 '쿠르 도네르Cour d'Honneur'라고 불리는 안쪽의 중앙 부분이 가장 컸는데, 무려 102 미터 × 64 미터에 이르렀다.

앵발리드 복합단지 2

생루이 교회와 앵발리드 교회를 증축하다

루이 14세는 1676년에 병원 부분을 1차 준공하면서 상이군인을 위한 교회를 추가하기로 하고 '생루이 교회'라고 이름 지었다. 여기에서 '생루이'는 프랑스 중세를 대표하는 성군이자 십자군전쟁의 화신이었던 루이 9세(재위 1226~1270년)의 별칭인 '생루이'에서 따온 것일 수도 있고 루이 14세 자신을 성인으로 추앙해서 붙인 것일 수도 있다. 어쨌든 부왕 루이 13세와 자신 루이 14세의 이른바 '루이' 왕들이 루이 9세의 업적을 이어받았음을 암시하는 이름이었다.

생루이 교회는 쿠르 도네르 한 면에 초기 기독교의 교회 건축 형식인 '바실리카basilica' 교회로 지어졌다.도 26-2 삼랑식 9베이의 선형 공간으로 구성했고 천장은 볼트로 마감하는 등 바실리카 구성을 기본으로 잡고 그 위에 루네트lunette(둥근 천장의 밑부분을 파서 낸 창)를 내어 실내 구조에서 부분적으로 바로크 양식을 추가했다. 1676년에 공사를 시작해서 1679년에 준공했다. 이 교회의 설계자는 아직 명확히 밝혀지지 않았다. 보통 브뤼앙으로 통용되지만, 1676년부터 아르두앵-망사르로 책임 건축가가 교체된 점을 들어 그의 작품이라는 주장도 설득력을 얻고 있다.

26-2. 생루이 교회 실내 전경

루이 14세는 여기에 만족하지 않고 왕실 전용 교회인 앵발리드 교회도 추가하기로 했다. 자신을 비롯하여 왕족이나 고위 관료 등이 이곳을 방문하거나 주요 행사가 있을 때 미사를 드리는 용도였다. 보훈병원을 세운 자신의 치적을 세상에 알리려는 정치적 목적도 강했다. 더하여 파리의 도시건축에 중요한 업적을 남기려는 순수한 건축적 목적도 있었다. 이런 여러 목적에 걸맞게 생루이 교회 앞으로 거리를 접한 전면에 단지 전체를 대표하는 대형 교회로 우뚝 세웠다. 루이 14세는 일단 브뤼앙에게 계속 설계를 맡겼지만 그가 만족할 만한 안을 내지 못하자 1676년 3월에 아르두앵-망사르에게 초안을 마련하도록 했다. 아르두앵-망사르는 삼촌 할아버지였던 망사르가 설계한 생드니 수도원의 부르봉 원형 예배당Rotunda Chapel of the Bourbons 계획안에서 빌려온 아이디어를 바탕으로 교회를 설계했다.도 26-3

이 안이 받아들여지면서 앵발리드 전체의 책임 건축가가 브뤼앙에서 아르두앵-망사르로 교체되었다. 이 사건은 단순히 앵발리드에 머물지 않고, 루이 14세의 건축가 아르두앵-망사르가 프랑스 바로크 건축 전면에 등장하게 만드는 전환점이 되었다. 아르두앵-망사르는 앵발리드 교회 설계안에서 루이 14세의 여러 요구를 만족시키며 실력을 인정받아 베르사유까지 맡게 됨으로써 프랑스 바로크 건축의 전성기를 이끌게 된다.

앵발리드 교회는 정식 교회가 아니고 왕실 전용 예배당이어서 대형 돔 하나만으로 이루어진 단순한 구성이었다. 1679년에 착공했지만, 전쟁과 베르사유 공사 등이 겹치면서 공사 속도는 더디게 진행되어 1691년이 되어서야 돔 천장을 덮는 등 기본 골격이 완공되었다. 이어 루이 14세 후반부로 오면서 무리한 전쟁으로 재정이 더욱 어려워져 실내 장식은 계속 미루다가 1706년에야 축성식을 열었다. 최종 준공은 아르두앵-망사르 사후 2년, 루이 14세 사망 5년 전인 1710년에 로베르 드 코트Robert de Cotte(1656~1735년)의 감독으로 이루어졌다. 건축사에서는 건물 부분에 집중해서 공사 기간을 보통 1676~1691년으로 잡는다.

이상과 같은 보훈병원 전체의 중요성과 규모에 맞게 최종적으로 단지 앞에 '앵발리드 광장Place des Invalides · Esplanade des Invalides'이라는 대형 광장을 조성했다. 단지 앞뒤, 즉 보훈병원의 정문 쪽과 돔 교회 앞의 두 곳

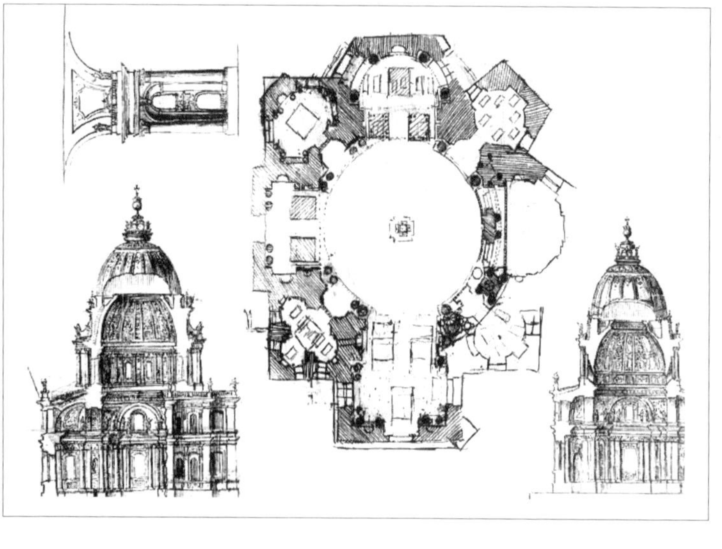

26-3. 프랑수아 망사르François Mansart가 1665년 제작한 생드니 수도원에 있는 부르봉 원형 예배당Rotunda Chapel of the Bourbons 계획안

26-4. 앵발리드 복합단지 공중 전경

모두 광장을 조성했는데 앵발리드 광장은 이 가운데 보훈병원 정문 쪽을 가리킨다. 건물 앞의 옆으로 긴 직사각형 광장과 이곳에서 센 강변까지 이어지는 산책로esplanade로 이원화해서 구성되는 큰 공간인데 현재도 이 상태로 남아서 잘 사용하고 있다.도 26-4

처음에는 루이 14세가 1704년에 공사를 시작했으나 1715년에 준공을 보지 못한 채 사망한 뒤 루이 15세가 이어받아 1720년에 준공했다. 길이만 487 미터에 이르며 폭도 250 미터나 되었다. 광장에는 화려한 조각물이나 분수 같은 일반적인 장식물이 아닌 보훈병원에 특화한 전시물들을 배치했다. '승리의 대포Batterie triomphale'라고 불리던 17~18세기의 청동 대포가 대표적이어서 지금도 특별 기념행사 때에 축포로 사용한다. 정문 출입구 양옆에는 1944년에 탈취한 독일군 장갑차가 한 대씩 전시되어 있다. 이런 전시물들은 상이군인과 퇴역군인이 몸 바쳐 싸운 자랑스러운 승전의 기록이자 이들을 위로하기 위한 장식물이었다.

교회를 통한 국가 양식의 완성 1
정면 외관의 웅장함, 위엄, 품격

단지 전체에서 가장 중요한 건물은 앵발리드 교회일 것이다. 프랑스의 국가 양식이 완성되었기 때문이다. 크게 정면 외관과 평면의 방향성 등 두 방향으로 살펴볼 수 있다. 먼저 정면 외관이다. 언뜻 보면 전형적인 이탈리아 바로크 고전주의로 보이지만 자세히 보면 차이가 크다. 기둥이 벽체에서 분리된 독립 원형 기둥free standing column인 점, 그리스 신전 정면을 통째로 사용한 점, 대형 돔이 그대로 드러나며 크기와 높이가 강조된 점, 전체적으로 수직 비례가 두드러진 점, 어딘지 모르게 웅장함과 장엄함이 느껴지는 점 등이 대표적인 특징이다.도 1-1, 26-5 모두 이탈리아 원본 고전주의에는 없는 앵발리드만의 특징이다. 파리에서도 앞의 네 교회에서 찾아볼 수 없는 위엄 있는 품격을 보인다. 이런 특징은 그대로 국가 양식의 내용이 된다. 프랑스가 오랜 기간 완성하려 노력해온 건축 양식이 드디어 완성된 것이다.

26-5. 앵발리드 돔 교회의 돔 전경

국가 양식을 구성하던 양대 축인 이탈리아주의와 프랑스주의를 기준으로 봐도 비슷한 해석이 가능했다. 우선 둘 모두를 완숙해서 강조한 뒤 둘 사이의 적절한 조화와 통합을 통해 제3의 모습을 창출했다. 이탈리아주의는 고전 기둥, 신전 정면, 돔 등의 기본 요소를 정확하고 자신 있게 구사한 점이 뛰어났다. 프랑스주의는 독립 원형 기둥을 활용해서 중세 고딕의 구조 합리성을 강조하고 건물 전체의 수직 비례를 통해 중세의 수직성을 명확히 드러낸 점이 뛰어났다. 최종적으로 이 둘이 조화를 이루며 통합해서 '고전 건물이면서 프랑스만의 건물' 혹은 '고전주의로 프랑스 전통을 구현한 건물'이 되었다.

개별 요소에서는 돔이 이런 통합 내용을 잘 보여주었다. 우선 돔 자체가 고전주의를 대표하는 지붕 요소여서 돔을 사용했다는 사실 자체는 이탈리아주의에 해당한다. 앵발리드 돔에서도 실제로 고전주의 돔의 표본 형식인 성 베드로 대성당의 이른바 '미켈란젤로의 돔'을 본보기로 삼았다. 반원 형태의 기본 윤곽을 쌍기둥이 분절·장식하는 원통형 구조가 받치게 한 처리가 대표적인 내용이다.

그러나 여기에 머물지 않고 이런 돔으로 중세 전통인 수직성을 강조한 점은 동시에 프랑스주의를 표현한 것이다. 구체적으로 원통형을 2층으로 했고 그 위층에 다락을 한층 더해서 수직으로 크게 확장했다. 다락 층에는 중세 버팀벽을 소용돌이 문양으로 만들어서 부착함으로써 중세주의를 표현했다. 돔 꼭대기에는 다시 랜턴과 오벨리스크를 더했다. 랜턴까지는 유럽 건축에서 보편적으로 사용했으나 돔 꼭대기에 오벨리스크까지 얹은 것은 매우 드문 사례로서 건물 높이를 인위적으로 높이려는 시도였다. 최종 높이는 기록에 따라 101 미터에서 107 미터 정도까지 올라갔다. 더하여 건물 앞에 넓은 광장을 조성하고 몸통의 박공지붕을 작게 만들어서 시선을 막지 않음으로써 수직성의 시각 효과를 최대로 끌어올렸다.

이상과 같이 앵발리드 교회에 오면 프랑스 바로크 고전주의는 이탈리아 원본과 상당히 달라진 자신만의 모습을 만들어낸다. 몸통과 기둥 부분이 분리되었고 수직 비례가 강조되었다. 몸통에서 장식이 사라진 대신 기둥, 신전 박공, 돔 등 고전주의의 기본 요소가 힘 있고 뚝심 있는 모습으로 또렷하게 드러났다. 프랑스 바로크 고전주의가 완성된 국가 양식의 최절정으로 볼 수 있다. 순수한 조형미와 정치적 권위가 잘 협력해서 만들어낸 프랑스 국가 양식의 전형이었다.

그 배경에는 '그랜드 매너Grand Manner'라는 건축 미학이 있었다. 왕실 아카데미의 건축 교육과 실무 모두에서 프랑스 바로크의 핵심으로 여기던 미학 개념이자 구성 기법이었다. 그랜드 매너 자체가 조형과 정치의 협력 관계의 산물이었다. 운영 주체인 왕실 아카데미는 정치에, 미학은 조형에 각각 해당하기 때문이다. 웅장함, 위엄, 품격 등으로 완성되어 나타난 앵발리드의 국가 양식은 그랜드 매너를 충실하게 적용한 결과였고 이런 점에서 프랑스 왕실 고전주의 혹은 아카데미 고전주의의 대표작이라 할 수 있다.

교회를 통한 국가 양식의 완성 2
세 가지 방향성으로 강조한 그랜드 매너

다음으로 평면에서의 세 가지 방향성의 종합화다. 앵발리드의 그랜드 매너는 규모의 미학과 화려한 장식도 대표할 뿐 아니라 여기에 더해 '방향성의 종합화'를 통하여 평면에서도 국가 양식의 완성을 이루었다. 외관에 머물지 않고 평면과 짝으로 이루어냄으로써 건축 원론적으로도 진정한 국가 양식에 도달했다고 할 수 있었다. 평면에서는 크게 두 가지 방향성을 읽을 수 있다.도 26-6

하나는 방사형 평면의 중앙 집중 구도다. 평면은 그리스식 크로스Greek

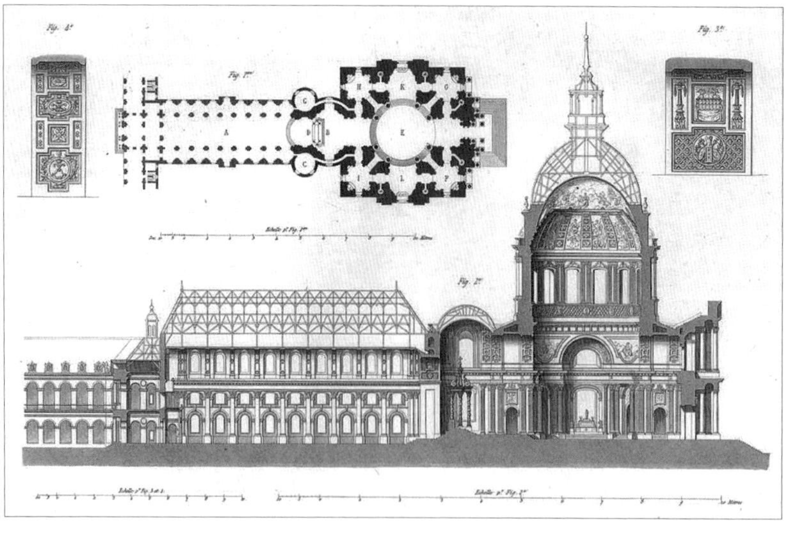

26-6. 앵발리드 돔 교회와 생루이 교회 평면도·단면도. 존 바그넬 버리John Bagnell Bury가 1853년에 출간한 『고대와 현대의 기념물*Ancient and Modern Monuments*』에 수록

cross를 기본 구성으로 삼아 네 모서리마저 뚫어서 방사형으로 만들었다. 'x-y' 축과 사선을 합해 모두 여덟 방향으로 축이 났는데, 거꾸로 보면 초점을 향해 여덟 방향에서 집중이 되는 형태였다. 이런 구성은 좁게는 루이 14세 자신이나 프랑스 왕실, 넓게는 프랑스라는 국가가 세상의 중심임을 상징한다. 펜던티브 돔이라는 지붕 구조도 초점으로의 집중을 표현하는 방식이었다. 반구형의 둥근 천장 한가운데에 원형 창인 '오쿨루스oculus'를 뚫어서 초점을 상징했다. 펜던티브 구조부를 타고 내려오는 돔의 무게를 받치는 네 모서리의 벽체는 한 변이 7~8 미터에 달하는 튼실하고 완강한 내력 구조체인데, 이는 세상의 중심으로서의 루이 14세나 프랑스를 떠받치는 지상의 물리적 힘을 상징했다. 이 벽체 앞에는 독립 원형 기둥을 세워서 방사형 구도에 의한 중앙 집중을 강조함과 동시에 고전 어휘에 의한 과시 효과도 냈다.

다른 하나는 방사형 방향으로의 수평 확장이다. 방사형 평면을 중앙 집중과 반대로 보면 초점에서 사방팔방으로 뻗어나가는 수평 확장의 구도가 된다. 모두 여덟 개의 길이 세상을 향해 뻗어나가고 있다. 이는 절대왕정으로부터 세상을 향한 모든 방향으로의 확산을 상징했다. 루이 14세와 프랑스가 전 세계를 향해 거침없이 나아간다는, 즉 국력 상승을 상징했다. 이는 중앙 집중 구도와 짝을 이루어 루이 14세가 이끄는 프랑스 절대왕정이 세상의 중심이라는 상징성을 두 겹으로 강조했다.

여기에 외관의 수직 확장을 함께 보면 방향성을 통한 그랜드 매너가 완성된다. 우선 107 미터에 달하는 절대 높이와 다시 이를 1:3의 수직 비례로 짠 것에서 즉물적이고 직설적인 수직성을 확인할 수 있다. 수직성을 돕는 시각 처리도 돋보였는데 복층 돔이 대표적이었다. 원통형을 두 단으로 쌓았고 돔은 외관에서는 단일 돔이지만 내부 구조는 세 단을 수직으로 겹쳤다. 돔 위에는 다시 랜턴과 오벨리스크를 얹어서 높이와 수직 비례를 최대화했다. 수직 방향으로의 복층 처리는 수직성을 강조하는 추가 효과를 냈다.

이처럼 세 가지 방향성의 통합으로 그랜드 매너를 강조했다. 이는 곧 온 세계와 하늘을 향해 뻗어나가는 루이 14세의 권력 및 프랑스의 영광을

26-7. 앵발리드 돔 교회. 실내에서 올려다본 돔 천장

찬양하는 건축 기법이었다.도 26-7 이런 개념은 이 건물이 주변에 다른 건물들을 갖지 않고 단독으로 서 있는 조건에 맞춘 것이었다. 방향성을 통한 확장이 충분히 구현되기에 적합한 조건이었다. 이를 돕기 위해 건물을 구성하는 큰 덩어리들은 적절한 크기로 분절했고, 고전 어휘도 엄격한 표준형을 사용해서 권위적 품격으로 지원했다.

보훈병원 부분

국가 양식의 사회적 토대로서의 애국주의

이상이 앵발리드 교회를 통해 완성된 프랑스의 국가 양식을 건축 기법을 기준으로 분석한 내용이었다. 여기에서 '국가'라는 의미는 앵발리드 보훈병원을 통해 구현된 루이 14세의 애국주의를 통해 최종적으로 보강된다. '국가 양식'에는 건축 기법과 사회적 토대의 양면적 내용이 있는데, 보훈병원 부분은 이 가운데 사회적 토대에 해당하는 것이다. 목적, 기능, 운영 방식 등을 살펴보면 루이 14세가 애국주의와 군사문화라는 또 다른 방향에서 국가 양식을 추구했음을 알 수 있다.

'국가'라는 단어를 중심에 놓으면 '국가주의'와도 동의어로 볼 수 있다. 건축 양식으로서의 국가 양식은 전면에 내세운 교회가 대표했고, 보훈병원 부분은 국가가 참전용사에게 보답하는 보훈이라는 행정 제도를 통해 이 개념을 정치적으로 구현한 것이었다. 이런 사실은 이후 프랑스의 또 다른 대표적 국가 원수였던 나폴레옹 1세가 가세해서 이 건물을 작은 국립묘지로 만든 데에서 확인된다. 프랑스 애국주의의 최절정을 넘어 초절정이라 할 수 있다.

보훈병원의 설립은 루이 14세의 국가주의 철학을 잘 보여준다. 루이 14세는 '짐이 곧 국가다'라는 정치사에서의 명언을 남겨 본인을 국가와 동의어로 추앙케 하려는 권력 의지를 강하게 드러냈다. 하지만 여기에 머물지 않고 그에 상응하는 보답을 함으로써 자신의 권력을 명실공히 다지겠다는 정치철학을 가지고 있었다. 참전용사에 대한 보훈은 핵심적인 정책이었다. 본인이 누구보다 평생 열심히 전쟁을 치러서인지 참전용사들에 대한 고마움과 미안함을 여러 번 비추었으며, 이 건물에 대해서도 자신이 지은 건물 가운데 "국가를 위해 가장 긴요한 건물"이라고 말했다.

부지는 센강 좌안의 서남쪽 일대인 '그르넬 평원Plaine de Grenelle'이었다.도 26-8 이로써 상대적으로 낙후되어 있던 이 지역이 일거에 중요한 공간으로 탈바꿈했다. 센 강변에 붙인 것은 공사를 빨리 끝내고 싶어서 건축 자재를 운송하기에 유리한 곳을 택한 것이다. 당시에는 빈 평원이어서 철거 등에 소요되는 시간 낭비도 없었다. 엘에스코리알을 본보기로 삼았지만, 정면의 폭이 195 미터에 이르는 등 일단 규모에서 한 변이 153 미터의 정사각형 단지였던 엘에스코리알을 압도적으로 초월했다. 나중에 교회 두 채가 더해지면서 기능도 엘에스코리알의 '왕궁-수도원' 복합단지와 다른 '보훈병원-교회'라는 앵발리드만의 독창성을 확보했다. 공사 기간은 짧게는 1671~1691년의 20년, 길게는 1710년까지 39년이 걸린 국가적 대형 사업이었다.

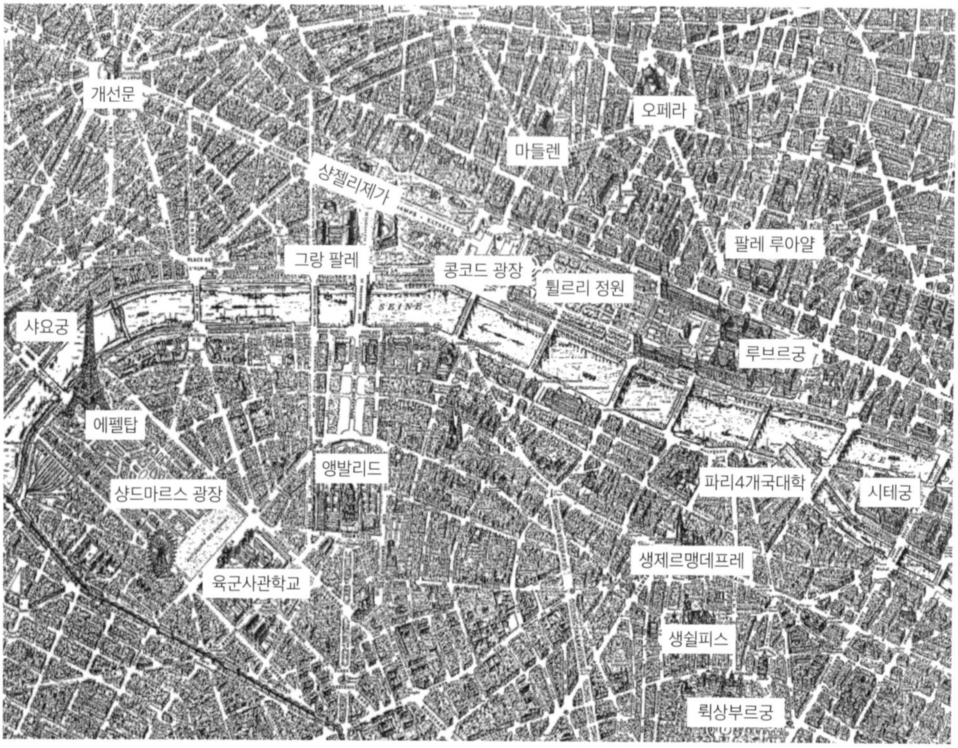

26-8. 파리 도시 전체에서 앵발리드의 위치를 확인할 수 있다. 좌안의 그르넬 평원인데 낙후 지역이 한 번에 중요한 공간으로 탈바꿈했다.

이 과정에서 루이 14세의 과도한 욕심이 부작용을 낳기도 했다. 이는 프랑스 국가 양식의 부정적 측면일 수 있다. 1674년에 병원으로의 첫 입주가 시작되었는데, 루이 14세는 내친김에 욕심을 더 부려서 왕실 교회도 추가하기로 했다. 이렇게 함으로써 참전용사의 애국심과 군사적 권위를 자신의 정치 권력의 기반으로 끌어들일 수 있다는 계산이었다. 웅대한 규모의 돔 건물을 지어야 해서 브뤼앙으로는 부족하다고 판단해 1676년 담당자를 왕실 수석건축가였던 아르두앵-망사르로 교체했다. 돔의 구조 부분을 1690년에 준공한 뒤 금박을 입히고 벽화를 그리는 등 안팎의 화려한 장식에 치중했다. 이때부터 루이 14세의 무리한 전쟁이 잦아지면서 재정 압박이 심해져서 이런 장식에만 무려 16년이나 걸렸고, 드디어 1706년에 최종 준공했다.

이런 부작용에도 불구하고 이 거대한 복합단지는 17~18세기 때 보훈,

의료, 종교, 군사 등 여러 기능을 합한 종합시설의 역할을 했다. 아직 근대적 국가의 공적 책임 개념이 형성되기 전인 초기 근대기에 국가 공공시설의 모범적 본보기였다. 1714년에는 4,000명이 넘는 참전용사를 수용했다. 이들은 4~6개의 침대를 갖춘 방에서 생활했다. 넓은 건물을 격자로 구성해서 수많은 복도와 15개의 안마당이 나왔다.

이 가운데 군사 부분이 특이해서 실제 전투와는 상관없는 시설이었음에도 마치 병영처럼 운영되었다. 이곳에 입주한 퇴역군인들은 가능한 한 단체 생활의 규율을 따라야 했다. 우선 모두가 군복을 입었으며, 신체를 움직일 수 있는 사람은 군사훈련까지는 아니더라도 군대에서 하던 운동을 계속했다. 식사 시간도 정해져 있어서 한 타임마다 400명을 수용하는 식당 네 곳에서 1,600명씩 단체로 식사를 했다.도 26-9 이는 군인의 교회인 생루이 교회에서의 종교행사에도 똑같이 적용되었다. 매일 열리는 미사 참석은 선택이 아닌 의무였다. 이 역시 인원이 많아서 여러 회차로 나누어 매일 12~20명의 성직자가 교대로 진행했다.

26-9. 앵발리드 보훈병원의 구 내식당(지금의 보방룸Vauban Room). 장 르포트르Jean Lepautre (1618~1682년)의 판화

26-10. 앵발리드 돔 교회 지하의 나폴레옹 1세 무덤

이런 운영 방식은 시사하는 바가 컸다. 무엇보다 퇴역군인들에게 아직 현역인 것 같은 자긍심을 심어주고자 하는 순수한 의도가 있었다. 이는 퇴역군인에 대한 보훈을 통해 국가주의를 독려하려던 루이 14세의 의중이 반영된 것이었다. 좀 더 현실적인 계산도 있어서 현재 전투에 참여하고 있는 현역들에게는 국가를 위해 열심히 싸우면 노후가 보장된다는 확신을 심어주었다. 이상을 합하면 군사문화를 통해 나라를 하나로 묶는 역할이 되었다. 건물 실내에는 머스킷 총을, 안마당에는 대포 등 무기를 전시하는 등 이를 돕는 추가 장치도 설치했다. 1776~1777년에는 루브르에 있던 파리의 돋을새김 지도와 성곽 모형 등을 이곳으로 가져오면서 박물관 기능을 더했다.

이상과 같은 애국주의 배경 덕인지 프랑스대혁명 때에는 부분적인 피해만 있었고 건물은 거의 보존되었다. 이후 나폴레옹 1세 때에 국립묘지 개념으로 화려하게 부활해서 현재까지 프랑스 국가주의를 대표하는 건물로서 남아 있다.도 26-10 이 내용은 <파리 도시건축의 역사: 혁명과 제국의 시대>(2024년 출간 예정)에서 자세히 다룰 것이다.

에필로그

'클래식 황금기'에서 '모던 파리'를 향하여

새로운 시대의 서막

카이사르의 건도부터 루이 14세까지에 이르는, 파리의 1766년간의 긴 시간 여행을 마쳤다. 이 시기까지 파리는 '클래식 황금기'라 부를 수 있다. 우리가 아는 파리의 전통 시대에 해당하며, 노트르담 대성당을 필두로 루브르궁에 이르기까지 수많은 클래식 걸작들로 도시를 꾸며가던 시기다. 어떤 면에서 파리 문화예술의 황금기이기도 했다.

이후부터 파리는 급변한다. 루이 15세와 루이 16세가 이끈 18세기는 '혁명'의 시기였다. '과학혁명-지성혁명-프랑스대혁명'의 18세기 계몽주의의 3대 혁명 모두 파리가 중심도시였다. 건축도 그에 맞춰 앞서 클래식 시대를 주도하던 고전주의와 기독교 건축 모두에서 붕괴가 시작되었으며, 이 과정에서 현대건축의 기초를 이루는 중요한 실험적 건물들이 탄생했다. 파리 팡테옹은 이런 실험이 집결한 18세기의 대표작으로 탄생했다. 다시 그 절정은 직접적 혁명기인 프랑스대혁명의 시대였다. 이때 파리의 도시건축은 구체적인 창작 자체보다는 혁명의 정치적·사회적 격변이 일어난 현장으로서의 의미가 컸다.

혁명의 파도를 넘기고 보수주의로 복귀한 19세기 파리는 '제국'의 도시로 거듭났다. 하지만 한번 터진 혁명의 봇물은 이미 문명의 나침판으로 자리 잡아 제국의 옆에서 함께하며 밀고 당기는 양면적 힘의 구도를 형성했다. 이어 1820~1830년대에 산업혁명까지 거치며 파리는 제국의 수도로서 모든 격랑을 한 몸에 받아 녹여 앞으로 끌고 나가는 용광로 같은 도시가 되었다. 파리는 제국 보수주의자, 혁명주의자, 산업 부르주아 등의 이질적 집단이 뒤얽혀 문명의 파노라마를 일구는 도시가 되었다. 때로는 격렬하게 충돌하고 갈등했지만, 세계적 제국경쟁의 시대에 프랑스가 선두에 서야 한다는 애국심은 의심 없이 공유되었다. 수도 파리의 도시건축은 이러한 공동의식이 집결되는 물리적 · 정신적 장이었다. 파리 개선문을 필두로 오스만 재개발을 거쳐 오늘날 우리가 열광하는 쭉 뻗은 대로로 구성되는 파리 도시건축의 대부분이 이 시기에 형성되었다. 그 역량을 바탕으로 19세기 후반부에는 파리 오페라 하우스와 에펠탑이 탄생하면서 파리는 세계 최고 도시의 반열에 올라서게 되었다.

이상 18~19세기의 두 세기를 합해서 '모던 파리'로 부를 수 있다. 일반적인 건축 양식사에서는 보통 '근대 전기pre-modern'라 부르는데, 파리만은 이 시기에 '모던'이라는 말을 붙이는 게 적합해 보인다. 그만큼 본격적인 근대 도시의 면모가 드러나던 시기였기 때문이다. 건물 외관은 비록 전통적인 석조 건축을 유지했지만, 도시구조에서는 대형 가로의 물리적 골격을 비롯하여 시민들의 공간 인식과 그 속에서 벌어진 실험적 태동까지 이미 근대가 시작되었다고 봐도 무방했다. 매우 역동적인, 그래서 이전의 '클래식 파리'와 대비해서 '다이내믹 파리'라 부를 수 있는 또 하나의 파리, 곧 두 번째 파리의 시기였다.

도판목록

도 7-2. 9세기~10세기 초 바이킹족의 남하 경로. 왼쪽 아래에 노르망디와 파리가 보인다.

8장. 카페 왕조(987~1328년): 중세 파리의 최전성기

도 8-1. 중세 초기의 파리 지도

도 8-2. 생드니의 대수도원장 쉬제가 지은 1130~1140년경 생드니 수도원 본당 교회의 동쪽 복도 부분. 고딕 건축이 여기에서 시작했다.

도 8-3. 그랑 퐁Grand Pont(노트르담교) 전경. 시테섬 오른쪽의 네 개 다리 가운데 아래에서 두 번째

도 8-4. 1180~1225년 파리 지도와 필리프 2세 성곽 (1189~1190년에 주요 공사)

도 8-5. 12~14세기 파리 전경을 그린 판화 그림. 16세기 제작

9장. 발루아 왕조의 중세 시기(1328~1515년): 고난을 이기고 재도약하는 파리

도 9-1. 중세 파리 지도. 우안으로 확장하면서 새로 축조한 성채를 확인할 수 있다.

10장. 중세 파리의 위상: 유럽의 수도로 부상하다

도 10-1. 1000년경 유럽의 센강-라인강 권역. 굵은 선들이 주요 교역로다.

도 10-2. 13세기 프랑스와 독일의 무역로. 파리가 프랑스에서 나아가 대륙 북부 지역의 무역 중심지였다.

도 10-3. 고딕 시대 일드프랑스 중심의 프랑스-파리 예술 현황

11장. 중세 파리의 도시건축: 네 구역에 포진했던 다양한 건물들

도 11-1. 작가 미상의 1640~1645년경 제작된 <파리를 내려다보는 말 탄 페팽 데 제사르의 초상Vue cavalière de Paris avec le portrait équestre de Pépin des Essarts> 부분. 아래 중간이 생트주느비에브 교회, 위 왼쪽이 노트르담 대성당, 그 오른쪽이 생루이섬이다.

도 11-2. 작가 미상의 중세 파리 전경 그림. 맨 앞이 좌안의 생제르맹데프레 수도원이고 강 건너 왼쪽이 루브르 성채다.

도 11-3. 파리 시청사와 그레브 광장 공중 전경

12장. 노트르담 대성당 1: 영욕의 중세 기록

도 12-1. 노트르담 대성당. 센강 건너 좌안에서 바라본 동진東陣 전경. 1900년경 우편엽서 사진

도 12-2. 시테섬 현재 전경

도 12-3. 노트르담 대성당 플라잉 버트레스. 1180~1185년

도 12-4. 노트르담 대성당 정면 전경

도 12-5. 노트르담 대성당 트랜셉트 스테인드글라스

도 12-6. 가브리엘 페렐Gabriel Pérelle(1604~1677년)의 <노트르담 대성당Cathédrale Notre-Dame> 부분. 파르비스 형태의 광장을 볼 수 있다.

13장. 노트르담 대성당 2: 중세 이후 프랑스 역사의 증인

도 13-1. 피터르 반 데르 하이덴Pieter Van der Heyden이 1559년 제작한 판화 작품<바보제Fête des Fous>

13-2. 잔 로렌초 베르니니Gian Lorenzo Bernini가 1671~1674년 제작한 조각 작품 <축복받은 루도비카 알베르토니Beata Ludovica Albertoni>

14장. 시테궁: 프랑스 정치사의 압축판

도 14-1. 1610년경 상태의 시테섬 모형. 아직 중세 그대로다.

도 14-2. 시테궁(지금의 파리고등법원)의 시계 부두Quai de l'Horloge(북쪽 센 강변) 전경. 중세 성채 모습이 아직 남아 있다.

도 14-3. 시테궁 배치 평면도

도 14-4. 시테궁 대연회실Salle des Gens d'Armes의 나선형 계단. 19세기 제2제국 때 복원했다.

15장. 생트샤펠: 스테인드글라스, 스콜라 신학, 갈리아주의

도 15-1. 랭부르 형제Limbourg Brothers의 1413~1416년 제작된 <베리 공작의 매우 호화로운 기도서, 6월Très Riches Heures du Duc de Berry, Juin>

도 15-2. 시테궁 전경 판화. 17세기

도 15-3. 생트샤펠. 실내 전경과 스테인드글라스

16장. 중세 파리의 기독교 건축: 수호성인, 공적 기능, 교구 교회, 외부 성인

도 16-1. 파리의 중세 2차 교회 여덟 채의 위치

도 16-2. 생제르맹데프레 수도원 전경. 1687년 판화

도 16-3. 생제르맹데프레 교회 현재 전경

도 16-4. 생제르베 교회 현재 전경

도 16-5. 생자크 탑의 19세기 모습. 리볼리가와 불르바르 세바스토폴의 교차 지점이다.

도 16-6. 생으스타슈 정면 전경

도 16-7. 생테티엔뒤몽 정면 전경

도 16-8. 생제르맹록세루아. 루브르 광장에서 본 장면. 1861년 출간된 『화려한 파리*Paris dans sa splendeur*』에 수록된 그림

도 16-9. 생세브랭 측면도. 알베르 르누아르Albert Lenoir(1801~1891년)가 1867년 출간한 『파리의 기념비적 통계*Statistique monumentale de Paris*』에

수록된 그림
도 16-10. 생메리 종단면도. 1942년 출간된 『역사적 기념비*Monuments historiques*』의 <건축 도면집 Relevés Architecturaux>에 수록된 그림

4부. 초기 근대(1515~1750년)

17장. 르네상스 파리(1515~1610년): 16세기 파리 도시 상황 개괄

도 17-1. 16세기의 생제르맹데프레 축제 장면

18장. 르네상스 파리: 프랑수아 1세~앙리 4세

도 18-1. 1550년 제작된 <세 사람이 바라본 파리 전경 Parigi, Veduta da Tre Persone>. 왼쪽이 우안, 오른쪽이 좌안이다.
도 18-2. 마테우스 메리안Matthäus Merian(1593~1650년)이 1615년 제작한 <파리 지도Plan de Paris>
도 18-3. 파리 시청사 17세기 중반 상태. 메리안의 그림
도 18-4. 생으스타슈 실내 전경. 1861년 출간된 『화려한 파리』에 수록된 그림
도 18-5. 1543~1556년 제작된 로티스망 개발 사업의 필지 구획 도면. 오텔 생폴 주변
도 18-6. 1545~1549년 진행된 생트카트린 수도원 소유의 쿠튀르 생트카트린 지역 필지
도 18-7. 마레 지구의 보주 광장과 오텔 수비즈 전경. 오른쪽 위가 보주 광장이고 왼쪽 아래가 오텔 수비즈다.
도 18-8. 생루이섬 전경 판화. 지도제작자 미셸-에티엔 튀르고Michel-Étienne Turgot (1690~1751년)가 1739년 제작한 <튀르고의 지도Plan de Turgot> 부분. 133채의 오텔이 들어서 있다.
도 18-9. 개발 당시의 루아얄 광장 일대. 지도제작자 자크 공부스트Jacques Gomboust(1616~1668년)가 1652년 제작한 <공부스트의 지도Plan de Gomboust> 부분
도 18-10. 도핀 광장 현재 전경
도 18-11. 도핀 광장과 퐁 네프 전경 판화. 튀르고가 1739년 제작한 <튀르고의 지도> 부분
도 18-12. 작가 미상의 17세기 그림. 노출 다리 퐁 네프 위에서 감상하는 센 강변의 도시경관과 파노라마 시선. 오른쪽이 우안의 루브르궁이고 왼쪽이 좌안의 파리4개국대학이다.

19장. 바로크 파리: 도시건축 개괄과 루이 13세 시대(1610~1643년)

도 19-1. 1615년의 파리 전경. 루이 13세 초기로, 아직 샤를 5세 성곽 내에 머물지만 중요한 건물들은 갖추었다.
도 19-2. 1612년 4월에 있었던 루아얄 광장 준공식 장면. 마상 시합 형태로 개최했다. 작가 미상이나 메리안의 그림으로 추정하기도 한다.
도 19-3. 루이 14세의 역작 오텔 데 앵발리드 전경. 격자형으로 중심축을 강조한다.
도 19-4. 생루이섬(앞)과 시테섬(뒤)의 현재 전경
도 19-5. 뤽상부르궁 일대 장면. 튀르고가 1739년 제작한 <튀르고의 지도> 부분
도 19-6. 루이 14세 후반부인 1704년까지 파리의 연차적 확장·발전을 보여주는 지도

20장. 바로크 파리: 루이 14세(1643~1715년)

도 20-1. 1676년의 파리
도 20-2. 1728년 제작된 <델그리브의 지도Plan de Delgrive> 샹젤리제 부분
도 20-3. 1728년 제작된 <델그리브의 지도> 보마르셰 대로Boulevard Braumarchais 부분. 'Grand Boulevart'라 적혀 있다.
도 20-4. 보주 광장의 '아콩파뉴망 건축architecture d'accompagnement'. 벽돌과 석재의 재료 혼용으로 장식 효과를 높였다.
도 20-5. 프랑수아 블롱델François Blondel(1618~1686년)이 1672년 설계한 생드니 성문Porte Saint-Denis
도 20-6. 피에르 뷜레Pierre Bullet(1639~1716년)가 1674년 설계한 생마르탱 성문Porte Saint-Martin
도 20-7. 1889년 만국박람회 홍보 판화. 앵발리드가 좌우 양안의 균형을 잡아주고 있다.
도 20-8. 작가 미상의 1665년경 제작된 <루이 14세의 퐁 네프 행렬Cortège de Louis XIV traversant le Pont Neuf>

21장. 루브르궁(1190~1678년): 성채형 왕궁에서 올드 루브르까지

도 21-1. 중세 루브르 성채
도 21-2. 올드 루브르 공사 단계
도 21-3. 레스코 윙(1546~1578년). 올드 루브르 1단계(1528~1578년)의 중심 건물이다.
도 21-4. 올드 루브르 1단계(1528~1578년)의 레스코 윙(1546~1578년), 그리고 3단계(1624~1642~1645년)의 시계관과 르메르시에 윙
도 21-5. 시테섬과 우안 전경. 루브르궁이 개발되면서 파리의 중심지가 시테섬에서 우안으로 옮겨갔다.
도 21-6. 튈르리 정원과 콩코드 광장 배치도
도 21-7. 루이 14세 때 '루브르궁(앞) - 회랑 통로(왼쪽 끝) - 튈르리궁(중간) - 튈르리 정원(위)' 전경 모형. 아직 두

왕궁 사이에 건물들이 철거되지 않고 많이 남아 있다.
도 21-8. 루브르궁 동익랑East Wing(이스트 윙, 콜로나드 윙Ailes de la Colonnade). 1667~1678년

22장. 튈르리궁: 여러 불행이 겹쳤던 비운의 왕궁

도 22-1. 1370년경의 샤를 5세 성곽. 튈르리궁 부지가 성 밖에 위치한다.
도 22-2. 튈르리궁. 들로름이 1564~1570년 제작한 원안
도 22-3. 피렌체의 주요 궁전. 피티궁, 연결 복도, 베키오교, 우피치 미술관, 베키오궁 등이 하나로 이어지면서 아르노강의 풍경을 감상할 수 있다.
도 22-4. '루르브 박물관(앞) - 튈르리 정원(중간~위) - 콩코드 광장(위)'의 현재 전경. 튈르리 정원을 보면 앞쪽이 기하학적 정원이고 뒤쪽이 숲이다.
도 22-5. 피에르 앙투안 드마시Pierre Antoine Demachy(1723~1807년)가 18세기 후반 제작한 <선개교에서 본 루이 15세 광장과 샹젤리제 지역La Place Louis XV et les Champs-Elysées, vus du Pont Tournant>. 파노라마 시선에 의한 도시경관의 감상을 그렸다.
도 22-6. 1852~1857년 제작된 루브르궁과 튈르리궁을 연결한 왕궁 단지의 최종 준공 모습

23장. 뤽상부르궁과 팔레 루아얄: 좌안과 우안의 2차 왕궁

도 23-1. 뤽상부르궁 공중 전경
도 23-2. 19세기 후반 파리 전경 판화. 양안 가운데 우안에서 뤽상부르궁이 차지하는 도시적 위치를 보여준다.
도 23-3. 뤽상부르궁 정면 외관
도 23-4. 피렌체 피티궁 정면 외관
도 23-5. 카르티에 리슐리외와 팔레 루아얄 정원
도 23-6. 루브르궁을 초점으로 삼은 서북 축(콩코드 광장 → 샹젤리제가 → 파리 개선문)과 동북 축('팔레 루아얄 - 부르스')의 두 중심축
도 23-7. 오텔 랑베르 평면도. 왼쪽 절반의 건물 부분에서 오텔의 대칭 구성을 잘 보여준다.
도 23-8. 팔레 루아얄 평면도. 오텔의 대칭 평면을 왕궁급으로 확장한 것이다. 특히 중앙부에서 대칭이 두드러진다.
도 23-9. 팔레 루아얄 공중 전경
도 23-10. 팔레 루아얄 정문 앞 광장 전경. 1861년 출간된 『화려한 파리』에 수록된 그림

24장. 루이 13세와 바로크 교회: '이탈리아주의'와 '프랑스주의'의 충돌

도 24-1. 파리의 초기 근대 교회 다섯 채의 위치
도 24-2. 생제르베 교회 정면도. 피에르 장 마리에트Pierre Jean Mariette(1694~1774년)가 1727년 출간한 <프랑스 건축L'Architecture française>에 수록된 그림
도 24-3. 일 제수 교회 정면 전경. 로마. 1571~1584년
도 24-4. 4구 내의 생제르베 교회 위치. 오른쪽 아래에 생제르베 광장을 끼고 자리한다. 왼쪽 위는 파리 시청사다.
도 24-5. 소르본 교회 가로 쪽 정면 전경
도 24-6. 성모마리아 방문교회 평면도
도 24-7. 성모마리아 방문교회 현재 전경
도 24-8. 이스라엘 실베스트르Israël Silvestre(1621~1691년)가 17세기 제작한 생탕투안가 전경 속의 성모마리아 방문교회와 바스티유 성채 판화

25장. 발 드 그라스 수도원 본당 교회: 이탈리아주의의 강화

도 25-1. 1866년의 파리 우안 일대 지도. 발 드 그라스가 시 경계선인 포부르 생자크에 위치한다.
도 25-2. 산 로렌초 드 엘에스코리알San Lorenzo de El Escorial '왕궁 - 수도원' 복합단지(1563~1584년). 마드리드
도 25-3. 발 드 그라스 수도원의 준공 당시 전경 판화
도 25-4. 발 드 그라스 수도원 본당 교회 정면 전경

26장. 루이 14세와 앵발리드 보훈병원: 애국주의로 완성한 국가 양식

도 26-1. 피에르 르포트르Pierre Lepautre(1652~1716년)가 1680년경 제작한 앵발리드 오텔 전경 판화
도 26-2. 생루이 교회 실내 전경
도 26-3. 프랑수아 망사르François Mansart가 1665년 제작한 생드니 수도원에 있는 부르봉 원형 예배당Rotunda Chapel of the Bourbons 계획안
도 26-4. 앵발리드 복합단지 공중 전경
도 26-5. 앵발리드 돔 교회의 돔 전경
도 26-6. 앵발리드 돔 교회와 생루이 교회 평면도 · 단면도. 존 바그넬 버리John Bagnell Bury가 1853년에 출간한 『고대와 현대의 기념물*Ancient and Modern Monuments*』에 수록
도 26-7. 앵발리드 돔 교회. 실내에서 올려다본 돔 천장
도 26-8. 파리 도시 전체에서 앵발리드의 위치를 확인할 수 있다. 좌안의 그르넬 평원인데 낙후 지역이 한번에 중요한 공간으로 탈바꿈했다.
도 26-9. 앵발리드 보훈병원의 구내식당(지금의 보방룸 Vauban Room). 장 르포트르Jean Lepautre(1618~1682년)의 판화
도 26-10. 앵발리드 돔 교회 지하의 나폴레옹 1세 무덤

참고문헌

1. 파리 도시건축

Bouget, Boris. *The Invalides.* Paris: Éditions Artlys, 2014.

Colson, Jean, & Marie-Christine Lauroa. *Dictionnaire des Monuments de Paris*. Paris: Éditions Hervas, 2003.

DeJean, Joan. *How Paris Became Paris.* New York: Bloomsbury, 2014.

Delon, Monique. *The Conciergerie, Palais de la Cité.* Paris: Éditions du Patrimoine, 2000.

Hautecoeur, Louis. *Histoire du Louvre*. Paris: L'Illustration, n.d.

Howard, Philip. *The Royal Palaces.* London: Hamish Hamilton, 1970.

Jacquin, Emmanuel. *The Tuileries, from the Louvre to Place de la Concorde.* Paris: Éditions du Patrimoine, 2001.

Jestaz, Bertrand. *L'Hôtel et l'Église des Invalides.* Paris: Picard/CNMHS, 1990.

Jones, Colin. *Paris, The Biography of a City.* New York: Penguin Books, 2005.

Lambert, Guy, & Dominique Massounie, Jean-Christophe Ballot, *The Palais-Royal.* Paris: Éditions du Patrimoine, 2008.

Louis XIV at Les Invalides. Paris: Musée de l'Armée, 2012.

Pérouse de Montclos, Jean-Marie. *Paris, City of Art.* New York: Vendome, 2003.

Sutcliffe, Anthony. *Paris, An Architectural History.* New Haven, CT: Yale University Press, 1993.

Temko, Allan. *Notre-Dame of Paris.* New York: Viking Press, 1955.

The Invalides and the Army Museum. Paris: Beaux-Arts Magazine, 2000.

The Palais de la Cité. Paris: Éditions du Patrimoine, 2008.

Thomson, David. *Renaissance Paris, Architecture and Growth 1475-1600.* Berkeley, CA: University of California Press, 1984.

2. 프랑스 건축: 중세, 르네상스, 바로크

Bazin, Germain. *The Baroque, Principles Styles Modes Themes*. Greenwich, CT: New York

Graphic Society, 1968.

Bideault, Maryse, & Claudine Lautier. *Ile-De-France Gothique, t. 1.* Paris: Picard, 1987.

_______. *Ile-De-France Gothique, t. 2.* Paris: Picard, 1987.

Blomfield, Reginald. *A History of French Architecture, from the Death of Mazarin till the Death of Louis XV, 1661-1774.* New York: Hacker Books, 1973.

_______. *A History of French Architecture, from the Reign of Charles VIII to the Death of Mazarin, 1494-1661*. New York: Hacker Art Books, 1973.

Blunt, Anthony. *Art and Architecture in France 1500-1700.* London: Penguin Books, 1986.

Bony, Jean. *French Gothic Architecture of the 12th & 13th Centuries*. Berkeley, CA: University of California Press, 1983.

Chevalier, Michel. *La France des Cathedrales du IV au XX Siecle.* Rennes: Ouest-France, 1997.

Dunlop, Ian. *Royal Palaces of France*. New York: W. W. Norton & Company, 1985.

_______. *The Cathedral's Crusade, The Rise of the Gothic Style in France.* New York: Taplinger, 1982.

Hargrove, June (ed.). *The French Academy, Classicism and Its Antagonists.* Newark, NY: University of Delaware Press, 1990.

Hautecoeur, Louis. *Histoire de l'Architecture Classique en France, Tome Premier, Partie Deuxieme, La Formation de l'Ideal Classique & l'Architecture sous Henri IV et Louis XIII*. Paris: Auguste Picard, 1943.

_______. *Histoire de l'Architecture Classique en France, Tome Premier, Partie Premier, La Formation de l'Ideal Classique & La Renaissance*. Paris: Auguste Picard, 1943.

_______. *Histoire de l'Architecture Classique en France, Tome Second, Partie Premiere & Partie Deuxieme, Le Regne de Louis XIV.* Paris: Auguste Picard, 1948.

Kerans, Edward John. *Ideas in Seventeenth-Century France.* Manchester: Manchester University Press, 1979.

Male, Emile. *The Gothic Image, Religious Art in France of the Thirteenth Century.* New York: Icon Editions, 1972.

Markham, Violet Rose. *Romanesque France*. New York: E. P. Dutton Company, 1929.

Minne-Seve, Viviane, & Herve Kergall. *Romanesque and Gothic France.* New York: Abrams, 2000.

Moriarty, Michael. *Taste and Ideology in Seventeenth-Century France*. Cambridge & New York: Cambridge University Press, 1988.

Perouse de Montclos, Jean-Marie. *Histoire de l'Architecture Francaise*. Paris: Éditions

Mengès, 1989.
Sanfacon, Roland. *L'architecture Flamboyante en France.* Quebec: Les Presses de l' Universite Laval, 1971.
Stoddard, Whitney Snow. *Art & Architecture in Medieval France.* New York: Harper & Row, 1972.
Ward, William Henry. *The Architecture of the Renaissance in France: A history of the evolution of the arts of building, decoration, and garden design under classical influence from 1495 to 1830*, vol. I & II. London: B. T. Batsford, n.d.

3. 파리의 르네상스-바로크 건축가들

Architectvre de Philibert de l'Orme. Bruxelles: Pierre Mardaga, 1981.
Blum, Hans. *Quinque Columnarum Exacta Descriptio Atque Delineatio*, 1550.
Blunt, Anthony. *Philibert de l'Orme.* London: Anton Zwemme, 1958.
Braham, Allan, & Peter Smith. *Francois Mansart*, Text Volume & Plates Volume. London: Anton Zwemme, 1973.
Bullant, Jean. *Régle Générale d'Architecture des Cinq Manières de Colonnes*, 1564.
Clouzot, Henri. *Philibert de l'Orme*. Paris, 1910.
Coope, Rosalys. *Salomon de Brosse and the Development of the Classical Style in French Architecture from 1565–1630.* London: Anton Zwemmer, 1972.
Du Cerceau, Jacques I Androuet. *Les Plus Excellents Batiments de France*, 1576–1579.
et Jeanne Marie, Alfred. *Mansart a Versailles*, Vol. I & II. Paris: Éditions Jacques Fréal, 1972.
Pannier, Jacques. *Salomon de Brosse*, Paris: 1911.
Philibert de l'Orme, *Le Premier Tome d'Architecture*, 1567.

4. 유럽 도시건축

임석재. 『극장의 역사』. 서울: 이화여자대학교출판문화원, 2018.
_______. 『유럽의 주택』. 서울: 북하우스, 2014.
_______. 『임석재 서양 건축사 3: 하늘과 인간』. 서울: 북하우스, 2006.
_______. 『임석재 서양 건축사 4: 인간과 인간』. 서울: 북하우스, 2007.
_______. 『임석재 서양 건축사 5: 역사·기술·인간』. 서울: 북하우스, 2008.

Argan, Giulio. *The Renaissance City.* New York: George Braziller, 1969.
Benevolo, Leonardo. *The History of the City*. Cambridge, MA: MIT Press, 1980.

Choay, François. *The Modern City: Planning in the 19th Century.* New York: George Braziller, 1969.

Conant, Kenneth John. *Carolingian and Romanesque Architecture 800–1200*. London: Penguin Books, 1979.

Duby, Georges. *The Age of the Cathedrals, Art and Society 980–1420*. Chicago, IL: University of Chicago Press, 1975.

Ennen, Edith. *The Medieval Town*. New York: North-Holland, 1979.

Galantay, Ervin. *New Towns: Antiquity to the Present.* New York: George Braziller, 1975.

Girouard, Mark. *Cities and People*. London: Yale University Press, 1985.

Goodman, David, & Colin Chant. *European Cities & Technology, Industrial to Post-Industrial City*. New York: Routledge, 1999.

Hall, Peter. *Cities in Civilization.* London: Phoenix Giant, 1999.

Harvey, John. *The Gothic World 1100–1600.* London: B. T. Batsford, 1950.

Henderson, George. *Gothic, Style and Civilization.* London: Penguin Book, 1967.

Hiorns, Frederick. *Town-Building in History*. London: George G. Harper, 1956.

Hohenberg, Paul, & Lynn Lees. *The Making of Urban Europe 1000–1950*. Cambridge, MA: Harvard University Press, 1985.

Kubach, Hans Erich. *Romanesque Architecture*. New York: Abrams, 1972.

Lavedan, Pierre, & Jeanne Hugueney. *L'Urbanisme au Moyen Age*. Genéve: Droz, 1974.

Lavedan, Pierre, & Jeanne Hugueney, Philippe Henrat. *L'Urbanisme a l'Époque Moderne, XVI–XVIII Siécles*. Genéve: Droz, 1982.

Moholy-Nagy, Sibyl. *Matrix of Man.* New York: Frederick A. Praeger, 1968.

Morris, Anthony Edwin James. *History of Urban Form.* New York: John Wiley & Sons, 1979.

Mumford, Lewis. *The City in History.* San Diego, CA: A Harvest/HBJ Book, 1961.

Nees, Lawrence. *Early Medieval Art*. Oxford: Oxford University Press, 2002.

Rasmussen, Steen Eiler. *Towns and Buildings*. Cambridge, MA: MIT Press, 1983.

Saalman, Howard. *Medieval Cities.* New York: George Braziller, 1968.

Schenkluhn, Wolfgang. *Aspekte zur Kirchenarchitektur der Dominikaner und Franziskaner im 13. Jahrhundert*. Berlin: Gebr. Mann Verlag, 1985.

Scott, Robert. *The Gothic Enterprise: A Guide to Understanding the Medieval Cathedral.* Berkeley, CA: University of California Press, 2003.

Stalley, Roger. *Early Medieval Architecture.* Oxford: Oxford University Press, 1999.

Toman, Rolf. *Romanesque: Architecture·Sculpture·Painting.* Cologne: Könemann, 1996.

______. *The Art of Gothic: Architecture·Sculpture·Painting*. Cologne: Könemann, 1998.

Toynbee, Arnold. *Cities of Destiny.* New York: Weathervane Books, 1967.

von Simson, Otto. *The Gothic Cathedral.* Princeton, NJ: Princeton University Press, 1974.

Wilson, Ben. *Metroplois, A History of the City.* New York: Vingage, 2021.

Wilson, Christopher. *The Gothic Cathedral, The Architecture of the Great Church 1130–1530*. London: Thames & Hudson, 1996.

5. 프랑스 문화역사

Debbasch, Charles, & Jean-Maris Pontier. *La Société Française*. Paris: Dalloz, 2001.

Dupeux, Georges. *La Société Française 1789~1970*. Paris: Armand Colin, 1972.

Jones, Colin. *France-Cambridge Illustrated History.* Cambridge, MA: Cambridge University Press, 1999.

Lebédel, Claude. *Chronology of the History of France.* Rennes: Éditions Ouest-France, 1999.

Maurois, André. *Histoire de la France.* Paris: Albin Michel, 1958.

6. 유럽 역사문화

Baumer, Franklin Le Van (ed.). *Main Currents of Western Thought.* New York: Alfred A. Knopf, 1964.

Cameron, Euan (ed.). *Early Modern Europe, an Oxford History.* Oxford: Oxford University Press, 2001.

Davies, Norman. *Europe, A History.* London: Pimlico, 1997.

Delouche, Frédéric (ed.). *Histoire de l'Europe.* Paris: Hachette Livre, 1997.

Duby, Georges. *Grand Atlas Historique.* Paris: Larousse, 1999.

Encyclopedia of the Renaissance, vol. 1~6. New York: Charles Scribner's Sons, 1999.

Graham-Dixon, Andrew. *Renaissance*. Berkeley, CA: University of California Press, 1999.

McNeill, William. *History of Western Civilization*. Chicago, IL: University of Chicago Press, 1986.

Postan, Michael Moissey (ed.). *The Cambridge Economic History of Europe*, vol. I~VIII. Cambridge, MA: Cambridge University Press, 1967~1989.

Ralph, Philip. *World Civilizations Their History and Their Culture*, vol. 1 & 2. New York: W. W. Norton, 1997.

Rietbergen, Petter. *Europe a Cultural History*. London: Routledge, 1998.

Steer, John, & Antony White. *Atlas of Western Art History.* New York: Facts on file, 1994.

The Times History of the World, vol. 1 & 2. New York: Times Books, 1999.

7. 기독교 역사

Bell, David. *Many Mansions, an Introduction to the Development and Diversity of Medieval Theology.* South Yorkshire: Christian Literature Crusade, 1996.

Bokenkotter, Thomas. *A Concise History of the Catholic Church.* New York: Doubleday, 2004.

Caporilli, Memmo. *The Popes.* Rome: Trento, 1999.

Collins, Roger. *Early Medieval Europe 300-1000*. New York: Palgrave, 1999.

Cross, Frank Leslie, & Elizabeth A. Livingstone (eds.). *The Oxford Dictionary of the Christian Church* (3rd Ed.). Oxford: Oxford University Press, 1997.

Gonzales, Justo. *The Story of Christianity.* New York: Harper Collins, 2010.

Hastings, Adrian (ed.). *The Oxford Companion to Christian Thought*. Oxford: Oxford University Press, 2000.

Johnson, Paul. *A History of Christianity.* London: Orion, 1976.

Küng, Hans. *The Catholic Church.* London: Weidenfeld & Nicolson, 2003.

Maxwell-Stuart, Peter George. *Chronicle of the Popes: The Reign-by-Reign Record of the Papacy over 2000 Years*. London: Thames & Hudson, 1997.

McBrien, Richard. *Lives of the Saints.* San Francisco, CA: Harper, 2003.

New Catholic Encyclopedia, vol. I ~ XVI. Washington, DC: Publishers Guild, 1967.

Walker, Williston, & Richard A. Norris, David W. Lotz, Robert T. Handy. *A History of the Christian Church.* Edinburgh: T. & T. Clark, 1985.

찾아보기

* [ ] 괄호 안의 숫자는 해당 항목의 도판이 있는 페이지임
* 서양 인명의 한글 표기는 성姓·first name, 이름名·last name의 순서로 했음.

[ㄹ]

파리 도시건축의 역사:
중세와 고전의 시대

펴낸날 1판 1쇄 2023년 7월 5일
지은이 임석재
펴낸이 주소현
펴낸곳 이화여자대학교출판문화원
주소 서울특별시 서대문구 이화여대길 52(우 03760)
등록 1954년 7월 6일 제9-61호
전화 02) 3277-2965 (편집), 02) 362-6076 (마케팅)
팩스 02) 312-4312
전자우편 press@ewha.ac.kr
홈페이지 www.ewhapress.com
책임편집 이지예
디자인 정혜진

ISBN 979-11-5890-487-6 93600
값 30,000원